先端自動車工学

Advanced Automotive Engineering

清水康夫 著
Shimizu Yasuo

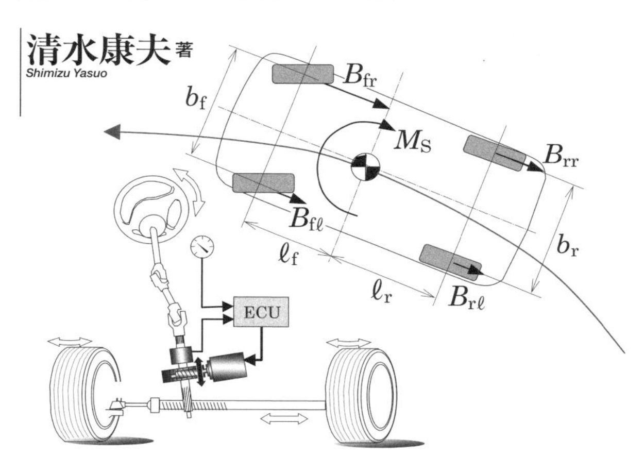

TDU 東京電機大学出版局

まえがき

現代の自動車は，機械工学をベースに電気・電子・情報工学などの分野が相補的な関係で成り立っている。したがって自動車工学を学ぶためには，機械工学系の学生諸氏であっても，これらの知識を習得し，自動車をシステムとして全体を俯瞰できる能力を養う必要がある。さらにそこから独自に新しい技術を創出しようとすると，自動車開発の歴史から新技術誕生の教訓に学ぶことも重要である。

そこで本書は，現代の自動車工学を学び，新技術創出を目指す機械工学系の学生諸氏を対象に，その基礎理論，基本機能，進歩の著しい電子制御システム，および現代のような自動車技術が誕生するまでの自動車開発の歴史などについて記述したものである。現代の自動車は，排ガス低減，燃費向上，交通事故・被害低減，および快適性・経済性を高い次元で両立させるために，エンジンまたは動力モータ，ステアリング，ブレーキなどの装置が精密に制御される先端機械であることから，本書の題名を先端自動車工学と命名した。

先端自動車工学の学術分野は，先に述べたように多岐に渡るが，本書の記述にあたっては，その基本的な考え方について，機械工学系の学生諸氏が十分に理解できるように努めた。また，技術分野では，自動車の基本機能や運動制御などの基本技術と，電気自動車やハイブリッド自動車，電子制御ブレーキや電動パワーステアリングなどの先端技術を扱う。数学的手法としては，初歩の微分方程式程度を用い，できるだけ平易な記述に努めたので工業高等専門学校の学生はもちろんのこと，現場の若い技術者の諸氏にも十分活用できるものと思う。本文を学んだ上で，各章末にある演習問題を考え解くことにより具体化され，実務で活用できることを期待する。

また，読者自らが，新技術を考案するときのテーマ選定や課題解決の方向性を見出すときに参考となるように，先人が辿った自動車開発の歴史に触れ，先端技術が生まれる必然性について記述したことも本書の特徴といえよう。

なお本書は，どの章から読んでも理解できるようにそれぞれの章が独立して構成されているので，必要に応じて読まれることを進める。

執筆にあたっては，自動車工学に関する内外の多くの優れた書物・論文を参考にさせていただいた。これらの著書に深謝の意を表すると共に，本書の出版に際しご尽力いただいた東京電機大学出版局の石沢岳彦氏に御礼申し上げる。

平成 28 年 1 月

清水　康夫

目　次

第5章 動力伝達装置と駆動制御

第6章 ブレーキ装置と応用電子制御システム

第1章

先端自動車概要

1.1　自動車開発の歴史

1.1.1　産業革命，馬から蒸気機関，そして自動車へ

1765年にイギリス人のジェームス・ワット（James Watt）が蒸気機関を発明し，ヨーロッパに産業革命が起こった。馬に代わって（図1.1），炭鉱の排水用として蒸気機関が使用されるようになり，産業の様子は一変する。

1769年には，蒸気機関の1つの応用技術として自動車が発明された。キュニョーの蒸気三輪車（図1.2）と呼ばれ，「大砲を移動させる道具」として試作された。これが自動車の原型となるもので，当時の先端技術の粋を集めて作られた。史上初の自動車事故を起こしたのも，この自動車であるといわれている[7)]。

19世紀初頭には，イギリスのスチーブンソン（George Stephenson）により蒸気機関車が，またアメリカのフルトン（Robert Fulton）により蒸気船が発明され，蒸気機関の黄金時代を築いた。しかしイギリスでは，自動車は蒸気機関の煙突から

© Roger-Viollet

図1.1　馬車

© Collection Roger-Viollet/Roger-Viollet

図1.2　ニコラ・ジョゼフ・キュニョーによる自動車の原型；蒸気三輪車

の火炎が原因で火災を引き起こすもの，潤っていた鉄道や馬車業界を脅かすものと考えられ反対運動や高額な通行税，速度制限など，普及を制限する様々な方策が講じられた。また技術面では改良は進んだが，やはりボイラーが大きく重くメンテナンスも必要であり，始動までに蒸気を作る時間がかかるなどで一般大衆にまで普及することはなく一部の富裕層の嗜好品に過ぎなかったのである。

1.1.2　蒸気機関からガソリンエンジンへの変革

1876年になると，ドイツのニコラス・オットー（Nikolaus August Otto）によってオットーサイクルと呼ばれる現在のガソリンエンジンンの基礎となる石炭ガス式4サイクル内燃機関が発明された。ボイラーと火室を小さな気筒に置き換えるという画期的なアイデアであり，これを技術としていち早く実用化したのは，ドイツのカール・ベンツ（Karl Benz）であった。1885年にガソリンエンジン搭載の三輪車を，その翌年にゴッドリーブ・ダイムラー（Gottlieb Wilhelm Daimler）が馬車の車体にガソリンエンジンを搭載しハンドルを付けて走らせた（図1.3）。現在の自動車の原型ともいえる4輪式ガソリン自動車の誕生である。空冷エンジンを車体中央に配置しチェーンで車輪を駆動する。前輪の舵取り機構にも工夫が必要であった。

© Ann Ronan Picture Library/Photo12

（a）カールベンツの三輪車

© Harlingue/Roger-Viollet/Roger-Viollet

（b）ゴッドリーブダイムラーの四輪車

図1.3　初めてのガソリンエンジン搭載車

1.1.3　大量生産による低価格化，普及，そしてモータリゼーションへ

ドイツで自動車の基本となる技術ができあがった頃，アメリカでは1908年にヘンリー・フォード（Henry Ford）が，初めての量産型自動車，「T型フォード」を開発した(図1.4)。これが契機となって大量生産の幕開けとなる。この生産方式は，「フォード生産方式」といわれ，作業を細分化・標準化して未熟練作業者でも容易に組み立て作業を行えるようにして順番に組み立てていくものである。この流れるような様を見たてて，「流れ作業」と呼んだ。そして精度の高い部品を標準化して互換性を持たせるなどの工夫を凝らした。この生産方式は，現在の大量生産方式の基礎となっているもので，自動車の低価格化と品質向上を実現した画期的なシステムであった。

一般大衆でも購入できるようになり，自動車が身近な存在になったことに加え，第一次大戦（1914～1918年）後の好景気により郊外型の都市計画と道路環境の整備が進み，アメリカでマイカーブームを起点とするモータリゼーションが始まった(1923年には200万台普及する)。ヨーロッパで誕生した自動車は，アメリカで大量生産され大衆化の道が開かれたのである。

ヨーロッパでは，1930年代からモータリゼーションが始まりドイツのアウトバーン（高速道路）の整備でさらに加速された。

日本では，1950年代から軽自動車の原型ともいえる小型車が相次いで開発され「マイカー」ブームに火がついたことや，1964年の東京オリンピック開催に向けて道路環境が整備されたことによりモータリゼーションの波が広がった。

© FORD MOTOR COMPANY/AFP

(a) T型フォードの外観

© The Art Archive/The Picture Desk

(b) T型フォードの製作風景（流れ作業）

図1.4　T型フォード

1.1.4　イージードライブ技術の発明により自動車市場拡大

流れ作業による自動車の低価格化や高品質化に加えて，1912年に電気式スタータ，1930年にパワーウインドウ，1939年にオートマチック（自動変速機），1954年にパワーステアリングなど，次々に運転を容易にするイージードライブ技術がアメリカで発明された。それまでの自動車は，エンジンの始動やハンドル，ブレーキ操作に大きな力を必要としたり，クラッチとシフトレバーを手と足で巧みに操る変速操作を必要とし，これらの理由から「機械好きで力の強い男の乗り物」とされていた。しかし，これらを解消するイージードライブ技術が発明され，女性層などにも市場が開放されたこともモータリゼーションを加速させた理由の1つである。

現在では当たり前の技術となっているイージードライブ技術の多くは，この頃アメリカで発明されたのである。

1.1.5　自動車の負の側面が露呈；交通戦争と大気汚染

自動車の普及に伴って，交通事故や騒音，排気ガスによる大気汚染が社会問題となり自動車に対する諸規制が強化されていった。

（1）　交通戦争と安全技術

（a）　交通戦争とは

アメリカでは，第一次大戦後のモータリゼーションの始まった1920年頃から交通事故が増大した。自動車の普及に対して，交通環境の整備，すなわち交差点に信号機や危険回避を促がす標識などの設置が追いつかなかったことも要因の1つであった。1960年代に入ると，年間およそ5万人が死亡する。この数字は第一次世界大戦中に戦争で亡くなられた兵士数を上回ることから，いつの日か，交通戦争と呼ばれるようになった。

ヨーロッパでは1930年代のモータリゼーションから，日本でも図1.5に示すように，1960年代のモータリゼーションから交通事故死者数が増大した。1963年に日清戦争での戦死者数が2年間で約1万7000人を超えたことから，日本でも同様に交通戦争と呼ばれたのである。

（b）　世界規模での取り組みから生まれた安全技術

1970年になると，死亡事故低減に向けて自動車をどこまで安全にできるかをテーマに実験用安全車の研究と開発が開始された。それがアメリカのESV（Experi-

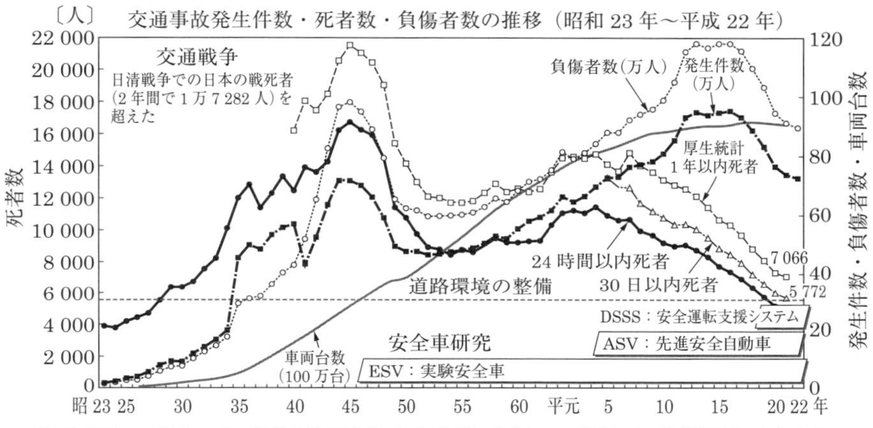

注 1）昭和34年までは，軽微な被害事故（8日未満の負傷，2万円以下の物的損害）は含まない。
2）昭和40年までの件数は，物損事故を含む。
3）昭和46年までは，沖縄県を含まない。

図 1.5 交通事故発性件数・死者数・負傷者の推移（出典：警察庁のHPより）[1]

mental Safety Vehicle；実験安全車）計画である。この計画には，アメリカのGM（General Motors）社，フォード社，ドイツのダイムラー社，BMW社，日本のトヨタ社，日産社，ホンダ社など，多くの企業が参画し，その結果としてダイムラー社は1978年にベンツSクラスにABS（Antilock Brake System；アンチロックブレーキシステム），1980年，同クラスにエアバック，1985年，同クラスにTCS（Traction Control System；トラクションコントロールシステム）などの先端的な安全技術を実用化し，他社が追従する形で普及していった。

図1.6は，ホンダ社のESVである。一見普通の小型車と変わらないように見えるが，当時としては突出したフロントバンパーが衝突安全実験車の象徴でもあった。このときに研究開発されたABS，4WS（4 Wheels Steering；4輪操舵装置），エアバック，TCSなどが後に日本初，世界初の安全技術として実用化され交通事故低減，あるいは死傷者数低減に貢献したのである。

図 1.6 ホンダ社のESV[2),5)]

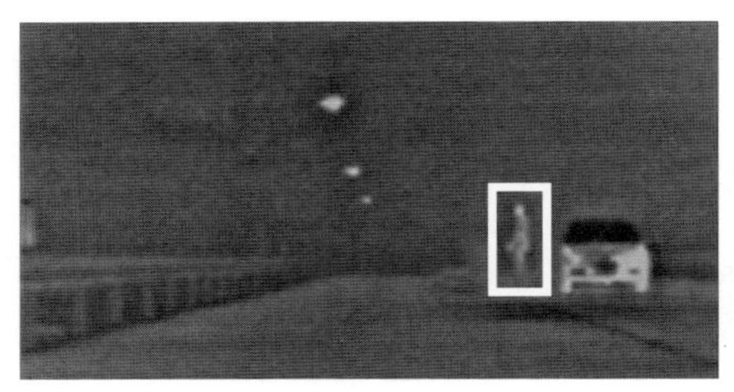

図 1.7　インテリジェントナイトビジョン[2),5)]

(c)　国内の国家的規模での取り組みから生まれた世界初の安全技術

1990年代に入ると，さらなる安全を目指して日本でも独自の安全実験車計画が開始された。これは運輸省が提唱主導したもので，1991～1995年にかけて推進されたASV（Advanced Safety Vehicle；先進安全自動車）計画である。ナビゲーションシステムを応用した情報提供型安全システムを搭載した「予知予防研究車」や，レーダ技術を応用して衝突回避を試みた「衝突回避研究車」，および歩行者保護の視点から予防と被害軽減をテーマにした「歩行者安全研究車」を製作して実際的な研究・開発がなされた。そして，1996～2000年にはASV-2計画が開始され，運転負担軽減，被害軽減，交通弱者保護などのように目的をより人に絞って，高速道路上で車線内維持機能を持ったEPS（Electric Power Steering；電動パワーステアリング）や夜間の視界補助に役立つナイトビジョン，レーダ技術を応用した追突軽減ブレーキなどの実用化を目指した。ここでの研究開発の成果は，後にレーダを用いた自動ブレーキや高速道路で道路上の白線を検知しEPSで白線内に誘導するレーン保持システム，ナイトビジョンなどの安全技術として結実した。これらは，日本で開発された世界初の安全技術である。

(d)　安全から輸送効率，快適性，道路環境保全まで幅広い取り組み

2007年には，さらに（社）新交通管理システム協会（UTMS；Universal Traffic Management System）による安全運転支援システム（DSSS；Driving Safety Support System）というプロジェクトが発足した。これは警察庁が主催するもので，参画した各社は実験車を製作し，路車間通信を利用してCar to Carでの追突事故や自動車対二輪車事故の低減研究を目指した安全運転支援システムの実験研究を行う。このように安全への取り組みは，自動車関連にとどまらず様々な分野に広がり

事故調査結果に基づき，きめ細かくなされるようになっていった。そしてこのような様々な方面の取り組みは，ITS（Intelligent Transport System；高度道路交通システム）に集約され，4つの政府関連機関，国内2輪および4輪メーカー，車載器メーカーなどの民間企業，学識経験者などからなるITS推進協議会により大規模に展開されている。これらの取り組みにより，近年，交通事故は確実に低減され成果をあげていることが図1.5からもうかがえる。

ASV計画は，このITSの1つとして位置づけられ現在までに期を重ね20年以上に渡って継続的に取り組まれている。

(2)　大気汚染と対策技術

(a)　大気清浄法の成立と試練をチャンスに変えた日本車

モータリゼーションは，交通事故だけでなく都市部を中心に排ガスによる大気汚染を助長し公害問題へと発展する。アメリカでは，1963年に「大気清浄法（CAA；Clean Air Act)」が制定され，1968年には「全米排気規制」が実施されるなど，大気汚染に対する規制は次第に強化されていった。そして1970年には「マスキー法（Muskie Act；1970年大気清浄法)」―アメリカの上院議員，エドマンド・マスキー（Edmund Muskie）の提案によるため，この通称が付けられた―が成立し，その中で自動車の排気ガスに関する規制は，次のようなものであった。

① 1975年型車からHC，COを1970年規制の1/10以下にする

② 1976年型車からNO_x（窒素酸化物）を，1971年型車平均排出量の1/10以下にする

このマスキー法は，世界で最も進んだ環境規制であり当時の技術水準では不可能とされ，日本車をアメリカから締め出すための法律として制定されたが，皮肉なことに最初にクリアしたのは，日本のホンダ社から発売された環境対応のCVCC（Compound Vortex Controlled Combustion；複合過流調速燃焼）エンジンを搭載する小型乗用車，車名；シビック（FF 1.3 ℓ）であった。これを契機にアメリカで日本車が注目され，販売台数を大きく伸ばすことになり不動の地位を築く。まさに「試練はチャンス」を実践したことになる。

CVCCエンジンは，図1.8に示すように主燃焼室の横にもう1つ小さな副燃焼室を設け濃い混合ガスを副燃焼室に送り，そこで点火しその火炎を利用して主燃焼室

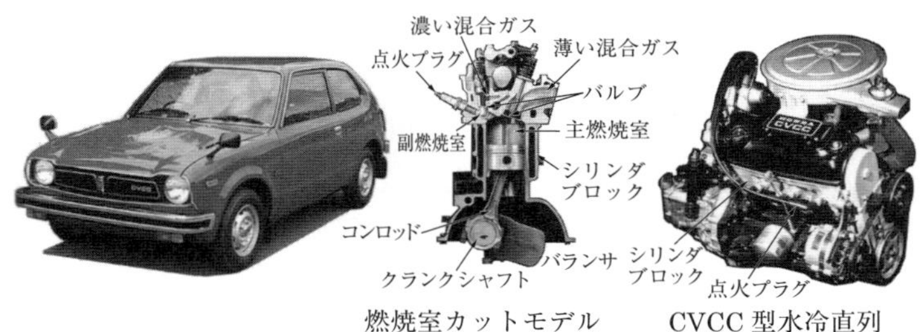

副燃焼室と主燃焼室に分けられたシリンダ内にそれぞれ別系統で濃度の異なる混合ガスを供給し濃い混合ガスを火種として薄い混合ガスを燃焼させて，NO_x や CO などの排ガスを低く抑えた

図 1.8　低公害 CVCC エンジンとこのエンジンを搭載した車名；シビック[3)]

の薄い混合ガスを燃焼させるというもので，この薄い混合ガスを主に燃やす方法により排気ガスに含まれる有毒物質の量を大きく減らすことに成功したのである。

アメリカのビッグスリー（GM，フォード，クライスラー）は，強大な産業支配力を持ち政治的な影響力も大きく，特に環境規制に抵抗し続け技術の革新を怠ってきた。その結果，環境技術で日本車や欧州車に大きく遅れをとりアメリカ市場での競争力を失っていったのである。

(b)　さらに厳しい規制，ゼロ排気ガス車；ZEV の一定割合販売義務付け

そんなアメリカ車の事情とは関係なく，自動車は普及の一途をたどり，あれほど厳しいと思われた環境規制も焼け石に水，大気汚染は益々深刻さを増し環境規制の再強化が検討されるようになった。そして 1990 年にはさらに厳しい改正法が成立する。それが，連邦議会に先んじてカリフォルニア州で制定された 1988 年カリフォルニア州立大気汚染防止法（California Clean air Act of 1988）である。この制定に基づいてカリフォルニア州大気資源局（CARB；California Air Resources Board）は，1990 年に規制ルールを決定したのであった。

この新しい規制は，LEV（Low-Emission Vehicle）プログラムと総称され，軽量車などからの排出ガスを削減するために 1994〜2003 年まで導入し，NMOG（非メタン有機ガス），NO_x（酸化窒素），CO，PM（Particulate Matter；粒子状物質）などの排出量を制限するものである。

LEV プログラムの特徴は，

① 各々の自動車に課すのではなく，自動車全体として平均値で遵守させること
② ゼロ排気ガス車である ZEV の販売を一定割合義務付けていること

である。ZEV は，排ガスを出さない自動車，すなわち先端技術を使った電気自動車；EV（Electric Vehicle）や燃料電池車；FCV（Full Cell Vehicle）などの革新的な自動車の販売を要求したのである。

CARB は，軽量車に対して 4 種類の排ガス基準を設定し自動車メーカーがその新車モデルに，次の 4 種類のうちのいずれかであることを認証した。

① 準低排ガス車（TLEV；Transitional Low-Emission Vehicle）
② 低排ガス車（LEV；Low-Emission Vehicle）
③ 超低排ガス車（ULEV；Ultra-Low-Emission Vehicle）
④ ゼロ排ガス車（ZEV；Zero-Emission Vehicle）

日本でも，モータリゼーションの波と連動して排ガス問題が深刻化し，1967 年に「公害対策基本法」，翌 1968 年に「大気汚染防止法」が公布され，自動車の排出ガス中の CO を 3 %以下にすることが義務付けられた。1970 年代の都市部では，自動車の排出ガスが主原因とされる光化学スモッグが取りざたされ問題はさらに深刻化し，排出ガスに対する規制は一層強化されることになる。1970 年には HC の実質的な規制が始まり，ブローバイガス還元装置の取り付けが新型車に義務付けられた。このブローバイガス還元装置は，図 1.9 に示すようにエンジンのピストンリングの隙間などからクランクケースに漏れた不燃焼ガスであるブローバイガスを吸気側に吸い込ませ再燃焼させる装置である。またこの年に運輸技術審議会が「自動車排出ガス対策基本計画」を答申し，これに沿って 1972 年に「昭和 48 年度排出ガス規制基準」が，続いて 1973 年に「昭和 48 年度使用過程車」に対する排出ガス規定が発表された。

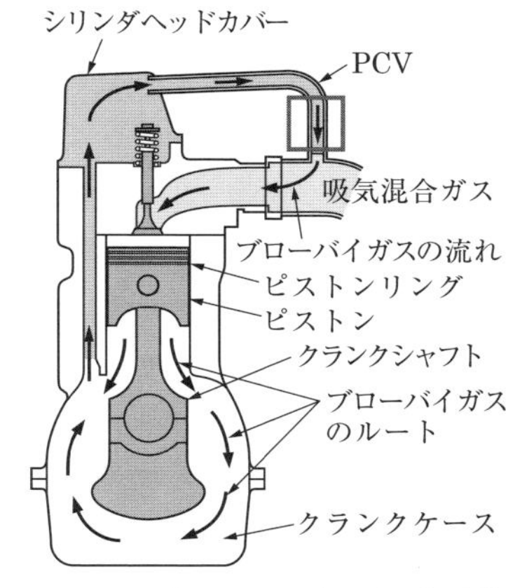

図 1.9　ブローバイガス還元装置 [4)]

1.1.6 石油の枯渇

第二次世界大戦後（1945年以降）の世界経済は，中東の大油田などから供給される豊富な石油を土台に成長を遂げてきた。しかし1970年代に入ると，油田の新規発見量の伸び悩みや，石油に代わる新エネルギーの開発遅れなどから世界的にエネルギー危機に対する不安が高まる中で，産油諸国は石油価格の引き上げ，外国石油資本の国有化といった資源ナショナリズムの動きを強めていった。

1973年に，第四次中東戦争（イスラエル，エジプト，シリアなどの中東アラブ諸国間戦争）が勃発しアラブ諸国は対イスラエル戦略として石油の生産と輸出の削減を発表した。その後，産油諸国はOPEC（Organization of Petroleum Exporting Countries；石油輸出国機構）のもとに集結し，原油の供給を削減し原油価格を大幅に引き上げた。これが第一次石油危機（First oil crisis）である。

(1) 第一次石油危機

図1.10に示すように，1973年1月の原油価格は，2.59ドル / バレル，翌1974年1月には11.65ドル / バレルへと，4倍強の大幅値上げとなった。原油の供給削減による価格上昇は，諸資材不足に拍車をかけトイレットペーパなどの必需品の買い急ぎによりデパートなどの流通過程で混乱を生じさせ，政府は「石油需要適正化法」，「国民生活安定緊急措置法」の石油2法などの消費抑制を行い混乱の収拾に努めた。

1974～1975年にかけて，日本を含めほとんどの先進工業国で実質GNP（Gross National Product；国民総生産）が下落する不況とインフレーション（略称；インフレ，Inflation；物価上昇）に見舞われスタグフレーション（Stagflation；不況であるにも関わらず物価上昇を招くこと）に陥った。日本では，厳しい不況下に加えて異常なインフレに見舞われ，1974年は戦後初めてマイナス成長となった。

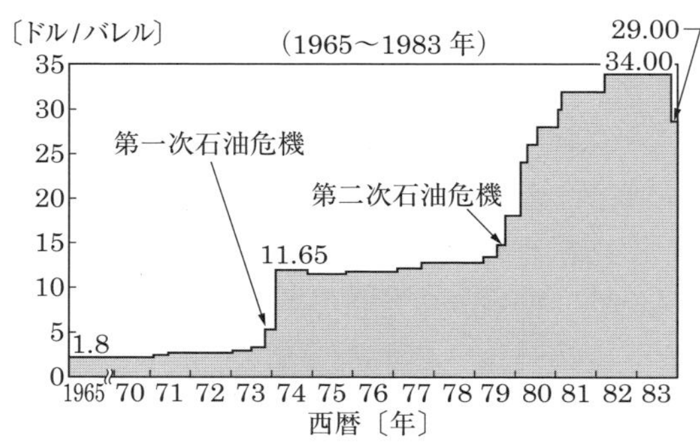

図1.10 原油価格の推移（アラビアン・ライト）

自動車産業では，生産に必要な資材や部品調達に支障をきたし，その対策に忙殺された。また，調達可能な諸資材の価格も高騰し，1974年には国内向け車両の価格改定を余儀なくせざるを得ない状況に陥った。

ガソリンの不足による価格の高騰は，図1.11に見られるように，一時的ではあるが170円/リットルまで上昇し消費マインドを冷え込ませ，自動車の販売台数を激減させた。

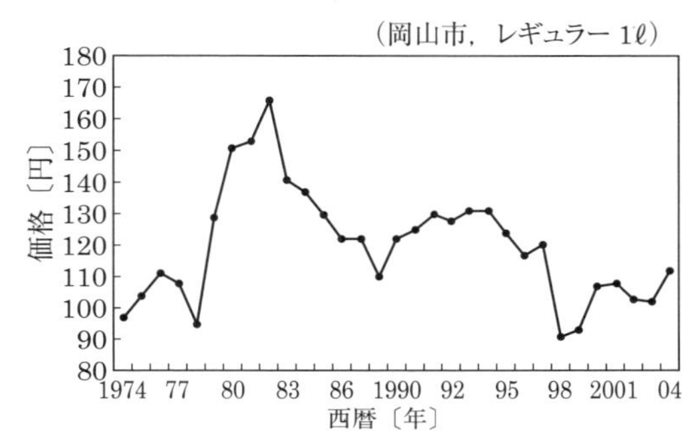

図1.11　ガソリン価格の推移

(2)　第二次石油危機

1979年のイラン革命（王朝が倒れ，新しい支配体制が樹立）により，OPEC第2の産油国であるイランで石油生産が中止された。このことにより需給が逼迫し原油価格が再び急上昇，第二次石油危機（Second oil crisis）に陥った。原油価格は，13.1ドル/バレルであったものが，11月には24.0ドル/バレルと2倍近くに上昇し世界経済は停滞，インフレが再燃する。

日本では，内閣の省エネルギー・省資源対策会議で石油消費節減対策を決定，「マイカー使用の自粛，ガソリンスタンドの休日休業，デパートなどの営業時間短縮，ネオンの自粛，深夜テレビの中止」などの消費抑制を訴え石油の節約に努めた。

規模としては第一次石油危機並みの原油価格の高騰であったが，第一次石油危機での学習効果と省エネ政策の浸透，および企業の合理化などにより日本経済は比較的軽微な影響で済むことができた。

(3)　石油危機の与えた影響，低燃費技術の開発

石油危機の体験から，先進国の経済が中東の石油に極端に依存していることが明白となり，中東以外での新しい油田開発，調査が積極的に行われるようになった。原子力や風力，太陽光などの非石油エネルギーの活用の模索，省エネルギー技術の研究開発促進の契機にもなった。

二度にわたる石油危機は，世界の自動車産業に大きな変化をもたらした。

(a)　燃費基準法の制定

アメリカでは，自動車の燃費向上を目指す法律が次々に制定された。1975年に「エネルギー政策・保存法（燃費基準法）」が成立し，乗用車とトラックに分けてメーカー平均燃費（CAFE；Corporate Average Fuel Economy）を設定し，その後は

規制値を年々強化，1985年までに燃費を2倍にすることを目標に，乗用車の場合，1985年以後は，27.5 mpg（mile per gallon）を達成することを義務付けた。年度ごとの規制値を達成できないメーカーは，規制値を0.1 mpg超えるごとに1台あたり5ドルの罰金を課すという法律である。さらに1978年には，「ガソリン浪費税制」が制定され，モデルごとに最低限達成すべき燃費値を設定し，その規制値を超えるモデルの車両には，その車両の燃費に応じた税金を納めることを義務付けた。1979年の第二次石油危機の際には，ガソリン消費量の多い大型車を主力商品に持つアメリカの自動車メーカーは，いずれも厳しい局面に立たされることになった。

アメリカの自動車市場は，1978年の1 095万台から年ごとに下降線をたどり，1982年にはついに800万台を割った。ビッグスリーは，その打開策として小型車分野に進出するが，価格，品質共に日本車に太刀打ちできず，1980年にはビッグスリーはいずれも赤字に転落した。こうした中，日本車は，高品質，低燃費の車という評価を勝ち取った。このように，石油危機に対する自動車メーカーの対応が，そのままその後の国際競争力に際立った差となって現れたのである。

日本では，省エネルギー促進のために運輸省は1976年から乗用車の車両型式認定における10モード排出ガス試験から得られる10モード燃費を公表した。そしてさらに1979年には，「エネルギー使用の合理化に関する法律」，いわゆる「省エネ法」を制定し，乗用車の燃費基準を定めた。この燃費基準は，1985年度に各メーカーが達成すべき燃費を重量クラス（4分類;軽乗用車，大衆車，小型車，中型・普通車）ごとに定めたCAFE（メーカー平均燃費）で算出することを義務付けた。

(b)　低燃費技術，研究開発の活発化

1970年代後半から省資源，省エネルギーへの社会的な関心が高まり，この分野での研究開発が活発化した。エンジン，自動変速機，油圧パワーステアリングなどの動力に関与するシステムの効率向上や，抗張力鋼板，樹脂化による車体の軽量化などのような今までの技術を改良したもの，またガソリン自動車やディーゼル自動車の枠組みを大きく変える（パラダイムシフト）電気自動車，燃料電池車など，そして無段変速機，電動パワーステアリング，回生ブレーキ，回生電動ダンパなどもそうした研究の中から生まれたものである。

1.2　自動車における先端技術の役割

自動車の歴史を振り返ると，最初の自動車は，産業革命という大きな流れの中で先端技術の粋を集めて作られたものであった。しかし，それは一部の富裕層の嗜好品であり，決して一般大衆の手の届く品物ではなかったが，それでも内燃機関が発明されるまで100年余り利用されてきた。その後約30年を経て新たな方向として「大量生産方案の発明」による低価格化と負担の大きい操作を軽減する「イージードライブ技術の発明」により，初めて誰でも購入でき，誰でも運転できる乗り物として進化を遂げたのである。自動車に，この革新的な進化をもたらし社会に大きな影響を及ぼした技術が先端技術であり，課題と社会の様々な技術の間の因果的必然性から生まれたものである。

低価格化と利便性ゆえに世界中で巻き起こったモータリゼーションは，自動車の急速な普及拡大と快適に移動できる豊かな社会をもたらし産業構造を変革した。しかしその反面，新たに負の側面として「交通事故」，「環境汚染」，「石油の枯渇」に代表される，かつて人類が体験したことのない課題を作り出したのである。

これらの課題は，従来技術の延長線上では解決できず新たな取り組みを必要とした。自動車の燃費向上や排出ガス低減に向けては，エンジンの燃焼や排気ガス制御をコンピュータ制御に変えて，従来の機械制御では成し得なかった精密な制御を実現したが，それだけではまだ不十分であり，駆動方式もエンジンからハイブリッド，さらに電動機による新しい方式へと急速に転換が図られ，再び産業構造まで変わろうとしている。

交通事故低減や快適性向上に向けては，自動車の運転操作支援を行うアシスト技術や知能化・情報技術，さらに進んだヒューマトロニクスと呼ばれる自動車とのヒューマンインターフェース技術や「交通事故ゼロ化」に向けた人間の能力を超える自律走行技術等の研究開発なども盛んである。

これらのように，負の側面を解消する技術も，やはり先端技術なくしては成し得ないのである。先端技術は，革新的な進化をもたらし豊かな社会を築くためにある。険しくとも前例なき未知の課題に挑戦し続けることで獲得できる人類の糧であることは，自動車開発の歴史が証明しているのである。

演習問題

問題 1　最初の自動車は，どのような自動車だったか，考察しなさい。

問題 2　自動車は，なぜイギリスで普及しなかったのか，説明しなさい。

問題 3　フォード生産方式（流れ作業）は，なぜ現在でも生産のスタンダードになっているのか。

問題 4　モータリゼーションが起きた理由を整理して述べなさい。

問題 5　なぜ交通戦争と呼ばれたのか，交通戦争を生み出した原因は何だったのか，説明しなさい。

問題 6　世界初で技術を実用化するときに，留意すべき点を，記しなさい。

問題 7　CVCC の原理を簡単に説明しなさい。

問題 8　アメリカのビッグスリーは，なぜ環境対応エンジンの開発に遅れたのか。説明しなさい。

問題 9　CARB の LEV プログラムの特徴について，説明しなさい。

問題 10　なぜ低燃費技術が必要になったのか，記しなさい。

問題 11　石油危機に対する自動車メーカーの対応が，そのままその後の国際競争力に際立った差となって現れた具体例を挙げなさい。

第2章

先端自動車の目指す方向

先端自動車とは，自動車分野の技術をベースに，それ以外の分野の技術を結集させ，従来技術の延長線上ではなく新たな効果を創生する自動車である。自動車の負の側面である「環境汚染」，「石油の枯渇」，「交通事故」などの課題に対して新たな方向を指し示す解決策を搭載した車両であったり，自動車メーカーごとのフラッグシップカーであったりする。いずれにしても快適で魅力的な車両でなければならない。

この車両の開発は，プロジェクトチーム（Project team；目的・目標を達成させるための計画を実行するチーム）により推進される。プロジェクトの目的は，向かうべき方向が分かるように，例えば「地球環境向上への取り組み」，「石油枯渇に対する取り組み」，「安全への取り組み」，「21 世紀のクルマ」などのように定め，この目的の達成目標と，年次ごとの達成基準を目標として設定し推進するものである。

プロジェクトの目的・目標は，①政府が主導する基準に準拠する場合，②各技術分野ごとのコンソーシアム（Consortium；共同体）を構成して設定する場合，③自動車メーカーごとに定める場合，などがある。

どのような取り組み方法であっても効果の大きい技術の創出と，これによりさらに技術の広がりと発展を促し社会に良い影響を及ぼすことが重要である。

本章では実際の取り組み事例を紹介する。

2.1 コンソーシアムを構成する場合や自動車メーカーごとに独自に推進する場合

2.1.1 コンソーシアムを構成して目的・目標を共有する場合

コンソーシアムは，企業などを中心として，異なる企業と大学などが共同で，共通の目的と課題に対して，個別の目標を持って一定期間活動し個別の企業・大学では得られない大きな成果を獲得する共同体であり，この共同体により先端自動車，またはコア技術を開発するものである。非営利団体として契約によって結成され，契約書の中で各メンバーの権利と義務が記述される。永続的に活動する協会とは異なる。目的，課題によっては政府が後押しする形で補助金などの援助を受けられるメリットもある。

コンソーシアムの目的や課題は，次のようなものが挙げられる。

① 規格化・標準化
② 共通の基盤技術構築；国家間の技術遅れを取り戻す
③ 研究費の分担，資源の相互リンク

欧州の自動車メーカーでは，自動車関連技術を産学官が協調して研究開発するコンソーシアムが多数存在する。次にこれらの具体例を紹介する。

(1) 規格化，標準化を目的に構成されたコンソーシアム

フレックスレイコンソーシアム；FRC（Flex Ray Consortium）は，2000年9月に，ドイツの自動車メーカーであるBMW社，ダイムラー社，半導体メーカーであるオランダのNPXセミコンダクターズ社，アメリカのフリースケール・セミコンダクターズ社によって新たな自動車用通信規格（Flex Ray）の策定を目的に設立されたコンソーシアムである。後にドイツの自動車部品メーカーであるボッシュ社も参画せざるを得なくなる。

自動車用通信規格は，自動車内部で複数の装置を通信回線で接続し相互にデータを送受信するネットワークの規格である。この通信規格は，既にCAN（キャン）（Controller Area Network）がISO（International Organization for Standardization；国際標準化機構）にて標準化されていた。しかしCANは，ボッシュ社が独自に開発した規格であり，特許の大半を保有しているのでライセンス条件や料金を1社で独占して決められるなどの不満が広がっていた。

これらの不満を解消するために，Flex Rayの規格策定にあたっては，参加企業が特許ライセンス料を支払わなくて済むように，特定の1社が主導することを避けることを目的にコンソーシアムが構成されたのである。

AUTOSAR（オートザー）（Automotive Open System Architecture）は，車載ソフトウェアを部品とみなし共通化することを目的に，2007年7月にドイツのダイムラー社やBMW社，ボッシュ社などが中心となって設立されたコンソーシアムである。

自動車における電子制御関連部品の割合は，1980 年代には 1 %未満であったが，年々増大し，1997 年のハイブリッドカーに至っては 50 %に達している。このような電子制御関連部品の増加に伴い制御プログラムの作成・維持費も増大し，自動車開発費や日程を圧迫するようになった。そこで，デバイスドライバや OS（Operating System），API（Application Programming Interface）や固有のアプリケーションの型式などを規定することにより，ソフトウェアの共通化・汎用化と再利用性を高め，開発費削減，開発日程短縮を目指した。

策定された仕様は，“Software Architecture”，“Methodology and Templates”，“Application Interfaces”の 3 つのカテゴリに分類され，Web サイトから一般公開されている。2010 年 12 月には，自動車，電気，半導体，ソフトウェアなどの製造業 100 社以上が加盟する大きな共同体となっている。

AUTOSAR の構成員は，Core Partners（コア会員），Premium Members（上級会員），Associate Members（準会員）から構成され，役割と責任に応じて，権利・義務関係，知的財産の取り扱い，参加可能な作業部会（WG）などの協定を結ぶ。

Core Partners にはトヨタ社，Premium Members にはデンソー社，ホンダ社，マツダ社，ルネサス社が参加し，Associate Members にも日本の製造業が数多く加盟している。

(2) 共通の基盤技術構築；国家間の技術遅れを取り戻す

日本では，国内自動車メーカー 8 社（トヨタ，日産，ホンダ，マツダ，三菱，スバル，スズキ，ダイハツ）および 1 団体（自動車技術研究所；JARI；Japan Automotive Research Institute）によって，「自動車用内燃機関技術研究組合（The Research association of Automobile Internal Combustion Engines（AICE（アイス）)」が 2014 年 4 月に設立された。自動車のさらなる燃費向上・排出ガスの低減に向けて，内燃機関の燃焼技術および排出ガス浄化技術における自動車メーカーの課題について，自動車メーカー各企業が協調して研究ニーズを発信し，学の英知による基礎・応用研究を共同で行い，その成果を活用して各企業での開発を加速することを目的としている。本組合の理念は次の 2 つである。

理念

- 産学官の英知を結集し，将来にわたり有望な動力源の 1 つである内燃機関の基盤技術を強化し，世界をリードする日本の産業力の永続的な向上に貢献

する
- 産学官の相互啓発による研究推進により，日本の内燃機関に関する専門技術力の向上を図り，技術者および将来にわたり産学官連携を推進するリーダーを育成する

研究テーマは，「ディーゼル後処理技術の高度化」，「自動車用内燃機関の燃焼技術の高度化」，「エンジン性能評価」であり，後処理や燃焼技術について科学的な現象の解明，モデル化，評価手法策定などを行い，その成果を各企業において製品開発に反映することにより，より高性能な省燃費および低排出ガスの内燃機関を市場に投入していくことを実用化の方向性としている。この取り組みにより，日本の内燃機関燃焼技術および排出ガス浄化技術の一層の向上を図り国際競争力向上を目指す。また，広く将来を担う人材の育成につなげていく。事業費は，約10億円（平成26年度経産省補助事業費5億円含む）である。

2.1.2　自動車メーカーごとに独自に推進する場合

1990年に発売されたホンダ社の車名；NSXや，1997年にトヨタ社から発売された車名；プリウスなどのようなフラッグシップカーの開発がこれに該当する。研究部門と開発部門とが分離され，研究部門でのコア技術研究成果を開発部門の構想設計段階で取り入れて先端自動車として完成させたものである。

ハンドリングのコア技術である「MR（Midship-engine Rear-drive）方式の研究成果」を開発に移行させ，ホンダ社のフラッグシップカーとして完成させた例がNSXである。また，企業としての目的である「21世紀のクルマ提案」から，燃費性能に的を絞って，「従来車の2倍」を目標に構想設計され，その開発段階で必要なコア技術である「ハイブリッド駆動技術」や「ニッケル水素電池技術」を研究部門から取り入れて完成させた例がプリウスの開発例であるといえる。いずれの場合も研究部門での研究テーマ選定がカギを握っている。

2.2　政府が基準値を作成して主導する場合

2.2.1　環境への取り組み

実際の施行は3年遅れたが，マスキー法（1970年大気清浄法）の実施や，カリ

フォルニア州立大気汚染防止法（1988年に制定）に基づいてカリフォルニア州大気資源局（CARB）が，1990年に決定公布したLEVプログラム（排ガス規制）に対応して，各自動車メーカーごとに「排気ガス対策プロジェクト」が発足され，そのときに完成された技術が現在の排ガス対応技術の根幹をなしている。そして，1997年には，さらに厳しいLEV IIプログラムが公布され，これに対応すべく各自動車メーカーごと，または各技術分野ごとのコンソーシアムを構成して先端技術の研究・開発に取り組んでいる。

（1） TLEV，LEV，ULEV，ULEV2の排ガス規制値と対応技術

表2.1は，日米両国における排ガス規制強化の歩みの概要を示している。TLEVは，1994年の連邦規制値からHCが50％低減され，1997年のLEVはHC（Hydrocarbon）で70％，NO_x（Nitrogen oxides）で50％低減，さらに1997年以降ではHCを85％，CO（Carbon monoxide）を50％低減したULEV規制値が適用され，所定の販売比率を義務付けると共に年度ごとに適用比率拡大を要求した。さらに1998年よりカリフォルニア州では，ZEV（Zero Emission Vehicle）の販売を2％義務付け順次拡大する規制を適用した。

1960年代には排ガス低減装置が装備されていないので，1マイル走行ごとに

表2.1　排気ガス規制値[1)]

西暦〔年〕	アメリカ〔g/mile〕			日本〔g/km〕		
	HC	CO	NO_x	HC	CO	NO_x
以前	9	90	3.1	2.94	18.4	2.18
1978	1.50	15	3.1	0.25	2.1	1.2
1979				0.25	2.1	0.6
1980	1.50	15	2	0.25	2.1	0.25
1981	0.41	3.4	1			
1993-Calif	0.25	3.4	0.4			
1994	0.25	3.4	0.4			
1994-TLEV	0.125	3.4	0.4			
1997-LEV	0.075	3.4	0.2			
1997-2003-ULEV	0.04	1.7	0.2			
2004-ULEV2				0.08	0.67	0.08
2002	0.04	1.7	0.05			
2004-SULEV2	0.01	1.0	0.02			

100gを超える汚染物質が排出されていた。これは，アメリカ全土全車両合計で，年間1億2000万トン（12トン/km^2）超の汚染物質が排出されていたことを意味する。現在では政府の厳しい基準をクリアしたおかげで，排ガス量は大幅に削減され，98％低い200万トン（0.2トン/km^2）に減少できたのである。

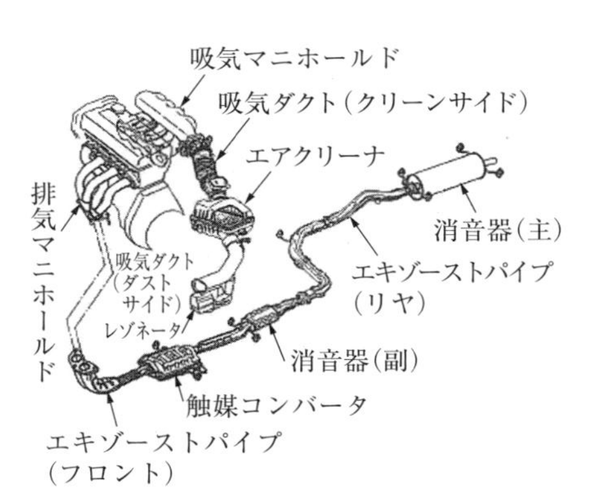

図2.1　触媒コンバータ[2)]

この厳しい規制クリアの糸口は，触媒コンバータ（キャタライザ；Catalyzer）の進化にあるといってもよい。触媒コンバータは図2.1に示すようにエンジンの排気管に取り付けられ，排ガス中の有毒ガスを無害な窒素水と二酸化炭素に変えて，排気ガスから汚染物質を取り除き空気を浄化する装置である。排ガス中の有害物質は，ガソリンを素早く燃焼させることで，ある程度抑えられるが，それでも発生する有害物質は，触媒コンバータにより浄化して排ガス規制をクリアする。触媒コンバータは，CO，VOC（Volatile Organic Compounds；揮発性有機化合物），NO_xの3種類の有害物質を削減する三元触媒であり，白金とロジウム，または白金とパラジウムの金属触媒でコーティングされたセラミック構造で構成された2種類の触媒（還元触媒と酸化触媒）を使用する。

図2.2　1995年にTLEV，LEV規制を達成したシビックHX（米国仕様）[3)]

図2.2は，1995年に米国TLEV，LEV規制を達成したホンダ社の車名；シビックである。リーンバーンエンジンと三元触媒に加えてCVT（Continuously Variable Transmission；無段変速機），EPS（Electric Power Steering；電動パワーステアリング）などの燃焼効率や駆動効率を向上させる技術が搭載されている。

（2）　ZEVの販売目標値

CARBは，カリフォルニア州で自動車を大量に販売している米・日7大メーカー（GM，フォード，クライスラー，トヨタ，日産，ホンダ，マツダ）に対して，

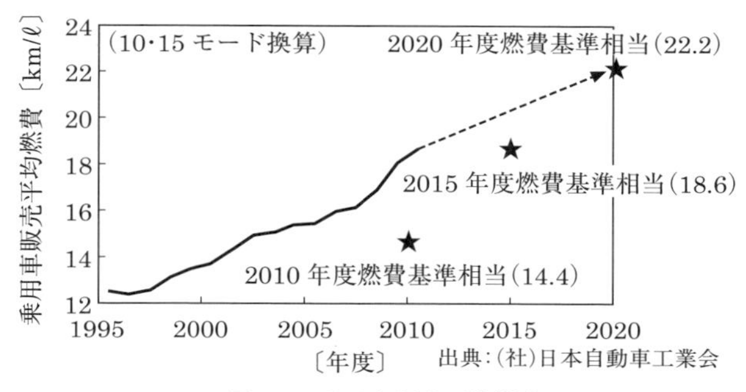

図 2.3　乗用車販売平均燃費

1998 年から乗用車とライトトラックの販売台数の少なくとも 2％にあたる ZEV の販売を義務付け，2001 年から 5％，2003 年からは 10％に引き上げた。カリフォルニア州で販売活動している上記メーカーは，1998 年までに量販可能な電気自動車を開発し市販しなければならなくなった。

2.2.2　石油枯渇や地球温暖化対策への取り組み

エネルギー需要急拡大などによる石油枯渇懸念や地球温暖化対策から，CO_2 排出量の削減に結びつく燃費向上が重要な課題となり，政府は自動車の燃費向上を促す法律を次々に制定する。日本における省エネ法では，自動車の製造事業者など（自動車メーカーおよび輸入事業者）に目標年度までに各区分ごとの平均燃費値を基準値以上に改善するよう求めた。

アメリカでは基準値に満たないと罰則金を課したが，日本では燃費値に関する表示事項を定め，燃費値を自動車商品カタログに表示させたり，自動車の燃費性能に関する評価を実施し結果を積極的に公表するなどして，ユーザーの省エネルギーへの関心を高め燃費性能の高い自動車の普及を促進した。

自動車メーカー各社は，これらの施策に対応するために燃費向上技術を自動車メーカーごとに開発し競って実用化してきた。その結果，自動車工業会調査（図 2.3）では，新車乗用車の燃費が基準を上回ると予測する。

次に燃費向上に寄与する代表的な技術を紹介する。

(1)　ガソリンエンジン車の燃費向上技術

図 2.4 に示すように，エンジン効率，駆動系，転がり抵抗などに寄与する動力系

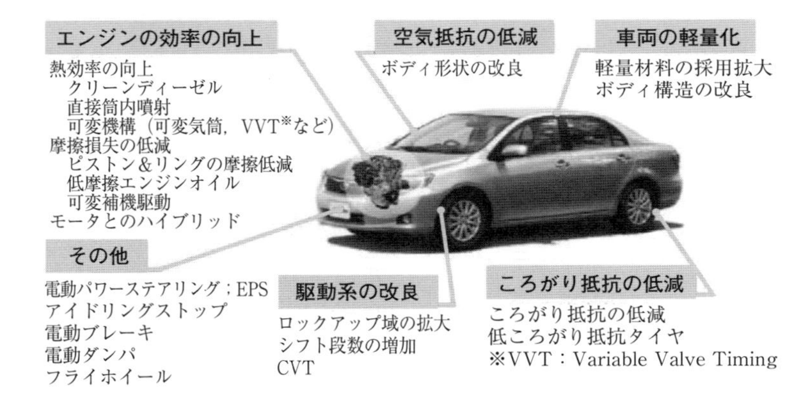

図 2.4　燃費向上技術[4)]

技術に加えて，空気抵抗の低減，軽量化，そのほかにEPSやアイドリングストップなどの省動力技術が開発され燃費向上に貢献している。

(a)　クリーンディーゼルエンジン車

軽油を燃焼させて動力を得るディーゼルエンジン車は，ガソリンエンジン車に比べて25～30％も燃費効率が高いので，CO_2 排出量も少ない。特に欧州では，60％以上がディーゼルエンジン車になっている国もある。

ディーゼルエンジンは，排気成分で有害な大気汚染物質である NO_x（窒素酸化物）とPM（Particulate Matter；粒子状物質（スス））を低減することが課題であったが，新たなエンジン制御技術と触媒技術により基準をクリアした。新たな燃料噴射制御システムは，燃え残りであるPMの発生を抑え，不完全燃焼である NO_x を低減する。そしてそれでも残ったPMや NO_x は，排気の後処理システムとしての酸化触媒（DOC；Diesel Oxidation Catalyst）や微粒子捕集フィルタ（DPF；Diesel Particulate Filter）により除去できるようになった。

(b)　ハイブリッド車

ハイブリッド車；HV（Hybrid Vehicle）は，ガソリンエンジンと電気モータを巧みに使い分けてエンジンの高効率運転と制動エネルギーの回生によりエネルギー効率を向上させた自動車である。通常のHVとPHV（Plug-in Hybrid Vehicle；プラグインハイブリッド車）の2種類が販売され，ガソリン自動車と比較すると，同等以上の走行性能と装備を有し，燃費では50%以上優れている。

PHV は，家庭で充電する接続用のプラグと充電用の大容量二次電池が搭載され，充電は，電気自動車同様の充電スタンドで行われる。HV と比較すると，電気自動車による走行頻度増大分だけ，ガソリン消費量を減少させることができる。

© YOSHIKAZU TSUNO/AFP

図 2.5　プラグインハイブリッド車（ニッサン　リーフ）

(2)　電気自動車

電気自動車；EV（Electric Vehicle）は，モータで走行するため，①走行中に排出ガスを出さない，②低振動・低騒音，③起動トルクが大きく発進がスムーズであり，④充電するのに必要なのは電気代だけなのでガソリン車よりランニングコストが安い。三菱社の i-MiEV（図 2.6）の場合，一般的なガソリン車と比べると，燃費は約 1/8 程度である。

© ERIC PIERMONT/AFP

図 2.6　電気自動車（三菱社　i-MiEV）

しかし，①航続可能距離が短い，②バッテリの充電に時間がかかる，③バッテリに寿命がある，④車両価格が高い，⑤充電スタンドなどのインフラの整備が必要などの課題も多い。三菱社の i-MiEV の場合，フル充電時の航続可能距離は，約 160 km であるがエアコンやヒータを使うとさらに航続距離は短くなる。充電時間は，100 ボルトの場合で 14 時間，200 ボルトでも 7 時間を要する。車両価格は，約 400 万円（補助金終了時）であり，同程度のガソリン車と比べ約 3 倍である。

2.2.3　安全への取り組み

1960 年代の死亡事故の多発は，日本だけでなくアメリカや海外諸国でも深刻な社会問題となった。こうした中，1970（昭和 45）年 2 月，米国運輸省が ESV の開発計画を提唱した。当時，米国では自動車事故死者数の約60％が，自動車の乗車中に発生していたので，ESV計画では，「乗員保護」と「運転者の危険回避」をテーマに安全性の追求と技術の向上を目指した。

しかしESVの取り組みは，ABSやエアバッグなどの個別安全技術の実用化にはつながったが，自動車全体で眺めると，「実験車開発」に終始してしまったことの反省に立ち，その後のエレクトロニクス技術の進歩を背景に，日本独特のモータリゼーション環境に自動車を知能化して対応させることを目的として，1991年に日本独自のASV（Advanced Safety Vehicle）計画をスタートさせた。推進母体は「先進安全自動車（ASV）推進検討会」で，事務局は国土交通省が担当した。アメリカ連邦政府のESVプロジェクトを継承発展させる形で実施されているが，その開発思想においては，先進的であるところが特徴である。

次に，ESVとASVにおける政府主導の目標設定，基準作りと，それに準拠する形で各自動車メーカー参画による安全技術の創出，実用化に向けた取り組みを紹介する。

(1) ESV

米国政府は，日本政府や西ドイツ政府などの各国にESV開発の協力を求めた。それに応えて1970年11月，日米両政府間でESV開発に関する覚書が交換され，日本はESVに参画することとなった。その内容は，それぞれの国の主力車のサイズにより，すなわち米国は，車両重量4 000ポンド（約1800kg）のESVを，日本を含む他の国は，2000ポンド（約900kg）のESVを開発するというものであった。ところが，この施策が安全技術の取り組み方に大きな違いを生み出していった。

日本政府は1971年5月，米国ESV仕様を参考にESV日本仕様を決定し，開発メーカーを募集した。日本仕様は，4人乗り車両重量1150kgと2人乗り車両重量900kgの2種類が設定され，時速80kmで衝突しても，あるいは追突されても乗員に加わるショックが生存可能な範囲内で納まり，しかも生存空間を確保し乗員が車外に放出されない車の開発を

図2.7　トヨタESVのポール衝突公開衝突実験，日本自動車研究所（1973年11月）[5)]

表 2.2 ASV 推進計画の活動経緯[6)]

ASV 期 ＼ 項目	目的	目標，実績
第 1 期 1991～1995 年度	技術的可能性（実用性・実現可能性）の検討	● 開発目標の設定 ● 事故削減効果の検証 ● ASV 19 台によるデモ走行
第 2 期 1996～2000 年度	実用化のための条件整備	● ASV 基本理念の策定 ● ASV 技術開発の指針などの策定 ● 事故削減効果の検証 ● ASV 35 台によるデモ走行
第 3 期 2001～2005 年度	普及促進と新たな技術開発	● 運転支援の考え方の策定 ● ASV 普及戦略の策定 ● 通信技術を利用した技術開発の促進 ● ASV 17 台による通信利用型の検証実験
第 4 期 2006～2010 年度	事故削減への貢献と挑戦	● 交通事故削減効果の評価手法の検討および評価の実施 ● 通信利用型実用化システム基本設計書の策定 ● ASV 30 台による通信利用型の公道総合実験
第 5 期 2011～2015 年度	飛躍的高度化の実現	● ASV 技術の飛躍的高度化に関する検討 ● 通信利用型安全運転支援システムの開発促進に関する検討 ● ASV 技術の理解および普及促進に関する検討 ● 国際基準調和に向けた情報発信

目指した。

日本の ESV 開発は，1971 年 2 月から開始され，1973 年 6 月には規格どおりの ESV を完成させた。

(2) ASV

ASV の目的は，ESV の経験からドライバの安全運転を支援する知能化された自動車，すなわち先端システムを搭載した自動車の開発とし，自動車メーカーが個別で取り組む安全技術と一線を画した。「ASV 推進計画」は，プロジェクトにより，第 1 期から期を重ね 20 年以上に渡って継続的に推進されている。このプロジェクトを円滑に進めるために ASV 推進検討会を設置し，学識経験者，自動車・二輪車メーカー（14 社），関係団体，関係省庁を委員とする「先進安全自動車（ASV）推進検討会」（事務局；国土交通省）において，ASV 技術に関する基本となる考え方を「ASV 基本理念」として，次の 3 項目を定め推進している。

① ドライバ支援の原則；安全な運転の主体者はドライバであり，ASV 技術はドライバを側面から支援する
② ドライバ受容性の確保；ドライバが安心して使えること
③ 社会受容性の確保；社会から受け入れられること

自動車の普及の鍵を握るマンマシーンインターフェースを考慮しながら開発を進めていることからも，実用化に対する力の入れ具合がうかがえる。

表 2.2 は，ASV 第 1 期から第 5 期までの推進内容をまとめたものである。第 1 期から第 4 期までが 1 つの括りでまとめられる。

次にこれらについて説明する。

(a) 第 1 期 ASV（1991〜1995 年度）

第 1 期では，図 2.8 に示すように開発目標を乗用車単独における，①予防安全，

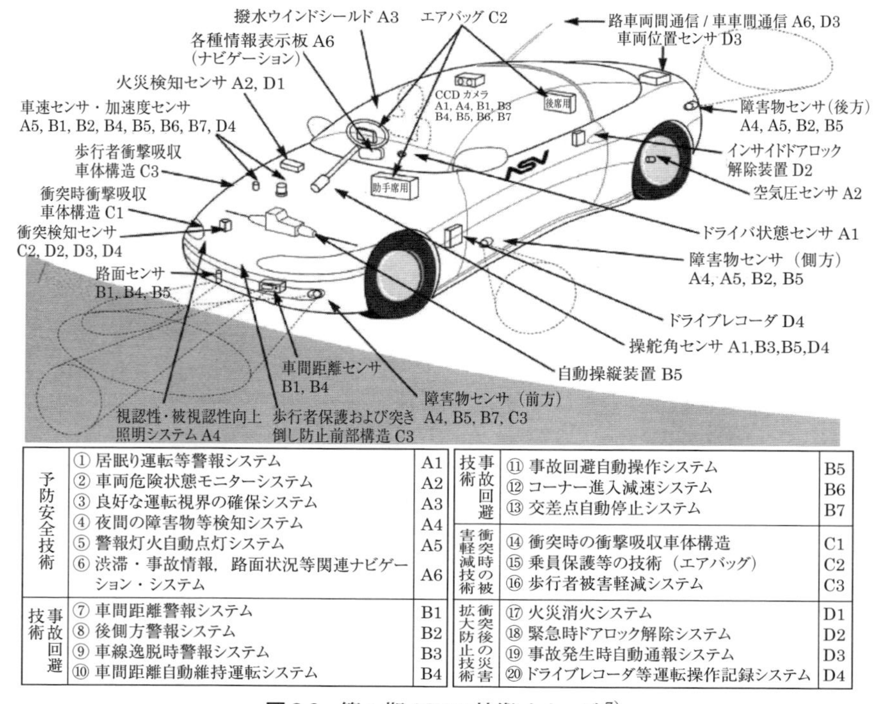

分類	技術	記号
予防安全技術	① 居眠り運転等警報システム	A1
	② 車両危険状態モニターシステム	A2
	③ 良好な運転視界の確保システム	A3
	④ 夜間の障害物等検知システム	A4
	⑤ 警報灯火自動点灯システム	A5
	⑥ 渋滞・事故情報，路面状況等関連ナビゲーション・システム	A6
事故回避技術	⑦ 車間距離警報システム	B1
	⑧ 後側方警報システム	B2
	⑨ 車線逸脱時警報システム	B3
	⑩ 車間距離自動維持運転システム	B4
事故回避技術	⑪ 事故回避自動操作システム	B5
	⑫ コーナー進入減速システム	B6
	⑬ 交差点自動停止システム	B7
衝突時の被害軽減技術	⑭ 衝突時の衝撃吸収車体構造	C1
	⑮ 乗員保護等の技術（エアバッグ）	C2
	⑯ 歩行者被害軽減システム	C3
衝突後の災害拡大防止技術	⑰ 火災消火システム	D1
	⑱ 緊急時ドアロック解除システム	D2
	⑲ 事故発生時自動通報システム	D3
	⑳ ドライブレコーダ等運転操作記録システム	D4

図 2.8　第 1 期 ASV の技術イメージ[7)]

②事故回避，③衝突時の被害軽減，④衝突後の災害拡大防止の4分野に定め，それぞれ有効な技術20項目を推進した。ASV推進検討会は，ASVの基本仕様の設定，評価方法の検討，技術20項目の事故削減効果の推定や安全性・信頼性の評価，技術指針の策定を担当し，自動車および関連メーカーは，それぞれのASVコンセプトと目標を設定し，システムと要素の研究成果を反映した試作車を製作，デモ走行による実用性・実現可能性の検討を行った。そして，その成果をITS世界会議に出展したのである。

(b) 第2期ASV（1996～2000年度）

第2期は，「実用化のための条件整備」の段階である。乗用車単独であった第1期に加えてトラック，バス，二輪車の検討開始と，世界的に機運が高まってきたITS（Intelligent Transport System；高度道路交通システム）の自動車としての受け皿の役割を果たすようになった。

ITSは，1994年から開始されたITS世界会議を受けて，1995年2月から政府がITSの推進方針を決定し，国土交通省を中心に多くの民間企業や団体も含めて，官民一体となって推進するシステム群である。最先端のエレクトロニクス技術を用いて人と道路・車両を一体のシステムとして構築することによりナビゲーションシステムの高度化，有料道路などの自動料金収受システムの確立，安全運転の支援，交通管理の最適化，道路管理の効率化を図るもので，安全・快適で効率的な移動に必要な情報を迅速，正確かつ分かりやすく利用者に提供することなどにより道路交通の安全性，輸送効率，快適性の向上，環境保全を実現するものである。

表2.3に示すように第2期では，技術分野6項目と取り組み32項目のシステムに再整理した上で，実用化を目指した課題の整理と，開発指針の策定を行った。

図2.9は，乗用車，トラック，二輪車における第2期ASV技術のイメージであり，表2.3の取り組み項目のシステム構成を示す。システムとシステムを構成するセンサやカメラなどの搭載位置を示すもので，先端自動車の具体例であるといえる。

(c) 第3期ASV（2001～2005年度）

第3期は，第2期の成果で実用化が進む技術（表2.4）を育成するために，優遇措置などの「普及促進のための検討」に入り，実用化を加速させると共に，次の新たなテーマとして「自律型自動車の高度化」と「通信技術の活用技術」を加え，新たな先端技術開発の方向を示した。

ASVは，ITS（Intelligent Transport Systems；高度道路交通システム）の全体組織（図2.10）の中で，「3. 安全運転の支援」という重要な役割を担っている。開

表2.3 第2期ASV推進計画における取り組み項目[6)]

技術分野	取り組み項目（システム技術）
I 予防安全技術	1 ドライバ危険状態警報システム
	2 車両危険状態警報システム
	3 運転視界・視認性向上支援システム
	4 夜間運転視界・視認性向上支援システム
	5 死角警報システム
	6 周辺車両等情報入手・警報システム
	7 道路環境情報入手・警報システム
	8 外部への情報伝達・警報システム
	9 運転負荷軽減システム
II 事故回避技術	10 車両運動性能・制御向上システム
	11 ドライバ危険状態回避システム
	12 死角事故回避システム
	13 周辺車両等との事故回避システム
	14 道路環境情報による事故回避システム
III 全自動運転技術	15 既存インフラ利用自律型自動運転システム
	16 新規インフラ利用自動運転システム
IV 衝突安全技術	17 衝突時衝撃吸収システム
	18 乗員保護システム
	19 歩行者被害軽減システム
V 災害拡大防止技術	20 緊急時ドアロック解除システム
	21 多重衝突軽減システム
	22 火災消火システム
	23 事故発生時自動通報システム
VI 車両基盤技術	24 自動車電話安全対応システム
	25 高度デジタルタコグラフ・ドライブレコーダシステム
	26 電子式車両識別票
	27 車両状態自動応答システム
	28 高度GPS測位システム
	29 ドライブバイワイヤ
	30 高齢運転者の支援技術
	31 疲労の生理学的計測とその対応技術
	32 ヒューマンインターフェースの基盤技術

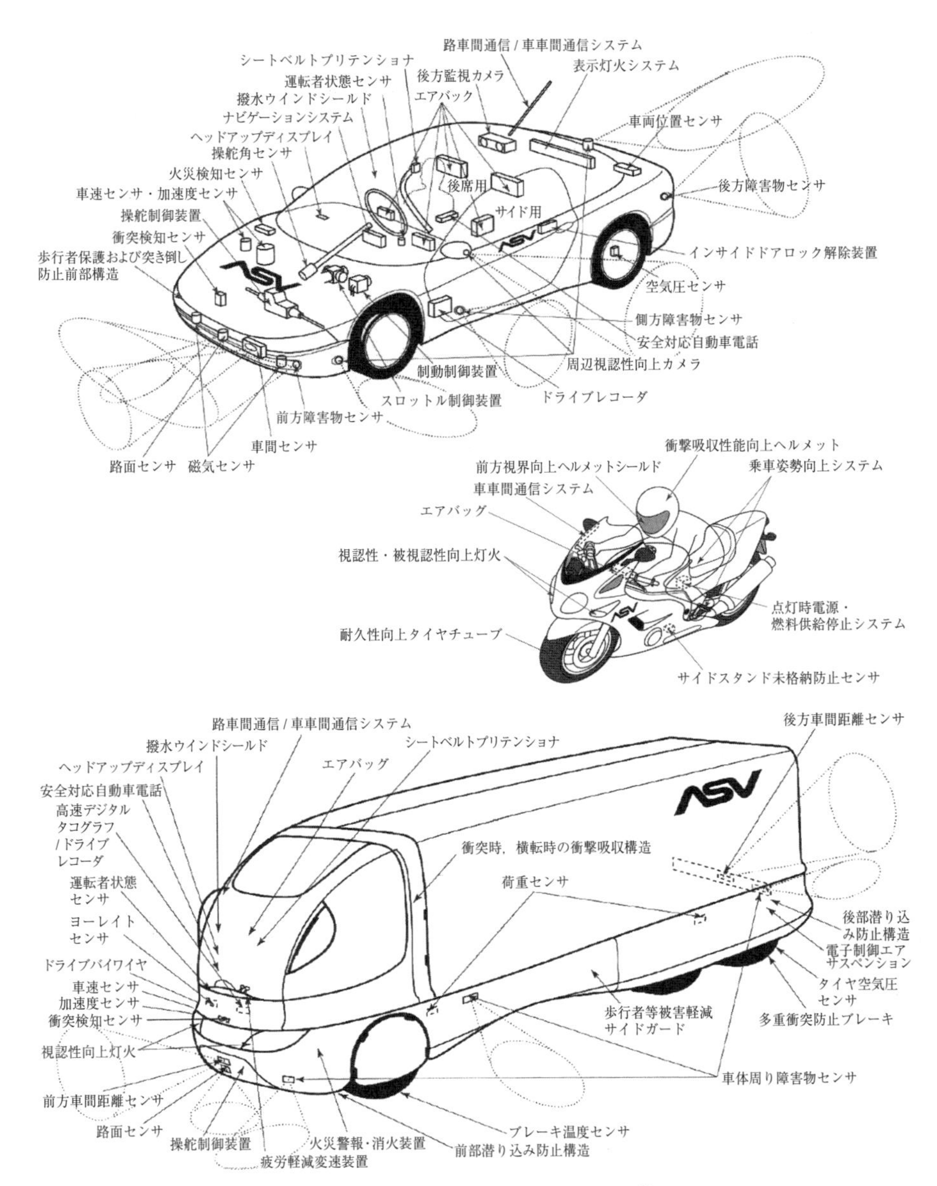

図 2.9 第 2 期 ASV の技術イメージ[9)]

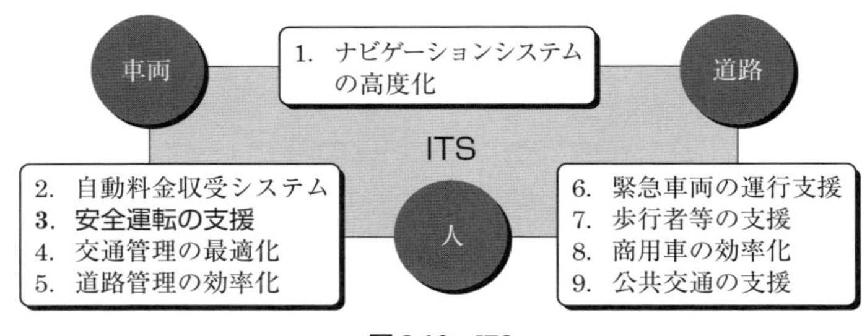

図 2.10　ITS

発技術の実用化が効率的に進められるように，ITS推進母体である，警察庁，総務省，経済産業省，国土交通省の関係4省庁の連携強化が図られた。

(d)　第4期ASV（2006～2010年度）

第4期では，さらなる事故削減に向け，ASV技術の訴求を進めると共に，新たな技術の開発と実用化を推進した。表2.4は訴求技術の代表例である。

ASVは，車載センサで検知した情報を用いて支援する「自律検知型」と，路側からの情報や他車両・歩行者からの直接情報を用いて支援する「通信利用型」の2

表 2.4　実用化が進むASV技術[8)]

項目 （取り組み項目）技術	対象車	制御内容
1 ドライバ危険状態警報システム 居眠り警報装置 車間距離警報装置	4輪車・トラック	カメラで車間距離や車両の蛇行などを検出し，注意力が低下している場合に音声や爽快感のある香りなどで警報する。
5 死角警報システム カーブ警報装置	4輪車・トラック	カーブに進入する速度が大きく危険と判断される場合は，運転者に音声で注意を促し，状況に応じてシフトダウン制御を実施。
9 運転負荷軽減システム 車線維持支援装置 （レーンキープシステム）	4輪車・トラック	カメラで前方の車線を認識し，高速道路の直線路で車線を維持するようにハンドル操作を支援する。
ブレーキ併用定速走行装置 （アダプティブクルーズコントロール）	4輪車・トラック	レーザーレーダで前方を監視し速度を一定に保つ。先行車がいる場合には一定の車間距離を保つ。
ナビ協調シフト制御装置	4輪車・トラック	カーナビゲーションからカーブ情報と道路勾配やドライバ操作の情報を利用してより適切なシフト制御を実施。
10 車両運動性能・制御向上システム 前後輪連動ブレーキ	2輪車	前・後輪のブレーキ力を適切に配分し，車体挙動を安定化させ強いブレーキ力を確保する。

表 2.5 ASV 技術の飛躍的高度化に関する検討 10)

①ドライバの異常時対応システムに関する検討
②ドライバの過信に関する検討
③運転支援システム（歩行者注意，自転車飛び出し注意，車間距離注意等）の複合化に関する検討
④大型車の安全対策を充実するための技術開発の促進（追突被害軽減ブレーキ）

表 2.6 通信利用型安全運転支援システムの開発促進に関する検討 10)

①歩行者車間通信システムに関する検討
②次世代の通信利用型運転支援システムに関する検討
③通信利用型運転支援システムの効果評価に関する検討

種類のシステムから構成される。自律検知型は，より高度な運転支援が，通信利用型は，より広範囲な運転支援が可能になることから，第 4 期では，交通環境の高度化に向けて「通信利用型の開発・実用化の促進」にも力を注いだ。

(e) 第 5 期 ASV（2011～2015 年度）

第 5 期では，表 2.5，表 2.6 に示すように新たな安全目標として「歩行者保護と高齢者対策」，「ドライバ異常時の対応」を加え，前者は見えない場所でも安心な交通環境，後者はうっかり・ぼんやり・勘違いでも自動車が判断する自律化に一歩踏み込んだ「技術の飛躍的高度化の検討」を開始した。

これは，第 4 期までの取り組みなどにより交通事故死傷者数が減少傾向（図 2.11）にあるものの，平成 23 年では約 4 600 人が亡くなり，約 85 万人が負傷するという依然として深刻な状態にあり，この状態を打破するためには，ASV が指し

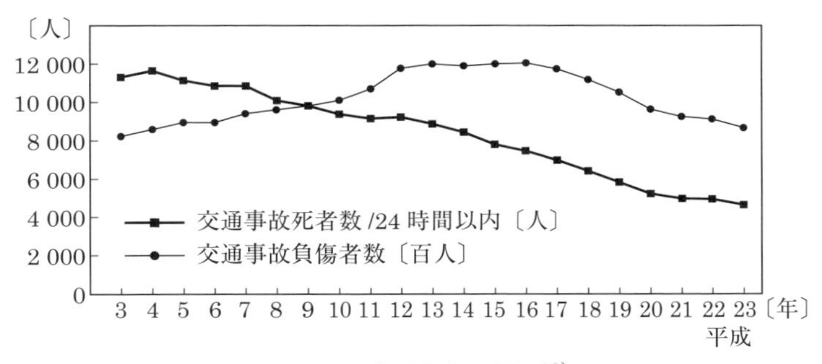

図 2.11 交通事故の状況 10)

示す未来交通社会のコアとなる「自律検知型」と「通信利用型」システムの開発を発展的に押し進め，交通環境や自動車が自律した社会を構築する必要であると考えたからだ。

演習問題

問題1　先端自動車とは，どのような自動車か。またどのように開発が進められているのか，説明しなさい。

問題2　LEV プログラムの特徴と，4種類の排ガス基準から区分された自動車の区分名を列記しなさい。

問題3　排ガスを直接低減する技術と間接的に低減する技術を列記して，それぞれについて説明しなさい。

問題4　従来のディーゼルエンジンとクリーンディーゼルエンジンとの違いを述べなさい。

問題5　ハイブリッド自動車を大別すると，どんな形式があるのか，またその形式は，燃費向上効果にどのような影響を与えるのか，説明しなさい。

問題6　電気自動車のメリットとデメリットを整理して，記しなさい。

問題7　ESV と ASV の違いはどこにあるのか，説明しなさい。

問題8　ナビゲーションを応用した安全技術を3つ挙げて，説明しなさい。

問題9　表2.3のドライバ危険状態回避システムを構成するのに必要と思われるセンサやシステムなどを図2.9の中から選出し，その理由を説明しなさい。

第3章

エネルギー（省動力・高効率）技術

原油価格の高騰，BRICSを中心としたエネルギー需要の急拡大，資源開発を巡る国際紛争，その対応としての原子力への回帰傾向など，石油供給の不安定要因を示す事例には事欠かない。

自動車は，ガソリンと軽油に依存しているので，こうしたエネルギー需給構造変化によって深刻な影響を受ける。エネルギー源の多様化やエネルギー効率の劇的な向上を実現することが急務であり，日米欧のみならず中国などの主要国においても，エネルギー政策の最大の課題となっている。

一方で，エネルギー供給不足は，自動車産業におけるエネルギー技術の多様化を促しているのも事実である。究極の自動車エネルギー技術として各国で研究開発が進められている「燃料電池技術」のみならず，「ハイブリッド技術」や「クリーンディーゼル技術」，さらにはバイオ燃料に代表される「代替燃料技術」など，益々多様化され，こうした技術間の競争により自動車のエネルギー効率の革新を促している。

図3.1は，自動車に使用されている燃料と電池について，体積当たりのエネルギー密度を比較したものである。電池の体積エネルギー密度は，リチウムイオン（Li-ion）電池でもガソリンの1/20程度であり，この差がそのまま航続距離の差になる訳ではないが，ガソリンなどの液体燃料には大きな隔たりがある。

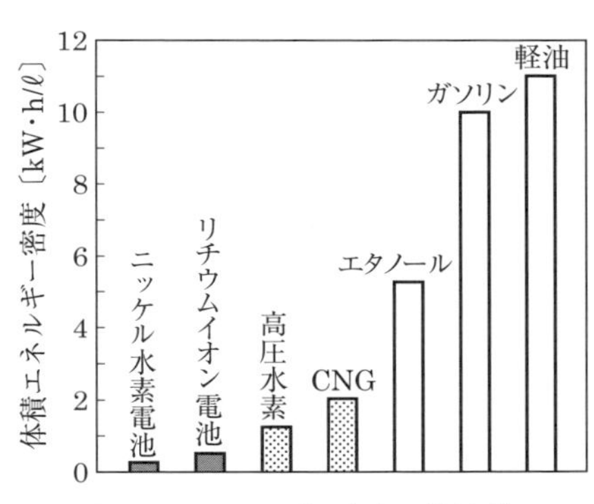

図3.1　エネルギー密度の比較[1)]

電気自動車は，自動車が歴史上誕生した時代から，常にクリーンな技術として何度となく販売されてきたが，「航続距離が短い」，「車両価格が高い」，「電池が短寿命で重くて大きい」といった理由から本格的な普及に至っていない。しかしリチウムイオン電池の実用化により，体積エネルギー密度は鉛蓄電池の約6倍になり，同じkWhで比較すれば体積を1/6にできることから，小型のコミュータ型電気自動車の実用化，ハイブリッド技術の高効率化，およびプラグインハイブリッド技術，燃料電池技術を支える基盤技術として再評価されつつある。

本章では，自動車のエネルギー技術の基本である動力性能などについて述べた後で，燃焼効率向上効果と排出ガス低減技術進歩の著しい「クリーンディーゼル」，ガソリン車に電気自動車のメリットを活用して走行性能と低燃費を両立させた「ハイブリッド自動車」，そして「電気自動車」を紹介し，先端技術がもたらす新しい自動車のエネルギー技術について考える。

3.1　自動車の動力性能

自動車が走行するときの動力性能を決める要因として重要な走行抵抗，走行性能，加速性能，登坂性能，最高速および制動性能について述べる。

3.1.1　走行抵抗；R〔N〕

自動車が直進走行しているときには，図3.2に示すように，エンジンやモータによる駆動力Fと逆向きの走行抵抗Rが働き，力の釣り合いから次式が成り立つ。

$$
\begin{aligned}
F &= R \\
&= R_r + R_l + R_i + R_a
\end{aligned}
\tag{3.1}
$$

(1)　転がり抵抗；R_r〔N〕

平坦路で自動車を直進方向に転がすときの転がり抵抗R_rは，次式で求められる。

$$R_r = \mu_r \cdot W \tag{3.2}$$

μ_r;転がり抵抗係数（0.010～0.015），W;自動車総重量〔N〕，$W=$ 自動車総質量〔kg〕×重力加速度〔m/s^2〕

転がり抵抗は，図3.3に示すように車速やタイヤ，タイヤにかかる力などの影響を受ける。

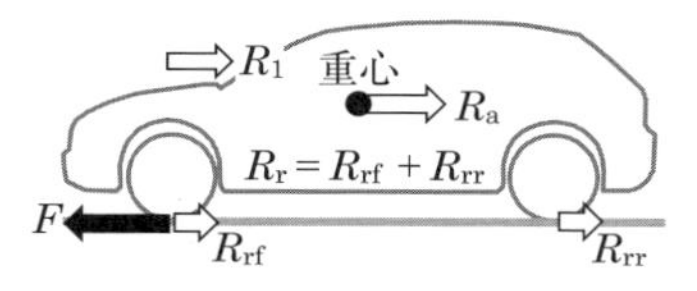

図3.2　直線運動時に作用する力（平坦路）

(2)　空気抵抗；R_1〔N〕

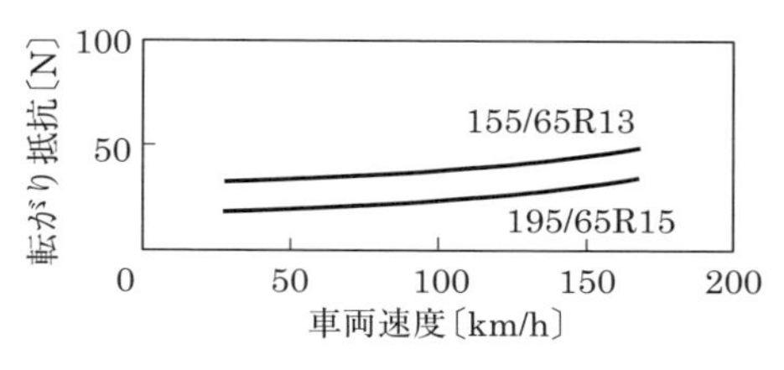

図 3.3　車速と転がり抵抗（1 輪）[2]

空気抵抗 R_1 は，自動車の走行を妨げる方向に空気から受ける力であり，次式で表される。

$$R_1 = \mu_1 \cdot A \cdot V^2 \tag{3.3}$$

$$= \frac{1}{2}\rho \cdot C_D \cdot A \cdot V^2 \tag{3.4}$$

μ_1；空気抵抗係数〔N･s^2/m^4〕，ρ；空気の密度（1.293〔kg/m^3〕，at 0〔℃〕，1〔atm〕），C_D；抗力係数（空気抵抗 0.2 ～ 0.4），A；全面投影面積〔m^2〕，V；車速〔m/s〕

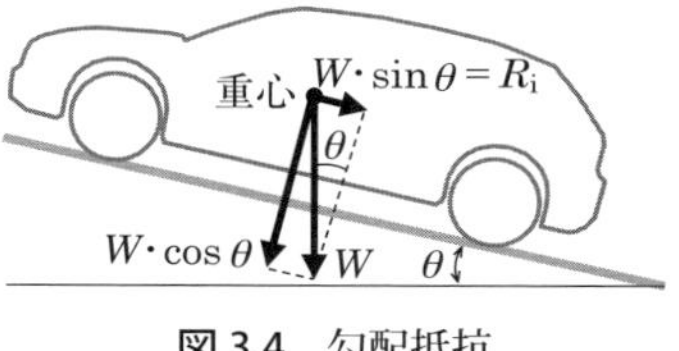

図 3.4　勾配抵抗

(3)　勾配抵抗；R_i〔N〕

図 3.4 に示す勾配を登坂する場合の勾配抵抗 R_i は，次式によって表される。

$$R_i = W \cdot \sin\theta \tag{3.5}$$

道路の勾配 i % は，進行方向に沿った傾斜角 θ を用いて，次式で表す。高速道路では，5 % 以下が多く，山岳路でも 7～10 % くらいである。

$$i = \tan\theta \times 100 \tag{3.6}$$

(4)　加速抵抗；R_a〔N〕

加速抵抗 R_a は，次式によって表される。

$$R_a = \frac{W + W_r}{g} \cdot \alpha \tag{3.7}$$

$$= (1 + \varphi) \cdot W \cdot \frac{\alpha}{g} \tag{3.8}$$

W_r；回転部相当重量〔N〕，α；自動車の加速度〔m/s^2〕，g；重力加速度〔m/s^2〕，$\varphi = W_r / W$

φ は，回転部分を考慮した場合の見かけの重量増加である。回転部相当重量は，エンジンの回転軸，動力伝達系，車軸，車輪などの慣性モーメントを駆動軸の有効半径上の重量に置き換えたもので，次式で表される。

表 3.1　動力伝達機構の慣性モーメント（2000cc　FF 車の例）[2)]

	部　位	慣性モーメント（$\times 10^{-2}$〔$\mathrm{kg \cdot m^2}$〕）
エンジン	フライホイール	9.200
	クランクシャフト＋コンロッド＋ダンパ	3.720
	カムシャフト＋タイミングギヤ	0.110
変速器	クラッチディスク	0.510
	メインシャフト	0.022
	カウンタシャフト	0.031
	1 速ギヤ	0.123
	2 速ギヤ	0.080
ドライブシャフト	左右セット	0.724
ブレーキ	前	0.076
	後	0.039

$$W_{\mathrm{r}} = g \cdot \left[I_{\mathrm{W}} + \left\{ I_{\mathrm{F}} + \left(I_{\mathrm{T}} + I_{\mathrm{E}} \right) \cdot i_{\mathrm{r}}^2 \right\} \cdot i_{\mathrm{F}}^2 \right] \cdot \frac{1}{r_{\mathrm{D}}^2} \tag{3.9}$$

I_{W}；車輪と同一回転部分（タイヤ，ホイール，ブレーキディスク，アクスル軸など）の慣性モーメント〔$\mathrm{kg \cdot m^2}$〕，I_{F}；終減速機入力軸と同一回転部分（終減速機，プロペラシャフト等）の慣性モーメント〔$\mathrm{kg \cdot m^2}$〕，I_{T}；変速機入軸と同一回転部分（変速機のメインドライブシャフトなど）の慣性モーメント〔$\mathrm{kg \cdot m^2}$〕，I_{E}；エンジン出力軸と同一回転軸（クランクシャフト，ピストン，フライホイール等）の慣性モーメント〔$\mathrm{kg \cdot m^2}$〕，i_{r}；変速機の変速比，i_{F}；終減速比，r_{D}；駆動輪の有効タイヤ半径〔m〕

3.1.2　走行性能曲線図

図 3.5 は，手動変速機付車の走行性能曲線図を示す。この図は，車速によるエンジン駆動力，回転数（変速特性），加速抵抗を除く走行抵抗を表すもので，定常状態における自動車の走行性能を示す。変速段位置における駆動力曲線と走行抵抗曲線との交点から，道路勾配における最高速度を求めることができる。また，ある車速での走行抵抗と最大駆動力との差を余裕駆動力といい，自動車を加速または登坂させる能力があることを示す。

図 3.6 は，自動変速機付車（AT 車）と電気自動車（EV）の走行性能曲線図を示す。AT 車は手動変速機付車における低速走行時の駆動力をトルクコンバータで増大させた特性が付与され，EV は，この AT 車の駆動力特性を包絡線で囲んだ特性，

つまりEVに使われているモータは起動トルク（車速ゼロ付近での駆動トルク）が大きく，変速機を必要としない駆動特性を有している。

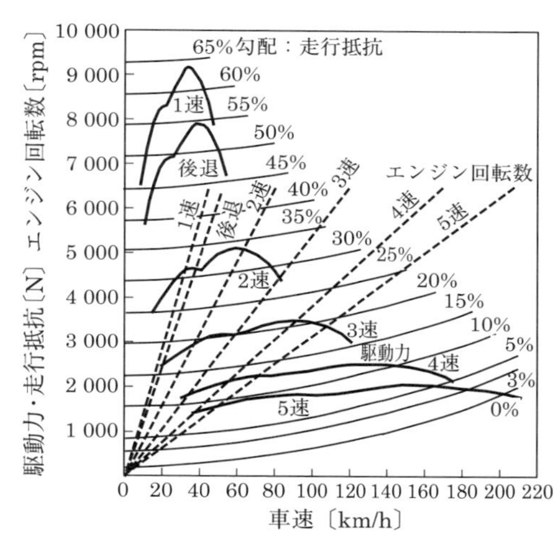

図 3.5　手動変速機車の走行性能曲線図 [2)]

3.1.3　加速性能

自動車の加速性能は，停止状態から急発進させる「発進加速性能」と，一定車速よりアクセルを全開にしたときの「追い越し加速性能」で評価され，それぞれの状態で発生できる加速度 α の大きさで表す。

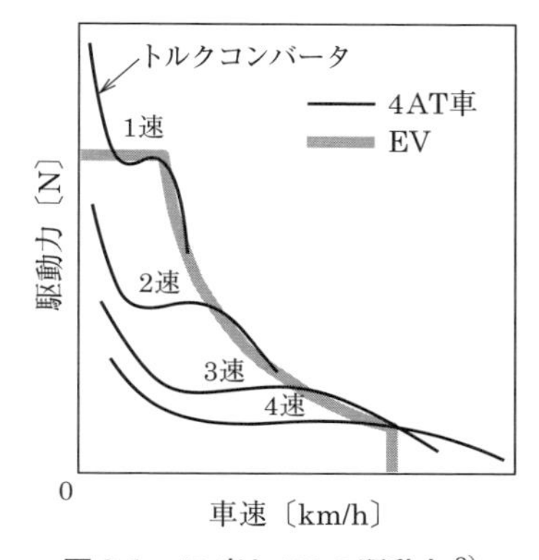

図 3.6　AT車とEVの駆動力 [3)]

この加速性能は，駆動力 F と無風平坦路での走行抵抗 R_0 との差である余裕駆動力 T により，次式で表される。

$$T = F - R_0 \tag{3.10}$$

$$= (1+\varphi)\cdot W \cdot \frac{\alpha}{g} \tag{3.11}$$

ここで，式（3.1），（3.2），（3.3）より，

$$R_0 = \mu_r \cdot W + \mu_1 \cdot A \cdot V^2 \tag{3.12}$$

したがって，余裕駆動力 T で発生する自動車の加速度 α は，次式で表される。

$$\therefore \alpha = \frac{g\cdot(F-\mu_r\cdot W-\mu_1\cdot A\cdot V^2)}{(1+\varphi)\cdot W} = \frac{g\cdot T}{(1+\varphi)\cdot W} \tag{3.13}$$

加速度 α は，余裕駆動力 T に比例し車両重量 W に反比例する。

3.1.4　最高速性能

最高速性能は，平坦路無風状態で自動車が出しうる最高速度で示される。このとき走行抵抗 R_0 と駆動力 F が釣り合う速度，つまり式（3.10），（3.11），（3.12）におい

て，$\alpha=0$ となる速度が最高速度 V_{max} であり，次式で示される。

$$F = R_0 = \mu_r \cdot W + \mu_1 \cdot A \cdot V^2 \tag{3.14}$$

$$\therefore V_{max} = \sqrt{\frac{F - \mu_r \cdot W}{\mu_1 \cdot A}} \tag{3.15}$$

最高速度を向上させるためには，駆動力 F を大きく，転がり抵抗 $\mu_r \cdot W$ を小さく，そして空気抵抗 $\mu_1 \cdot A$ を小さくする必要がある。

3.1.5 登坂性能

(1) 最大登坂性能

最大登坂性能は，自動車が理論上登りうる最大の勾配 $\tan\theta_{max}$ で表し，最大駆動力 F_{max} より求める。

$$F_{max} - R' = W \cdot \sin\theta_{max} \quad (R' = R_r + R_1 + R_a) \tag{3.16}$$

$$\therefore \tan\theta_{max} = \tan\left(\sin^{-1}\frac{F_{max} - R'}{W}\right) \tag{3.17}$$

(2) 実用上の登坂性能

実際には，路面とタイヤとの接地状態，つまり駆動輪の接地力により実用上の登坂限界が決まる。

3.2 自動車の制動性能

ブレーキは，自動車の運動エネルギーを熱エネルギーに変換，または電気的にエネルギー回生して自動車の減速度を制御する装置であり，ブレーキ性能としては，安全性上から適切な「停止距離」と制動時における車両の「安定性」などが要求される。

3.2.1 制動能力（制動距離と停止距離，安定性）

自動車の制動能力は，性能要求から「停止距離」と「安定性」で評価される。次に，これらについて述べる。

総重量 W の車両を減速度 α で制動するときのブレーキ力 B は，前輪のブレーキ力 B_f と後輪のブレーキ力 B_r により（図 3.9 参照），式 (3.18) で表され，ブレーキ

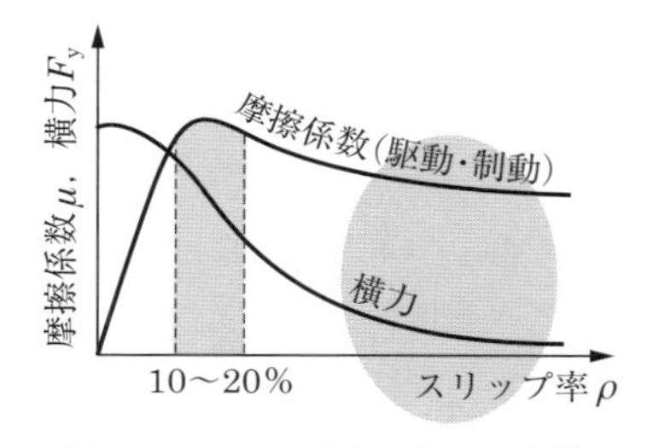

図 3.7　スリップ率とタイヤ特性

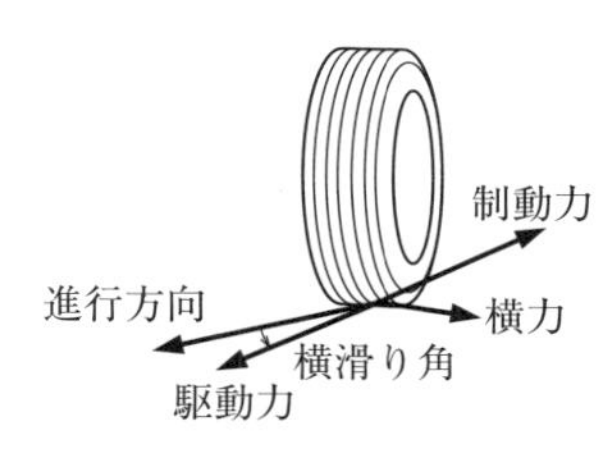

図 3.8　運動する車輪

初速度 V_0 と制動距離 S_B の関係は，式 (3.19) で表される。

$$B = B_f + B_r = \frac{W}{g} \cdot \alpha \tag{3.18}$$

$$S_B = \frac{V_0^2}{2\alpha} \quad \left(\because \frac{W}{g} \cdot S \cdot \alpha = \frac{1}{2} \cdot \frac{W}{g} \cdot V^2 \right) \tag{3.19}$$

B;ブレーキ力〔N〕, B_f;前輪のブレーキ力〔N〕, B_r;後輪のブレーキ力〔N〕,
α；減速度〔m/s^2〕

ドライバから見たときの実際の停止距離は，「制動開始」の意識の中からの反射時間を除いた，「アクセル足離れ」，「ブレーキ足乗せ」踏み込み，「減速開始」までの「空走距離」に「制動距離」を加えた距離（第 6 章図 6.14）になる。

制動距離 S_B は，ブレーキ力 B，つまりタイヤ路面間の摩擦係数に依存し，その最大値は，図 3.7 に示すようにスリップ率が 10 ～ 20 %の範囲に存在する。また自動車が曲がるためには，車体重心に作用する遠心力に抗する横力（図 3.8）が必要であるが，制動時のスリップ率の増加と共に低下し，最悪の場合，安定性を失うことから，ほとんどの車両には ABS（Antilock Brake System；アンチロックブレーキシステム）が搭載されている。このシステムは，スリップ率の最適制御（10 ～ 20 %の範囲に収まるように制動力を制御）がなされ制動距離の短縮化と車両安定性（横力の確保）のバランスを図っている。

3. 2. 2　制動力配分

(1)　荷重配分（荷重移動）

図 3.9 に示すように，制動中には減速度 α による慣性力が重心作用し，これにより車体が前傾し後輪から前輪に荷重 ΔW が移動する。このときの前輪と後輪の動

的荷重 W_f'，W_r' は，次式で表される。

$$W_f' = W_f + \Delta W = W_f + \frac{W}{g}\cdot\alpha\cdot\frac{h}{\ell} \tag{3.20}$$

$$W_r' = W_r - \Delta W = W_r - \frac{W}{g}\cdot\alpha\cdot\frac{h}{\ell} \tag{3.21}$$

W_f；前輪静的荷重〔N〕，W_r；後輪静的荷重〔N〕，h；重心高〔m〕，ℓ（$=\ell_f+\ell_r$）；ホイールベース〔m〕

(2)　理想ブレーキ力配分とロック限界

車両を減速度 α で制動する場合に，前輪と後輪に必要な理想状態でのブレーキ力 B_f^*，B_r^* は，式(3.18)，(3.20)，(3.21)より次式で表される。

$$B_f^* = \frac{1}{g}\cdot\left(W_f + \frac{W}{g}\cdot\alpha\cdot\frac{h}{\ell}\right)\cdot\alpha \tag{3.22}$$

$$B_r^* = \frac{1}{g}\cdot\left(W_r - \frac{W}{g}\cdot\alpha\cdot\frac{h}{\ell}\right)\cdot\alpha \tag{3.23}$$

$$B_f^* + B_r^* = \frac{W}{g}\cdot\alpha \tag{3.24}$$

この理想状態における前輪と後輪のブレーキ力 B_f^*，B_r^* を，減速度 α をパラメータとして示すと，図3.10のようになる。高減速度ほど前輪に大きなブレーキ力を必要とすることが分かる。

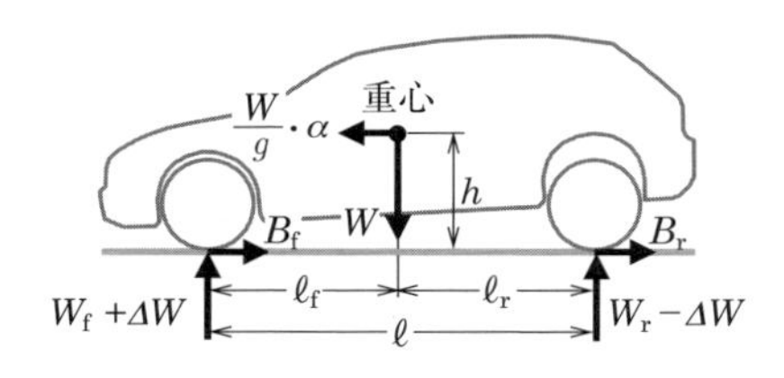

図3.9　制動時の作用力

次に，タイヤと路面間の摩擦係数を μ とすると，発生しうる前輪と後輪のブレー

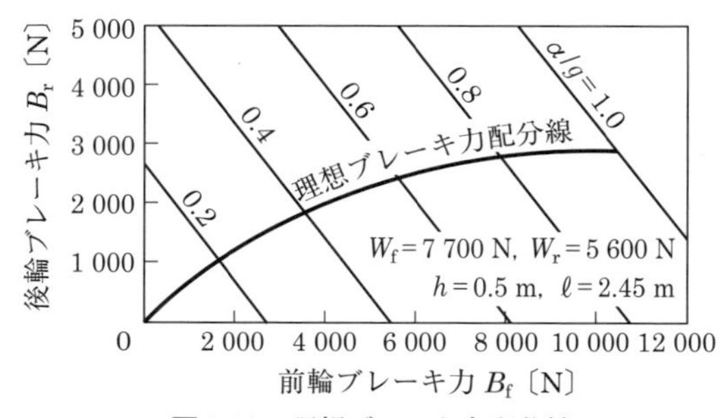

図3.10　理想ブレーキ力配分線

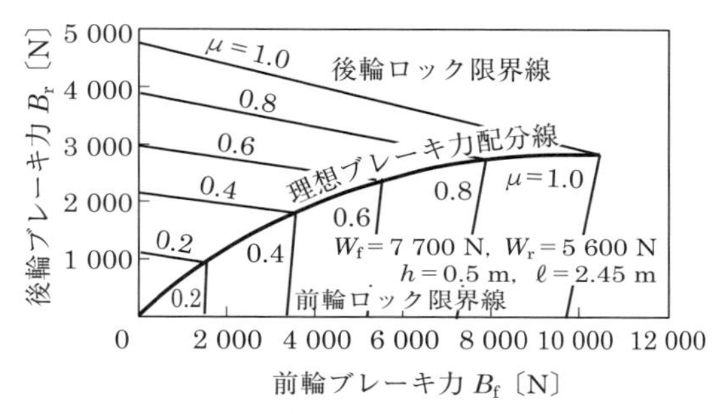

図 3.11　ブレーキ力とロック限界

キ力 B_f，B_r は次式で表される。

$$B_f = \mu \cdot \left(W_f + \frac{W}{g} \cdot \alpha \cdot \frac{h}{\ell} \right) \tag{3.25}$$

$$B_r = \mu \cdot \left(W_r - \frac{W}{g} \cdot \alpha \cdot \frac{h}{\ell} \right) \tag{3.26}$$

これ以上のブレーキ力を発生させると，タイヤはロックする，つまりロックの限界線を示し最大ブレーキ力となる。式 (3.18)，(3.25)，および式 (3.18)，(3.26) より前輪ロックと後輪ロックの限界線をそれぞれ求めると次式のようになる。計算結果を図 3.11 に示す。

$$B_r = \left(\frac{\ell}{\mu \cdot h} - 1 \right) \cdot B_f - \frac{\ell}{h} \cdot W_f \qquad \text{（前輪ロック限界線）} \tag{3.27}$$

$$B_r = -\frac{1}{\dfrac{\ell}{\mu \cdot h} + 1} \cdot B_f + \frac{1}{\dfrac{1}{\mu} + \dfrac{h}{\ell}} \cdot W_r \qquad \text{（後輪ロック限界線）} \tag{3.28}$$

式 (3.27) と (3.28) の交点は，前輪と後輪が同時にロックする点であり，制動能力が最大となる点でもある。このことから，前輪と後輪が同時にロックするようなブレーキ力配分を理想ブレーキ力配分という。

(3)　ブレーキ力配分制御

実際の車両では，前輪と後輪のブレーキ力配分を理想ブレーキ力配分に近似させるように制御する。これによりロック開始点をできるだけ高くし，制動距離と車両安定性を高い状態でバランスさせる。このブレーキ力配分の具体的手法については，

第6章で述べる。

3.2.3　駐車ブレーキ

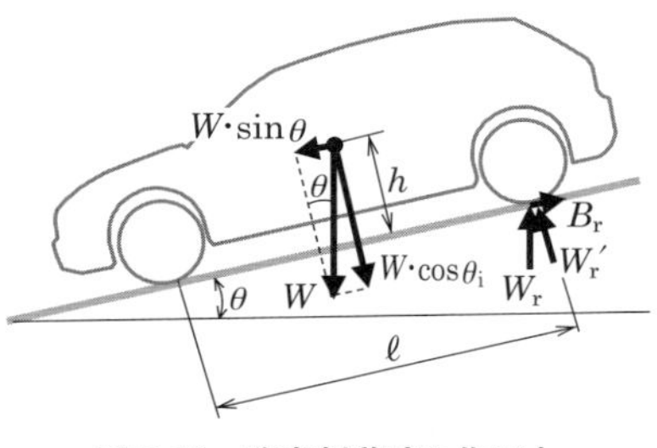

図 3.12　駐車制動時の作用力

車両を勾配 θ の坂路に駐車させたときに，自重で下ろうとする力 B_D は，次式で表される。

$$B_D = W \cdot \sin\theta \tag{3.29}$$

次に，タイヤ路面間の摩擦力によって発生可能な駐車ブレーキ力 B_r を求める。後輪の垂直荷重 W_r' は，平坦路における後輪荷重 W_r を用いると，

$$W_r' = W_r \cdot \cos\theta - \frac{h}{\ell} \cdot W \cdot \sin\theta \tag{3.30}$$

したがって，駐車ブレーキ力 B_r は，タイヤと路面の摩擦係数によって，次式のように表され，自重で下がろうとする力 B_D 以上必要である。ただし，上り勾配路駐車の場合は荷重移動分は加算となる。

$$B_r = \mu \cdot W_r' = \mu \cdot \left(W_r \cdot \cos\theta - \frac{h}{\ell} \cdot W \cdot \sin\theta \right) \geq B_D \tag{3.31}$$

μ；摩擦係数

3.3　走行時の仕事と制動エネルギー

自動車が走行するときの仕事と制動エネルギーの関係を，図 3.13 に示す。直進走行時の単純化した車速パターンにおける仕事 E と制動エネルギー E_b などの計算例である。加減速時の加速度を一定（矩形）にしているので，加速抵抗 R_a，制動力 B_S は一定である。転がり抵抗 R_r は車速 V に応じて増大し，空気抵抗 R_1 は車速の2乗に比例して増えるので，走行抵抗 R と釣り合う駆動力 F は，図 3.13 のように不連続な曲線になり，特に加速時には非常に大きい駆動力が必要である。

車両の動力源に必要な駆動動力 P は，(駆動力 F) × (車速 V) なので加速終わり時にピークになり，加速が終わると急峻に減少して一定値になる。

加速時にエンジンや電気モータから車両に投入された仕事（エネルギー）のうち，転がり抵抗と空気抵抗分は熱となって失われるが，残りの加速抵抗分のエネルギーは車両の運動エネルギーとして一定走行中に保存される。しかし，このエネルギー

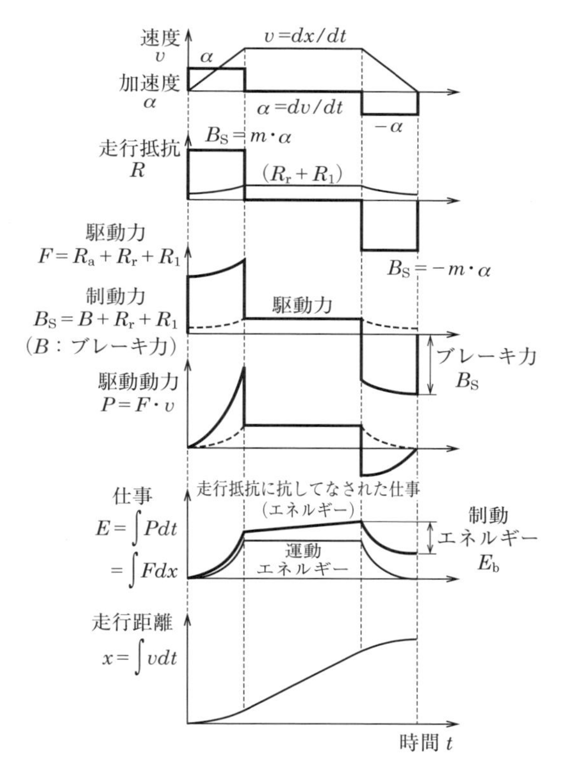

図 3.13　加速・減速走行時の仕事と制動エネルギー [4)]

はブレーキ時に，熱に変換され失われる。

3.3.1　燃費悪化の要因

自動車は，一般的に発進，停止のような加減速を頻繁に行うので，転がり抵抗・空気抵抗・加減速抵抗によって失われるエネルギーに加え，走行中に蓄えられた運動エネルギーもブレーキ時に制動エネルギーとして熱に変換され失われる。

エンジン駆動の場合では，効率の良い回転数と駆動トルクで持続的に運転することは難しい。特に渋滞時の低速走行では，エンジンの負荷が低い熱効率の悪い領域を使用し，また停車中のアイドリングでは無駄な燃料消費が発生する。

3.3.2　省動力・高効率に向けたエネルギー技術の取り組み

上記の燃費悪化要因の排除または対策する技術が，エネルギー技術である。アイドリングストップや制動エネルギーを回収して再利用したり，効率の良い深夜電力で充電するプラグインハイブリッド車（PHV）や電気自動車（EV），また燃焼効率を向上させ排ガスを低減させたクリーンディーゼル車などが実用化されている。

次節では，これらについて説明する。

3.4　新世代高効率クリーンディーゼルエンジン

最新のディーゼルエンジンは，クリーン，パワフル，エコノミーという特徴を併せ持った環境対応形の高効率エンジンといえる。以前は，ガソリンエンジンに比べて CO_2 の排出量が少なく燃費性能も良いという反面，有害物質（NO_x やスス）を含むガスの排出により「環境に悪い」イメージが強く持たれていた。

しかし，1990年代以降の自動車 NO_x 法をはじめ，ディーゼル車の排出ガス規制は年々厳しさを増したがこの厳しい排出ガス規制をクリアして，ディーゼルエンジンは革新的な進歩を遂げた。初期の規制に比べると NO_x は84％減，スス（PM）は98％減という世界水準で見ても非常に厳しいものになっているが，特に1997年頃より普及した新しい燃料噴射技術「コモンレールシステム」の開発により，排出ガスのクリーン化と走行時の静粛性が実現され，加えて，エンジン本体で浄化しきれなかった NO_x やススを排気前に浄化する後処理技術も進化し，排出ガスのきれいさにおいてもガソリン車より優れた，新たな高効率クリーンディーゼルとして生まれ変ったのである。

3.4.1　ディーゼルエンジン

ディーゼルエンジンは，燃料に軽油を使いディーゼル（定圧）サイクル，またはサバテ（定圧と定容の複合）サイクルを理論サイクルとして，図3.14に示すように圧縮された空気の温度が高くなったところで燃料を噴射ノズルから筒内噴射して自己着火させ動力を発生させるエンジンである。ガソリンエンジンが，オットー（定容）サイクルを理論サイクルとし，ガソリン（燃料）と空気をちょうど良い混合比（空燃比）の範囲で火花点火するところが根本的に異なる。

内燃機関は，一般的に圧縮比を高くするほど理論熱効率が高くなるが，ガソリン

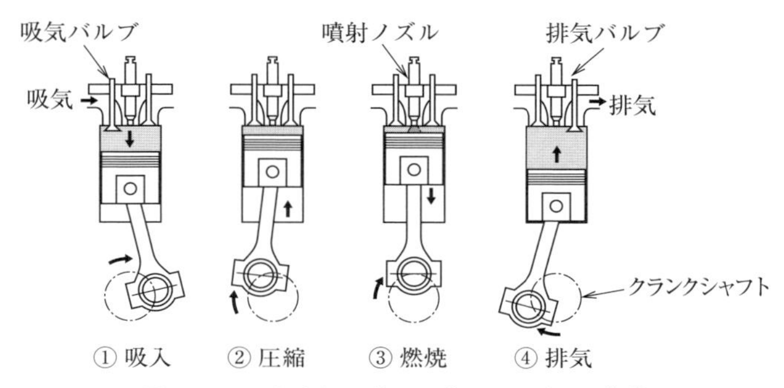

図 3.14　4 サイクルディーゼルエンジンの作動

エンジンではノック限界が低いので圧縮比をディーゼルエンジンより高くできない。だからガソリンエンジンの熱効率はディーゼルエンジンよりも低く，30％以下であるが，ディーゼルエンジンでは 50％を超えた例もある。

図 3.15 は，ガソリンエンジンとディーゼルエンジンの等燃料消費率曲線（エンジン回転数と正味平均有効圧力 P_e〔MPa〕に対する燃料消費率〔g/kW·h〕の等高線マップ）を示す。正味平均有効圧力は，エンジンの 1 サイクル当たりの仕事をピストンの上死点から下死点まで均等化した圧力に換算したものである（1 サイクルの仕事 = 正味平均有効圧力×行程容積）からエンジン軸トルクと見てよい。いずれのエンジンも中回転数・中〜高負荷付近に燃料消費率最良の領域がある。低負荷域では，ディーゼルは，ガソリンエンジンに比べ燃料消費率が 1/2 倍くらいで

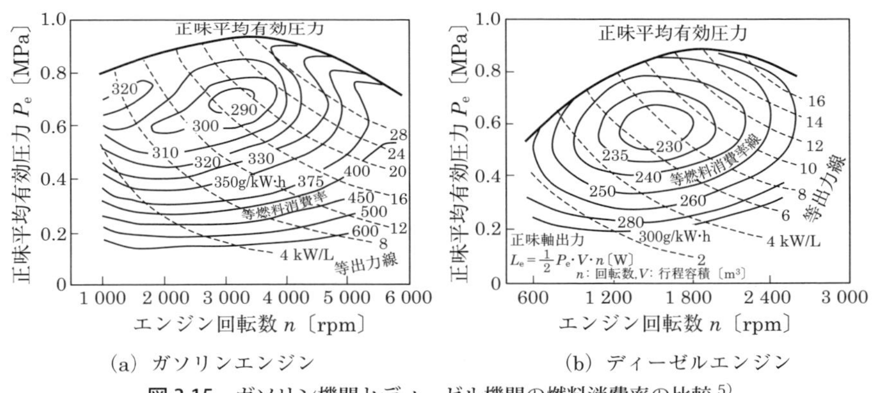

図 3.15　ガソリン機関とディーゼル機関の燃料消費率の比較 [5)]

ある。これは，低負荷時にガソリンエンジンと異なってアクセルペダルに連動する吸気絞りがないのでシリンダ内に空気を吸い込む際のポンピングロスが少ないことによる。

3.4.2　コモンレール

コモンレール（Common Rail）システムは，日本のデンソー社が世界に先駆けて実用化した燃料噴射システムである。図3.16に示すように，燃料をシリンダ内に噴射する前にコモンレールというインジェクタ間を共通にする筒の中に超高圧の燃料を貯めておき，コンピュータ制御で最も燃焼効率が高まるタイミングで噴射する。噴射圧を高くして同じ量の燃料を短時間で噴射できれば，1ストロークの限られた時間の中で，タイミングに合わせてより多くの回数の噴射（多段噴射，図3.17）が可能になるばかりか，燃料の微粒化やシリンダ内で渦を巻かせるなど，燃焼効率や静粛性を向上させる制御が可能になるので，現在では噴射圧は1600気圧に超高圧化され，さらに制御の自由度を向上させるために2000気圧を超える超高圧化が進んでいる。

超高圧で微粒化した燃料を燃焼室内にあますところなく噴射することにより，空気と均一に混ざり燃焼効率を向上させ酸素不足の「燃え残り」であるPM（Particulate Matter；粒子状物質）の発生を抑制する。そして電子制御で，噴射圧力，噴射時期，噴射期間（噴射量）をきめ細かく制御することにより不完全燃焼によるNO_xを低減する。これらのようなエンジン内で排出ガスを低減する方法をまとめると，表3.2のようになる。

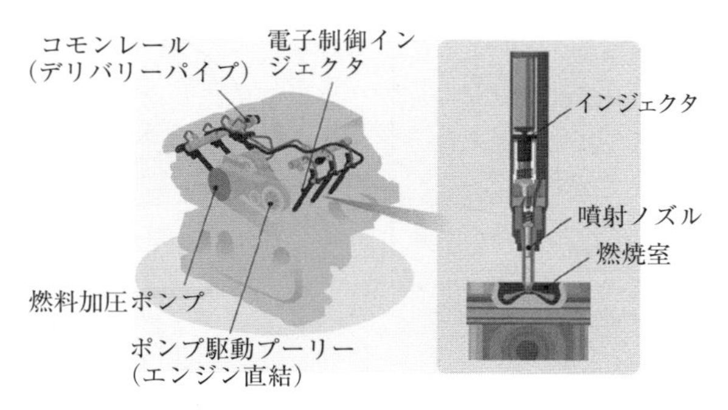

図3.16　コモンレールシステムの構成と噴射ノズル[6)]

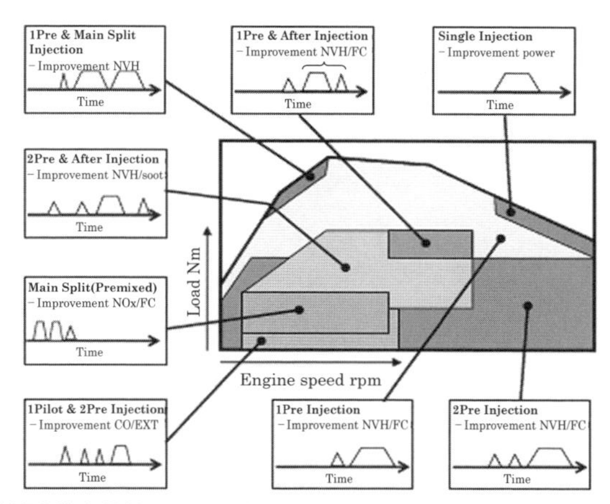

図 3.17 等燃料消費率曲線における多段噴射の例（出典：マツダ SKYACTIVE 技術）[7)]

表 3.2 エンジン内で排出ガスを低減する方法[5)]

エンジン内で排出ガスを低減する手法	内容
燃料噴射時期の遅延	点火時期を遅延させると，燃焼温度が低下するので NO_x の生成が抑制される。特に直接噴射式においてその効果が大きいが，完全燃焼が妨げられ，燃焼消費率が増加し黒鉛の排出が増加するなどの課題がある
燃焼室の改善	粒子状物質は，燃料の不均一な燃焼により発生する。燃焼室の形状を改善して均一な混合気形成を促進する
吸気系の改善	燃焼室に吸気による激しい流動を起こすと，短期的であるが均一な混合気の形成が促進される
噴射系の改善	高圧噴射により噴射時間の短縮と燃料の霧化を促進することにより，均一な混合気の形成を促進させる
排気再循環方式（EGR；Exhaust Gas Recirculation）	排気の一部を吸気側に還流する方式。燃焼温度が低下し NO_x の生成が抑制されるが，EGR 量の増加と共に燃焼状態が悪化し燃料消費率が増加するなどの課題がある。運転条件に応じた EGR 量の調節や点火エネルギーを高めるなど燃焼の促進が必要

3.4.3 排気後処理

エンジン本体で浄化しきれなかった窒素酸化物（NO_x）や粒子状物質（PM）を排出前に浄化するために，図 3.18 に示すような排気後処理装置が設けられる。

それぞれの役割と方式，機能を表 3.3 に示す。排気ガス中の成分により，酸化して浄化する方法，捕集して分解する方法，還元して浄化する方法が適宜選択される。後段の酸化触媒は，NO_x の浄化反応に寄与しない NH_3 を N_2 に変換して排出する。

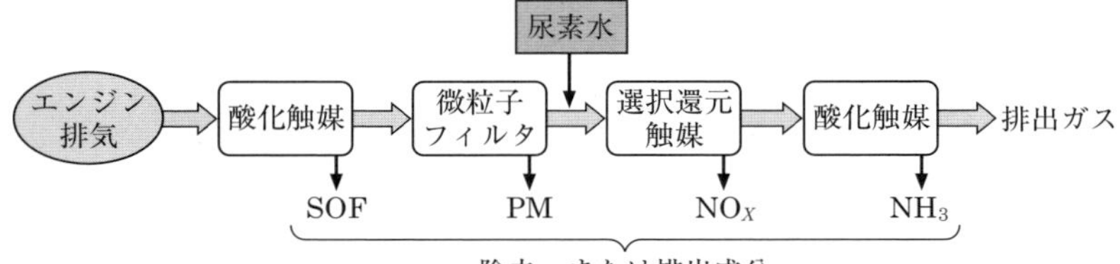

図 3.18　排気後処理技術の構成

表 3.3　後処理により排出ガスを低減する方法[8)]

後処理により排出ガスを低減する手法	機　能
酸化触媒	CO，HC，SOF；Soluble Organic Fraction（タール状物質；排出ガス中の微粒子のうち可溶有機成分）を浄化（酸化）する ［NO_x は処理できない。 ディーゼルエンジンでは排気温度が比較的低いために，低温時には，CO，HC，SOF を一時捕集材に捕集し，温度上昇時に酸化するなどの工夫が必要である］
微粒子フィルタ；DPF（ディーゼル排気微粒子捕集フィルタ）	セラミックなどでできたフィルタで，ディーゼル排気微粒子（DEP；Diesel Exhaust Particles）を捕集し，これをヒーターや触媒などの作用によって分解除去する ［フィルタ上で捕集したものをヒーターなどで燃焼して機能を再生する後処理装置であり，代表的な方式は次のようなものがある ● 交互再生式 DPF 2つのフィルタで交互に PM を捕集し，電熱線などにより焼却してフィルタを再生する ● 連続再生 DPF（NO_x による酸化方式） フィルタの前に配置した酸化触媒により再生させた NO_x を用いて，フィルタで捕集した PM を比較的低温で連続的に参加除去してフィルタを再生する ● 連続再生 DPF（触媒による酸化方式） フィルタに担持した触媒の作用で，フィルタで捕集した PM を比較的低温で連続的に酸化除去し，フィルタを再生する ● 間欠再生（バッチ）式 DPF フィルタで PM を捕集し，自動車が稼働していないとき外部電源などを使用しフィルタを再生するものや，多孔質セラミック構造体に NO_x 吸蔵還元触媒を組み合わせたものなど NO_x と PM を同時に連続除去するものがある］
選択還元触媒（NO_x 還元触媒）	NO_x を触媒の作用により還元し浄化する ［● 吸蔵還元型触媒 吸蔵材を用いて NO_x を吸蔵させ，理論空燃比制御時やリッチ燃焼時に還元し浄化する ● 尿素選択型触媒；尿素 SCR（Selective Catalytic Reduction） アンモニアにより NO_x を還元し N_2 と N_2O に変える］

ディーゼル車は，コモンレールや後処理技術などの先端技術の導入により排ガスのクリーン化でもガソリン車に劣らない性能が得られ，ヨーロッパを中心に環境に優しいエンジンとして高く評価されている。さらに，ハイブリッド技術と組み合わせれば一層の低燃費化が図れる。

3.5　ハイブリッド車

ハイブリッド車；HV（Hybrid Vehicle）は，長期的には「燃料電池車」が量産化されるまでの中継ぎ技術として位置づけられ，エンジンとモータの2つの動力を持ち，走行状況に応じて同時または個別に切り替えて効率良く駆動される。

図3.19は，ガソリンエンジンと永久磁石式同期モータのエネルギー変換効率の比較を示す。低回転速度から効率良くトルクを発生するモータと中回転速度・高トルク域で効率良くトルクを発生するエンジンのそれぞれ「いいとこ取り」した駆動を可能にし，さらにアイドルストップや回生ブレーキなどを効果的に実施することにより効率的な走りを実現する。

3.5.1　ハイブリッド車の基本方式

HVの基本方式は，図3.20に示すように，①エンジンで発電し，この発電した電力でモータを駆動して走行するシリーズ式，②エンジンとモータを併用して走行するパラレル式，③シリーズ式とパラレル式を併用するシリーズパラレル式の3種類に分類される。次に，これらについて説明する。

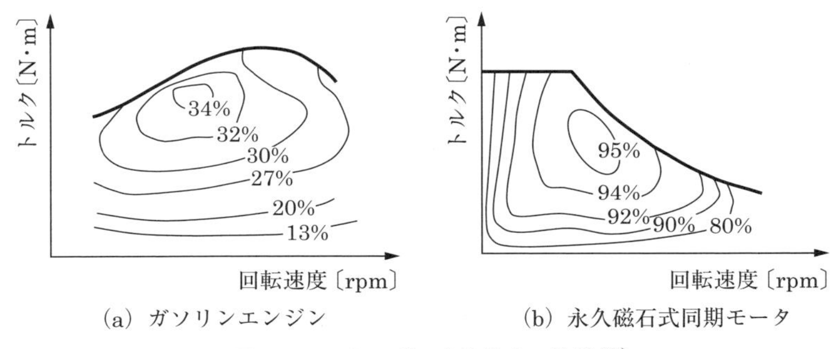

図3.19　エネルギー変換効率の比較[20)]

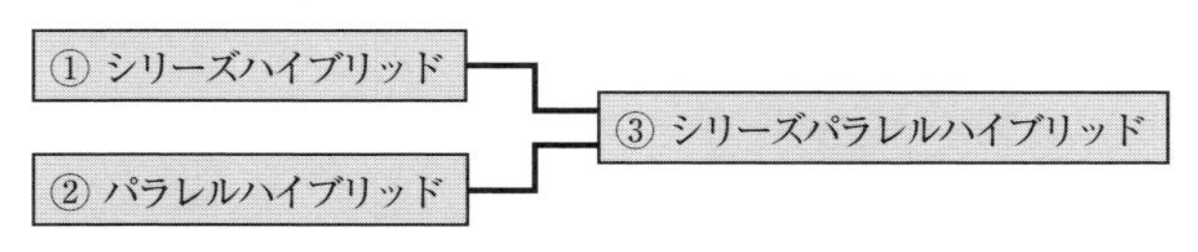

図 3.20　ハイブリッド車の基本方式

(1)　シリーズハイブリッド

図 3.21(a) に示すようにシリーズハイブリッドは，エンジンで発電機を駆動し，発電された交流電力をインバータを介して直流に変換して二次電池に蓄電する。そして，この直流電力をインバータで再び交流に変換してモータを駆動する方式である。エンジンと発電機は，負荷トルクに応じて最も効率の良い回転数（動作点）で運転される（図 3.19)。動力（電力）の流れが車輪まで直列なので，シリーズ式という。減速時には，モータによる回生ブレーキを効かせて二次電池に充電する。

1997 年 8 月に，トヨタ社の小型バス，車名；コースターハイブリッド EV に，

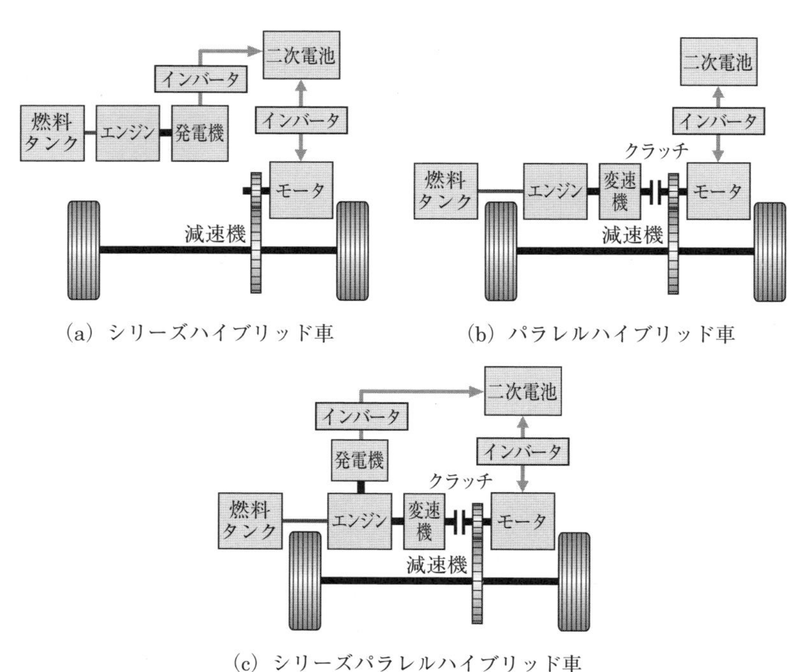

(a) シリーズハイブリッド車　(b) パラレルハイブリッド車

(c) シリーズパラレルハイブリッド車

図 3.21　ハイブリッド車の基本構成

この方式が採用された。1.3 リッターの小排気量エンジンで最大出力 70 kW のモータを駆動し，重量のある小型バスの走行を実現した。

(2)　パラレルハイブリッド

図 3.21(b) に示すパラレルハイブリッドは，変速機を介してエンジンとモータの両方で車両を駆動する方式なので，それぞれ小さい出力でよい。動力（電力）の流れがエンジン，変速機から車輪と，二次電池，インバータ，モータから車輪と，並列に流れるのでパラレル式という。減速時には，回生ブレーキを効かせて二次電池に充電する。エンジンを止めてモータのみの走行も可能である。

1999 年 11 月に，ホンダ社から発売された車名；インサイト（ホンダ・IMA（Integrated Motor Assist），エンジン；1 リッターリーンバーン VTEC（Variable valve Timing and lift Electronic Control system)；66 kW, 5MT, モータ；10 kW）が，この方式である。燃費は，当時量産ガソリン車として世界最高の 35 km/ℓ（5MT, 10・15 モード）であった。

(3)　シリーズパラレルハイブリッド

図 3.21(c) に示すシリーズパラレルハイブリッドは，モータとエンジン（変速機）の 2 つの動力で車輪を駆動すると共に，モータで走行しながらでもエンジンで発電を可能とする駆動方式である。走行条件によって，モータのみでの走行と，エンジンとモータの両方を使った走行を切り替えることが可能である。また，発電機を搭載しているので，走りながらでも二次電池に充電できる。

エンジンの動力は，動力分割機構（図示されていない）で 2 分割され，一方は変速機を介して車輪を駆動し，もう一方は発電機を駆動してモータへの電力供給や二次電池への充電を行う。低速から力を発揮するモータと高速で力を発揮するエンジン，それぞれ「いいとこ取り」して理想的に制御することが可能であり，あらゆる条件下で効率的な走りを実現する。

EV 走行が可能であることや，減速時にブレーキペダルを踏んだときに発電機に切り替えて，回生ブレーキとして電気エネルギーに変換・蓄積し，再び動力源として利用できる点もこの方式の特徴の 1 つである。

この方式は，1997 年 12 月，トヨタ社が世界に先駆けて開発して販売したハイブリッド車（車名；プリウス）の方式である。発進時，低速走行時などの低効率運転域では，モータだけのシリーズ式を，通常走行時・高速走行時などの運転域では，エンジンとモータを併用するパラレル式を採用する。エンジンとモータを組み合わせることにより，走行しながら同時に充電も行うため，バッテリ充電装置は不要になる。

プリウスは，同社の車名；カローラ（1 500 cc）の燃費が，14 km/ℓ（10・15 モード）であるのに対し，28 km/ℓ という 2 倍の燃費を達成し，環境面では有害ガス排出量を国内基準値の 1/10 に抑制した。このようにハイブリッド車は，エンジン動力と電力を上手に併用したものであり，電気自動車の電力充電の不便性とバッテリの出力不足の問題を解消した実用的な自動車である。

先述したように，ハイブリッド車の量産化において，グローバル市場の先陣を切ったのはトヨタ社である。量産化における価格設定をガソリン車に比較して約 50 万円高に抑え，開発コストの採算性を度外視した水準を選択した理由は，量産化による規模の経済を獲得し新たな市場を創ることにより，今後のバッテリ開発などに要するコストを吸収するためである。

(4)　その他の分類；ストロングハイブリッド車とマイルドハイブリッド車

前述したハイブリッド車の分類のほかに，モータ出力と電池容量を大きくしモータだけで走行可能にしたストロングハイブリッド車と，モータと電池容量を比較的に小さく，回生やガソリンエンジンの補助としてのモータアシスト機能に限定したマイルドハイブリッド車として分類する場合がある。

3.5.2　プラグインハイブリッド車

プラグインハイブリッド車（PHV；Plug-in Hybrid Vehicle）は，ストロングハイブリッド車をベースに充電スタンドや家庭で充電できるプラグを持ったハイブリッド車である。数十 km 圏内の通勤や買い物では，エンジンを使わずにモータだけで走行可能な容量の二次電池を搭載する。

長距離走行で電池残容量がなくなると，エンジンを作動させてハイブリッド走行に切り替える。電気自動車の 1 充電当たりの総距離数の不足分を補ったシステムといえる。

プラグインハイブリッド車は，シリーズハイブリッド車とパラレルハイブリッド車をベースにしたものがある。図 3.22 は，シリーズハイブリッド車をベースにしたものである。

3.5.3　燃料電池車

燃料電池車；FCV（Fuel Cell Vehicle）は，図3.23に示すように高圧水素タンクから水素と同時にポンプで空気を送り込み，酸素と反応させ燃料電池；FCスタック（Fuel Cell Stock）で発電した電力を使って，インバータでモータ駆動して走行する。燃料電池は，一次電池であり回生電力を蓄電できないことと，瞬時に供給できる電力が小さいので，加速時には二次電池と組み合わせて使用する。減速時にモータから得られる回生電力は，二次電池に蓄電する。FCVは，一次電池と二次電池を持つことから複合型のFCHV（Fuel Cell Hybrid Vehicle）と呼ぶこともある。

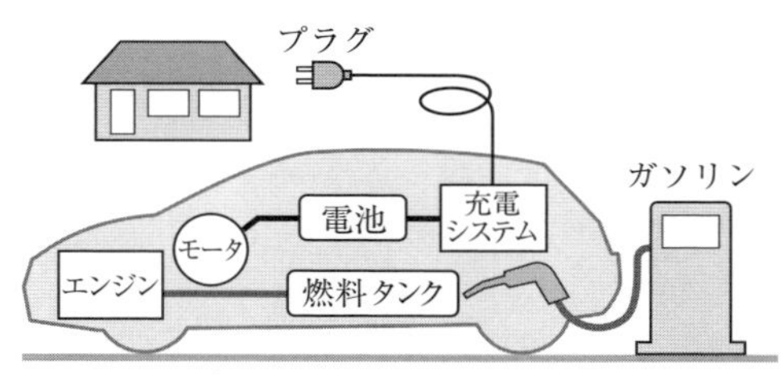

図3.22　プラグインハイブリッド車の基本構成

水素は，環境にやさしく，様々な原料から作ることができるエネルギーであり，燃やすことなく直接的に電気を取り出せるので，理論的には水素の持つエネルギーの80％以上を電気エネルギーに変換することができる。ガソリンエンジンと比較すると，約2倍以上の効率である。

（1）　第一世代FCV

2002年12月から，トヨタ社の車名；トヨタFCHV-adv（図3.23）に燃料電池が搭載され日米で限定販売された。動力源は，最大出力90kWのトヨタ製燃料電池；トヨタFCスタックと，二次電池として21kWニッケル水素電池を搭載し，80kW，260N·m出力のモータを駆動する。燃料には，タンクに貯蔵された

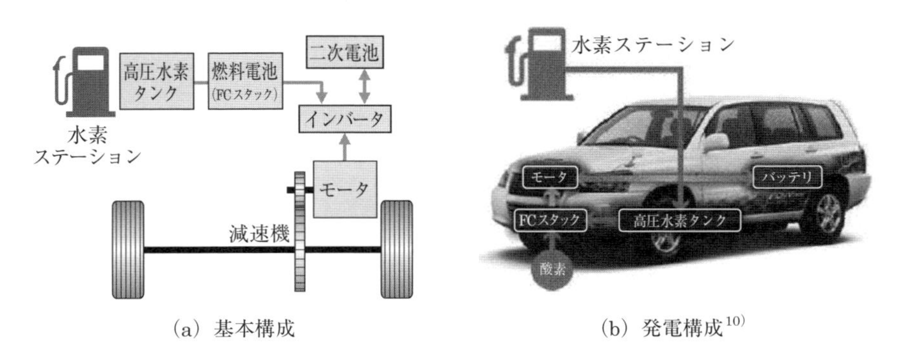

（a）基本構成　　（b）発電構成[10)]

図3.23　FCV（トヨタFCHV-adv）

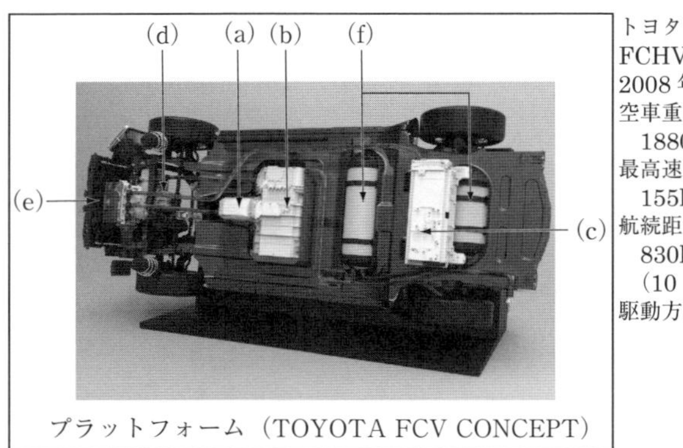

プラットフォーム（TOYOTA FCV CONCEPT）

トヨタ
FCHV-adv
2008年6月発売
空車重量：
1880kg
最高速度：
155km/h
航続距離：
830km
（10・15モード）
駆動方式：FF

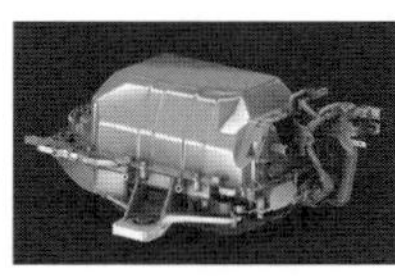
(a) 昇圧コンバータ

(b) 燃料電池（90kW）（FCスタック）

(c) 二次電池（ニッケル水素電池）

(d) 交流同期モータ（90kW，260Nm）

(e) パワーコントロールユニット

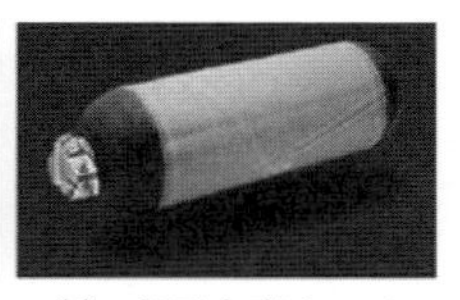
(f) 高圧水素タンク（70MPa，156ℓ）

図3.24　FCシステム[10)]

70MPaの高圧水素が使用され，発電は，図3.24に示す高圧水素タンクからFCスタックに水素が送られ，同時にポンプから送り込まれた空気中の酸素との反応により起こる。航続距離は，10・15モードで330kmである。

(2)　第二世代FCV

2013年には，次世代燃料電池車として，図3.25に示すFCVが「第43回東京モーターショー2013」に出展された。「TOYOTA FCV CONCEPT」としてセダンタイプの専用ボディに，小型・軽量化した自社開発の新型燃料電池（FCスタック）や70MPa高圧水素タンク2本を床下に配置した高効率パッケージを実現した。翌2014年12月から車名；MIRAIとして年間700台発売されている。

次にその代表的なユニットを紹介する。

(a)　昇圧コンバータ

高効率の昇圧コンバータにより高電圧化（650V）し，モータの小型化と燃料電池のセル数の削減，FCシステムの小型（13ℓ）・高性能化，システムとしてコスト低減を図った。

© david mareuil/ANADOLU AGENCY

（a）外観

車名	MIRAI
全長〔mm〕	4890
全幅〔mm〕	1815
全高〔mm〕	1535
ホイールベース〔mm〕	（2780）
車両重量〔kg〕	1850
最高速度〔km/h〕	175
乗車定員〔人〕	4
航続距離〔km〕	約650
水素充填時間〔分〕	約3
氷点下始動性〔℃〕	（−30）

（b）基本諸元（MIRAI）

図3.25 次世代燃料電池車（2013）「TOYOTA FCV CONCEPT」[10)]

（b） FC（Fuel Cell）スタック

FCスタックは，出力密度；3.1 kW/ℓ，出力；114 kWを達成した。

（c） 二次電池

二次電池は，減速時にモータによって回収されたエネルギーを貯蔵するもので，最大出力；21 kWのニッケル水素電池であり，減速時に回収したエネルギーを貯蔵し，加速時に燃料電池の出力をアシストする。

（d） モータ

モータは，自社開発の交流同期電動機を使用し減速時には発電機としてエネルギーを回収する。最高出力;113 kW（154 PS），最大トルクは，335 N･m（34.2 kg･m）である。

（e） パワーコントロールユニット

パワーコントロールユニットは，発生した電気の直流をモータ駆動用の交流に変換するインバータと，二次電池と電気の出し入れをするDC/DCコンバータなどで構成される。様々な運転状況下で，燃料電池の出力と二次電池の充放電を緻密に制御する。これにより，実用航続距離と水素の満充填時間をガソリン車並みにした。外部電源供給能力は，一般家庭の使用電力1週間分以上に相当する。

（f） 高圧水素タンク

高圧水素タンクは，自社開発した70 MPaの高圧タンク（60 ℓ ＋ 62.4 ℓ，水素貯蔵量5 kg）であり，水素漏れを防止するライナ（タンクの最も内側の層）に，強度が高く水素透過防止性能に優れたポリアミド（PA）系樹脂製を用いている。材料の最適化，設計・製造技術の改良，そしてタンクの外側に巻かれるカーボンファイバ層の巻き角度，張力，巻き量の最適化による薄肉化などを行い，内容積の向上と軽量化を実現した。

3.6　電気自動車

3.6.1　EVの歴史

EVは，19世紀の後半には既に実用化されていた。内燃機関よりも古く，蒸気機関の次に実用化されたものは，電動機であり古くから使われていたのである。最初の実用的なEVは，1873年のイギリスのR.ダビッドソンによる4輪トラックの発明といわれており，これはダイムラーやベンツによる内燃機関車（ガソリンエンジン車）の発明（1884年）より，10年以上も前のことであった。

1900年前後には，ニューヨークのタクシーは全てEVだったという記録や，1909年には，エジソンが発明したニッケルアルカリ電池を搭載したEVが，走行距離160kmを達成したといわれる。EVの全盛の時代ともとれる頃であった。

(1)　T型フォードの量産開始が時代の流れを変える

大きな転換点となったのは，1908年のT型フォードの量産開始であり，その後，自動車の動力源としてエンジンが主流となっていく。長距離を走る自動車の動力源としては，内燃機関（ガソリンエンジン）の方が有利であり，高性能化が進んだのは当然のことである。特に，国土が広大なアメリカではEVの航続距離の短さがネックとなり一度は衰退したが，その後も1940年代後半～1950年代の第2次大戦後の燃料不足の時代や1960年代の大気汚染が問題になった時代など，その時々の時代背景で注目を集めてEVが出現してはまた衰退するという歴史が繰り返された。

(2)　日本では，どうだったのか？

国内では，第2次世界大戦後のガソリン統制による燃料不足によりEVが開発され，何種類かが販売された。その中の1つに日産自動車の前身・東京電気自動車製の「たま」（図3.26）がある。4.3kWのモータを搭載し，最高速度35km，1充電の走行距離は200kmであり，当時としては十分な性能であった。累計1000台以上が生産されたといわれている。

しかし，朝鮮戦争の勃発に伴う米国の産業資材の買い占めで鉛価格が8～10倍に高騰したことや，ガソリン統制解除で燃料の入手が容易になったことなどにより，やはりEVは普及せずに姿を消した。開発途中のEVも多かったといわれている。

図 3.26 日本発の電気自動車「たま」[11)]

(3) オイルショックと電気自動車

オイルショック（1970年）の頃に，再びEVへの関心が高まった。原油依存に対する危機感や自動車の排気ガス中の有害物質規制が本格化したことなどを契機に，ガソリン車が問題視され始めたからである。各メーカーは開発に力を入れ，通商産業省（現・経済産業省）も1971年から5か年計画で，都市交通用EVの研究開発を促進した。しかし当時の蓄電池は鉛蓄電池であり，技術的な限界によりオイルショックの終焉と共に開発は立ち消えた。

(4) LEVプログラムによるZEV義務化で各社実用化

1990年に，米カリフォルニア州より「ZEV法」が施行された。ゼロエミッションを可能にする当時の技術はEVであり，表3.4に示すようにそれに対応して開発を進めていた2社は，1998年より1年前倒しの1997年からEVを発売することができた。

ホンダ社の車名；EV Plusはリース販売，トヨタ社の車名；RAV4EVは販売形式をとった。翌1998年に日産社はアメリカ向けに輸出し日本でもリース販売した。

蓄電池にはニッケル水素電池やリチウムイオン電池を搭載し，モータの技術革新などで大幅に性能が向上していたが，それでもガソリン車とのコスト差は大きく，普及には至っていない。

しかし近年の開発状況は，①軽量で大容量のリチウムイオン電池が自動車用として実用の段階に入り，低コスト化が可能になったこと，②ガソリン自動車と同じ性能を追うのではなく，目的を「市街地の移動」に絞って2人乗り程度の小型車に開発が移行していることなどから，「EVならでは」の乗り物化し新たな魅力と共に，いよいよ本格的な実用化・普及の時代に入る可能性がでてきた。

3.6.2 電気自動車の基本構造

電気自動車は，駆動装置，ボディ，操舵装置，摩擦ブレーキ装置，懸架装置などの基本構成は通常のガソリン車と変わらないが，図3.28に示すように，モータや

表 3.4　各種電気自動車の仕様

発売時期 車名	車両重量× 全長×乗車定員 〔kg〕〔mm〕〔人〕	最高 速度 〔km/h〕	電動機		交流 電力量 消費率 〔Wh/km〕	電池総電圧 ／総電力 〔V〕〔kWh〕	普通充 電時間 〔時間〕	1充電 走行距離 〔km〕	価格 〔万円〕
			種類	最大出力 〔kW/rpm〕					
1997年9月 ホンダ EV Plus	1620 × 4045 × 4	130	永久磁石 型同期	49/8750		ニッケル水素 288/5.7	8	210※1 350※2	3年リース 26.5万円/月
1997年10月 トヨタ RAV4EV	1540 × 3980 × 5	125	交流同期	50/3100〜 4600		ニッケル水素 288/27 総重量；450 kg	6.5（SOC 20 〜100 %）	215※1	479.8
1998年5月 日産 ルネッサEV	1730 × 4770 × 5	120	永久磁石 同期	62/16000		リチウムイオン 345/32.4	5	230	3年リース 27万円/月
2000年2月 日産 ハイパーミニ	840 × 2665 × 2	100	内部永久磁石 同期	24/3000		リチウムイオン 120/8.1	4	115※1	400
2009年7月 三菱 i-MiEVG	1070，1080 × 3395 × 4	130		30，47	110	リチウムイオン 270，330/ 10.5，16.0	4.57	120 180	245.91 290.115
2010年12月 日産 リーフ	1430〜1460 × 4445 × 5	145		80/3008〜 10000	114	リチウムイオン 360/24	8	228	376
2012年8月 ホンダ フィットEV	1470 × 4115 × 5	144	ギヤボックス 同軸	92/3695〜 10320	106	リチウムイオン 331/20	6	225	400
2012年10月 マツダ デミオEV	1180 × 3900 × 5	130	永久磁石 三相交流同期	75/5200〜 12000	100	リチウムイオン 346/20	8	200	357.7
2012年12月 トヨタeQ	1080 × 3115 × 4	125	交流同期	47	104	リチウムイオン 277.5/12	3（200 V） 8（100 V）	100	360

※1　10・15モード　　※2　40 km/h 定地走行

(a) ホンダ EV Plus（1997 年）

(b) 日産ハイパーミニ EV（1999 年）

(c) トヨタ FT-EV Ⅲ（2011 年）

(d) ホンダフィット EV（2012 年）

図 3.27 各種電気自動車 [10), 13), 14)]

二次電池を使って走行時のモータ駆動やブレーキ時のエネルギー回生を行う駆動・回生制御装置（パワーコントロールユニット），高電圧のパワーエレクトロニクスなどを駆使した技術構成である点が異なる。変速装置が不要であることや，アイドル時にモータが停止することなどが特徴である。

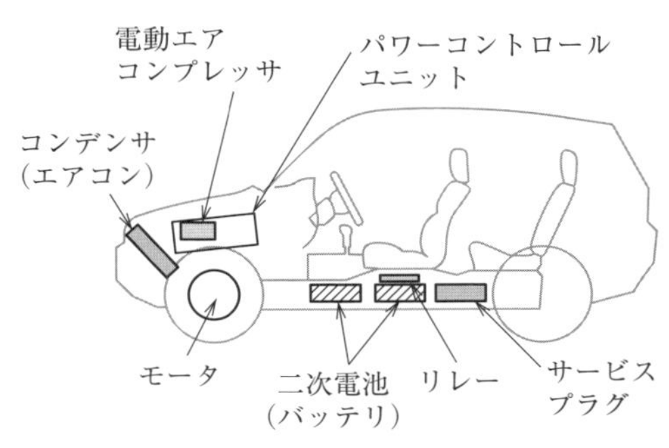

図 3.28 電気自動車の基本構造

(1) 衝突時の高電圧保護構造

EV は，高電圧のパワーエレクトロニクスや大容量の二次電池などを搭載しているので，万が一の衝突時の対応も重要である。

高電圧バッテリと高電圧ハーネスは，フロントフレームやサイドシル，フロアフレームといった骨格部材より車体内側で，かつキャビン外側に配置され，衝突時の変形が及びにくい保護構造とあいまって，これらの高電圧バッテリハーネスをはじ

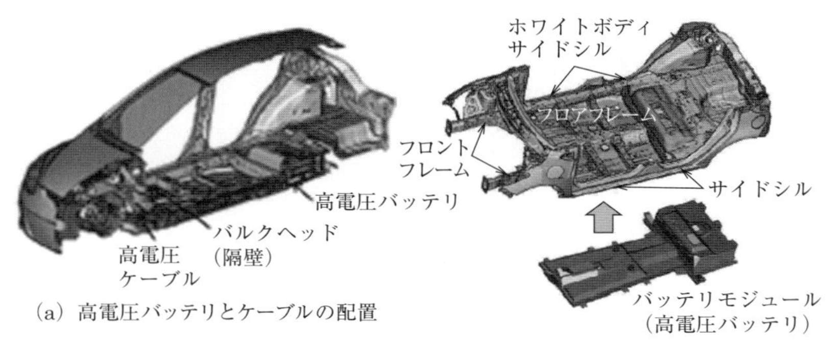

（a）高電圧バッテリとケーブルの配置

（b）ホワイトボディと高電圧バッテリモジュール

図 3.29　高電圧保護構造（出典：マツダ）[15)]

めとする高電圧部品に乗員が直接触れることができないように工夫され，衝突時の感電を防ぐ（図 3.29(a)）。バッテリモジュールは，アルミ製のフレームの筐体で包みこむ構造にしてバッテリ本体の破損を防止する設計配慮がなされている（図 3.29(b)）。

衝突時の前後左右の衝撃力を加速度センサで検出し，高電圧バッテリ内のリレーを作動させて，100 msec 以内で高電圧回路を遮断して感電を防止する。

(2)　電力損出の低減

バッテリから駆動制御装置，モータなどの高電圧系のパワーラインを短くしたり，駆動電圧を高くして動作電流を下げる（図 3.30）などの電力損失低減策により駆動効率の向上を図る。14 V 系のパワーラインについても同様の配慮が必要である。電力損失は，発熱の原因にもなり，近くに設置される電気機器の寿命低下や樹脂材・ゴム材の劣化を促進するので構造上の配置等の工夫が必要である。

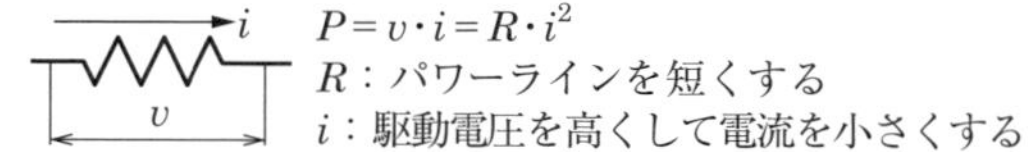

図 3.30　電力損失の要因と対策

(3)　重量物の配置と運動性能（加速・減速時の操縦性）

自動車は，図 3.31 に示すようにタイヤの前後輪と左右軸に車重

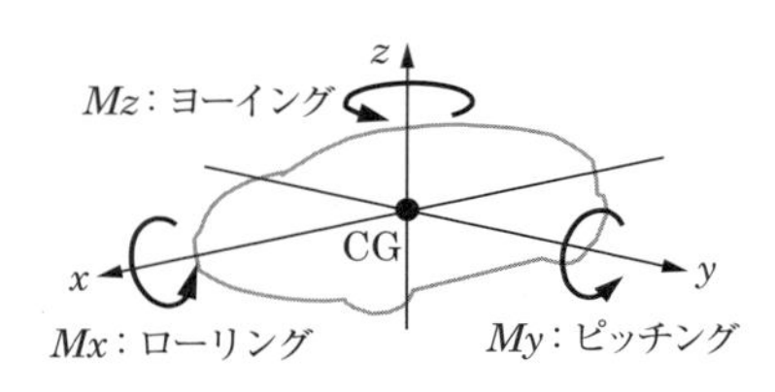

図 3.31　6 分力

を配分し，タイヤに発生する力を有効に利用して運動する6自由度の移動体であるので，駆動装置やバッテリなどの重量物を，車体中心付近に低配置しヨー慣性モーメントを小さく重心高を低く抑え，できるだけ重心を車体中央に置いて，前後左右輪に均等に車重配分し，加速・減速時の操縦性を確保する。

3.6.3 安全設計（発火や漏電に対する設計的配慮）

(1) 電源ラインの構成

図3.32に示すように電源ラインは，駆動用モータや充電器などの数100Vの高電圧系と，従来からあるパワーウインドウ，オーディオ，電動パワーステアリング（EPS）などの14V低電圧系と，高電圧系から低電圧系に降圧するDC/DCコンバータや，それらを接続するハーネス，ヒューズ，リレーなどから構成される。

(2) 高電圧系の安全設計

数100Vの高電圧に人が触れると，最悪の場合は感電死する恐れもある。また，漏電や短絡による「発火」などの恐れも考えられる。通常時はもちろんのこと，作業中や衝突事故，自然災害（水没），経年劣化なども考慮して，特定の故障事象，「感電や漏電」などをトップ事象にしてFTA（Fault Tree Analysis）を実施したり，個別の部品ごとにFMEA（Failure Mode Effect Analysis）を実施して万全の設計配慮がなされなければならない。FTAは，使われ方や仕向け地，自然災害のような環境要因もシステムの中に入れて幅広く検討する。

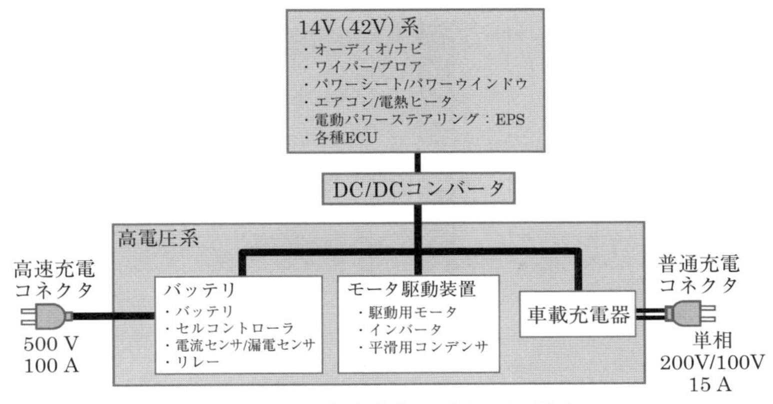

図3.32 電気自動車の電源ライン構成

3.6.4　走行時のモータ駆動制御，ブレーキ時の回生制御と減速制御，停車

運転者のアクセルペダル踏み込み操作に応じて安定した加速と減速，ブレーキペダルの踏み込み操作に応じて安全な減速と確実な停車を実現するモータ駆動制御と回生制御について説明する。EV の特徴は，ブレーキペダル踏み込み時に，回生ブレーキ力と摩擦ブレーキ力をバランス良く効かせ必要な減速度を得ることと，モータによる精密な駆動力制御が可能なことである。これらの特徴を生かして上手に制御できるかどうかがキーである。

(1)　モータ駆動制御

モータ駆動制御は，車両を駆動する制御とブレーキ時に回生制御を行うものであり，図 3.33 に示すように，アクセルペダルのストローク量を検出するストロークセンサと車速センサからの信号により，図 3.34 に示す駆動・制動力を得るために必要なモータトルクの目標値を計算する目標トルク発生装置，走行状況に応じて駆動または回生制御を行う駆動回生制御装置，モータ電流を検出する電流センサ，この電流センサ信号とモータ目標電流信号との偏差を小さくする PID コントローラなどから構成され，アクセルペダルのストローク量に応じてモータ電流を制御し，この電流の大きさに比例したトルクを発生させる制御である。この制御により，ドライバのアクセルペダルの踏み込み・戻し操作に応じてスムーズな加速と減速を実現する。

モータは，エンジンと異なって起動トルクが大きいので，アクセルペダルをエンジン車のように踏み込むと，路面の摩擦係数が大きくても発進時にタイヤがスリップしやすい。そこでタイヤのスリップ率を 10～20％の範囲に納める（図 3.7）ように，モータトルクを制御（トラクション制御）する。

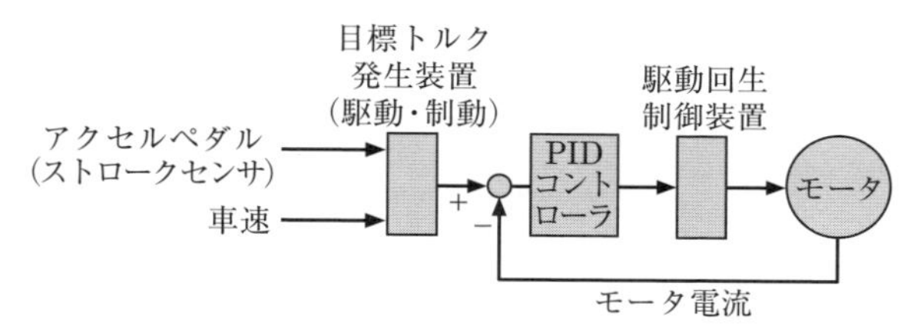

図 3.33　アクセルペダルの踏み込み量に比例したモータトルク制御

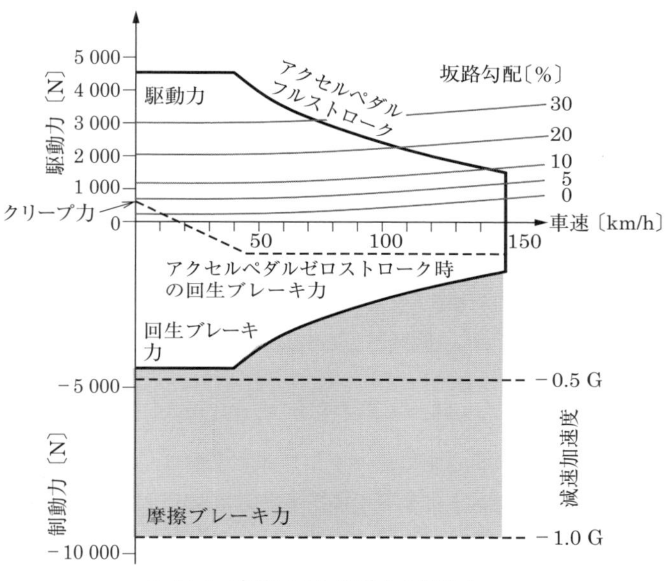

図 3.34 車速による駆動力と制動力

(2) 回生ブレーキ制御と摩擦ブレーキによる減速制御，停車

回生制御は，駆動用モータを発電機として作動させ，走行中の車両運動エネルギーを電気エネルギーに変換しエネルギー回収しながら，ブレーキ力を得る電磁ブレーキ制御である。車両運動エネルギーは，従来のエンジン車両では制動時に熱として捨てられていたが，EV では電気エネルギーとして回収し，二次電池に一時的に貯めておき駆動時に電力として利用することができる。

しかし，停止時や減速度が大きい急減速のときには，図 3.34 に示すように回生ブレーキ力だけでは減速力が不足するので摩擦ブレーキ力を併用して適宜配分制御（図 3.35）することにより両ブレーキ力を有効に作用させる。次に具体例を紹介する。

図 3.36 に示す電動サーボブレーキシステムは，ペダル操作部（ペダルフィールシミュレータ）と摩擦ブレーキ動作部（タンデムモータシリンダ）を切り離して別々に制御することにより，図 3.35 に示すような回生ブレーキ力と摩擦のブレーキ力の配分を調整し，回生ブレーキ作動頻度を最大限高めることが可能である。具体的には，ブレーキペダルが踏まれると，ECU がペダル操作を検出し，直ちに駆動用モータによる減速が行われ回生量の最大化を図る。そして，急減速のような減速度が不足す

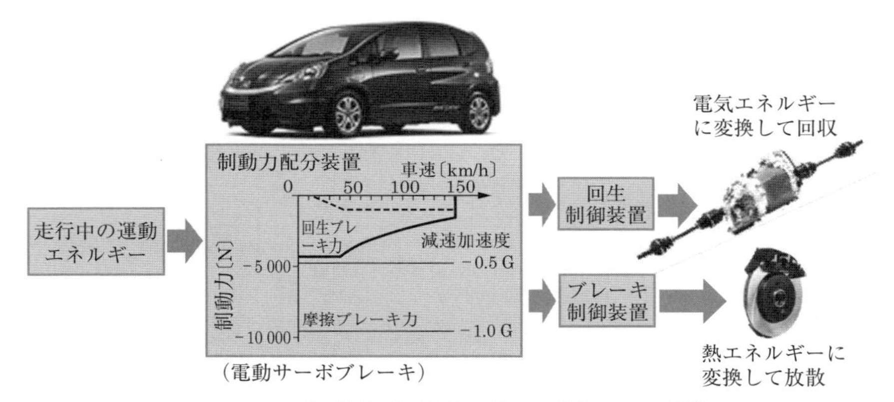

図 3.35　回生制御と減速制御，停車の動作イメージ[13)]

る場合には，不足分だけタンデムモータシリンダを駆動し摩擦ブレーキ動作部を作動させ摩擦ブレーキ力を加えて制動力を確保する。停止直前には，液圧による摩擦ブレーキに切り替える。このように，減速時には制動力配分し，停止直前までエネルギー回収を行うことができる。

運転者の運転状況に応じて，モータによる駆動・回生ブレーキ制御と摩擦ブレーキ制御を巧みに使い分け高い移動効率を達成させるのが「エネルギーマネジメント」である。

3.6.5　新たな付加価値；運動制御

モータトルクの制御しやすさを上手に使うと，「走る」「曲がる」「止まる」といった車両運動の制御が容易になる。いくつか実施例を紹介する。

（1）　トラクション制御と ABS

滑りやすい路面での急発進や急加速，逆に急減速時には，タイヤが空転（スリップ）し，摩擦係数が急減して駆動力や制動力が減少する。思うような加速や減速ができないばかりか車両がふらつき，方向安定性さえ失いかねない。このように，駆動時のスリップを抑制する制御がトラクション制御であり，制動時にスリップを抑制してタイヤのロックを防止するシステムが ABS（Anti-lock Brake System；アンチロックブレーキシステム）である。

車輪接地面の周速度（車輪速）を V_ω，車両速度を V としたときに，駆動時のスリップ率を $(V_\omega - V)/V$，制動時のスリップ率を $(V - V_\omega)/V$ として横軸に，

■ 非操作時

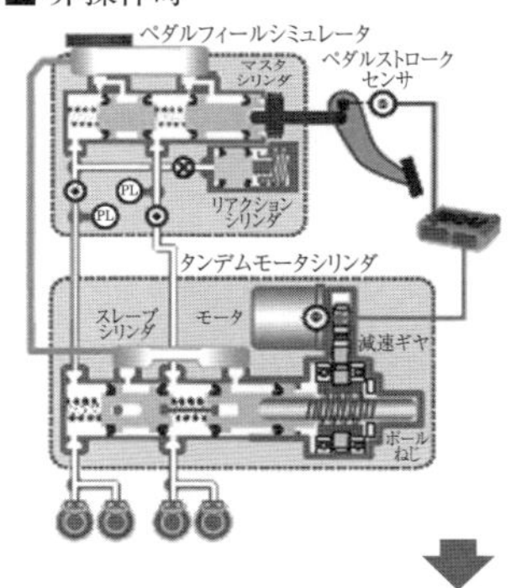

ペダル操作部とブレーキ動作部が独立。
ECUがペダル操作を検知し，さらにブレーキ動作部を制御。

■ 減速開始時－駆動用モータで減速，液圧最小限

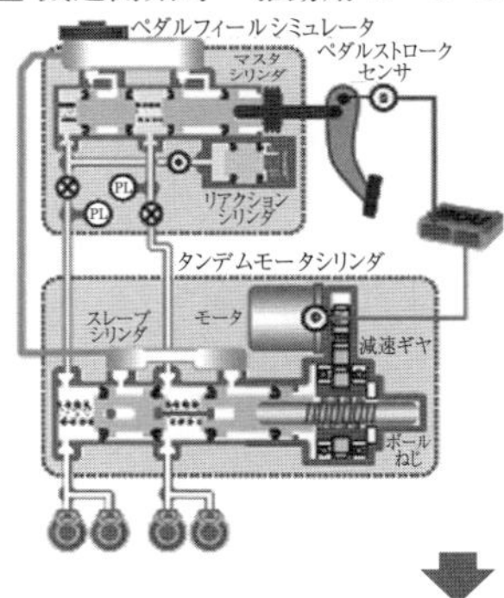

ブレーキペダルが踏まれると直ちに駆動用モータによる減速が行われ，回生量の最大化を図る。

■ 停止直前－摩擦ブレーキへ持ち替え

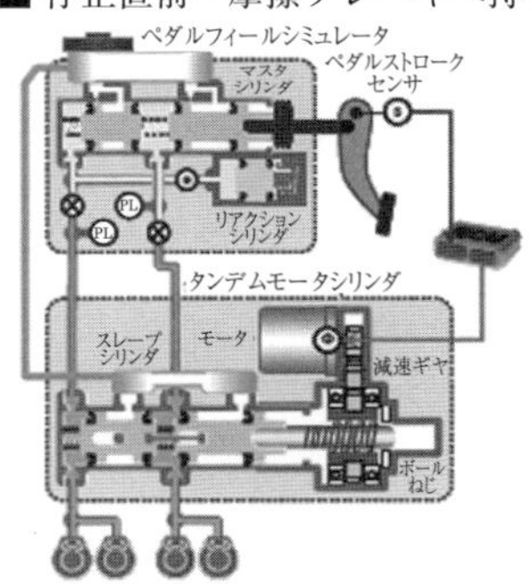

停止直前に，摩擦ブレーキによる減速・停止へと制動力配分が調整され，停止間際までの減速エネルギー回収を実現。

図 3.36　電動サーボブレーキ（摩擦ブレーキと回生ブレーキによる減速制御，停車の動作説明図）[13), 16)]

縦軸にそのときの摩擦係数と横力をとったときに，摩擦係数はスリップ率が10～20％（図3.7）のところにピークがあり，横力（図3.8）は漸減する。そこで横力を実用上充分に確保しながら摩擦係数ピークの範囲に駆動力と制動力（摩擦ブレーキ力＋回生ブレーキ力）を制限するように制御する。

(2)　4輪独立モータによるヨーイングモーメント制御

EVは，ホイール中に組み込んだモータ（インホイールモータ）により4輪独立，あるいは2輪独立で駆動することができ，従来のガソリン車では困難であった高度な駆動制御が可能である。前項で説明したトラクション制御もABSも各輪独立で行えるため，滑りやすい雪道において車両の発進・減速時に左右輪の駆動トルクをきめ細かく制御し，駆動・制動と操縦性を高度にバランスさせることができる。また，雪道に限らず一般の高摩擦係数路でも，左右輪の駆動トルクを積極的に制御することにより，タイヤ舵角入力による旋回に加えて，左右駆動トルク差による旋回が可能となる。

図3.37は，FR-EV，すなわち後2輪を別々のモータで駆動するEVの例である。車体に固定された移動座標系における車両の運動方程式は，車両速度Vが一定の場合，重心点の並進運動と回転運動に関して，次のように求めることができる。

$$m\cdot V(\dot{\beta}+\gamma)=F_\mathrm{f}+F_\mathrm{r} \tag{3.32}$$

$$I_\mathrm{z}\cdot\dot{\gamma}=F_\mathrm{f}\cdot\ell_\mathrm{f}-F_\mathrm{r}\cdot\ell_\mathrm{r}+M_\mathrm{D} \tag{3.33}$$

前後の各タイヤに発生するコーナリングフォースF_f，F_rは，次式で表すことができる。

$$F_\mathrm{f}=C_\mathrm{f}\cdot\beta_\mathrm{f},\quad F_\mathrm{r}=C_\mathrm{r}\cdot\beta_\mathrm{r} \tag{3.34}$$

前後タイヤの横滑り角β_f, β_rは，車両重心点の横滑り角βとヨーレイトγおよび前タイヤ舵角θ_fの関数として次式で表される。

$$\beta_\mathrm{f}=\theta_\mathrm{f}-\left(\beta+\frac{\ell_\mathrm{f}}{V}\cdot\gamma\right),\quad \beta_\mathrm{r}=-\left(\beta-\frac{\ell_\mathrm{r}}{V}\cdot\gamma\right) \tag{3.35}$$

駆動力差によるヨーイングモーメントM_Dは，次式で与えられる。

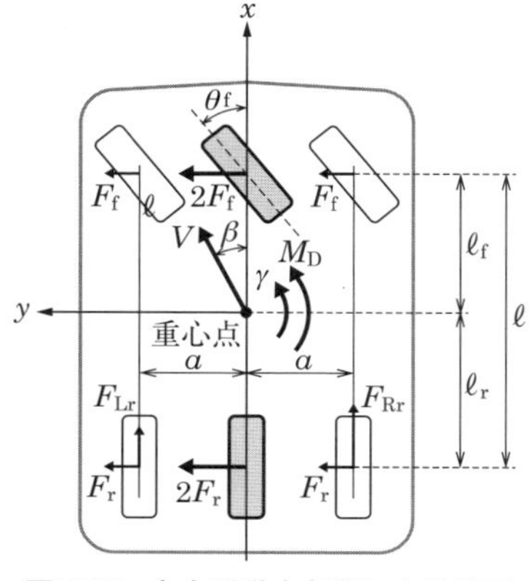

図3.37　左右駆動力制御による旋回モーメント

$$M_\mathrm{D} = a(F_\mathrm{Rr} - F_\mathrm{Lr}) \tag{3.36}$$

式 (3.33)，(3.36) より駆動力差（$F_\mathrm{Rr} > F_\mathrm{Lr}$）を与えてヨーイングモーメント M_D による旋回モーメント $I_\mathrm{z} \cdot \dot{\gamma}$ を増大させれば，旋回応答性を向上させることができる。逆の駆動力差（$F_\mathrm{Rr} < F_\mathrm{Lr}$）を与えれば $I_\mathrm{z} \cdot \dot{\gamma}$ を減少させオーバーステアを抑制することもできる。このように車両の運動を制御することができる。

3.6.6　燃料電池車，電気自動車，ハイブリッド車用電池

(1)　電池の種類

電池は，電力を生ずる原理によって大別すると，表 3.5 のように 3 種類に分類できる。一般的に利用できる乾電池は，「化学電池」に属するものである。

(2)　一次電池と二次電池

電池は，別の分類として「一次電池」と「二次電池」に大別できる。一次電池は，一度完全に放電してしまったら捨ててしまう使い切りの電池である。これに対して，充電して繰り返し使えるものが二次電池である。

二次電池は，ガソリン車，ハイブリッド車，電気自動車では，電装品や動力の駆動用に，また回生ブレーキ時のエネルギー蓄積用に搭載される。燃料電池車では，走行時のモータ駆動用には一次電池である燃料電池，制動時の回生用には二次電池がそれぞれ搭載される。

(3)　一次電池；燃料電池

燃料電池の原理は，1801 年，イギリスのハンフリー・デービー（Humphry Davy）によって考案された。現在の燃料電池の原型は，1839 年にイギリスのウィリアム・ロバート・グルーブ（William Robert Grove）によって作製され，電極に白金（Platinum，Pt），電解質に希硫酸（Dilute sulfuric acid，H_2SO_4）を用い，電極に水素を閉じ込めた陰極と酸素を閉じ込めた陽極から電力を取り出すというもの

表 3.5　電池の種類[9)]

電池の種類	代表的な電池	電力が生じる原理
化学電池	乾電池 燃料電池	酸化，還元という化学反応によって他の物質へ変化する際に生じる電気エネルギーを利用する電池
物理電池	太陽電池	熱や光などを電力に変換する電池
生物電池	生物太陽電池	酸素や微生物などが起こす生物化学反応を利用する電池

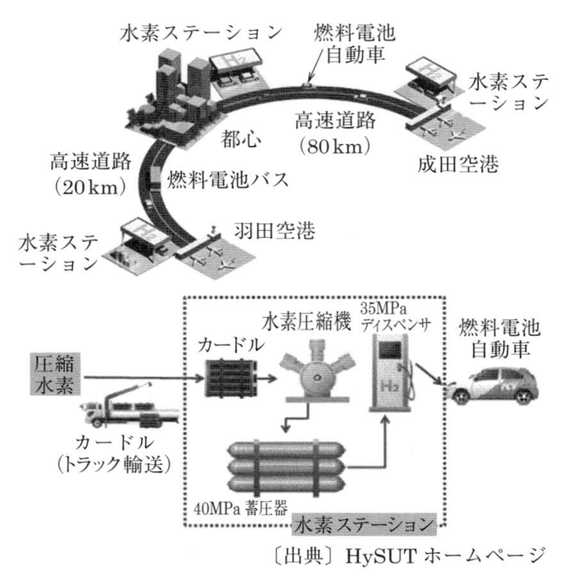

〔出典〕HySUT ホームページ

図 3.38　FCV 水素ステーション[17)]

であった。

燃料電池は，基本的に水の電気分解と逆の原理を利用したものである。水を電気分解すると水素と酸素になるので，逆に水素と酸素を結合させれば電気が生まれることになる。燃料電池車（FCV）は，水素の燃料と空気中の酸素との電気化学的な反応により，発電しながら走行する電気自動車である。補充可能な水素のような負極活物質と正極活物質からなる空気中の酸素などを常温または高温環境で供給し反応させることにより，継続的に電力を取り出すことができる発電装置である。正極活物質と負極活物質を共に，ガソリン車でいうガソリンスタンドのような水素ステーションからタンクに補充することができれば，電気容量の制限なく走行することが可能である。つまり，ガソリン車のように燃料を積み増せば，ガソリン車と同等の走行距離を走行することができる。そこで，図 3.38 に示すような高圧水素ガスを水素カードル（まとめて固定された集合容器）で受け入れ，圧縮，貯蔵し，ディスペンサ（車載高圧タンクに水素を充填する装置）で FCV に充填する水素ステーションが実用化されている。

(4) 二次電池

二次電池で広く使用されているものは，鉛蓄電池，ニッケル水素（Ni-MH）電池，リチウムイオン電池の3種である。

鉛蓄電池は，1859年にガストン・プランテ（Gaston Planté）によって発明された。そして，1960年代に密閉型のニッケルカドミウム（Ni-Cd）電池がアメリカで生産され普及したが，カドミウムの有毒性が問題となり，代替として1990年頃から，ニッケル水素電池が一般民生用途に発売され普及する。

リチウムイオン電池は，1979年のジョン・グッドイナフ（John Goodenough）によるコバルト酸化物へのリチウムイオンの挿入離脱（Intercalation）現象の発見や，1970年代のグラファイトへのリチウムイオンの挿入離脱現象の発見に端を発し，1991年に最初の商用セルが発売され，以来現在に至るまで様々な用途に拡大されている。

バッテリでは，貯蔵可能なエネルギー量を容量といい，Ah（Ampere hour）で表す。例えば，60 Ah容量のバッテリは，60 Aの放電を1時間持続できるエネルギーを貯蔵できる能力を持っている。バッテリの充電状態は，充電率；SOC（State Of Charge）で表し，満充電を100％として充電量を比率で表す。逆に，放電率；SOD（State Of Discharge）では，0％が満充電を表す。満充電容量；FCC（Full Charge Capacity）は，充電率が100～0％になるまでに供給できる電荷量である。バッテリが新品のときのFCCの「呼び値（参考値）」を公称容量（Nominal Capacity），保証値は定格容量（Rated Capacity），標準値は標準容量（Standard Capacity）という。

図3.39はリチウムイオン電池の放電率特性の一例である。公称容量が2 Ahで

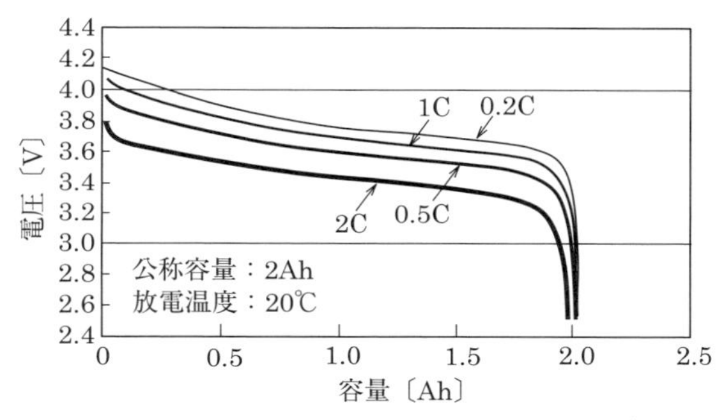

図3.39 リチウムイオン電池の放電率特性[18)]

表 3.6　C レート [18)]

容量の異なる電池を同一条件で比較するために，充放電電流を公称容量で正規化したC レート（Charge rate）で表す。1C 充電は，完全放電をした電池を1時間で公称容量まで充電することである。

C レート	電流〔A〕	充・放電時間〔h〕	公称容量〔Ah〕
1C 充電	100	1	100
4C 充電	400	1/4	100
1/2C 放電	50	2	100

表 3.7　各種電池のエネルギー密度 [18)]

電池の種類＼諸元	大きさ〔mm〕	重量〔g〕	容量〔Ah〕	公称電圧〔V〕	体積エネルギー密度〔Wh/ℓ〕	重量エネルギー密度〔Wh/kg〕
リチウムイオン	ϕ18.3 × 65	44	2.4	3.7	500	200
ニッカド	ϕ34 × 60	152	5.0	1.2	1 100	40
ニッケル水素	ϕ34 × 60	178	9.0	1.2	200	60
鉛蓄電池	182 × 127 × 202	9 500	32	12	80	40

あるから，1C は 2A，1時間，0.2C は 0.4A，5時間で放電される（表 3.6）。

そのほかにバッテリ性能を表すものとして，体積エネルギー密度〔Wh/ℓ〕，重量エネルギー密度〔Wh/kg〕（表 3.7）と出力密度〔W/kg〕（図 3.40）が使われる。エネルギー密度は，自動車のような移動体では，重量物として航続距離や加速性能などに影響を与え，出力密度は加速性能に影響を及ぼす。

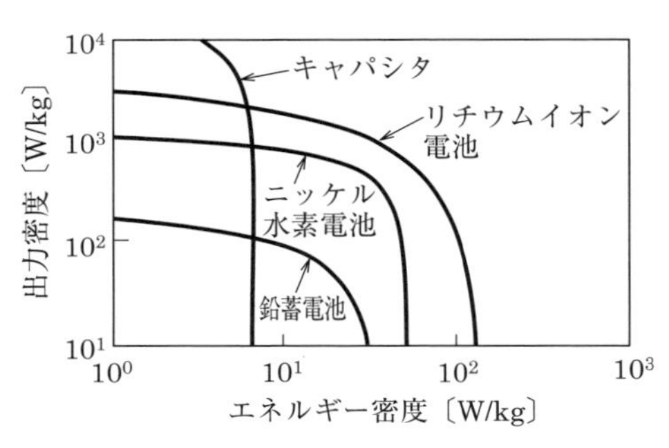

図 3.40　各種電池のエネルギー密度に対する出力密度 [18)]

(a)　鉛蓄電池

鉛蓄電池（Lead Storage Battery）は，負極の金属鉛（Pb）と正極の二酸化鉛（$PbSO_2$）の間に存在する鉛の酸化数の差を利用して充放電を繰り返す二次電池である。ガソリン車用電装品の電力供給として安価で充分なエネルギー密度を有するので古くから使用されているが，EV としてはエネルギー密度が不足する。

(b)　ニッケル水素電池

ニッケル水素電池（Nickel-Metal Hydride battery：Ni-MH 電池）は，充電時には水素が正極から負極へ，放電時には逆に移動して充放電を繰り返す二次電池である。鉛蓄電池の 1.5 倍程度のエネルギー密度を有しているので，鉛蓄電池の軽量化としてガソリン車やハイブリッド車に用いられるが，電気自動車用としては不足する。

(c)　リチウムイオン電池

リチウムイオン電池（Lithium-ion battery：Li-ion 電池）は，金属の中で最も軽量なリチウム（Li）系材料を使った正極とカーボン系の負極の間をリチウムイオンが移動することにより充放電を繰り返す二次電池である。表 3.7 に示すように，二次電池の中で最もエネルギー密度が高く，高い電圧（公称）が得られる。

放電しきらずに充電すると充電容量が減少するという「メモリ効果」がほとんどなく，継ぎ足し充電を頻繁に行うシステムに向いている。使わずに放っておくと少しずつ放電してしまう「自己放電」も他の電池より少なく，1 か月で 5 % 程度といわれている。500 回以上の充放電に耐え，長期間使用することができる。ほかにも，高速充電が可能で幅広い温度帯で安定して放電するといった特徴がある。ただし，満充電状態で保存すると急激に劣化し，充電容量が大幅に減少することや，極端な過充電や過放電により電極が不安定な状態になり激しく発熱するため，破裂したり発火したりする危険性がある。これを防ぐため製品としてのリチウムイオン電池は，乾電池のような電池単体では販売されず，電圧などを管理する制御回路と過充電，過放電を防ぐ保護機構を組み込んだ電池システムとして販売される。

(d)　次世代の二次電池

先端技術分野では，リチウムイオン電池の過充電時のネガティブな特性を改良したリチウムイオンポリマー電池や，正極材料と負極材料に新材料を用いたさらなる性能向上の取り組みも盛んである。

3.6.7　二次電池の充電

プラグインハイブリッド車や電気自動車は，エネルギー補給のために充電が必要である。本項では充電に関する方法，機器などについて述べる。

(1)　充電装置と急速充電制御

充電装置は，図3.41に示すように，車載充電器と地上充電装置がある。車載充電器は，プラグイン充電といわれ図3.42に示すように商用電力をAC-DCコンバータでいったん整流して直流に変換した後に，再び高周波（単相）インバータで高周波電力に変換し高周波変圧器を用いて再度整流する。小型化できるので車載に向いている。

地上充電装置は，急速充電といわれ自動車に搭載されている電池に直流電力で充電するものである。電池の種別や充電状態などの情報を充電装置側に知らせる必要がある。

リチウムイオン電池は，定電流定電圧；CCCV（Constant Current Constant Voltage）充電を行う（図3.43）。端子電圧が低いときは内部抵抗が高く，一気に急速充電すると多量の熱が発生するので，急速充電の直前に電池の端子電圧を検知して，約2.9V以下のときは一定の低電流で予備充電する。そして，電池の端子電圧が約2.9Vを超えて内部抵抗が低くなると，一定の高電流充電を開始する。端子電圧が4.2V±30mVを超えると，過充電にならないように定電圧充電に切り替え，充電電流が小さくなると充電完了として停止する。

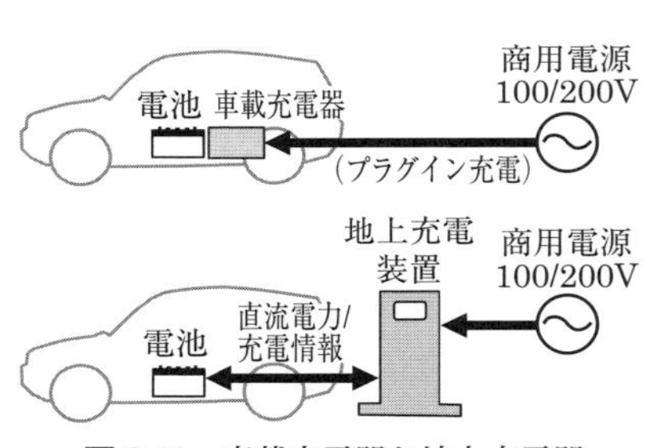

図3.41　車載充電器と地上充電器

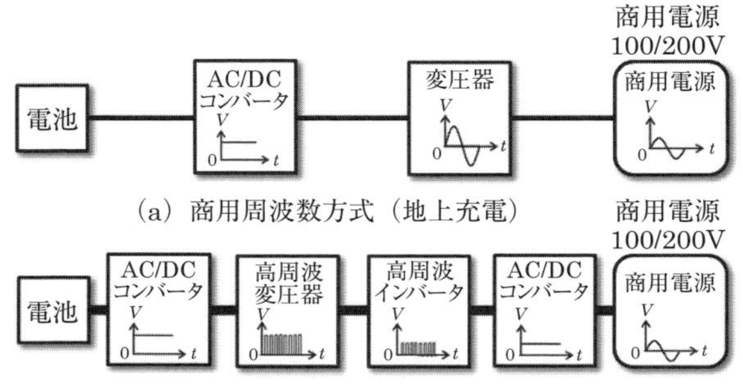

図3.42　充電回路の基本構成

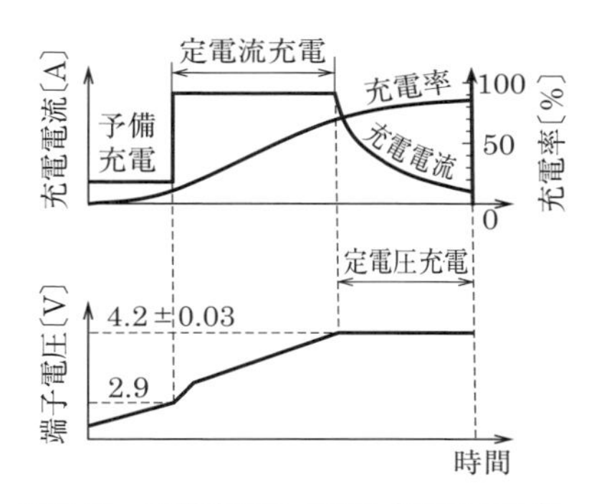

図 3.43 予備充電と CCCV 充電による急速充電 [9)]

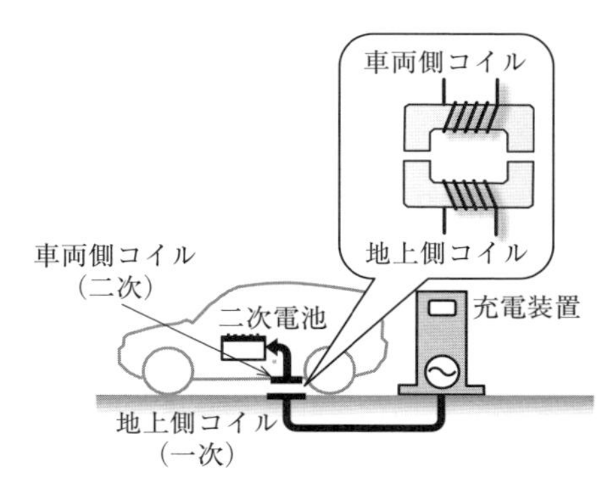

図 3.44 地上コイルによる非接触制御 [19)]

(2) 非接触充電

地上の電源から車両のバッテリに充電する方法として，前述した電力ケーブルをコネクタに接続する接続型（Conductive）充電方式のほかに，図 3.44 に示す高周波電力でコイル間の電磁誘導を用いる非接触（Inductive）充電方式がある。

非接触充電は，駐車場の地上側に 1 次コイルと共振回路（送信レゾレータ），車両側に 2 次コイルと共振回路（受信レゾレータ）を対向配置し，送信レゾレータに交流電流（数 10〜150 kHz）を流すことによって送信レゾレータの周りに磁界を発生させ，この磁界の一部が受信レゾレータ内に誘導電流を流す。この共振現象を利用すれば，3 kW を超える電力を，20 cm 離れても電力効率 90 %以上で送信でき，ケーブル接続することなく駐車中に充電できる。この方法は，金属接点を使わないので安全性（感電防止）や信頼性が高く取り扱いが容易になる。

接続型充電方式を非接触方式のカプラで充電する場合にも適用できる。

3.6.8 電気自動車の設計

(1) 構想設計（商品設計，企画）

スタイル，駆動型式，乗車人員などの基本性能を定め，車両質量，空力（C_d）などの EV の基本緒元を設定する。ここでは，4 人乗りの一般的な乗用車として表 3.8 のような仮の諸元を設定する。

(2) ラフレイアウト設計（アーキテクチュア設計）

ラフレイアウト設計は，全体の枠組となる技術のコアを定め構想を具体化するた

めの設計検討であり，詳細設計に入る前段階のプロセスである。EV構想の特徴である「航続距離」や「動力性能・制動性能」，「居住空間」などの実現可能性を検討するために，仮の諸元から全体の枠組の構成に不可欠なユニットの大きさと重量，性能などに関与するモータ出力，インバータ，バッテリの容量を決める。

表 3.8　仮の諸元

車両質量 m	1000 kg
空気抵抗係数 C_d	0.25
前面投影面積 A	2.5 m^2
タイヤ動半径 r_1	0.3 m
最高速度	140 km/h
登坂能力（最高速度）	5 %
登坂能力（60 km/h）	30 %
発進加速	0.4 G
発進加速（登坂能力30％のとき）	0.1 G
減速度	1.0 G
航続距離	200 km
燃費	10 km/kWh
回転部の等価慣性質量	50 kg
転がり抵抗係数 μ	0.01
基本物理値	
重力加速度	9.8 m/s^2
空気の密度	1.2 kg/m^3

(a)　走行抵抗

式(3.1)より，発進時と最高速度時の走行抵抗を求めると表3.9のようになる。

(b)　モータの最大出力，最大駆動力

最大出力は，最高速度のとき，すなわち，$V = 140$〔km/h〕，$R = 1200$〔N〕のときであるから，最大出力 P_{max}，最大駆動力 F_{max} は，

$$P_{max} = \frac{140 \cdot 1000 \cdot 1200}{3600 \cdot 1000} = 47 \text{〔kW〕} \qquad F_{max} = 4220 \text{〔N〕}$$

である。これを車速に対する駆動特性として表すと，図3.45の点A，点Bのようになる。点Cは，30％勾配路における発進時の走行抵抗である。

次に，この駆動特性に見合ったモータを探す。ギヤ比；$i = 10$ に設定すれば，図3.45の駆動特性を満足するモータが存在するので，このギヤ比に設定する。このときのモータ出力特性を図3.46に示す。モータの最大トルク T_{Mmax} と最大回転速度 n_{Mmax} は，次式で与えられる。

表 3.9　走行抵抗の計算結果

発進時の走行抵抗		発進時の走行抵抗（登坂能力30％）		最高速度時の走行抵抗	
転がり抵抗 R_r	98 N	転がり抵抗 R_r	98 N	転がり抵抗 R_r	98 N
空気抵抗 R_1	0 N	空気抵抗 R_1	0 N	空気抵抗 R_1	610 N
勾配抵抗 R_i	0 N	勾配抵抗 R_i	2820 N	勾配抵抗 R_i	490 N
加速抵抗 R_a	4120 N	加速抵抗 R_a	1030 N	加速抵抗 R_a	0 N
走行抵抗 R	4220 N	走行抵抗 R	3950 N	走行抵抗 R	1200 N

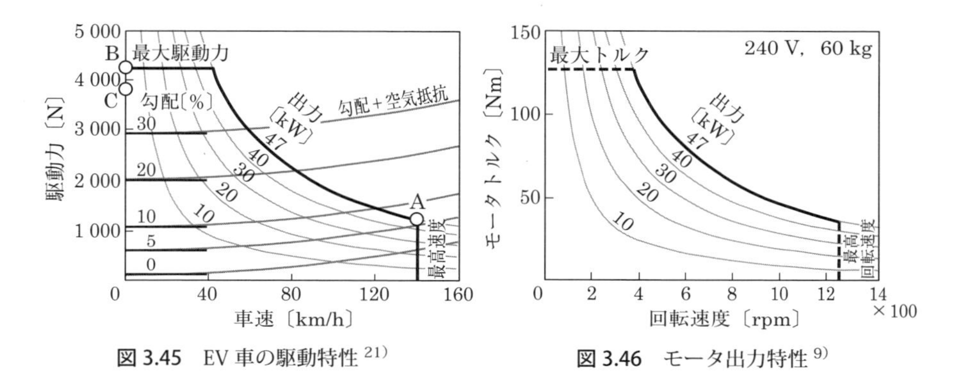

図 3.45　EV 車の駆動特性[21)]　　**図 3.46**　モータ出力特性[9)]

$$T_{\mathrm{Mmax}} = \frac{F_{\max} \cdot r_{\mathrm{t}}}{i} = \frac{4220 \cdot 0.3}{10} = 127 \ 〔\mathrm{Nm}〕$$

$$n_{\mathrm{Mmax}} = i \cdot \frac{60 \cdot V}{2 \cdot \pi \cdot r_{\mathrm{t}}} = 10 \cdot \frac{60 \cdot 140 \cdot 1000}{2 \cdot \pi \cdot r_{\mathrm{t}} \cdot 3600} = 12400 \ 〔\mathrm{rpm}〕$$

(c)　モータ，インバータ，バッテリの選定

モータは図 3.46，インバータは表 3.10 の最高回転数 12 000 rpm，最大トルク 150 Nm のものを選定する。このとき，最大電流 $I_{\max}$ は，次式で与えられる。

$$I_{\max} = \frac{P_{\max}}{V_{\mathrm{inv}} \cdot \eta} = \frac{47000}{240 \cdot 0.9} = 218 \ 〔\mathrm{A}〕$$

次に，バッテリを選定する。車速，50 km/h 一定で平地を巡航するときに必要な

表 3.10　インバータの製品カタログ例

※電圧 DC 240 V，出力時間 30 sec
外形寸法；W 237 × L 305 × H 84，質量；9 kg

最大回転数〔rpm〕 ＼ 最大トルク〔Nm〕		100	150	00
12 000	連続トルク〔Nm〕	44	66	
	最大出力〔kW〕※	42	63	
	連続出力〔kW〕	27	40	
10 000	連続トルク〔Nm〕	44	66	
	最大出力〔kW〕※	35	52	
	連続出力〔kW〕	22	33	
8 000	連続トルク〔Nm〕	44	66	88
	最大出力〔kW〕※	30	42	56
	連続出力〔kW〕	18	27	36

動力 P_{req} は，

$$P_{\mathrm{req}} = \frac{(R_{\mathrm{r}} + R_{\mathrm{l}}) \cdot V}{1000} = \frac{(98+78) \cdot 50 \cdot 10^3}{1000 \cdot 3600} = 2.3 \text{〔kW〕}$$

であるから，航続距離を $C_{\mathrm{cr}} = 200$〔km〕に設定すると，バッテリ容量 A_{B} は，

$$A_{\mathrm{B}} = P_{\mathrm{req}} \cdot \frac{C_{\mathrm{cr}}}{V_{50\mathrm{km/h}}} = 2.3 \cdot \frac{200}{50} = 9.2 \text{〔kW·h〕}$$

である。このときに，バッテリを表3.7のリチウムイオン電池とすると，質量 m_{B} と体積 V_{B} は，次のようになる。

$$m_{\mathrm{B}} = \frac{A_{\mathrm{B}}}{\rho_{\mathrm{e}}} = 46 \text{〔kg〕} \qquad V_{\mathrm{B}} = \frac{A_{\mathrm{B}}}{\rho_{\mathrm{V}}} = 18.4 \text{〔}\ell\text{〕}$$

自動車の全体の枠組みができたので，当初の目的・狙いと照らし合わせてその差異を調査し，差異を課題と捉え解決しながら構想の骨格を具現化していく。

(3) 製品設計

ラフレイアウト設計が完了すると，次工程の製品設計に移行する。製品設計は，生産可能な製品に仕上げるための詳細設計である。ボディ骨格，サスペンション構造，シート，電装品，快適装備，安全装備などの機能を細部にわたって検討し，構想時の目的・目標に照らし合わせて合致させるように機能要求仕様書をそれぞれの項目に応じて作成する。そして，この機能要求仕様書に基づき細部にわたる設計がなされ，目標を達成させるまで設計変更を繰り返す。

(4) 実験と改良（走行テスト，単体テスト結果を設計に反映）

設計目標を達成したならば，試作段階に移行する。試作車，試作部品（ユニット，モジュール，部品）を製作し，定められたモード試験（走行テスト，単体加速寿命テストなど）により目的・狙いがどれくらい達成できたかを検証する。また，生産設計チームとも合流し生産上の課題も設計項目も反映する。設計不足項目が見つかれば，改良（設計変更）により設計不足を補う。このような改良を重ね，性能，耐久・信頼性，振動・騒音などの目標を達成させ，設計図が完成する。

(5) 生産設計と生産段取り

量産に向けて，組み立てライン構想，組み立て冶工具，金型，試験装置，設備などを設計し，生産の段取りを確認する。生産ラインを流れた製品の目標品質が達成されて初めて，生産体制が整い量産開始となり，顧客のもとに自動車が届けられるのである。

演習問題

問題 1　車両質量 1 200 kg，転がり抵抗係数 0.01 のときに，転がり抵抗 R_r を求めよ。

（答え；$R_r = 118$〔N〕）

問題 2　車速 150 km/h，抗力係数 $C_D = 0.25$，空気の密度 1.2 kg/m^3，前面投影面積 $A = 2.8\,\mathrm{m}^2$ のときの空気抵抗 R_1 を求めよ。

（答え：$R_1 = 729$〔N〕）

問題 3　車両質量 1 200 kg，道路勾配 5 %のときの勾配抵抗 R_i を求めよ。

（答え：$R_i = 587$〔N〕）

問題 4　車両質量 1 200 kg，回転部の等価回転質量 50 kg の車両を，発進加速 0.5 G で加速するときの加速抵抗 R_a を求めよ。

（答え：$R_a = 6\,130$〔N〕）

問題 5　問題 1 から問題 4 までの条件のときに，150 km/h で巡航しているときの走行抵抗を求めよ。

（答え；1 430〔N〕）

問題 6　問題 5 の条件で走行している車両の出力は何馬力出ているか？

（答え；81.0〔PS〕）

問題 7　車両質量 1 200 kg の車両が，車速 100 km/h で巡航しているときに，減速度 0.3 G で減速するために必要なブレーキ力を求めよ。またそのときの制動距離を求めよ。

（答え；制動力，3 530〔N〕，制動距離，131〔m〕）

問題 8　車体質量＋乗員の質量が 1 200 kg，重心から前軸までの距離 $\ell_f = 1.0$〔m〕，重心から後軸までの距離 $\ell_r = 1.5$〔m〕，重心までの高さが 0.6 m の車両が，減速度が 0.3 G で減速するときに後輪から前輪に移動する荷重を求めよ。

（答え；$\Delta W = 848$〔N〕）

問題 9　ガソリンエンジンで，正味平均圧力 0.4 MPa，回転数 3 000 rpm のときの 1 ℓ 当たり正味軸出力 L_e を求めよ。

（答え；10〔kW/ℓ〕，図 3.15(b)）

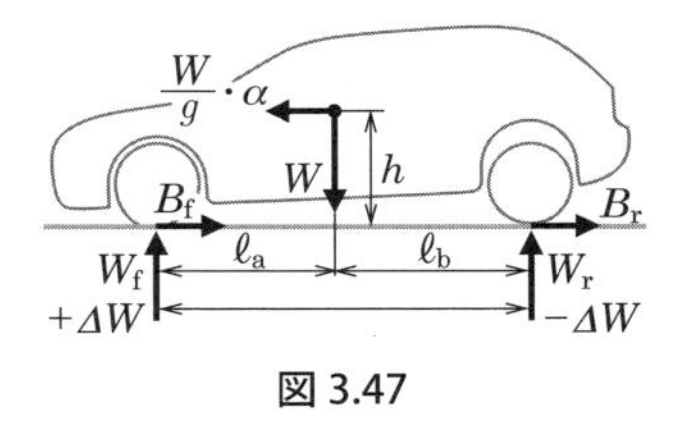

図 3.47

問題 10　ガソリン自動車の燃費の悪化要因を挙げて，その理由を説明しなさい。

問題 11　プラグインハイブリッド車が，通常のハイブリッド車より燃費が良い理由を説明しなさい。

問題 12　電気自動車の安全設計について述べよ。

第4章

車両運動制御

自動車の歴史と共に，車両運動制御の歴史も始まったといえる。自動車を走らせるためには，駆動力を発生させる動力源のほかに操舵装置や制動装置が必要になり，当時は，それらを操ることが自動車の運動を制御することであった。

しかしそれから時を経て自動車は，木製車輪から空気入りタイヤ，ラジアルタイヤへ，懸架もリジッドからサスペンションへ，そしてブレーキとステアリングの高剛性化やエンジンの高出力化などにより高性能化され，高速道路の整備とあいまって益々高速化に移行する。

自動車は航空機と異なって，理論的な支えがなくても経験的にある程度のところまでは走らせることができる。ところが高速走行が日常的になると，運動性能が自動車性能の良し悪しを決めるようになり，この頃から重要な研究課題として運動理論が体系的に研究されるようになった。1950年以降のことである。タイヤ，車両，ドライバはモデル化され，ドライバと車両運動の関係をフィーリングに頼らずに，理論的に解明する様々な取り組みが行われた。

その甲斐あって，タイヤと路面間に生じる力の発生メカニズムや性質を理解した上で車両運動とドライバの制御動作を考察することが可能になり，人間にとって望ましい運動性能の実現に向けて，新たな予防安全技術やアシスト技術，自律走行技術などの最先端を切り拓く技術創造の手がかりを与えてくれたのである。

4.1 基礎力学（タイヤの力学と摩擦円）

自動車の運動は，タイヤと路面間の変形・滑りにより生じる力に支配される。この力の発生メカニズムや性質を理解し，車両の操縦性と安定性について考える。

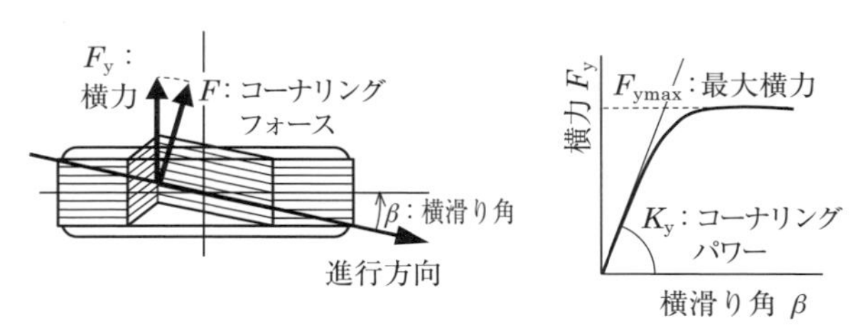

図 4.1　タイヤのコーナリング特性

4.1.1　横滑り角と横力，コーナリングフォース

車両が旋回運動するためには，遠心力に釣り合うだけの横方向の力が前後輪のタイヤ接地面に発生する必要がある。この横方向の力は，図 4.1 に示すように，タイヤと接地面の間に変形を生じさせながらタイヤ直角方向に発生する横力 F_y である。このとき，タイヤの向いている方向と進行方向とのなす角を横滑り角（スリップ角）β，進行方向に直角な力をコーナリングフォース F という。横滑り角が小さい場合は，両者はほぼ等しく厳密に区別されない場合がある。

横力 F_y は，横滑り角 β が小さい領域では，横滑り角に比例する。このときの比例定数をコーナリングパワー K_y と呼ぶ。これらの関係は次式で表される。

$$F_y = K_y \cdot \beta \tag{4.1}$$

一般的なタイヤでは，5～10 deg 程度の横滑り角で最大横力 F_{ymax} に達し飽和する。コーナリングパワーは，通常走行時のコーナリング性能を支配し，最大横力は限界性能を支配する。

4.1.2　旋回運動と横力の発生

図 4.2 に示すように，直進走行中にハンドルを少し切って，タイヤ（車輪）を直進方向に対し角度 θ_f（1 ～ 2 deg）傾けると，接地面は直進方向を向いているので，タイヤは接地面に対して弾性変形（図中の a の範囲）し横方向の力である横力 F_y を発生する。同時に，自動車は旋回運動を始め，この横力に釣り合う遠心力が作用する。このとき，横力は小さく（旋回半径大），タイヤと路面間に発生する摩擦力の方が大きい

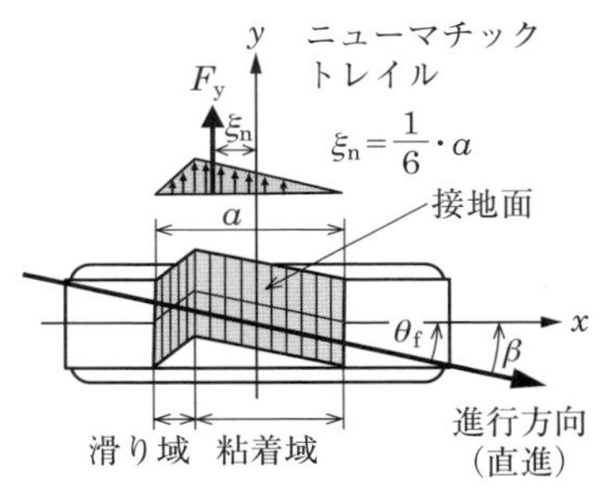

図 4.2　横力の発生メカニズム

ので夕イヤは回転していても，滑らずに接地先端から角度 β の方向に一致して弾性変形する「粘着域」と，変形が戻る接地後端までの間で摩擦力を超えて滑りを生じる「滑り域」が存在する。このような接地面では，この変形に比例した横力分布（図中上段の三角形）が発生し，この横力分布を積分して集中荷重とみなしたものが横力である。タイヤの弾性変形した結果生じる進行方向とタイヤ中心面のなす角度を横滑り角 β といい，タイヤ舵角（切れ角）θ_f と区別する。

横滑り角が小さい場合は，発生する横力は最大摩擦力に比べて小さく粘着域がほとんどを占めるので，コーナリングフォース F は横滑り角 β にほぼ比例する。

横力の中心は，タイヤの中心より後方に位置するので，垂直軸周りのモーメントを発生する。このとき，横力中心（着力点）とタイヤ中心のずれをニューマチックトレイル ξ_n，垂直軸周りのモーメントをセルフアライニングトルク（SAT；Self Aligning Torque）T_{SAT} という。

ここで，「自動車が曲がる」という動作について，次のように説明できる。

①ハンドルを切る ⇨ ②タイヤが接地面に対して弾性変形し，横滑り角 β に比例した横力 F_y を発生させる。これは，コーナリングフォース F が発生することであり，セルフアライニングトルク T_{SAT} が発生することでもある。この前タイヤの横力により ⇨ ③車両にヨーモーメント（旋回方向の回転力）が発生し ⇨ ④旋回運動を始める。それと同時に，車両に遠心力が発生し後タイヤにも横力が発生する。そして，⇨ ⑤遠心力と前後タイヤの横力が釣り合い状態の定常旋回状態になる。

4.1.3　タイヤのコーナリング特性

タイヤのコーナリング特性は，自動車の操縦性や安定性に関わる特性であり，図4.3に示すように，タイヤの路面に対する姿勢角（キャンバ角，横滑り角）や，横力・コーナリングフォースなどの力，セルフアライニングトルクなどのモーメントにより表される。これらは，接地面（路面）に原点を持つ座標系で定義される。

自動車が旋回するときに発生する横力に加えて，図4.4(a)に示すような車体の傾き（ロール）により，タイヤの回転軸が路面に対してある角度 γ を持つことによっても横力が発生する。二輪車（図4.4(b)）は，この性質を利用して車体を傾けて旋回する。このようなタイヤの回転面と路面に垂直な面とのなす角度をキャンバ角

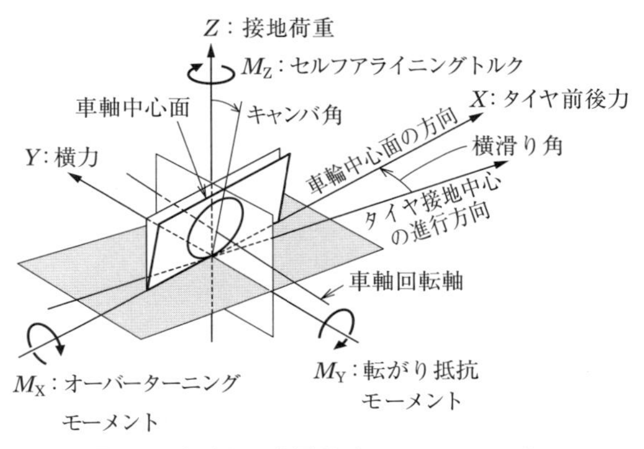

図 4.3　タイヤの座標系（JASO Z 208-94）

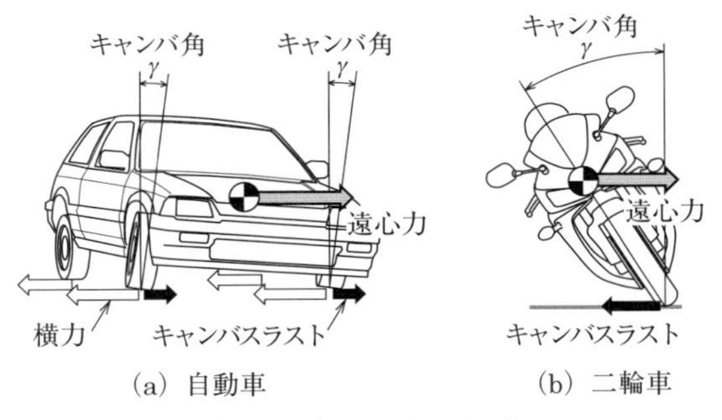

図 4.4　キャンバスラスト

γ，そのときに発生する横力をキャンバスラスト F_{yc} という。キャンバスラストの大きさは，キャンバ角に比例する（式 (8.1)）。

図 4.5 は，接地荷重を変えたときの横滑り角に対するコーナリングフォースとセルフアライニングトルク特性を示す。コーナリングフォースは，横滑り角が小さい領域では横滑り角にほぼ比例するが，横滑り角の増大に応じて，増加割合は飽和的になる。セルフアライニングトルクも横滑り角が小さい領域では横滑り角にほぼ比例するが，それより大きくなると飽和し，さらにそれ以上の横滑り角では減少しピークを持つ。

図 4.6 は，各路面における横力特性を示す。最大横力は，粘着域の最大摩擦係数に依存するのでドライ路が最も大きい値を示す。コーナリングパワーは，ドライ路，

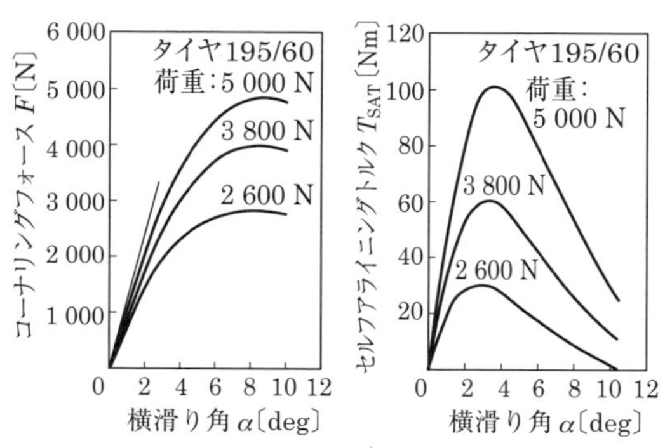

図 4.5　タイヤのコーナリングフォースとセルフアライニングトルク [1)]

ウェット路（水深 0 mm），アイス路（−20 ℃）では，それほど変わらない特性を示す。これは，タイヤと路面間の粘着域の占める割合が同等だからである。ウェット路（水深 5 mm）やアイス路（−0 ℃）では，コーナリングパワーが減少する。これは，粘着域に対する滑り域の占める割合が増えるからである。

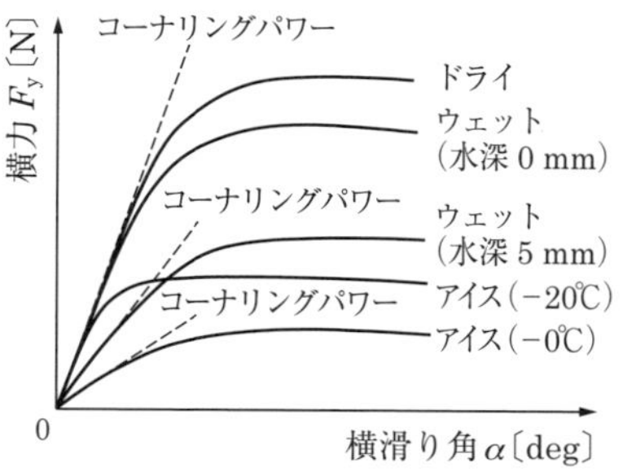

図 4.6　各路面における横力特性 [2)]

4.1.4　制動・駆動時のコーナリング特性（摩擦円）

図 4.7 は，走行中のタイヤを上から見た図である。図 (a) は直進，図 (b) は旋回

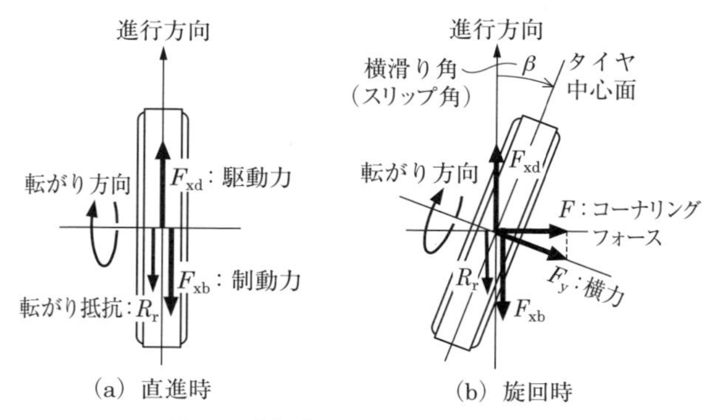

図 4.7　走行中のタイヤに作用する力

中すなわち進行方向がタイヤ中心面と異なる方向を向いている場合を示す。走行中のタイヤには，車両を支える垂直荷重のほかに，進行方向に駆動力 F_{xd} または制動力 F_{xb}, 転がり抵抗 R_r, 旋回中には横力 F_y（コーナリングフォース F）が作用する。

前項では，横力に注目してコーナリング特性を検討したが，本項では，走行中の駆動力，制動力，および転がり抵抗も考慮したコーナリング特性を考える。

旋回中または制動中の自動車は，駆動力または制動力が与えられるので，コーナリングフォースは減少する。このときの様子を図 4.8 に示す。通常走行では駆動力と制動力（0.1～−0.1 G 時）は，1 000 N 以下であるので，コーナリングフォースに及ぼす影響は小さいが，急加速時または高減速時には，大きな駆動力や制動力が入力されるので，コーナリングフォースは大きく低下する。

コーナリングフォースの変化は，図 4.9 に示す摩擦円を用いて説明できる。タイヤ接地面で発生する前後力 F_x と横力 F_y の合力は,「クーロン摩擦力の法則」に従い，摩擦円を超えない。すなわち，次の関係式が成り立つ。

$$F_x^2 + F_y^2 \leq (\mu \cdot W)^2 \tag{4.2}$$

F_x；前後力（駆動または制動力）〔N〕，F_y；横力〔N〕，W；垂直荷重（自動車総重量）〔N〕，μ；タイヤ路面間の摩擦係数

駆動力または制動力が作用しているときのコーナリング特性の基本的な性質は，この摩擦円の概念で理解することができる。実際のタイヤでは，横方向と前後方向の摩擦係数が異なるので，円ではなく楕円（摩擦楕円；図 4.8）になる。

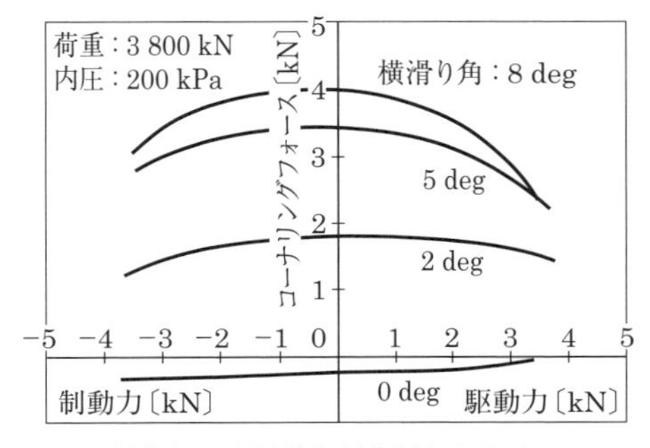

図 4.8　駆動または制動力が作用したときのコーナリングフォース [1)]

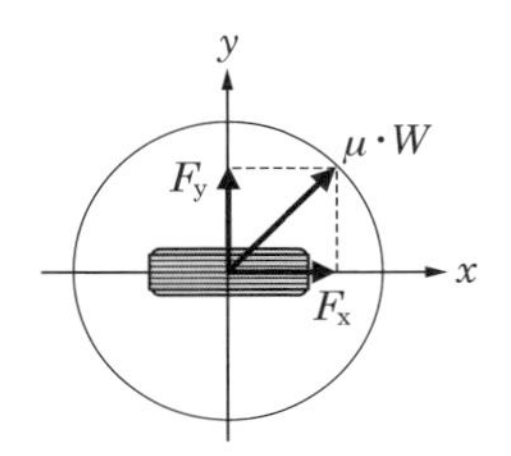

図 4.9　タイヤの摩擦円

4.2　基本的な車両運動特性；運動方程式と定常特性

自動車の運動は，図4.10に示すように「剛体とみなす車体」と「質量を持たない車輪」を持った自動車を想定したとき，車体の重心点を原点としたx軸，y軸，z軸と，それぞれの軸周りのモーメントM_x，M_y，M_zによる6自由度で表現できる。しかし，操舵に対する基本的な運動特性に限定すれば，①走行速度のような前後運動（Longitudinal motion；x軸方向）を一定とし，②操舵と直接的な関係を持たない自由度であるロール（Rolling motion；M_x），ピッチング（Pitching motion；M_y），上下運動（Up and down motion；z軸方向）を無視して，図4.11のような左右運動（Lateral motion；y軸方向）とヨー運動（Yawing motion；M_z）の2自由度の平面運動に着目すればよいことが分かる。

横加速度のそれほど大きくないコーナリングフォースの線形領域の運動を理解するためであれば，③左右輪のタイヤ特性は等しいと考え，まとめて1輪と考えた「線形2輪モデル（図4.11）」での記述で充分である。自動車の運動は，進行方向が自由に変化するので，このような座標固定で記述するのが便利である。

4.2.1　2自由度運動方程式（2輪モデル）

2自由度の平面運動に着目すれば，2輪モデルの運動方程式は，ニュートンの運動法則により次式のように記述できる。

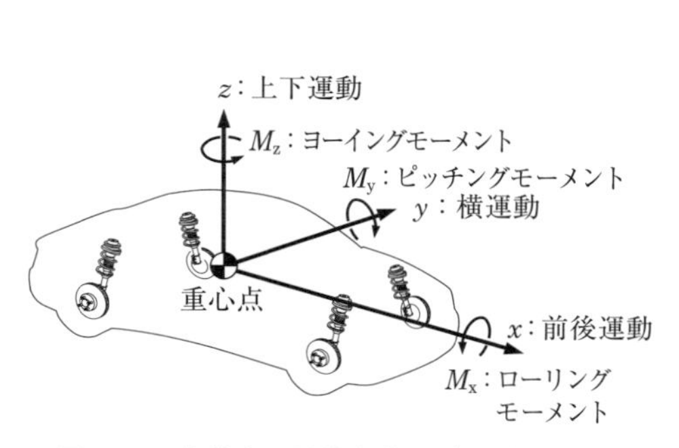

図4.10　自動車の運動力学モデル（6自由度）

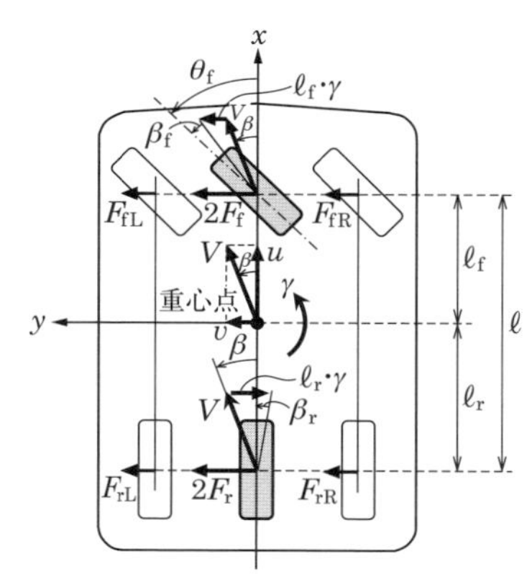

図4.11　2自由度の平面運動（線形2輪モデル）

$$m(\dot{v}+u\cdot\gamma)=2\cdot F_{\mathrm{f}}+2\cdot F_{\mathrm{r}} \tag{4.3}$$

$$2\cdot\ell_{\mathrm{f}}\cdot F_{\mathrm{f}}-2\cdot\ell_{\mathrm{r}}\cdot F_{\mathrm{r}}=I\cdot\dot{\gamma} \tag{4.4}$$

m;車両質量，u;縦速度〔m/s〕，v;横速度〔m/s〕，γ;ヨーレイト〔rad/s〕，F_{f}；前輪のコーナリングフォース〔N〕，F_{r}；後輪のコーナリングフォース〔N〕，ℓ；ホイールベース〔m〕，I；車両のヨーイング慣性モーメント〔Nm^2〕，ℓ_{f}；前軸と重心間距離〔m〕，ℓ_{r}：後軸と重心間距離〔m〕，$2F_{\mathrm{f}}=F_{\mathrm{fR}}+F_{\mathrm{fL}}$，$2F_{\mathrm{r}}=F_{\mathrm{rR}}+F_{\mathrm{rL}}$（$F_{\mathrm{fR}}$，$F_{\mathrm{fL}}$；前左右輪のコーナリングフォース〔N〕，$F_{\mathrm{rR}}$，$F_{\mathrm{rL}}$；後左右輪のコーナリングフォース〔N〕）

車体の横滑り角 β が小さい範囲の運動を考えると，次式が成り立つ。

$$u=V\cos\beta\approx V,\quad v=V\sin\beta\approx V\cdot\beta \tag{4.5}$$

速度 $V=$(一定)と仮定しているので，横速度 v を微分すると，

$$\dot{v}=V\cdot\dot{\beta} \tag{4.6}$$

となる。式 (4.5)，(4.6) を式 (4.3) に代入して整理すると，次式が得られる。

$$m\cdot V(\dot{\beta}+\gamma)=2F_{\mathrm{f}}+2F_{\mathrm{r}} \tag{4.7}$$

このように変形すると，式 (4.7) と式 (4.4) は，車体の横滑り角 β とヨーレイト γ を状態変数とする 1 階の連立微分方程式で表現でき，自動車の運動を理解しやすくなる。

タイヤの横滑り角が小さい場合，タイヤに発生する横力は，横滑り角に比例するとみなせるので前後輪のタイヤの横力 F_{f}，F_{r}，横滑り角 β_{f}，β_{r} は，

$$F_{\mathrm{f}}=K_{\mathrm{f}}\cdot\beta_{\mathrm{f}},\quad F_{\mathrm{r}}=K_{\mathrm{r}}\cdot\beta_{\mathrm{r}} \tag{4.8}$$

$$\beta_{\mathrm{f}}=-\left(\beta+\frac{\ell_{\mathrm{f}}}{V}\cdot\gamma\right)+\theta_{\mathrm{f}},\quad \beta_{\mathrm{r}}=-\beta+\frac{\ell_{\mathrm{r}}}{V}\cdot\gamma \tag{4.9}$$

K_{f}；前輪のコーナリングパワー〔N/rad〕，K_{r}；後輪のコーナリングパワー〔N/rad〕，θ_{f}；前タイヤ舵角，※符号は，図 4.12 に示すように，角度は反時計回りを正とする。

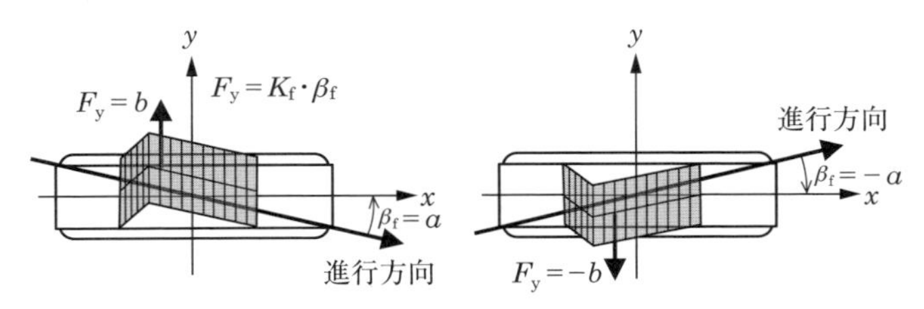

図 4.12　角度と力の符号のとり方

このように，自動車を線形2輪モデルで表現した運動方程式は，車体スリップ角 β とヨーレイト γ を状態変数とする1階の連立微分方程式となる。この簡単な式で，自動車の基本的な運動特性を説明することができる。

4.2.2　定常円旋回特性

式 (4.7)，(4.4)，(4.8)，(4.9) を用いて，操舵に対する車両の応答特性を調べ，自動車の運動特性を理解する。

まず，定常状態について考察する。過渡状態を表す微分項を，$\dot{\beta}=0$，$\dot{\gamma}=0$ とおいて，連立方程式を解くと，前タイヤ舵角 θ_{f} に対する車体スリップ角 β とヨーレイト γ は，

$$\beta=\frac{1-\dfrac{m\cdot\ell_{\mathrm{f}}}{2\ell\cdot\ell_{\mathrm{r}}\cdot K_{\mathrm{r}}}\cdot V^2}{1+A\cdot V^2}\cdot\frac{\ell_{\mathrm{r}}}{\ell}\cdot\theta_{\mathrm{f}} \tag{4.10}$$

$$\gamma=\frac{1}{1+A\cdot V^2}\cdot\frac{V}{\ell}\cdot\theta_{\mathrm{f}} \tag{4.11}$$

である。ここで，A は次式で表され，スタビリティファクタと呼ぶ。

$$A=-\frac{m}{2\ell^2}\cdot\frac{\ell_{\mathrm{f}}\cdot K_{\mathrm{f}}-\ell_{\mathrm{r}}\cdot K_{\mathrm{r}}}{K_{\mathrm{f}}\cdot K_{\mathrm{r}}} \tag{4.12}$$

これらの式 (4.10)，(4.11)，(4.12) により表される車両の運動は，一定速度，一定タイヤ舵角で円旋回を行っている状態であり，「定常円旋回」と呼ばれている。

次に，車両の定常円旋回特性について考察する。定常円旋回時の旋回半径を R とすると，

$$R=\frac{V}{\gamma} \tag{4.13}$$

であるから，式 (4.11) より，

$$R=\left(1+A\cdot V^2\right)\cdot\frac{\ell}{\theta_{\mathrm{f}}} \tag{4.14}$$

となる。この式を眺めてみると，$A>0$ であれば，車両速度の増加と共に旋回半径が増大し，$A<0$ であれば，逆に旋回半径が減少することに気づく。A の正負符号は，式 (4.12) から，$-(\ell_{\mathrm{f}}\cdot K_{\mathrm{f}}-\ell_{\mathrm{r}}\cdot K_{\mathrm{r}})$ の正負によって決まる。そこで，タイヤの舵角 θ_{f} を一定にして，車両速度 V を増大させながら車両を円旋回させたときの車両運動特性を表4.1のように定義する。そのときの車両の軌跡を図4.13に示す。

表 4.1　定常円旋回時の車両運動特性

スタビリティファクタ	車両のステア特性；円旋回の状態
$A>0$	アンダーステア（US；Under Steer）
$A=0$	ニュートラルステア（NS；Neutral Steer）
$A<0$	オーバーステア（OS；Over Steer）

車両のアンダーステア特性，ニュートラルステア特性，オーバーステア特性を総称して，「車両のステア特性」という。このように，A は，車両運動の基本的な特性を示す指標であることからスタビリティファクタと呼ばれている。

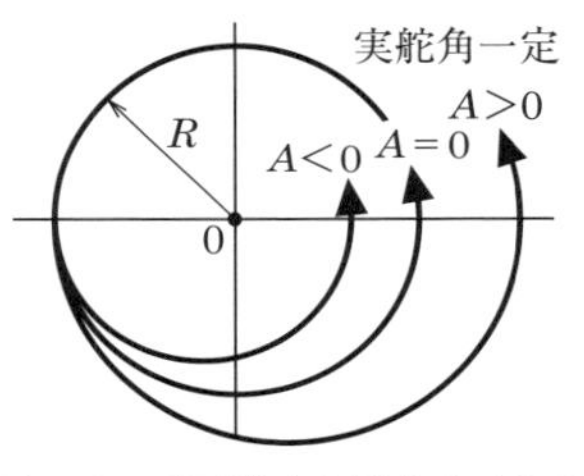

図 4.13　車両速度を増大させたときの旋回円の変化

極低速走行時の旋回半径 R_0 と速度 V で走行しているときの旋回半径 R の比率を求める。極低速は，式 (4.11) において，$V^2=0$ とみなせるので，

$$\gamma=\frac{V}{\ell}\cdot\theta_{\mathrm{f}} \tag{4.15}$$

である。この式 (4.15) を，式 (4.13) に代入して整理すると極低速時旋回半径 R_0 は，

$$R_0=\frac{\ell}{\theta_{\mathrm{f}}} \tag{4.16}$$

を得るので。式 (4.14) に代入して整理すると，

$$\frac{R}{R_0}=1+A\cdot V^2 \tag{4.17}$$

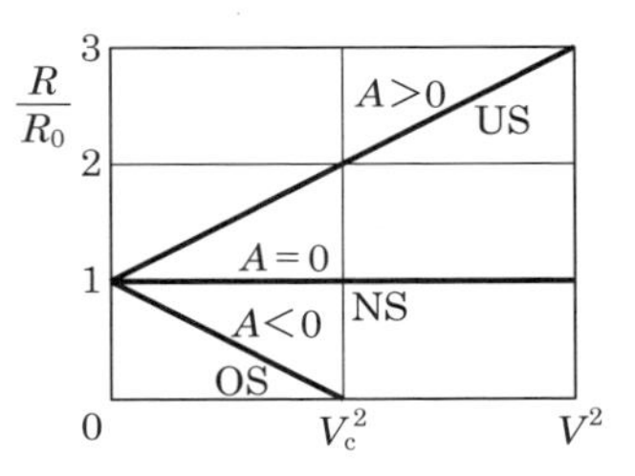

図 4.14　スタビリティファクタと臨界速度

となる。横軸に V^2，縦軸に R/R_0 をとると，図 4.14 のようになる。これらの直線の傾きがスタビリティファクタを表し，オーバーステア特性の車両は，旋回半径が理論上ゼロになる臨界速度 V_{c} が存在する。アンダーステア特性の車両では，この臨界速度 V_{c} のときに極低速時の 2 倍の旋回半径になる。

$$V_{\mathrm{c}}=\sqrt{-\frac{1}{A}} \tag{4.18}$$

4.2.3　定常応答特性

定常応答特性は，定常円旋回時における操舵応答特性である。ヨーレイトの定常値と横滑り角ゲインの定常値を扱う。

(1) ヨーレイトゲインの定常値

前タイヤ舵角 θ_f に対する車両のヨーレイトの定常値 γ を「ヨーレイトゲインの定常値」といい，G_γ で表す。次に，この定常値について調べる。式 (4.11) より，

$$G_\gamma = \frac{\gamma}{\theta_f} = \frac{1}{1 + A \cdot V^2} \cdot \frac{V}{\ell} \qquad (4.19)$$

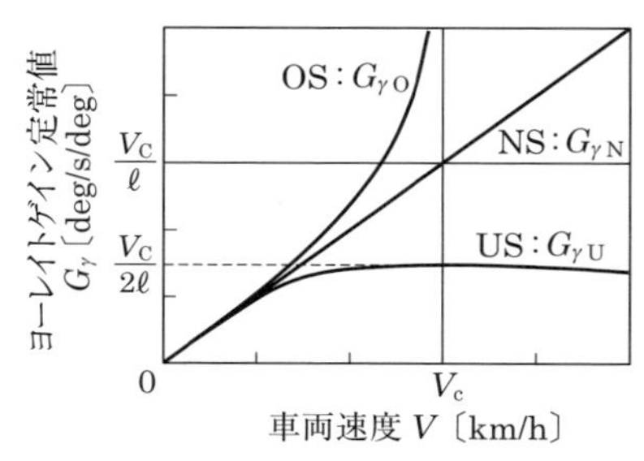

図 4.15　ヨーレイトゲインの定常値

ニュートラルステア特性の車両は，式 (4.19) において，$A = 0$ であるから，ヨーレイトゲイン定常値 $G_{\gamma N}$ は，次式で与えられ，傾き $1/\ell$ の直線となる。

$$G_{\gamma N} = \frac{1}{\ell} \cdot V \qquad (4.20)$$

オーバーステア特性の車両は，極低速のときは，$V^2 = 0$ とみなせるので，ヨーレイトゲイン定常値 $G_{\gamma O}$ は，式 (4.20) と同じ直線上をたどるが，臨界速度 V_c に近づくと，無限大に漸近し運転できなくなる。

アンダーステア特性の車両は，極低速のときは，ヨーレイトゲイン定常値 $G_{\gamma U}$ は，同様に式 (4.20) と同じ直線上をたどるが，臨界速度 V_c のときに，$V_c/2\ell$ の値でピークとなり，その後緩やかに減少する。

(2) 横滑り角ゲインの定常値

車体の姿勢角は，車体横滑り角の定常値であるので，前タイヤ舵角 θ_f に対する車体横滑り角定常値 β を「横滑り角ゲインの定常値」といい G_β で表す。次に，この定常値 G_β について調べる。式 (4.10) より，

$$G_\beta = \frac{\beta}{\theta_f} = \frac{1 - \dfrac{m}{2\ell} \dfrac{\ell_f}{\ell_r \cdot K_r} V^2}{1 + A \cdot V^2} \cdot \frac{\ell_r}{\ell} \qquad (4.21)$$

式 (4.21) において，ニュートラル特性の車両は，$A = 0$ とおくと，横滑り角ゲイン定常値 $G_{\beta N}$ が次式のように得られる。

$$G_{\beta N} = \frac{\ell_r}{\ell}\left(1 - \frac{m}{2\ell} \cdot \frac{\ell_f}{\ell_r \cdot K_r} \cdot V^2\right) \qquad (4.22)$$

図 4.16 に示すように，$V = 0$ のとき，ℓ_r/ℓ を通る，上に凸の放物線を描く。

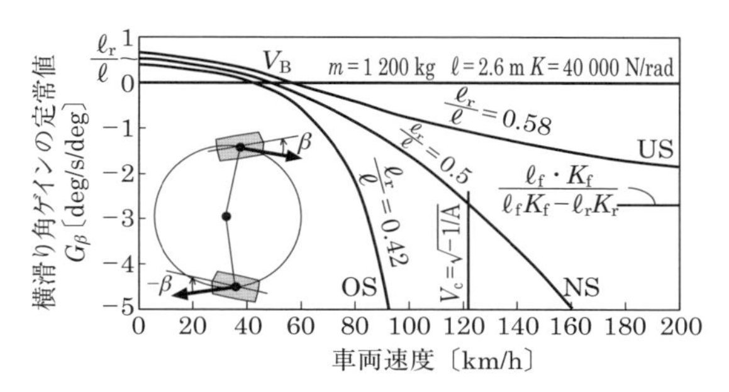

図 4.16　横滑り角ゲインの定常値

アンダーステア特性の車両は，$V = 0$ のときは同様に ℓ_r/ℓ を通り，車両速度 V が無限大のときに，次式で求められる値に漸近する曲線を描く。

$$\frac{\ell_f \cdot K_f}{\ell_f K_f - \ell_r K_r} \tag{4.23}$$

オーバーステア特性の車両は，同様に，$V = 0$ のときには ℓ_r/ℓ を通り，臨界速度 V_c に近づくに従って $G_{\beta O} \Rightarrow -\infty$ となる。

NS，US，OS いずれの車両も車両速度 V_B を境にして G_β の方向が変わり，V_B より低い速度では旋回円の外側を向いて走行しているが，速い速度では内側を向いて旋回するようになる。そして特に OS 特性の車両は，V_c に近づくに従って，$-\infty$ に漸近し運転できなくなる。

$$V_B = \sqrt{\frac{2\ell \cdot \ell_r \cdot K_r}{m \cdot \ell_f}} \tag{4.24}$$

4.3　車両運動の動特性

車両運動の基本的な性質を理解するために，運動方程式を導出して，車両の定常状態での円旋回と応答特性を見てきた。ここでは，操舵に対する動的な応答特性を調べる。

4.3.1　過渡応答と方向安定性

式 (4.7)，(4.8)，(4.9) と式 (4.4)，(4.8)，(4,9) より，

$$m \cdot V(\dot{\beta}+\gamma) = -2 \cdot K_{\mathrm{f}}\left(\beta + \frac{\ell_{\mathrm{f}}}{V}\cdot\gamma - \theta_{\mathrm{f}}\right) - 2 \cdot K_{\mathrm{r}}\left(\beta - \frac{\ell_{\mathrm{r}}}{V}\cdot\gamma\right) \tag{4.25}$$

$$I \cdot \dot{\gamma} = -2 \cdot \ell_{\mathrm{f}} \cdot K_{\mathrm{f}}\left(\beta + \frac{\ell_{\mathrm{f}}}{V}\cdot\gamma - \theta_{\mathrm{f}}\right) + 2 \cdot \ell_{\mathrm{r}} \cdot K_{\mathrm{r}}\left(\beta - \frac{\ell_{\mathrm{r}}}{V}\cdot\gamma\right) \tag{4.26}$$

を得る。これらの式を整理すると，

$$\begin{aligned} &m \cdot V \cdot \dot{\beta} + 2(K_{\mathrm{f}} + K_{\mathrm{r}})\beta + \left\{m \cdot V + \frac{2}{V}(\ell_{\mathrm{f}} \cdot K_{\mathrm{f}} - \ell_{r} \cdot K_{\mathrm{r}})\right\}\gamma \\ &\quad = 2 \cdot K_{\mathrm{f}} \cdot \theta_{\mathrm{f}} \end{aligned} \tag{4.27}$$

$$\begin{aligned} &2(\ell_{\mathrm{f}} \cdot K_{\mathrm{f}} - \ell_{\mathrm{r}} \cdot K_{\mathrm{r}})\beta + I \cdot \dot{\gamma} + \frac{2(\ell_{\mathrm{f}}^2 \cdot K_{\mathrm{f}} + \ell_{\mathrm{r}}^2 \cdot K_{\mathrm{r}})}{V}\gamma \\ &\quad = 2 \cdot \ell_{\mathrm{f}} \cdot K_{\mathrm{f}} \cdot \theta_{\mathrm{f}} \end{aligned} \tag{4.28}$$

ラプラス変換して，整理すると，

$$\begin{aligned} &\begin{bmatrix} m \cdot V \cdot s + 2(K_{\mathrm{f}} + K_{\mathrm{r}}) & m \cdot V + \dfrac{2}{V}(\ell_{\mathrm{f}} \cdot K_{\mathrm{f}} - \ell_{\mathrm{r}} \cdot K_{\mathrm{r}}) \\ 2(\ell_{\mathrm{f}} \cdot K_{\mathrm{f}} - \ell_{\mathrm{r}} \cdot K_{\mathrm{r}}) & I \cdot s + \dfrac{2}{V}(\ell_{\mathrm{f}}^2 \cdot K_{\mathrm{f}} + \ell_{\mathrm{r}}^2 \cdot K_{\mathrm{r}}) \end{bmatrix} \begin{bmatrix} \beta(s) \\ \gamma(s) \end{bmatrix} \\ &\quad = \begin{bmatrix} 2K_{\mathrm{f}} \cdot \theta_{\mathrm{f}}(s) \\ 2\ell_{\mathrm{f}} \cdot K_{\mathrm{f}} \cdot \theta_{\mathrm{f}}(s) \end{bmatrix} \end{aligned} \tag{4.29}$$

s；ラプラス演算子，$\beta(s)$；β のラプラス変換，$\gamma(s)$；γ のラプラス変換，$\theta_{\mathrm{f}}(s)$；θ_{f} のラプラス変換

である。したがって，車両運動の特性方程式は，

$$\begin{vmatrix} m \cdot V \cdot s + 2(K_{\mathrm{f}} + K_{\mathrm{r}}) & m \cdot V + \dfrac{2}{V}(\ell_{\mathrm{f}} \cdot K_{\mathrm{f}} - \ell_{\mathrm{r}} \cdot K_{\mathrm{r}}) \\ 2(\ell_{\mathrm{f}} \cdot K_{\mathrm{f}} - \ell_{\mathrm{r}} \cdot K_{\mathrm{r}}) & I \cdot s + \dfrac{2}{V}(\ell_{\mathrm{f}}^2 \cdot K_{\mathrm{f}} + \ell_{\mathrm{r}}^2 \cdot K_{\mathrm{r}}) \end{vmatrix} = 0 \tag{4.30}$$

となる。展開して整理すると，

$$\begin{aligned} m \cdot I \cdot V \Bigg[&s^2 + \frac{2m(\ell_{\mathrm{f}}^2 \cdot K_{\mathrm{f}} + \ell_{\mathrm{r}}^2 \cdot K_{\mathrm{r}}) + 2I(K_{\mathrm{f}} + K_{\mathrm{r}})}{m \cdot I \cdot V} s \\ &+ \frac{4K_{\mathrm{f}} \cdot K_{\mathrm{r}} \cdot \ell^2}{m \cdot I \cdot V^2} - \frac{2(\ell_{\mathrm{f}} \cdot K_{\mathrm{f}} - \ell_{\mathrm{r}} \cdot K_{\mathrm{r}})}{I} \Bigg] = 0 \end{aligned} \tag{4.31}$$

となる。式 (4.31) は，次式のように置き換えることができる。

$$A_1 \cdot s^2 + A_2 \cdot s + A_3 = 0 \tag{4.32}$$

$$A_1 = m \cdot I \cdot V \tag{4.33}$$

$$A_2 = 2\Big\{m(\ell_\mathrm{f}^2 \cdot K_\mathrm{f} + \ell_\mathrm{r}^2 \cdot K_\mathrm{r}) + I(K_\mathrm{f} + K_\mathrm{f})\Big\} \tag{4.34}$$

$$A_3 = \frac{4}{V} \cdot K_\mathrm{f} \cdot K_\mathrm{r} \cdot \ell^2 - 2m \cdot V(\ell_\mathrm{f} \cdot K_\mathrm{f} - \ell_\mathrm{r} \cdot K_\mathrm{r}) \tag{4.35}$$

である。この特性方程式で表される車両が安定であるためには，$A_1 \sim A_3 > 0$ であることが必要である。今，A_1，$A_2 > 0$ であるから，$A_3 > 0$ であればよい。

車両速度 V に関係なく安定であるためには，$\ell_\mathrm{f} \cdot K_\mathrm{f} - \ell_\mathrm{r} \cdot K_\mathrm{r} < 0$ であり，このことは，スタビリティファクタ $A > 0$ であることから，アンダーステア特性であれば安定することを意味し，4.2 節での検討結果と一致する。また式 (4.35) より，$A_3 = 0$ となる安定限界の車両速度 V を求めると，式 (4.18) の V_c と一致する。したがって定常状態で求めた安定条件は動特性の検討からも安定である条件を満たすことが分かる。

4.3.2　固有円振動数，減衰比，収束性

システムの安定度は，システムの応答の減衰度合いを図るものであり平衡状態に達するまでの速さを表す速応性とは逆の関係にある。固有円振動数 ω_n は速応性の尺度を，減衰比 ζ は減衰の尺度，収束性は敏しょう性の尺度を与えるので，これらの関係を調べるために，操舵に対する車両応答の固有円振動数，減衰比，収束性について検討する。

固有円振動数 ω_n と減衰比 ζ は，特性方程式 (4.32)～(4.35) の係数 A_1～A_3 より次式で表される。

$$\omega_n = \sqrt{\frac{A_3}{A_1}} = \frac{2\ell}{V}\sqrt{\frac{K_\mathrm{f} \cdot K_\mathrm{r}}{m \cdot I}}\sqrt{1 + A \cdot V^2} \tag{4.36}$$

$$\zeta \cdot \omega_\mathrm{n} = \frac{A_2}{2A_1} \tag{4.37}$$

$$\therefore\quad \zeta = \frac{A_2}{2\omega_\mathrm{n} \cdot A_1} = \frac{m(\ell_\mathrm{f}^2 \cdot K_\mathrm{f} + \ell_\mathrm{r}^2 \cdot K_\mathrm{r}) + I(K_\mathrm{f} + K_\mathrm{r})}{2\ell\sqrt{m \cdot I \cdot K_\mathrm{f} \cdot K_\mathrm{r}(1 + A \cdot V^2)}} \tag{4.38}$$

（1）　固有円振動数 ω_n

固有円振動数 ω_n は，平衡状態に達するまでの速さを表す速応性の尺度を与えるもので，大きい値ほどシステムの速応性が良い。

式 (4.36) において，アンダーステア特性，すなわち $A > 0$ の車両は，極低速で

は車両速度が小さく，$V^2=0$ とみなせるので，この速度域での固有円振動数 ω_{nUS0} は，

$$\omega_{\mathrm{nUS0}} = 2\ell\sqrt{\frac{K_{\mathrm{f}}\cdot K_{\mathrm{r}}}{m\cdot I}}\cdot\frac{1}{V} \tag{4.39}$$

で表され，車両速度の増大と共に減少する双曲線上をたどる特性を示す。また，Vが非常に大きく，$1/V^2=0$ とみなせる車両速度では，固有円振動数 ω_{nUS1} は，次式で表される一定値に収束する。

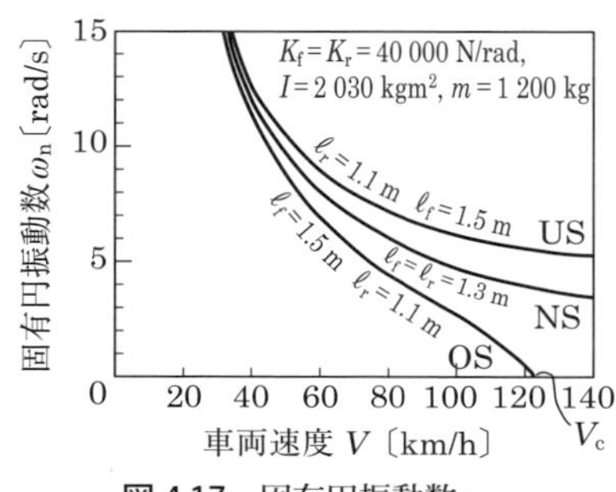

図 4.17　固有円振動数 ω_{n}

$$\omega_{\mathrm{nUS1}} = 2\ell\sqrt{\frac{A\cdot K_{\mathrm{f}}\cdot K_{\mathrm{r}}}{m\cdot I}} \tag{4.40}$$

ニュートラルステア特性，すなわち $A=0$ の車両の固有円振動数は，式 (4.39) と同様に，車両速度 Vの増大と共に減少し，$\omega_{\mathrm{nNS1}}\to 0$ に漸近する双曲線上をたどる。

オーバーステア特性，すなわち $A<0$ の車両の固有円振動数は，極低速で車両速度 Vが小さく，$V^2=0$ とみなせる速度域では，式 (4.39) と同様に車両速度 Vの増大と共に固有円振動数が減少し，そして臨界速度 V_{c} でゼロになる，すなわち応答しなくなる特性を示す。

(2)　減衰比 ζ

式 (4.38) において，アンダーステア特性，すなわち $A>0$ の車両は，極低速で車両速度 Vが小さく，$V^2=0$ とみなせる速度では，減衰比 ζ_{US0} は，次式のように，

$$\zeta_{\mathrm{US0}} = \frac{m(\ell_{\mathrm{f}}^2\cdot K_{\mathrm{f}} + \ell_{\mathrm{r}}^2\cdot K_{\mathrm{r}}) + I(K_{\mathrm{f}} + K_{\mathrm{r}})}{2\ell\sqrt{m\cdot I\cdot K_{\mathrm{f}}\cdot K_{\mathrm{r}}}} \approx 1 \tag{4.41}$$

一定値に収束する。Vが非常に大きく，$1 + A\cdot V^2 \approx A\cdot V^2$ とみなせる速度では，減衰比 ζ_{US1} は次式に示され，ゼロに漸近する双曲線上をたどるすなわち減衰不足による振動的な特性を示す。

$$\zeta_{\mathrm{US1}} = \frac{m(\ell_{\mathrm{f}}^2\cdot K_{\mathrm{f}} + \ell_{\mathrm{r}}^2\cdot K_{\mathrm{r}}) + I(K_{\mathrm{f}} + K_{\mathrm{r}})}{2\ell\sqrt{m\cdot I\cdot K_{\mathrm{f}}\cdot K_{\mathrm{r}}}}\cdot\frac{1}{V} \tag{4.42}$$

ニュートラルステア特性，すなわち $A=0$ の車両の減衰比 ζ_{N} は，ほぼ 1.0 の一定値をとる臨界減衰状態であることが分かる。

オーバーステア特性，すなわち $A<0$ の車両の減衰比 ζ_{OS} は，極低速で，$V^2=0$

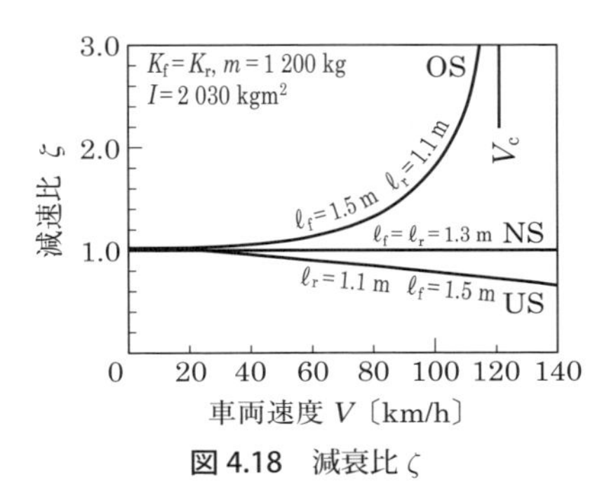

図 4.18　減衰比 ζ

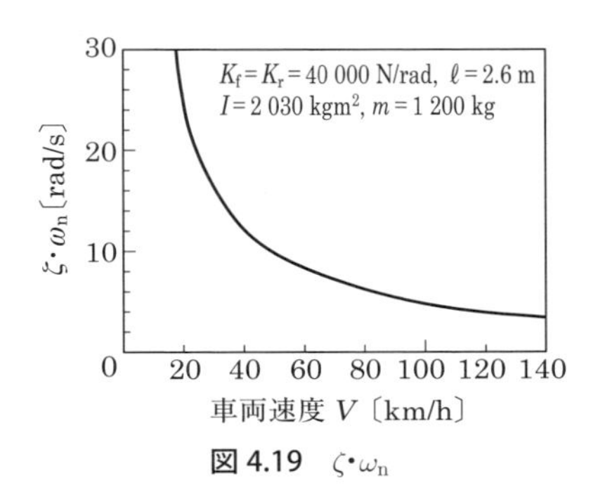

図 4.19　$\zeta \cdot \omega_n$

とみなせる速度では，式 (4.41) と同様に一定値に収束するが，車両速度が増大して，臨界速度 V_c に近づくと無限大に増大し過減衰で応答しない特性を示す。

(3)　収束性 $\zeta \cdot \omega_n$

式 (4.32) に示す 2 次系の過渡応答の収束性は，固有円振動数と減衰係数との積 $\zeta \cdot \omega_n$ で見積もることができ，この値が大きいほど収束が早く，全体的に応答性が良いシステムである。

$$\zeta \cdot \omega_n = \frac{1}{V}\left(\frac{\ell_f^2 \cdot K_f + \ell_r^2 \cdot K_r}{I} + \frac{K_f + K_r}{m}\right) \tag{4.43}$$

式 (4.43) から，図 4.19 に示すように，積 $\zeta \cdot \omega_n$ は，車両速度の増大に応じて減少しゼロに漸近する双曲線上をたどり，車両速度の増大に応じて，過渡応答特性が低下することを示す。式 (4.43) のカッコ内は，車両特性のみで決まるので「操安キャパシティ」と呼び，操縦・安定性の指標とすることがある。

4.3.3　操舵応答の伝達関数

式 (4.31) より，ラプラス変換後のタイヤ舵角 $\theta_f(s)$ に対する車体スリップ角 $\beta(s)$ である横滑り角ゲインの伝達関数 $G_{\theta_f}^{\beta}(s)$ と，ラプラス変換後のタイヤ舵角 $\theta_f(s)$ に対するヨーレイト $\gamma(s)$ であるヨーレイトゲインの伝達関数 $G_{\theta_f}^{\gamma}(s)$ を求める。

$$
\begin{aligned}
G_{\theta_{\mathrm{f}}}^{\beta}(s) &= \frac{\beta(s)}{\theta_{\mathrm{f}}(s)} \\
&= \frac{\begin{vmatrix} 2K_{\mathrm{f}} & m \cdot V + \dfrac{2}{V}(\ell_{\mathrm{f}} \cdot K_{\mathrm{f}} - \ell_{\mathrm{r}} \cdot K_{\mathrm{r}}) \\ 2\ell_{\mathrm{f}} \cdot K_{\mathrm{f}} & I \cdot s + \dfrac{2(\ell_{\mathrm{f}}^2 \cdot K_{\mathrm{f}} + \ell_{\mathrm{r}}^2 \cdot K_{\mathrm{r}})}{V} \end{vmatrix}}{\begin{vmatrix} m \cdot V \cdot s + 2(K_{\mathrm{f}} + K_{\mathrm{r}}) & m \cdot V + \dfrac{2}{V}(\ell_{\mathrm{f}} \cdot K_{\mathrm{f}} - \ell_{\mathrm{r}} \cdot K_{\mathrm{r}}) \\ 2(\ell_{\mathrm{f}} \cdot K_{\mathrm{f}} - \ell_{\mathrm{r}} \cdot K_{\mathrm{r}}) & I \cdot s + \dfrac{2(\ell_{\mathrm{f}}^2 \cdot K_{\mathrm{f}} + \ell_{\mathrm{r}}^2 \cdot K_{\mathrm{r}})}{V} \end{vmatrix}}
\end{aligned}
\tag{4.44}
$$

$$
\begin{aligned}
G_{\theta_{\mathrm{f}}}^{\gamma}(s) &= \frac{\gamma(s)}{\theta_{\mathrm{f}}(s)} \\
&= \frac{\begin{vmatrix} m \cdot V \cdot s + 2(K_{\mathrm{f}} + K_{\mathrm{r}}) & 2K_{\mathrm{f}} \\ 2(\ell_{\mathrm{f}} \cdot K_{\mathrm{f}} - \ell_{\mathrm{r}} \cdot K_{\mathrm{r}}) & 2\ell_{\mathrm{f}} \cdot K_{\mathrm{f}} \end{vmatrix}}{\begin{vmatrix} m \cdot V \cdot s + 2(K_{\mathrm{f}} + K_{\mathrm{r}}) & m \cdot V + \dfrac{2}{V}(\ell_{\mathrm{f}} \cdot K_{\mathrm{r}} - \ell_{\mathrm{r}} \cdot K_{\mathrm{r}}) \\ 2(\ell_{\mathrm{f}} \cdot K_{\mathrm{f}} - \ell_{\mathrm{r}} \cdot K_{\mathrm{r}}) & I \cdot s + \dfrac{2(\ell_{\mathrm{f}}^2 \cdot K_{\mathrm{f}} + \ell_{\mathrm{r}}^2 \cdot K_{\mathrm{r}})}{V} \end{vmatrix}}
\end{aligned}
\tag{4.45}
$$

これらの式 (4.44)，(4.45) を，固有円振動数 ω_{n} と減衰比 ζ を用いて書き換える。

$$
G_{\theta_{\mathrm{f}}}^{\beta}(s) = \frac{\beta(s)}{\theta_{\mathrm{f}}(s)} = G_{\theta_{\mathrm{f}}}^{\beta}(0) \frac{1 + T_{\beta} \cdot s}{1 + \dfrac{2\zeta}{\omega_{\mathrm{n}}} s + \dfrac{1}{\omega_{\mathrm{n}}^2} s^2}
\tag{4.46}
$$

$$
G_{\theta_{\mathrm{f}}}^{\beta}(0) = \frac{1 - \dfrac{m}{2\ell} \cdot \dfrac{\ell_{\mathrm{f}}}{\ell_{\mathrm{r}} \cdot K_{\mathrm{r}}} V^2}{1 + A \cdot V^2} \cdot \frac{\ell_{\mathrm{r}}}{\ell} = G_{\boldsymbol{\beta}}
\tag{4.47}
$$

$$
T_{\beta} = \frac{I \cdot V}{2\ell \cdot \ell_{\mathrm{r}} \cdot K_{\mathrm{r}}} \cdot \frac{1}{1 - \dfrac{m}{2\ell} \cdot \dfrac{\ell_{\mathrm{f}}}{\ell_{\mathrm{r}} \cdot K_{\mathrm{r}}} V^2}
\tag{4.48}
$$

$$
G_{\gamma}(s) = \frac{\gamma(s)}{\theta_{\mathrm{f}}(s)} = G_{\theta_{\mathrm{f}}}^{\gamma}(0) \frac{1 + T_{\gamma} \cdot s}{1 + \dfrac{2\zeta}{\omega_{\mathrm{n}}} s + \dfrac{1}{\omega_{\mathrm{n}}^2} s^2}
\tag{4.49}
$$

ただし，

$$
G_{\theta_{\mathrm{f}}}^{\gamma}(0) = \frac{1}{1 + A \cdot V^2} \cdot \frac{V}{\ell} = G_{\gamma}
\tag{4.50}
$$

$$T_\gamma = \frac{m \cdot \ell_\mathrm{f} \cdot V}{2\ell \cdot K_\mathrm{r}} \tag{4.51}$$

が得られる。式 (4.47) の $G_{\theta_\mathrm{f}}^{\beta}(0)$ は，横滑り角ゲインの定常値であり，式 (4.21) の G_β と一致する。また，式 (4.50) の $G_{\theta_\mathrm{f}}^{\gamma}(0)$ は，ヨーレイトゲインの定常値であり，式 (4.19) の G_γ と一致する。

(1)　ステップ応答

式 (4.46)，(4.49) において，タイヤ舵角 $\theta_\mathrm{f}(t)$ にステップ状の舵角 θ_f0 を入力したときのステップ応答を調べる。

$$\theta_\mathrm{f}(t) = \theta_\mathrm{f0} = \theta_\mathrm{f0} \cdot u(t) = \begin{cases} 0 & t < 0 \\ \theta_\mathrm{f0} & t > 0 \end{cases} \tag{4.52}$$

$u(t)$；単位ステップ関数，$u(t) = 0$ （$t < 0$），$u(t) = 1$ （$t > 0$）

これは，直進走行中の車両に突然，ステップ状の実舵角 θ_f0 を入力したときの応答（$\beta(t)$ と $\gamma(t)$）を算出して調べることである。L^{-1} は，逆ラプラス変換を示す。

$$\begin{aligned}\beta(t) &= L^{-1}[G_{\theta_\mathrm{f}}^{\beta}(s) \cdot \theta_\mathrm{f}(s)] \\ &= L^{-1}\left[G_{\theta_\mathrm{f}}^{\beta}(0) \cdot \theta_\mathrm{f0} \cdot \frac{1 + T_\beta \cdot s}{1 + \dfrac{2\zeta \cdot s}{\omega_\mathrm{n}} + \dfrac{s^2}{\omega_\mathrm{n}^2}} \cdot \frac{1}{s}\right]\end{aligned} \tag{4.53}$$

$$\begin{aligned}\gamma(t) &= L^{-1}[G_{\theta_\mathrm{f}}^{\gamma}(s) \cdot \theta_\mathrm{f}(s)] \\ &= L^{-1}\left[G_{\theta_\mathrm{f}}^{\gamma}(0) \cdot \theta_\mathrm{f0} \cdot \frac{1 + T_\gamma \cdot s}{1 + \dfrac{2\zeta \cdot s}{\omega_\mathrm{n}} + \dfrac{s^2}{\omega_\mathrm{n}^2}} \cdot \frac{1}{s}\right]\end{aligned} \tag{4.54}$$

式 (4.53)，(4.54) を解くと，$\beta(t)$，$\gamma(t)$ は，次のようになる。ただし，$\beta(t)$，$\gamma(t)$ の初期値は，0 である。

(a)　$\zeta > 1$ のとき（車両は安定；非振動的な応答，ただし，速応性は小）

$$\begin{aligned}\beta(t) = G_{\theta_\mathrm{f}}^{\beta}(0) \cdot \theta_\mathrm{f0}\Bigg[1 &+ \frac{1 - \left(\zeta + \sqrt{\zeta^2 - 1}\right)\omega_\mathrm{n} \cdot T_\beta}{2\left(\zeta + \sqrt{\zeta^2 - 1}\right)\sqrt{\zeta^2 - 1}} e^{\left(-\zeta - \sqrt{\zeta^2 - 1}\right)\omega_\mathrm{n} \cdot t} \\ &- \frac{1 - \left(\zeta - \sqrt{\zeta^2 - 1}\right)\omega_\mathrm{n} \cdot T_\beta}{2\left(\zeta - \sqrt{\zeta^2 - 1}\right)\sqrt{\zeta^2 - 1}} e^{\left(-\zeta + \sqrt{\zeta^2 - 1}\right)\omega_\mathrm{n} \cdot t}\Bigg]\end{aligned} \tag{4.55}$$

$$\gamma(t)=G_{\theta_\mathrm{f}}^{\gamma}(0)\cdot\theta_{\mathrm{f}0}\left[1+\frac{1-\left(\zeta+\sqrt{\zeta^2-1}\right)\omega_\mathrm{n}\cdot T_\gamma}{2\left(\zeta+\sqrt{\zeta^2-1}\right)\sqrt{\zeta^2-1}}e^{\left(-\zeta-\sqrt{\zeta^2-1}\right)\omega_\mathrm{n}\cdot t}\right.$$
$$\left.-\frac{1-\left(\zeta-\sqrt{\zeta^2-1}\right)\omega_\mathrm{n}\cdot T_\gamma}{2\left(\zeta-\sqrt{\zeta^2-1}\right)\sqrt{\zeta^2-1}}e^{\left(-\zeta+\sqrt{\zeta^2-1}\right)\omega_\mathrm{n}\cdot t}\right] \tag{4.56}$$

(b)　$\zeta=1$ のとき（車両は安定；非振動的な応答，速応性も大）

$$\beta(t)=G_{\theta_\mathrm{f}}^{\beta}(0)\cdot\theta_{\mathrm{f}0}\left[1+\left\{\left(\omega_\mathrm{n}^2\cdot T_\beta-\omega_\mathrm{n}\right)t-1\right\}e^{-\omega_\mathrm{n}\cdot t}\right] \tag{4.57}$$

$$\gamma(t)=G_{\theta_\mathrm{f}}^{\gamma}(0)\cdot\theta_{\mathrm{f}0}\left[1+\left\{\left(\omega_\mathrm{n}^2\cdot T_\gamma-\omega_\mathrm{n}\right)t-1\right\}e^{-\omega_\mathrm{n}\cdot t}\right] \tag{4.58}$$

(c)　$\zeta<1$ のとき（車両は不安定；振動的な応答）

$$\beta(t)=G_{\theta_\mathrm{f}}^{\beta}(0)\cdot\theta_{\mathrm{f}0}\left[1+\frac{T_\beta}{\sqrt{1+\zeta^2}}\sqrt{\left(\frac{1}{T_\beta}-\zeta\cdot\omega_\mathrm{n}\right)^2+\left(1+\zeta^2\right)\omega_\mathrm{n}^2}\right.$$
$$\left.\cdot e^{\zeta\cdot\omega_\mathrm{n}\cdot t}\cdot\sin\left(\sqrt{1-\zeta^2}\cdot\omega_\mathrm{n}\cdot t+\Phi_\beta\right)\right] \tag{4.59}$$

ただし，

$$\Phi_\beta=\tan^{-1}\left(\frac{\omega_\mathrm{n}\sqrt{1-\zeta^2}}{\dfrac{1}{T_\beta}-\zeta\cdot\omega_\mathrm{n}}\right)-\tan^{-1}\left(\frac{\sqrt{1-\zeta^2}}{-\zeta}\right) \tag{4.60}$$

$$\gamma(t)=G_{\theta_\mathrm{f}}^{\gamma}(0)\cdot\theta_{\mathrm{f}0}\left[1+\frac{T_\gamma}{\sqrt{1+\zeta^2}}\sqrt{\left(\frac{1}{T_\gamma}-\zeta\cdot\omega_\mathrm{n}\right)^2+\left(1+\zeta^2\right)\omega_\mathrm{n}^2}\right.$$
$$\left.\cdot e^{\zeta\cdot\omega_\mathrm{n}\cdot t}\cdot\sin\left(\sqrt{1-\zeta^2}\cdot\omega_\mathrm{n}\cdot t+\Phi_\mathrm{r}\right)\right] \tag{4.61}$$

ただし，

$$\Phi_\mathrm{r}=\tan^{-1}\left(\frac{\omega_\mathrm{n}\sqrt{1-\zeta^2}}{\dfrac{1}{T_\gamma}-\zeta\cdot\omega_\mathrm{n}}\right)-\tan^{-1}\left(\frac{\sqrt{1-\zeta^2}}{-\zeta}\right) \tag{4.62}$$

以上が車両のステップ応答を記述する式である。縦軸を無次元化し，ζをパラメータとして計算した結果を図4.20に示す。式(4.55)～(4.62)で用いられる$G_{\theta_\mathrm{f}}^{\beta}(0)$，$G_{\theta_\mathrm{f}}^{\gamma}(0)$，$\omega_\mathrm{n}$，$\zeta$，$T_\beta$，$T_\gamma$などにより影響を受けるので，これらを操舵に対する車両

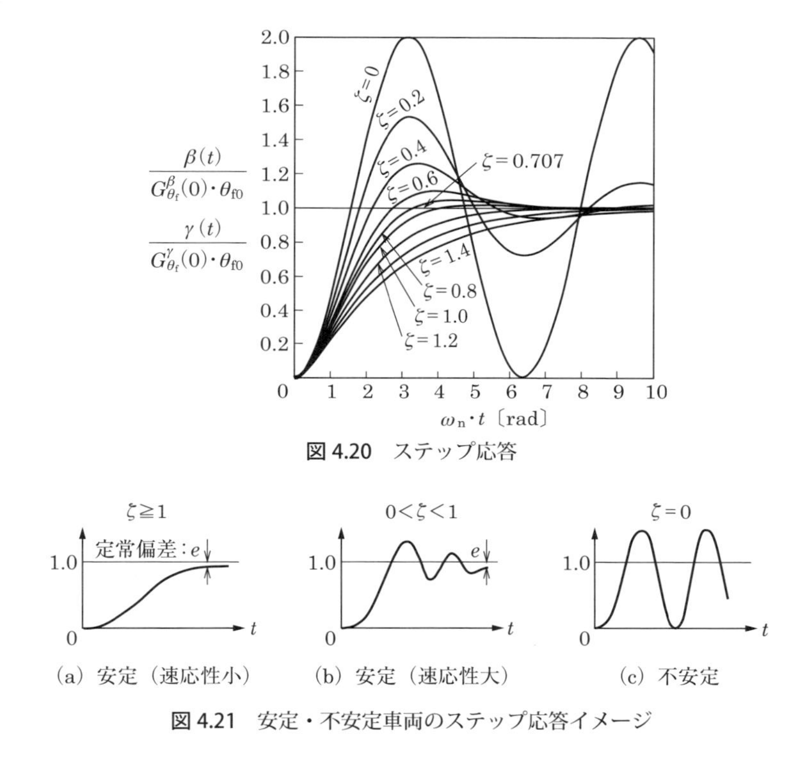

図 4.20 ステップ応答

図 4.21 安定・不安定車両のステップ応答イメージ

応答を示す「操舵応答パラメータ」として扱う。

入力変動に対してシステム（自動車）の応答が充分遅ければ，ステップ状の入力舵角 θ_{f0} を突発的に与えてシステムの追従性を検討する方法，すなわちステップ応答は，出力がある平衡状態（直進状態）にあるシステムがステップ入力に応答し別の平衡状態に落ち着くまでは入力変化はないことを前提にしているので，入力と切り離してシステムの伝達特性を考えることができ，図 4.21 に示すように，直感的に分かりやすい性能評価法である。

システムを設計するということは，(1) 安定性（減衰性）を確保しつつ，(2) 定常特性（定常偏差）と (3) 速応性のバランスを図ることである。ステップ応答により，これらの性能を評価する場合，図 4.22 に示すような，立ち上がり時間 T_r，行き過ぎ量 a，定常偏差 e など，適宜，図に示すような量を，速応性と減衰性を表す尺度として用い，操舵応答パラメータを調整して性能のバランスを図る。

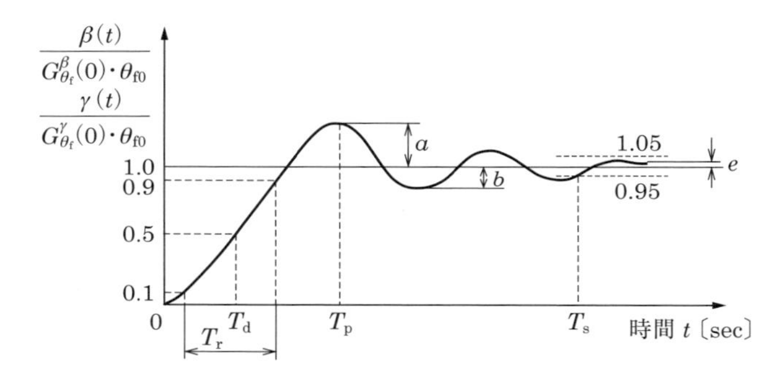

T_r：立ち上がり時間（Rise time）〔s〕
T_d：遅れ時間（Delay time）〔s〕
T_p：行き過ぎ時間（Time to peak）〔s〕
a：行き過ぎ量（Over shoot）
T_s：整定時間（Settling time）〔s〕
e：定常偏差（Steady - state error）
b/a：減衰比（Damping ratio）

図 4.22　ステップ応答の評価指標

(2)　周波数応答

実際にシステムに与えられる入力は，ステップ入力のような単純な形ではなく任意の時間関数で，その関数は未知である。周波数応答は，システムへの入力関数をより実際的に捉え，各種の周波数を正弦波信号の和，すなわち周期的な操舵入力を与え，システムの伝達特性の評価を行う。

自動車の運動性能設計の代表例としてヨーレイトゲインについて検討する。式(4.49)において，$s=j\omega$ とおいた周波数伝達関数 $G_{\theta_f}^{\gamma}(j\omega)$ のゲインと位相を求め，ヨーレイトゲイン $G_{\theta_f}^{\gamma}(s)$ の周波数応答を調べる。

$$G_{\theta_f}^{\gamma}(j\omega)=G_{\theta_f}^{\gamma}(0)\frac{1+j\cdot T_{\gamma}\cdot\omega}{1-\left(\dfrac{\omega}{\omega_n}\right)^2+j\cdot 2\zeta\cdot\left(\dfrac{\omega}{\omega_n}\right)} \tag{4.63}$$

であるから，ゲイン $G_{\theta_f}^{\gamma}(j\omega)$ と位相 $\angle\left|G_{\theta_f}^{\gamma}(j\omega)\right|$ は，次式で与えられる。

$$\left|G_{\theta_f}^{\gamma}(j\omega)\right|=G_{\theta_f}^{\gamma}(0)\sqrt{\frac{1+\left(T_{\gamma}\cdot\omega\right)^2}{\left\{1-\left(\dfrac{\omega}{\omega_n}\right)^2\right\}^2+\left\{2\zeta\cdot\left(\dfrac{\omega}{\omega_n}\right)\right\}^2}} \tag{4.64}$$

$$\angle\left|G_{\theta_{\rm f}}^{\gamma}(j\omega)\right| = \tan^{-1}(T_{\gamma}\cdot\omega) - \tan^{-1}\left\{\frac{2\zeta\cdot\left(\dfrac{\omega}{\omega_{\rm n}}\right)}{1-\left(\dfrac{\omega}{\omega_{\rm n}}\right)^2}\right\} \tag{4.65}$$

これらの式 (4.64)，(4.65) において，$s \to 0$，$\omega = \omega_{\rm n}$，$s \to \infty$ とおいて，周波数伝達関数 $G_{\theta_{\rm f}}^{\gamma}(j\omega)$ の全体像を近似的に眺める。

(a)　$s \to 0$ のとき

$$\left|G_{\theta_{\rm f}}^{\gamma}(j\omega)\right| = G_{\theta_{\rm f}}^{\gamma}(0),\quad \angle\left|G_{\theta_{\rm f}}^{\gamma}(j\omega)\right| = 0 \tag{4.66}$$

ゲインは，定常値 $G_{\theta_{\rm f}}^{\gamma}(0)$ に，位相遅れはゼロに漸近する。

(b)　$\omega = \omega_{\rm n}$ のとき

$$\left|G_{\theta_{\rm f}}^{\gamma}(j\omega)\right| = G_{\theta_{\rm f}}^{\gamma}(0)\sqrt{\frac{1+\left(T_{\gamma}\cdot\omega_{\rm n}\right)^2}{\left(2\zeta\right)^2}},\quad \angle\left|G_{\theta_{\rm f}}^{\gamma}(j\omega)\right| = \tan^{-1}(T_{\gamma}\cdot\omega_{\rm n}) - 90\ \text{〔deg〕} \tag{4.67}$$

ゲインは固有振動数 $\omega_{\rm n}$ にピークを持ち，その大きさは ζ, T_{γ} に依存する。位相は，$T_{\gamma}\cdot\omega_{\rm n} \approx \sqrt{1+A\cdot V^2}$，ニュートラルステア特性（$A=0$）を想定すると，$\tan^{-1}(T_{\gamma}\cdot\omega_{\rm n}) \approx 45$〔deg〕であるから，概ね 45〔deg〕遅れる。

(c)　$s \to \infty$ のとき

$$\left|G_{\theta_{\rm f}}^{\gamma}(j\omega)\right| = G_{\theta_{\rm f}}^{\gamma}(0)\cdot\frac{T_{\gamma}\cdot\omega_{\rm n}^2}{\omega},\quad \angle\left|G_{\theta_{\rm f}}^{\gamma}(j\omega)\right| = -90\ \text{〔deg〕} \tag{4.68}$$

$$\therefore 20\log_{10}\left|G_{\theta_{\rm f}}^{\gamma}(j\omega)\right| = 20\log\left\{G_{\theta_{\rm f}}^{\gamma}(0)\cdot T_{\gamma}\cdot\omega_{\rm n}^2\right\} - 20\log_{10}\omega \tag{4.69}$$

ゲインは，傾き -20 dB/dec の直線 $-20\log_{10}\omega$ に漸近し，位相は 90 deg 遅れる。

図 4.23 は，ヨーレイトゲインの周波数応答を計算した例である。車両速度が高くなるにしたがって，減衰比が小さくなりゲインのピーク値が大きくなる。このピーク値は定常値（0.1 Hz）との差で評価し，差が小さいほど望ましい。ピーク周波数は，共振周波数と呼ばれ，概ね固有振動数と一致する。一般的には，1～1.5 Hz 程度であるが，スポーツカーはそれよりも高い値に設定される。

高速走行時のゲインピーク値が大きく減衰比が小さいときに，位相遅れは急激に落ち込むので，周波数に対して緩やかに変化させ急激な変化を避ける。

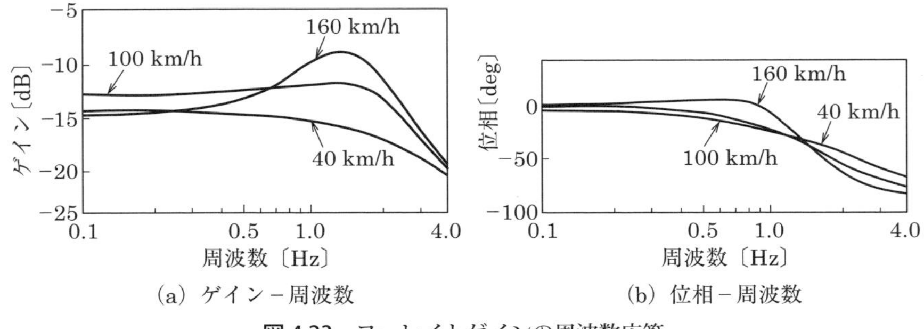

(a) ゲイン－周波数　(b) 位相－周波数

図 4.23　ヨーレイトゲインの周波数応答

4.4　ステアリングによる車両運動制御

4.3 節においては，タイヤ舵角が車両に及ぼす影響について調べた。本節では，タイヤからステアリングホイールまでのステアリング装置を構成する各部の運動の自由度も考慮して，自動車の運動特性を調査する。まずステアリング装置の運動方程式を導出して，ステアリング装置を含めた車両の運動特性を議論する。

4.4.1　ステアリングの力学モデルと運動方程式

図 4.24(a) は，ステアリング装置の基本構成である。ステアリングホイールの回転 θ_{H} は，ステアリングシャフト，ギヤボックス，タイロッドを介してナックルア

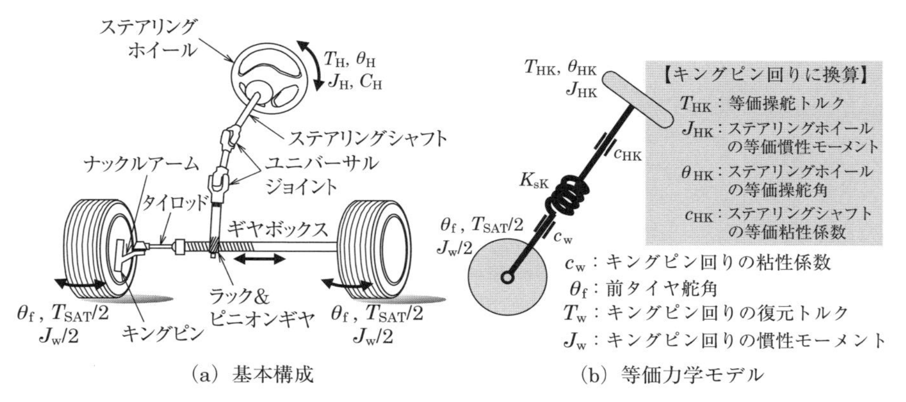

(a) 基本構成　(b) 等価力学モデル

図 4.24　自動車のステアリング装置

ームに伝達され，キングピン回りの回転θ_{f}となり，タイヤの向きを変える。

ステアリング装置の各部の運動を，全てキングピン軸回りの回転運動に換算すると，図 4.24(b) のような等価力学モデルとして表現でき扱いやすい。このモデルは，ステアリングホイールの等価操舵角θ_{HK}と前輪実舵角θ_{f}に関する 2 自由度のねじり振動系で表現される。

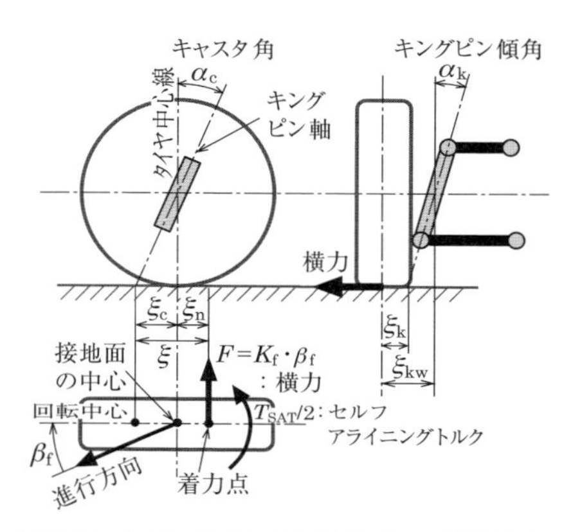

図 4.25 前輪に働くセルフアライニングトルク

走行中の車両のステアリングホイールには，人によって与えられるハンドルトルクT_{HK}と角度θ_{HK}が入力されると同時に，このステアリングホイールの回転を元に戻そうとするタイヤからの復元トルクであるセルフアライニングトルクT_{SAT}が作用する。これは，図 4.25 に示すように，前輪に作用する横力Fが，キングピン回りに外力としてモーメントを生成することによる。前輪の接地面に働く横力Fの着力点は，接地面の中心より後方に位置し，このタイヤ中心線からの距離ξ_{n}をニューマチックトレイル，キングピン軸方向の延長線と地面が交わる点から中心線までの距離ξ_{c}をキャスタトレイルといい，接地中心より前方に位置する。前輪に時計回りの横滑り角β_{f}が生じていれば，横力Fは，ニューマチックトレイルとキャスタトレイル（$\xi_{\mathrm{n}}+\xi_{\mathrm{c}}$）により反時計回りのモーメント$T_{\mathrm{SAT}}$として働く。

また，キングピン傾角α_{k}とキングピンオフセットξ_{k}が大きいほど，転舵時の車体持ち上げトルクT_{Tb}が増大し復元トルクが大きくなる。この復元トルクは，タイヤ舵角に比例すると仮定し比例定数をk_{α}として，コーナリングパワーK_{f}の前輪タイヤに働くキングピン回りのモーメントT_{TR}を求めると，次式が得られる。

$$
\begin{aligned}
T_{\mathrm{TR}} &= T_{\mathrm{SAT}} + T_{\mathrm{Tb}} \\
&= 2\xi \cdot K_{\mathrm{f}} \cdot \beta_{\mathrm{f}} + k_{\alpha} \cdot W_{\mathrm{f}} \cdot \theta_{\mathrm{f}} \approx 2\xi \cdot K_{\mathrm{f}} \cdot \beta_{\mathrm{f}}
\end{aligned}
\tag{4.70}
$$

したがって，ステアリングの回転運動をキングピン軸回りに換算して記述すると，式 (4.9) より，

$$
J_{\mathrm{HK}} \cdot \ddot{\theta}_{\mathrm{HK}} + c_{\mathrm{HK}} \cdot \dot{\theta}_{\mathrm{HK}} + K_{\mathrm{sK}}(\theta_{\mathrm{HK}} - \theta_{\mathrm{f}}) = T_{\mathrm{HK}} \tag{4.71}
$$

$$J_{\mathrm{w}}\cdot\ddot{\theta}_{\mathrm{f}}+c_{\mathrm{w}}\cdot\dot{\theta}_{\mathrm{f}}+K_{\mathrm{sK}}(\theta_{\mathrm{f}}-\theta_{\mathrm{HK}})=2\xi\cdot K_{\mathrm{f}}\left(\beta+\frac{\ell_{\mathrm{f}}}{V}\cdot\gamma-\theta_{\mathrm{f}}\right) \tag{4.72}$$

$\theta_{\mathrm{HK}}=\theta_{\mathrm{H}}/n_{\mathrm{G}}$，$J_{\mathrm{HK}}=n_{\mathrm{G}}{}^2\cdot J_{\mathrm{H}}$，$C_{\mathrm{HK}}=n_{\mathrm{G}}{}^2\cdot C_{\mathrm{H}}$，$n_{\mathrm{G}}$，$n_{\mathrm{G}}$；ステアリングのオーバーオールギヤ比

これらがステアリングの運動方程式である。車両の運動方程式は，式 (4.27)，(4.28) を用いる。

4.4.2　ステアリング特性が車両運動に及ぼす影響

ステアリングの特性が車両運動に及ぼす影響を調べるために，車両はニュートラルステア特性であるとすれば，次の条件が成り立ち，

$$K_{\mathrm{f}}=K_{\mathrm{r}}=K,\quad \ell_{\mathrm{f}}=\ell_{\mathrm{r}}=\frac{\ell}{2},\quad I=m\cdot k^2=m\cdot\ell_{\mathrm{f}}\cdot\ell_{\mathrm{r}}=m\left(\frac{\ell}{2}\right)^2$$

式 (4.27)，(4.28) を簡単化すると，次式が得られる。

$$m\cdot V\cdot\dot{\beta}+4K\cdot\beta+m\cdot V\cdot\gamma-2K\cdot\theta_{\mathrm{HK}}=0 \tag{4.73}$$

$$m\cdot\left(\frac{\ell}{2}\right)^2\cdot\dot{\gamma}+\ell^2\cdot K\cdot\frac{\gamma}{V}-\ell\cdot K\cdot\theta_{\mathrm{HK}}=0 \tag{4.74}$$

ステアリング装置において，前タイヤのキングピン軸回りの慣性モーメント J_{w} は，ステアリングホイールの慣性モーメント J_{HK} に比べて無視できるくらい小さいものとし，粘性係数 c_{HK}，c_{w} も無視できるものとする。そして，タイヤの横力の影響のみに着目すると，式 (4.71)，(4.72) は，次式のように簡略化できる。

$$J_{\mathrm{HK}}\cdot\ddot{\theta}_{\mathrm{HK}}+K_{\mathrm{sK}}(\theta_{\mathrm{HK}}-\theta_{\mathrm{f}})=T_{\mathrm{HK}} \tag{4.75}$$

$$K_{\mathrm{sK}}(\theta_{\mathrm{f}}-\theta_{\mathrm{HW}})=2\xi\cdot K\left(\beta+\frac{\ell_{\mathrm{f}}}{V}\cdot\gamma-\theta_{\mathrm{f}}\right) \tag{4.76}$$

ここで，式 (4.76) を式 (4.75) に代入して整理すると，次式が得られる。

$$J_{\mathrm{HK}}\cdot\ddot{\theta}_{\mathrm{HK}}-2\xi\cdot K\left(\beta+\frac{\ell_{\mathrm{f}}}{V}\cdot\gamma-\theta_{\mathrm{f}}\right)=T_{\mathrm{HK}} \tag{4.77}$$

式 (4.77) において，ステアリングのねじり剛性は充分大きいものとして，$K_{\mathrm{sK}}\Rightarrow\infty$ とすれば，$\theta_{\mathrm{HK}}\approx\theta_{\mathrm{f}}$ とみなせるので，式 (4.77) は，さらに次式のように記述できる。

$$-\frac{2\xi\cdot K}{J_{\mathrm{HK}}}\cdot\beta-\frac{\xi\cdot\ell\cdot K}{J_{\mathrm{HK}}\cdot V}\cdot\gamma+\ddot{\theta}_{\mathrm{HK}}+\omega_{\mathrm{s}}^2\cdot\theta_{\mathrm{HK}}=\frac{T_{\mathrm{HK}}}{J_{\mathrm{HK}}} \tag{4.78}$$

ただし，

$$\omega_s^2 = \frac{2\xi \cdot K}{J_{HK}} \tag{4.79}$$

このとき，$\omega_s{}^2$ は，分母がステアリングホイールの慣性モーメント，分子が前タイヤ２輪による単位スリップ角当たりの復元モーメントトルクを示すので，ステアリングの固有円振動数とみなすことができる。

式 (4.73)，(4.74)，(4.78) をラプラス変換して整理すると，次式が得られる。

$$\begin{bmatrix} m \cdot V \cdot s + 4K & m \cdot V & -2K \\ 0 & m \cdot \left(\frac{\ell}{2}\right)^2 s + \frac{\ell^2 \cdot K}{V} & -\ell \cdot K \\ -\frac{2\xi \cdot K}{J_{HK}} & -\frac{\xi \cdot \ell \cdot K}{J_{HK} \cdot V} & s^2 + \omega_s^2 \end{bmatrix} \begin{bmatrix} \beta(s) \\ \gamma(s) \\ \theta_{HK}(s) \end{bmatrix} = \begin{bmatrix} 0 \\ 0 \\ \frac{T_{HK}}{J_{HK}} \end{bmatrix} \tag{4.80}$$

したがって，特性方程式は，

$$\begin{vmatrix} m \cdot V \cdot s + 4K & m \cdot V & -2K \\ 0 & m \cdot \left(\frac{\ell}{2}\right)^2 s + \frac{\ell^2 \cdot K}{V} & -\ell \cdot K \\ -\frac{2\xi \cdot K}{J_{HK}} & -\frac{\xi \cdot \ell \cdot K}{J_{HK} \cdot V} & s^2 + \omega_s^2 \end{vmatrix} = a_0 \cdot s^4 + a_1 \cdot s^3 + a_2 \cdot s^2 + a_3 \cdot s + a_4 = 0 \tag{4.81}$$

となる。ここで，$a_0 \sim a_4$ は，次のようになる。

$$\left. \begin{aligned} & a_0 = \frac{m^2 \cdot \ell^2 \cdot V}{4}, \quad a_1 = 2m \cdot \ell^2 \cdot K, \\ & a_2 = \frac{16\ell^2 \cdot K^2 + m^2 \cdot \ell^2 \cdot \omega_s^2 \cdot V^2}{4V}, \\ & a_3 = m \cdot \omega_s^2 \cdot \ell^2 \cdot K, \quad a_4 = m \cdot \omega_s^2 \cdot \ell \cdot K \cdot V \end{aligned} \right\} \tag{4.82}$$

車両の運動が安定であるためには，特性方程式 (4.81) の係数が，①，②の Hurwitz（フルヴィッツ）の安定条件を満足しなくてはならない。

① a_0～a_4 の全てが 0 でなく，同符号を持つこと。ここでは，$a_0 \sim a_4 > 0$ である。

② Hurwitz 行列式 H_{i} の全て（$i=3$）が 0 ではなく，同符号を持つこと。

したがって，次の条件を満たす必要がある。

$$H_1 = a_1 = 2m \cdot \ell^2 \cdot K > 0 \tag{4.83}$$

$$\begin{aligned} H_2 &= \begin{vmatrix} a_1 & a_3 \\ a_0 & a_2 \end{vmatrix} = a_1 \cdot a_2 - a_3 \cdot a_0 \\ &= \frac{m \cdot \ell^2 \cdot K}{4V}(32\ell^2 \cdot K^2 + m^2 \cdot \omega_{\mathrm{s}}^2 \cdot \ell^2 \cdot V^2) > 0 \end{aligned} \tag{4.84}$$

$$\begin{aligned} H_3 &= \begin{vmatrix} a_1 & a_3 & 0 \\ a_0 & a_2 & a_4 \\ 0 & a_1 & a_3 \end{vmatrix} = a_1 \cdot a_2 \cdot a_3 - a_1^2 \cdot a_4 - a_0 \cdot a_3^2 \\ &= \frac{8\ell^2 \cdot K^2}{V} + \frac{m^2 \cdot \omega_{\mathrm{s}}^2 \cdot \ell^2 \cdot V}{4} - 4m \cdot \ell \cdot V \cdot K > 0 \end{aligned} \tag{4.85}$$

それぞれの数式記号の値は正数であるので，式 (4.83)，(4.84) はそのままで条件を満たすが，式 (4.85) においては，満たす条件が存在する。次にこの条件について検討する。

(1) 車両の走行速度 V に無関係に車両運動を安定化させるための条件

式 (4.85) において，正数 $4/(m^2 \cdot \ell^2 \cdot V)$ を両辺に掛けると，

$$\frac{32K^2}{m^2 \cdot V^2} + \omega_{\mathrm{s}}^2 - \frac{16K}{m \cdot \ell} > 0 \tag{4.86}$$

となる。したがって，次式が成り立つ必要がある。

$$\omega_{\mathrm{s}}^2 - \frac{16K}{m \cdot \ell} > 0 \quad \rightarrow \quad \omega_{\mathrm{s}} > 4\sqrt{\frac{K}{m \cdot \ell}} \tag{4.87}$$

また，式 (4.79) より，キャスタ＆ニューマチックトレイル量を，次式のように付与する必要がある。

$$\xi > \frac{8J_{\mathrm{HK}}}{m \cdot \ell} \tag{4.88}$$

ここで，

$$\frac{16K}{m \cdot \ell} = \frac{4\ell \cdot K}{m\left(\dfrac{\ell}{2}\right)^2} = \omega_{\mathrm{y}}^2 \tag{4.89}$$

とおくと，分母は車両のヨー慣性モーメント I，分子は前タイヤによる単位スリップ角当たりのヨーモーメントトルクであるから車両のヨーイング固有円振動数 ω_{y} を示す。

したがって，ステアリングを含めた車両運動を安定させるためには，次のステアリング固有円振動数 ω_{s} がヨーイング固有円振動数 ω_{y} を上回る必要がある。

$$\omega_{\mathrm{s}} > \omega_{\mathrm{y}} \tag{4.90}$$

(2)　キャスタ&ニューマチックトレイル ξ，ステアリング固有振動数 ω_{s} と車両の安定限界

式 (4.79)，(4.86) より，ステアリングを含めた車両運動を安定化させるためには，次式のような車両速度 V に応じて必要なキャスタ&ニューマチックトレイル ξ が存在することが分かる。

$$\xi > 8J_{\mathrm{HK}}\left(\frac{1}{m\cdot\ell}-\frac{2K}{m^2\cdot V^2}\right) \tag{4.91}$$

ここで，式 (4.91) において，$V=\infty$ とおくと，次式が得られ，前項で求めた車両の走行速度に無関係に車両運動を安定化させるための条件と一致する。

$$\xi > \frac{8J_{\mathrm{HK}}}{m\cdot\ell} \tag{4.92}$$

ここで，式 (4.91) より，$\xi=0$ でも安定する車両速度 $V_{\xi0}$ を求めると，次式が得られる。したがって，車両速度が $V_{\xi0}$ 以下であれば，$\xi=0$ でも安定である。

$$V_{\xi0} = \sqrt{\frac{2K\cdot\ell}{m}} \tag{4.93}$$

以上をまとめると，車両を安定化させるためには，図 4.26 に示すような車両速度 V に応じて必要な車両のキャスタ&ニューマチックトレイル ξ が存在し，安定限界より大きい値に設定しなくてはならない。また，式 (4.92) で与えられる ξ より大きな値に設定すれば，車両速度に関わらず安定化できる。

式 (4.86) は，式 (4.89) を用いて，次式のようにも変形できる。

$$V^2 < \frac{32K^2}{m^2\cdot\omega_{\mathrm{y}}^2\left\{1-\left(\dfrac{\omega_{\mathrm{s}}}{\omega_{\mathrm{y}}}\right)^2\right\}} = V_{\mathrm{cr}}^2 \tag{4.94}$$

式 (4.94) の計算結果を図 4.27 に示す。ステアリングの固有振動数 $f_{\omega\mathrm{s}}$（$=\omega_{\mathrm{s}}/2\pi$）により車両の安定限界速度 V_{cr} が存在する。ステアリング固有振動数 $f_{\omega\mathrm{s}}$ を $f_{\omega\mathrm{y}}$ 以

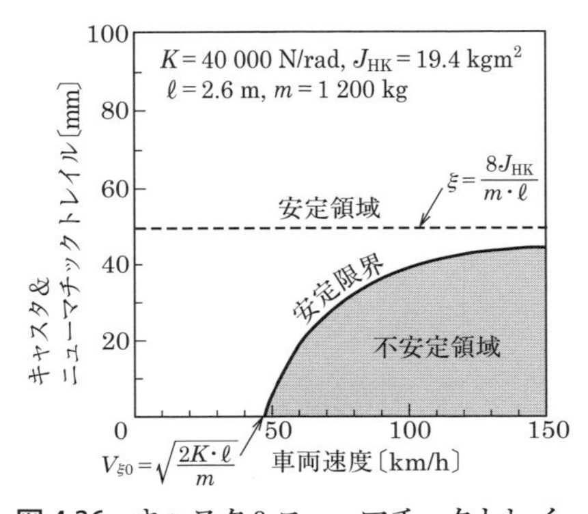

図 4.26　キャスタ&ニューマチックトレイルと安定限界

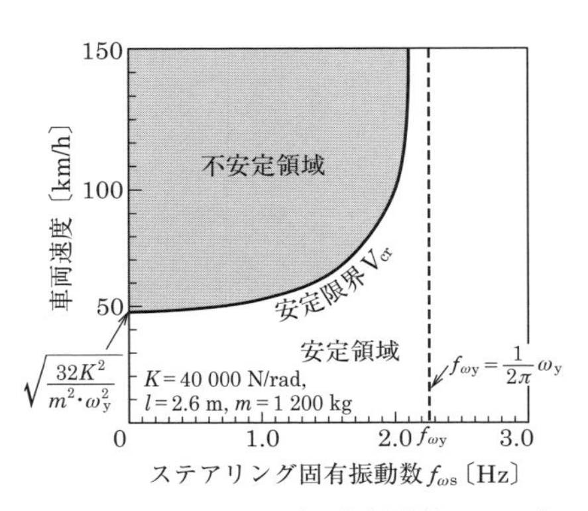

図 4.27　ステアリング固有振動数による安定限界速度

上に設定すれば，車速に関係なく車両を安定化できる。

演習問題

問題 1　図 4.5 に示されるタイヤの垂直荷重が，5.0 kN 作用しているときのコーナリングパワーを求めよ。

（答え；72 000〔N/rad〕）

問題 2　図 4.5 に示すタイヤにおいて，垂直荷重が 3.8 kN 作用しているときに発揮できるコーナリングフォースの最大値を求めよ。

（答え；4.0〔kN〕）

問題 3　質量 1 200 kg の車両が，半径 100 m，車速 60 km/h で定常円旋回しているときのタイヤの横滑り角を求めよ。ただし，$K_f = K_r = 40\,000$〔N/rad〕，4 輪均一にコーナリングフォースが発生するものとする。

（答え；0.021〔rad〕）

問題 4　質量 1 200 kg，前軸，後軸から重心までの距離 $\ell_f = 1.1$〔m〕，$\ell_r = 1.5$〔m〕，前後輪タイヤのコーナリングパワー $K_f = K_r = 40\,000$〔N/rad〕の車両の①スタビリティファクタ A，②ステア特性を求めよ。

（答え；① $A = 0.00089$〔s^2/m^2〕，②アンダステア）

また，前輪の切れ角を 10 deg に固定して，30 km/h，60 km/h で走行したときの旋回半径を求めよ。このときのヨーレイトゲインの定常値 G_γ と横滑り角ゲインの定常値 G_β をそれぞれ求めよ。

（答え；$R_{30} = 15.8$〔m〕，$R_{60} = 18.6$〔m〕，$G_{\gamma 30} = 3.0$〔s^{-1}〕，
$G_{\gamma 60} = 5.1$〔s^{-1}〕，$G_{\beta 30} = 0.38$〔s^{-1}〕，$G_{\beta 60} = -0.08$〔s^{-1}〕）

問題 5　問題 4 の車両において，横滑り角（車体スリップ角）がゼロになるときの車速を求めよ。

（答え；55〔km/h〕）

問題 6　質量 1 200 kg，ホイールベース 2.6 m，ステアリングホイールのキングピン換算慣性モーメント 19.4 kgm^2 の車両運動を車速に関係なく安定にするためには，キャスタ＆ニューマチックトレイルをいくらに設定すればよいか。

（答え；50〔mm〕以上）

問題 7　質量 1 200 kg，ホイールベース 2.6 m，キャスタ＆ニューマチックトレイル 20 mm，ヨーイング固有振動数 2 Hz の車両運動を車速に関係なく安定にするためには，ステアリングホイールのキングピン換算慣性モーメントをいくらにすればよいか。ただし，前後輪タイヤのコーナリングパワー $K_f = K_r = 40\,000$〔N/rad〕とする。

（答え；10〔kgm^2〕以下）

第5章

動力伝達装置と駆動制御

本章では，エンジンやモータなどの動力源の出力を駆動車輪へ伝達する一連の機構である動力伝達装置の概要と駆動方式，自動車の旋回運動に関与する動力分配装置，4輪駆動装置（4WD），および駆動力制御について述べる。

5.1 動力伝達装置の概要

図5.1は，FF方式の動力伝達装置を示す。エンジンと手動（マニュアル）式のトランスミッション，ドライブシャフトなどの機械要素が車体前部（ボンネット内）に集約されコンパクトに構成される。

エンジンからの動力は，クラッチペダル操作によりクラッチでトランスミッションに接続または遮断される。クラッチペダルを踏んで動力接続が遮断されると，変

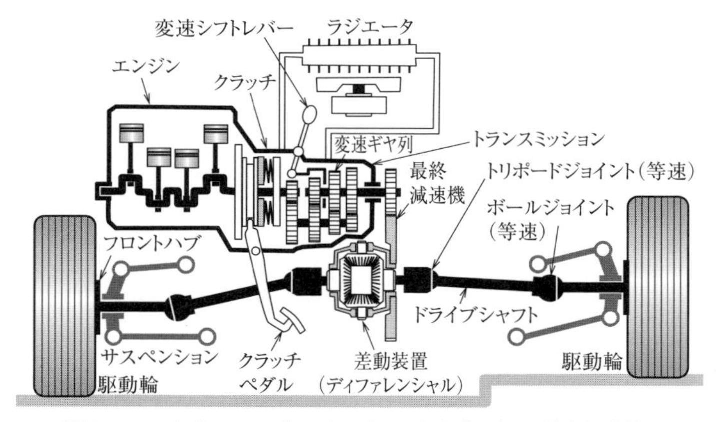

図5.1 FF方式のエンジン（ラジエータを含む）と動力伝達装置

速シフトレバーによりエンジントルクに応じた適切なギヤが，変速ギヤ列から選択され減速比が切り替えられる。切り替え後は，クラッチペダルを緩めながらトランスミッションに接続し駆動トルクを倍力して最終減速機に伝達する。最終減速機から動力を駆動輪に伝達する際に，旋回中の内輪差による左右輪の回転数差を許容し，等しい駆動トルクを伝達する差動装置と，車輪の上下運動を許容しながら等速で伝達するドライブシャフトを経由する。

トランスミッションは，手動式のほかにクラッチペダル操作とシフトレバーによるギヤ比切り替え操作の不要な自動変速機（AT）や無段変速機（CVT）がある。

5.2　駆動方式

駆動方式は，図 5.2，表 5.1 に示すようにエンジンの搭載位置と車輪の駆動方法によって分類される。最も重量の重いエンジンの配置と駆動輪の選定により，動力性能や操縦性，乗り心地や居住性の基本性能が決まる。

現在では，駆動効率の良さと室内を広くとれることなどから FF 方式が大半を占めるが，用途や趣味・嗜好によって色々な駆動方式が存在し，機構や制御方法に特徴がある。

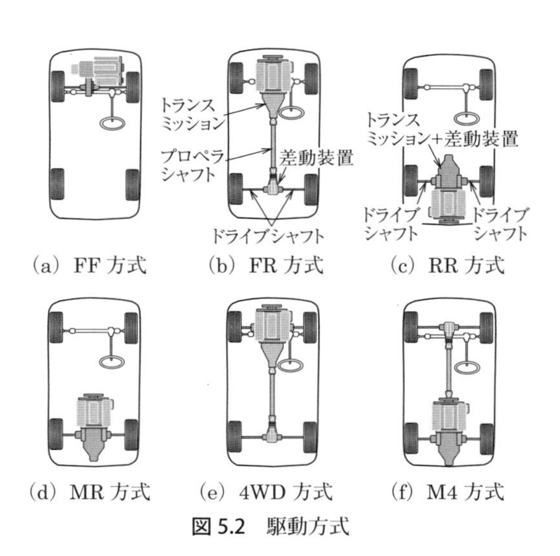

図 5.2　駆動方式

表 5.1　駆動方式と特徴

駆動方式	特　徴
FF 方式 (Front-engine Front-drive)	エンジンと動力伝達装置をユニットとして車体前部に配置し前輪を駆動する方式。エンジンを横置きにして動力伝達装置を組み合わせたコンパクトな構成。プロペラシャフトの通るトンネルのないフラットな床と，室内空間を全長のわりに大きくとれるのが特徴。 前輪は，操舵と駆動・制動の役割を受け持つので，駆動力と旋回に必要な横力の関係は，タイヤ摩擦円の理論から制約を受け，駆動力を大きく入力すると，横力の大きさは制限され車輪はスリップする。エンジンと動力伝達装置のような重量物が前方に集中するので，自動車の重心が前後輪のセンタ位置より前に位置し，前輪にかかる重量が後輪より大きくなるので，これらの影響を考慮した運動性能の設計が必要。
FR 方式 (Front-engine Rear-drive)	エンジン，クラッチ，トランスミッションを縦一列にして車体前部に配置し，プロペラシャフト，差動装置・ドライブシャフトを介して後輪を駆動する方式。高級車，スポーツ車，商用車に採用例が多い。 プロペラシャフトが，車体中央部を貫通するので床の一部が高くなること，部品数が多くなるなどの課題もあるが，操舵の役割を前輪に，駆動の役割を後輪に受け持たせることが可能。重量物（差動装置やドライブシャフトなど）を後輪側に分配できるので，自動車重心位置を前後輪車軸のセンタに近づけることができる。これらの特徴を生かした運動性能の設計が可能。
RR 方式 (Rear-engine Rear-drive)	エンジンと動力伝達装置を後部に置き後輪を駆動する方式。FF 方式と同様に，エンジンと動力伝達装置を後部に集約できるので室内空間を広くとれるが，後輪に荷重が集中するので，自動車重心位置が前後輪車軸のセンタより後方になり，後輪が支える重量が大，これらの影響を考慮した運動性能の設計が必要。操舵特性は，オーバーステア傾向。特に低摩擦係数路走行では，旋回に必要な横力が飽和し不安定になりやすい。採用例は限られる。 RR 方式と MR 方式の差異は，後輪車軸に対するエンジンの重心位置であり，後輪車軸よりも前方にあるのが MR 方式，後方にあるのが RR 方式である。
MR 方式 (Midship-engine Rear-drive)	エンジンを車体中央に寄せ，動力伝達装置をエンジン後方に設けて後輪を駆動する方式。前後輪車軸間のセンタ位置に，自動車重心位置を近づけることができる。前後輪重量配分を 50：50 に近い適正配分化により，ニュートラルステア特性やヨーイング慣性モーメントを最小化し，操舵応答性を向上させることが可能。 リヤシート部をエンジンが占領するので乗車定員が2人になり，そのままでは実用向きではない。レーシングカーやスポーツカーなどに採用されている
4WD 方式 (4-Wheel Drive)	FF 方式または FR 方式をベースに4輪全てを駆動する方式。図 5.2(e) は，FR 方式をベースにした 4WD 方式である。1輪がスリップして動けなくなっても他の3輪に駆動力配分することにより，悪路や砂地，雪上でもグリップを確保して走行できるのが特徴。 旋回時に外側車輪の駆動力を増大しヨーモーメントを積極的に発生させ，ステア特性をニュートラルステアに近づけて旋回性を向上させる 4WD 方式や，前輪を FF 方式にして後輪をモータ駆動にするハイブリッド 4WD 方式が実用化されている。ハイブリッド 4WD 方式は，プロペラシャフトや前後輪の差動装置が不要なので，後輪を積極的に駆動制御しヨーモーメントを発生させることが可能。
M4 方式 (Midship-engine 4 wheels-drive)	MR 方式をベースとした 4WD 方式。運動性能を最も重要視した駆動方式で，ラリーカーやスポーツカーに適している。

5.3　クラッチとマニュアルトランスミッション

5.3.1　クラッチ

図 5.3 に示すように通常はコイルスプリングでエンジン出力軸とトランスミッション入力軸は，クラッチで連結され一体的に回転する「クラッチ ON」の状態である。この状態では，エンジン出力は，フライホイール，クラッチディスク，スプラインを介してトランスミッションに伝達される。クラッチディスクは，トランスミッション入力軸にスプラインでかみ合っているので，共に回転し前後に摺動できる。

クラッチを OFF させるためには，クラッチペダルを踏んで，油圧倍力装置のピストンとシリンダを作動させる。レリーズフォークの力点にはシリンダが連結され，「てこの原理」で作用点にあるレリーズを変位させ，レリーズレバーでコイルスプリングを圧縮する。圧力プレートは，クラッチディスクを押す力がなくなるので，クラッチを開放して動力は断たれる。

自動車の発進時にクラッチを OFF から ON につなぐときに，断続的ではなくスムーズにエンジン動力をトランスミッションに伝達できるように，クラッチペダルを踏んだ状態から離すときに，レリーズフォークの「てこ」により「ペダルの踏み代」でコイルスプリング力を調整し，クラッチディスクを滑らせながら回転（これを「半クラッチ」という）させ，踏力で調整されたスプリング力分だけの駆動力をトランスミッションに伝達する。滑らせながら回転させるので，発進時の発熱量やトルク伝達容量などと合わせてクラッチを設計する必要がある。

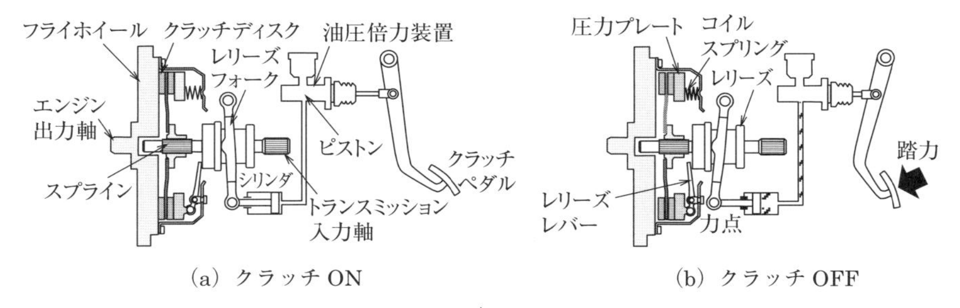

(a) クラッチ ON　　(b) クラッチ OFF

図 5.3　クラッチの構成と作動説明

5.3.2　マニュアルトランスミッション；MT（Manual Transmission；手動変速機）

エンジンは，一般に出力動力は大きいが出力トルクが小さいので，そのままでは走行できない。走行性能を満たすためには，MTやAT（Automatic Transmission；自動変速機）のような減速機を用いてトルク倍力する必要がある。

MTは，運転者が手動で減速（変速）するものであり，1速，2速，3速，…などのような有段のギヤ列と最終減速機（図5.1），リバースギヤ，これらの変速・後進を切り替える変速シフトレバー機構などから構成される。自動車の減速ギヤ比は，（MTの減速ギヤ比）×（最終減速機のギヤ比）で表される。次に，具体例を見てみる。

図5.4は，前進4速とリバース1速の同期かみ合い式MTである。同期かみ合い式とは，それぞれ異なる回転速度で常時かみ合って空転（トルク伝達していない状態）している4段（列）のギヤ列のうちの1つを選択的に連結させるときに，これから連結されるギヤの回転速度を摩擦力で出力軸と同じ回転速度まで近づけることを「同期をとる」といい（同期をとる装置を「シンクロナイザ」という），この同期をとった状態でかみ合い連結（ドッグクラッチ）し，トルク伝達する方式である。

この変速機は，ドライブシャフト（入力）と同軸に配置されるメインシャフト（出力），これらの軸とは別に設けられたカウンタシャ

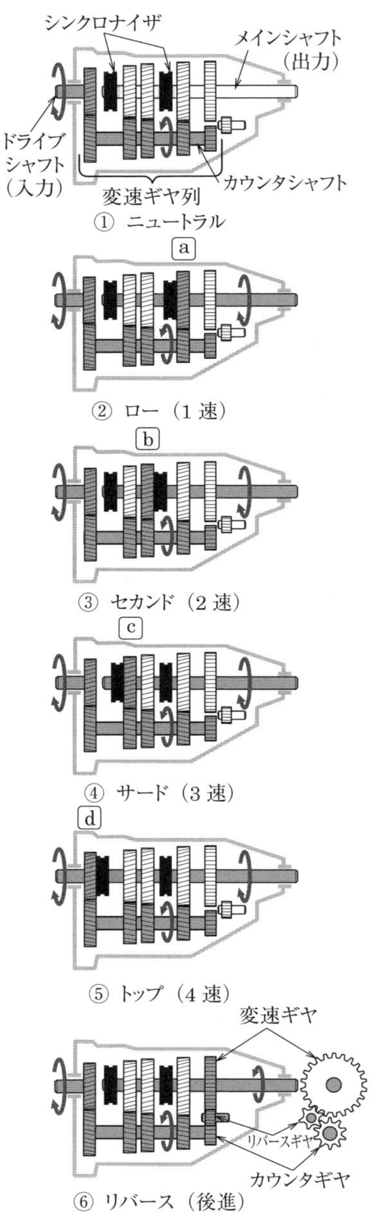

図5.4　マニュアルトランスミッションの作動例[1)]

フト，大小のギヤを4組と1組のリバースギヤ列，ギヤとメインシャフト間の同期をとるシンクロナイザと連結するドッグクラッチ，そのほかにシンクロナイザを移動させるフォークやリンク機構（図示されていない）などがケースに収められ，手動の変速シフトレバー操作でギヤを適宜切り替えることができる。ケース内の底部にはオイル溜めが設けられ，ギヤ自身の回転により潤滑と冷却の機能を果たす。

減速比の大きいものから順に，ローギヤ(1速)，セカンドギヤ(2速)，サードギヤ(3速)，トップギヤ（4速）で，通常，トップギヤは，エンジン回転数をそのまま伝える。減速比が大きいほど，回転速度は低くスピードは出ないが駆動力が大きくアクセル動作に応答良く反応する。

①ニュートラル時は，ギヤはかみ合っているが，シンクロナイザが不作動でメインシャフトに連結されていないフリーの状態である。②ローのときは，変速シフトレバーによりシンクロナイザをギヤ列[a]に作動させ連結する。③セカンド時は，シンクロナイザをギヤ列[b]に，④サード時は，シンクロナイザをギヤ列[c]に作動させ連結する。⑤トップのときは，シンクロナイザで直接，ドライブシャフトをメインシャフト[d]に連結する。また，⑥リバース（後進）時には，リバースギヤをカウンタギヤにかみ合せて駆動輪を反転する。

5.4　自動変速機

自動変速機（AT；Automatic Transmission）は，駐車（パーキング；Parking)，後進（バック；Riverse)，中立（ニュートラル；Neutral)，前進（ドライブ；Drive）の基本4モードを手動にて切り替えられ，前進モードを選択するとアクセルとブレーキ操作のみで変速制御が自動的に行われる。特徴は，エンジンの動力をトルクコンバータ（流体トルク変換機）で滑らせながらトルク倍力してエンジン停止を防ぐ発進装置の機能と，様々な走行条件で必要な駆動力を得るために変速操作を制御する機能を有することである。次に，これらについて説明する。

5.4.1　トルクコンバータ

図5.5(a)に示すようにトルクコンバータは，エンジン出力軸に連結される駆動側のポンプ，変速制御機入力軸に連結される被動側のタービン，通常はワンウェイクラッチを介してケースに固定されポンプとタービンの回転速度が近づくと空転す

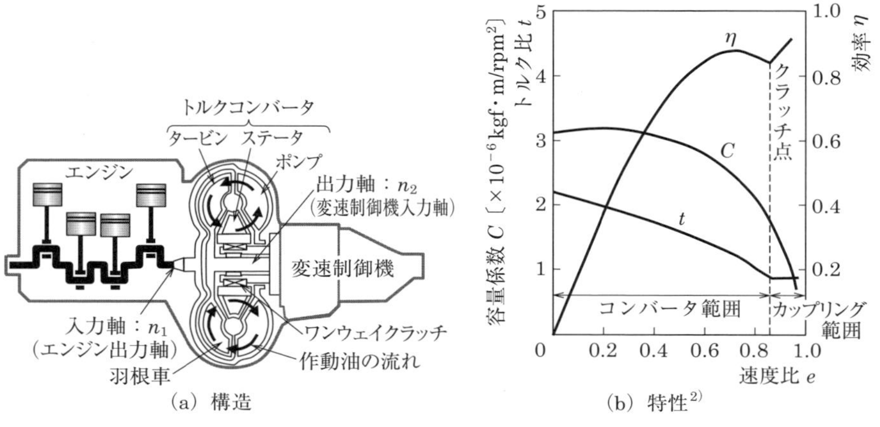

(a) 構造　(b) 特性[2)]

図 5.5　トルクコンバータ

るステータから構成される。ポンプ，タービン，ステータに設けられた羽根車間に浸かっている作動油が媒体となり，エンジン（入力軸）の回転によってポンプからタービンに向かって矢印のように循環してタービンにトルクを与えながら，ステータを通って再びポンプに流入することにより，エンジントルクをトランスミッションに伝達する流体トルク変換機である。入力軸と出力軸の回転速度差によりトルク倍力効果を有する。

トルクコンバータの特性を図 5.5(b) に示す。速度比 e，トルク比 t，容量係数 C，効率 η は，次式で表される。

$$e=\frac{n_2}{n_1},\quad t=\frac{T_2}{T_1},\quad C=\frac{T_1}{n_1^2},\quad \eta=t\cdot e \tag{5.1}$$

T_1；入力軸トルク〔Nm〕，T_2：出力軸トルク〔Nm〕，n_1；入力軸回転数〔rpm〕，n_2；出力軸回転数〔rpm〕

容量係数 C は，ある回転で入力できるトルクの大きさを示す。トルク比 t は，$e=0$ の失速点で最大となり，エンジントルクは倍力されて出力軸に伝達されることを示す。この特性は発進時の加速トルクや低速走行時のクリープ（アクセルを踏まなくてもゆっくり走り出す現象）を作り出す。

速度比が増すにしたがってトルク比は減少し，ある速度比でトルク比 $t \fallingdotseq 1$ になる。この点をクラッチ点という。それ以上の速度比では，ステータは，ワンウェイクラッチにより入力軸と同方向に空転するために $t \fallingdotseq 1$ のままとなる。クラッチ点以下の速度比をコンバータ範囲，それ以上の速度比をカップリング範囲という。

トルクコンバータは，自動変速機（AT）の流体クラッチとして使用され，滑りによりスムーズな発進を提供するが，滑りのないマニュアルトランスミッション搭載車（MT 車）と比べると伝達効率が低く燃費性能で劣ることが課題である。

5.4.2 変速制御機

変速制御機は，ギヤ比を決める多段のギヤ列，このギヤ列を切り替えるクラッチ（多板クラッチ，ブレーキ，ワンウェイクラッチ），このクラッチの接続・解離を制御する油圧ポンプや各種バルブを有する油圧制御回路などから構成される。最近では油圧制御部分に電磁バルブや油圧スイッチなどを組み込み，コンピュータで制御する電子制御が主流になっている。

この電子制御により，車両速度とアクセル開度から決まるギヤ列を選択する制御を基本として，次の技術が実用化されている。

① 変速ショックを低減する制御

② トルクコンバータの滑りをなくして燃費性能を向上させるロックアップ制御

③ 変速モードを燃費重視型にした燃費向上制御

④ 変速制御機でありながら運転者が自由にギヤ列を選べる制御

(1) ギヤ列

変速制御機に用いられるギヤ列は，平行ギヤ（平行軸）方式と遊星ギヤ（同軸）方式がある。軸方向に薄くできるので遊星ギヤ方式の採用例が多い。

(a) 遊星ギヤ方式

遊星ギヤ方式は，図 5.6 に示すように遊星ギヤ装置を基本に入出力が同軸に設けられ，サンギヤ，リングギヤ，サンギヤとリングギヤにかみ合う 3 個のピニオンギヤ，ピニオンギヤを回転自在に支えるキャリアから構成される。サンギヤ，キャリア，リングギヤのうち，1 つを入力，他の 1 つを出力，残りを反力要素として，ある組み合わせを選択すると入力要素に対して出力要素を減速，増速，逆転させるモードを作ることができる。遊星ギヤ装置の 3 つの要素のうち 2

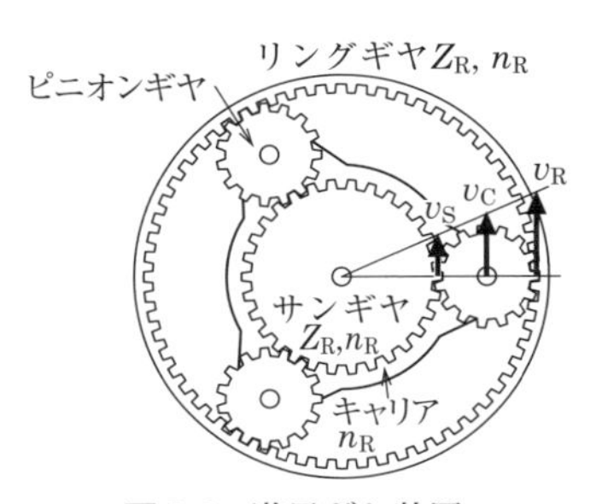

図 5.6 遊星ギヤ装置

つの要素を結合すると一体回転する。

①　減速比

遊星ギヤ装置の各要素の回転数と歯数の関係は，図5.6の1列の遊星ギヤ装置の場合に次式で表される。

$$Z_S \cdot n_S + Z_R \cdot n_R = (Z_S + Z_R) n_C \qquad (5.2)$$

Z_S；サンギヤの歯数，Z_R；リングギヤの歯数，n_R；リングギヤの回転数，n_S；サンギヤの回転数，n_C；キャリアの回転数

図5.7　ダブルピニオン遊星ギヤ装置

図5.7に示すダブルピニオン遊星ギヤ装置の場合は，次式のようになる。

$$Z_S \cdot n_S - Z_R \cdot n_R = (Z_S - Z_R) n_C \qquad (5.3)$$

遊星ギヤ装置の減速比 $Z_S/Z_R = \rho$ とすれば，表5.2のように表すことができる。

例えば，サンギヤを固定して，入力をリングギヤ，出力をキャリアとしたときの減速比 n_R/n_C は，式(5.2)において，$n_S = 0$ とおいて，次式のようにして求める。

$$Z_R \cdot n_R = (Z_S + Z_R) n_C \quad \therefore \frac{n_R}{n_C} = 1 + \frac{Z_S}{Z_R} = 1 + \rho \qquad (5.4)$$

表5.2　遊星ギヤ装置の減速比

(a) 遊星ギヤ装置

入力要素	出力要素	固定要素	減速比
リングギヤ	キャリア	サンギヤ	$\frac{n_R}{n_C} = 1 + \rho$
サンギヤ	リングギヤ	キャリア	$\frac{n_S}{n_R} = -\frac{1}{\rho}$
キャリア	サンギヤ	リングギヤ	$\frac{n_C}{n_S} = \frac{\rho}{1 + \rho}$

(b) ダブルピニオン遊星ギヤ装置

入力要素	出力要素	固定要素	減速比
リングギヤ	キャリア	サンギヤ	$\frac{n_R}{n_C} = 1 - \rho$
サンギヤ	リングギヤ	キャリア	$\frac{n_S}{n_R} = \frac{1}{\rho}$
キャリア	サンギヤ	リングギヤ	$\frac{n_C}{n_S} = \frac{\rho}{1 - \rho}$

同様に，キャリア固定，リングギヤ固定の場合も，$n_C = 0$，$n_R = 0$ とおいて求めることができる。

② 伝達効率

図 5.8 に示すように，遊星ギヤ装置のキャリアとピニオンギヤ回りのトルクの関係は，次式で表される。

$$T_C = T_R + T_S \tag{5.5}$$

T_S；サンギヤトルク，T_R；リングギヤトルク，T_C；キャリアトルク

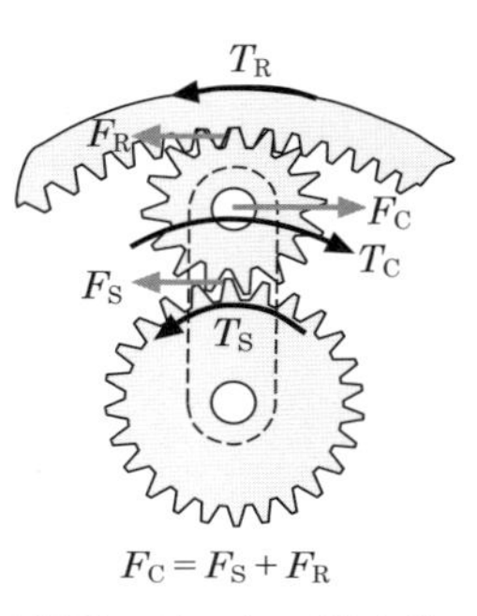

図 5.8　ピニオンギヤ回りのトルクの関係

キャリア固定，リングギヤ入力，サンギヤ出力の場合の効率を基準効率 η_0 とすると，

$$\eta_0 = \frac{T_S}{T_R} \cdot \frac{1}{\rho} \tag{5.6}$$

各組み合わせにおけるトルク伝達効率 η は，表 5.3 のように表すことができる。例えば，サンギヤを固定して，入力をリングギヤ，出力をキャリアとしたときの効率 η は，式 (5.5)，(5.6) より，次式のように求める。

$$\frac{T_C}{T_R} = 1 + \frac{T_S}{T_R} = 1 + \rho \cdot \eta_0 \tag{5.7}$$

$$\therefore \eta = \frac{T_C}{T_R} \cdot \frac{n_C}{n_R} = \frac{1 + \rho \cdot \eta_0}{1 + \rho} \tag{5.8}$$

このようにして，表 5.3 のトルク伝達効率の式が得られる。

③ 遊星ギヤ配列の基本構成

変速制御機に採用される遊星ギヤ配列の基本構成は，シンプソン式，ラビニヨ式，CR-CR 式が一般的でありよく用いられる。これらについてまとめたものが，表 5.4

表 5.3　遊星歯車装置の効率

入　力	出　　力	固定	トルク伝達効率	基準効率 η_0
リングギア	キャリア	サンギヤ	$\frac{1+\rho\eta_0}{1+\rho}$	$\frac{T_S}{T_R \cdot \rho}$
キャリア	サンギヤ	リングギヤ	$\frac{\eta_0(1+\rho)}{1+\rho\eta_0}$	$\frac{T_S}{T_R \cdot \rho}$
キャリア	リングギヤ	サンギヤ	$\frac{\eta_0(1+\rho)}{\eta_0+\rho}$	$\frac{T_R \cdot \rho}{T_S}$
サンギヤ	キャリア	リングギヤ	$\frac{\eta_0+\rho}{1+\rho}$	$\frac{T_R \cdot \rho}{T_S}$

表 5.4　遊星ギヤ配列の基本構成[3)]

基本構成名	構成の特徴	ギヤ配列
シンプソン式	2組の遊星ギヤ装置のそれぞれのサンギヤを結合すると共に，一方のリングギヤと他方のキャリアを結合したギヤ配列。	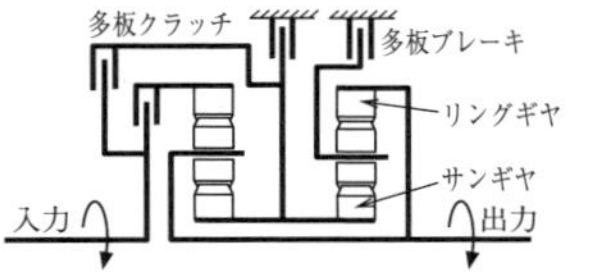
ラビニヨ式	1組の遊星ギヤ装置と1組のダブルピニオン遊星ギヤ装置のキャリアとリングギヤを共用したギヤ配列。軸方向の寸法が短く，構成要素が少ないのが特徴。	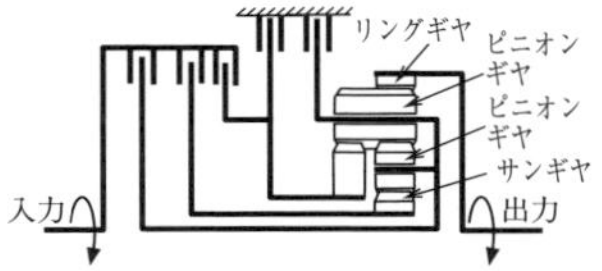
CR-CR 式	2組の遊星ギヤのキャリアとリングギヤをそれぞれ結合したギヤ配列。変速比が大きくとれるのが特徴。	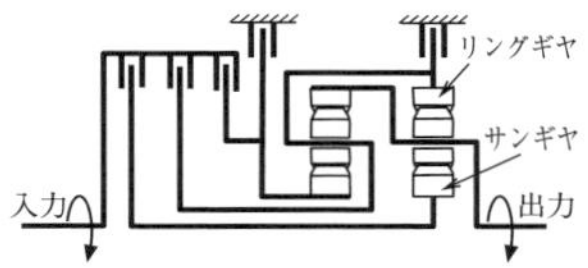

である。

(b)　平行軸ギヤ方式

平行軸ギヤ方式は，平行2軸，または3軸で常時かみ合う複数のギヤ列とこれらのギヤ列を選択的に結合して所望の減速比を得るクラッチなどから構成される。

各ギヤ列の減速比の設定は軸間距離に依存するので，ギヤ比設定の自由度が大きいことが特徴である。遊星ギヤ方式と比較すると軸方向に歯車列を複数段重ねるので軸長が長くなる。

(2)　自動変速機の実施例

自動変速機の具体例について，表5.4のシンプソン式のギヤ配列を応用した3速自動変速機を例に図5.9を用いて説明する。この図は，日産3N71B型の基本構成図であり，2組のクラッチ C_1，C_2 と2組のブレーキ B_1，B_2，1組のワンウェイクラッチFWからなり，1速の駆動時にワンウェイクラッチFWが反力要素として作用する。

(a)　1速のときの減速比

クラッチ C_1 とワンウェイクラッチFWをON作動，それ以外のクラッチとブレー

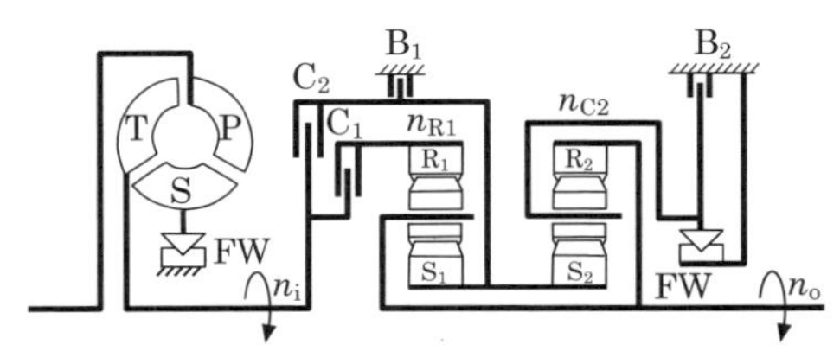

$\rho_1 = Z_{S1}/Z_{R1}$，$\rho_2 = Z_{S2}/Z_{R2}$

ギヤ	C_1	C_2	B_1	B_2	FW	減速比 $i = n_i/n_o$
1速	○			◎	○	$i_1 = 1+\rho_1+\rho_1/\rho_2$
2速	○		○			$i_2 = 1+\rho_1$
3速	○	○				$i_3 = 1$
後進		○		○		$i_r = -1/\rho_2$

○：作用　◎：エンジンブレーキ時に作用

図 5.9　シンプソンギヤ配列を応用した３速自動変速機 [2)]

キはフリーの状態である。このとき，式 (5.2) より，減速比 i_1 は，$n_{S1} = n_{S2} = n_S$，$n_{C2} = 0$ であるから，

$$Z_{S1} \cdot n_S + Z_{R1} \cdot n_i = (Z_{S1} + Z_{R1}) n_o \tag{5.9}$$

$$Z_{S2} \cdot n_S + Z_{R2} \cdot n_o = 0 \tag{5.10}$$

$$\therefore i_1 = \frac{n_i}{n_o} = 1 + \frac{Z_{S1}}{Z_{R1}} + \frac{Z_{S1}}{Z_{R1}} \frac{Z_{R2}}{Z_{S2}} = 1 + \rho_1 + \frac{\rho_1}{\rho_2} \tag{5.11}$$

が得られる。エンジンブレーキ時にブレーキ B_2 でキャリアを固定するのは，キャリア逆転時にワンウェイクラッチが効かないで逆転するのを防止するためである。

(b)　2 速のときの減速比

クラッチ C_1 とブレーキ B_1 を ON 作動，それ以外のクラッチとブレーキはフリーの状態である。このとき，式 (5.2) より，減速比 i_1 は，$n_{S1} = n_{S2} = 0$ であるから，

$$Z_{R1} \cdot n_i = (Z_{S1} + Z_{R1}) n_o \tag{5.12}$$

$$\therefore i_2 = \frac{n_i}{n_o} = 1 + \frac{Z_{S1}}{Z_{R1}} = 1 + \rho_1 \tag{5.13}$$

が得られる。

(c)　3 速のときの減速比

クラッチ C_1 と C_2 を ON 作動，それ以外はフリーの状態にする。このとき遊星ギヤ装置の 3 要素のうち，2 要素が結合され一体となって回転するので，減速比 i_3 は，

$$i_3 = 1 \tag{5.14}$$

である。

(d)　後進（リバース）のときの減速比

クラッチ C_2 とブレーキ B_2 を ON 作動，それ以外のクラッチとブレーキは，フリーの状態である。このとき。式 (5.2) より減速比 i_r を求める。$n_{S1} = n_{S2} = n_i$ であるから，

$$Z_{\mathrm{S2}} \cdot n_{\mathrm{i}} + Z_{\mathrm{R2}} \cdot n_{\mathrm{o}} = 0 \tag{5.15}$$

$$\therefore i_{\mathrm{r}} = \frac{n_{\mathrm{i}}}{n_{\mathrm{o}}} = -\frac{Z_{\mathrm{R2}}}{Z_{\mathrm{S2}}} = -\frac{1}{\rho_2} \tag{5.16}$$

である。以上の検討より，遊星ギヤ装置の3つの要素をクラッチとブレーキを用いて油圧制御で固定することにより，各種の減速比が構成できることが分かった。

(3)　電子変速制御機

電子変速制御機は，前進モード時にアクセルとブレーキ操作のみで変速動作を自動で行う装置であり，オイルポンプで発生させたライン圧を制御バルブで切り替えて各摩擦クラッチ要素へ送ることにより，変速やロックアップクラッチの制御などを行う。

図5.10に示すように車両速度やアクセル開度などを検出する各種センサにより，車両の走行状況（車両速度やエンジン負荷，運転者の意図（アクセル開度やセレクトレバー位置など））を電気信号に変換し，これらの情報をもとにマイクロコンピュータで，ライン圧制御，変速指令制御，変速ショック軽減制御，ロックアップクラッチ制御などをコントロールバルブを駆動して適宜行う。

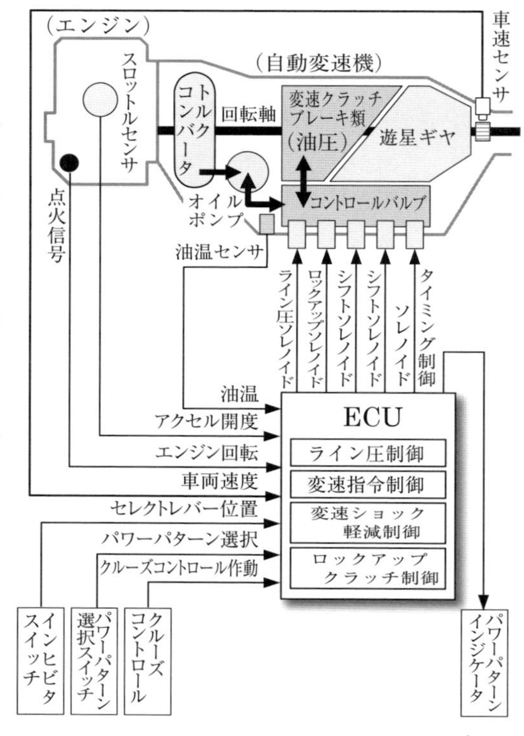

図5.10　電子制御自動変速機のシステム図[6)]

(a)　ライン圧制御

ライン圧は，変速機のトルク伝達に必要なクラッチ力や摩擦ブレーキ力を発生させる油圧回路の圧力である。スロットルセンサや車速センサなどの信号により，コントロールバルブで制御される。

(b)　変速指令制御

前進（ドライブ）モードを選択

すると，車両速度とスロットル開度（エンジン負荷）により，図 5.11 の自動変速線図に基づいて自動的に変速動作が行われる。

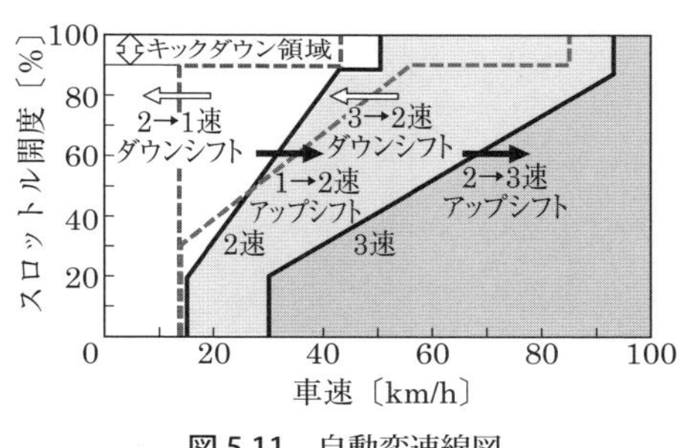

図 5.11 自動変速線図

自動変速線図は，低速ギヤから高速ギヤへの変速（アップシフト；実線）と高速ギヤから低速ギヤへの変速（ダウンシフト；破線）にヒステリシスを設け変速動作が同一車速で振動的にならないように配慮されている。

電子制御の特徴を生かして，前進（ドライブ）モード時は，動力性能重視や経済性重視，また登降路での走行性重視などの異なった特性の複数の変速モードを持ち，運転者が手動で切り替えるものや運転状況によって自動的に切り替えるものも実用化されている。

(c) 変速ショック軽減制御

変速時のショックを軽減して滑らかに制御するために，クラッチ係合時と解放時の変速前後であらかじめ設定された回転数差以下になるようにクラッチ油圧を制御したり，変速中の一定期間エンジントルクを下げるなどして変速ショックの低減を図っている。

(d) ロックアップクラッチ制御

トルクコンバータのポンプとタービンをロックアップクラッチで直結し，流体滑りをなくして駆動効率を向上させている。開発当初のものは「4 速」や「オーバードライブ」だけに付いていたが，その後，開発が進んで一定のスリップ回転数に収まるようにフィードバック制御する「全速ロックアップ」機構が実用化され，1 速からロックアップが可能になった。この制御により燃費性能を大幅に向上させている。

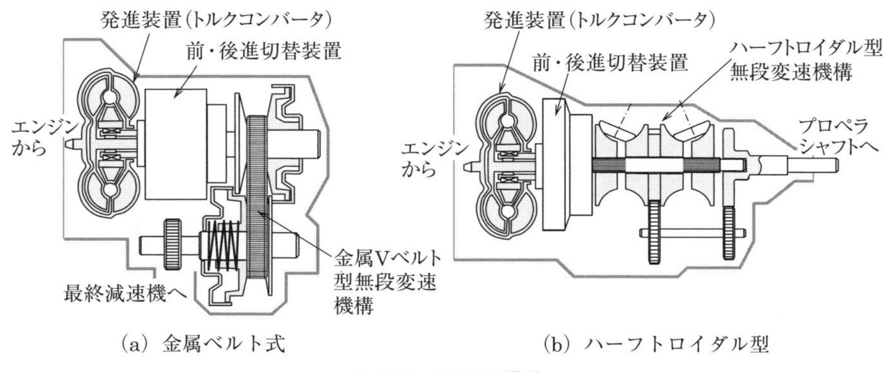

図 5.12　CVT の構造

5.5　無段変速機

無段変速機；CVT（Continuously Variable Transmission）は，変速が有段でなく無段階に行われる自動変速機である。現在までに2種類の形式が実用化されている。1つは，金属Vベルトを変速媒体として回転半径比を変える無段変速機構に発進装置と前・後進の切替機構を有する形式であり（図5.12(a)），もう1つは，ドーナツ状の半割溝を利用して回転半径比を変える無段変速機構(ハーフトロイダル型)に発進装置と前・後進切替機構を備える形式である（図5.12(b)）。発進装置と前・後進切替機構は，前述したようなロックアップ付きトルクコンバータと油圧クラッチ制御の遊星ギヤ装置である。

5.5.1　変速制御

変速比を変える制御は，図5.13に示すようにアクセル開度によって目標とする回転数が選択され，その回転数が車両速度に応じて一定に保たれる方法がとられる。アクセル開度をパラメータとして，エンジン回転数は，図中，N_1 から概ね N_2 までの間で制御され，ロー；Lとオ

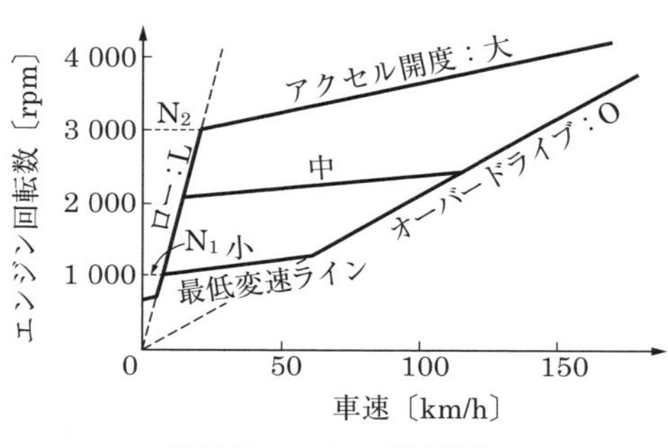

図 5.13　CVT の変速特性

ーバードライブ；O は，CVT が取りうる最小・最大変速比を示し，L/O をレシオカバレイジ（Ratio coverage）といい，MT，AT，CVT で，4.5 ～ 10 ぐらいの値のものが実用化されている。

5.5.2　CVT の変速力学

（1）　金属ベルトの場合

金属ベルト CVT は，図 5.14 に示すように，金属ベルトがドライブとドリブンの 2 つのプーリー間に掛け渡され，油圧押付力によって溝幅を変えることによって半径比（r_0/r_i）を変えて減速比を変える。この金属ベルトは，図 5.14(b) に示すように数百個の V 角（22°）を持つ 2mm 程度の薄い鋼製エレメントと，それを両側から 2 組の 10 枚程度の薄い鋼製積層リングを挟み付けて可撓性を持たせている。

プーリーの V 字型の溝は，エレメントの側面の角度に合う傾斜面を持っており，リングの張力によりエレメントを傾けずに正確にプーリーに押し付け，1 つ 1 つのエレメントがその前の位置のエレメントを押してプーリーとの摩擦力で動力を伝えている。普通のゴム V ベルトが引張り力で動力を伝達しているのに対して，この金属ベルトは 1 つ 1 つのエレメントを押しながら伝達しているのが特徴である。

（2）　トラクションドライブ式，ハーフトロイダル形の場合

ドーナツ溝のハーフトロイダル（Half toroidal）形 CVT は，図 5.15(a) に示すパワーローラとディスク間に特殊なオイルを供給し油膜を形成させディスクとローラ間の微妙な滑りで発生する油膜のせん断(トラクション)力によりトルクを伝達する。

変速するときには，図 5.15(b) に示すように，パワーローラを上，または下にオ

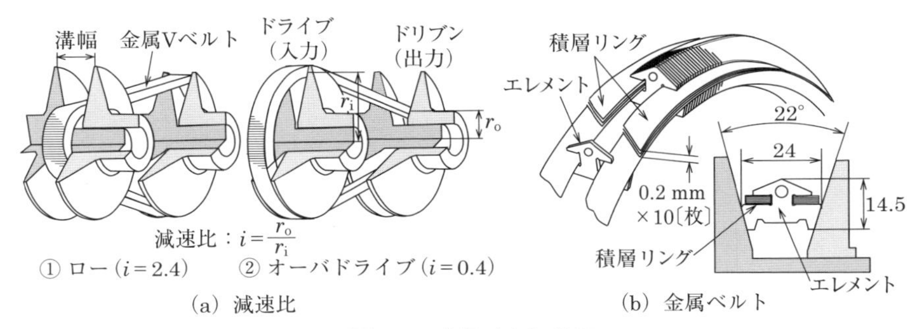

(a) 減速比　(b) 金属ベルト

図 5.14　金属ベルト CVT

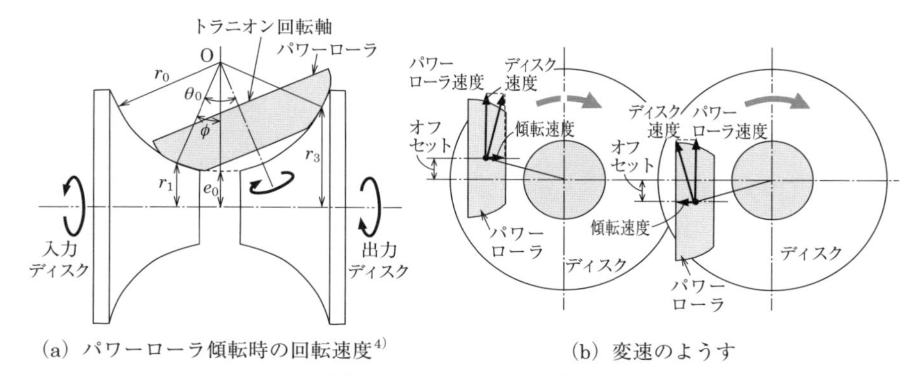

(a) パワーローラ傾転時の回転速度[4]　　(b) 変速のようす

図 5.15　ハーフトロイダル型 CVT

フセットさせることにより，パワーローラとディスクの接触点で生じる回転方向の速度差（傾転速度）が，傾転方向にトラクション力を発生させ，パワーローラを傾転させる。その結果，パワーローラと入力ディスク，出力ディスクとの接点の回転半径比 r_3/r_1 が変化することにより，減速比が変わる。

変速比と伝達トルクは，それぞれ次式のように与えられる。

$$\text{変速比；}\frac{r_3}{r_1} \tag{5.17}$$

$$r_1 = r_0(1+\kappa_0 - \cos\phi) \tag{5.18}$$

$$r_3 = r_0\big[(1+\kappa_0 - \cos(2\theta_0 - \phi)\big] \tag{5.19}$$

$\kappa_0 = e_0/r_0$，ϕ；接触角，θ_0；パワーローラ角

$$\text{伝達トルク；}M = r_1 \cdot \mu_1 \cdot F_C \tag{5.20}$$

μ_1；トラクション係数（0.06 ～ 0.10），F_C；押し付け力

伝達トルクは，押し付け力に比例することから，大きい駆動トルクを伝達するには，大きい押し付け力を保持する技術が重要である。

5.6　動力分配装置

5.6.1　差動装置

図 5.16 に示すように自動車が旋回するときに，内側の車輪と外側の車輪，前輪と後輪では通過する回転軌跡が異なる。内輪と外輪の回転差を許容して，それらに

駆動力を等しく伝達する装置が差動装置（ディファレンシャル；Differential gear，デフ）である。特に前輪と後輪の軌跡の差を内輪差という。

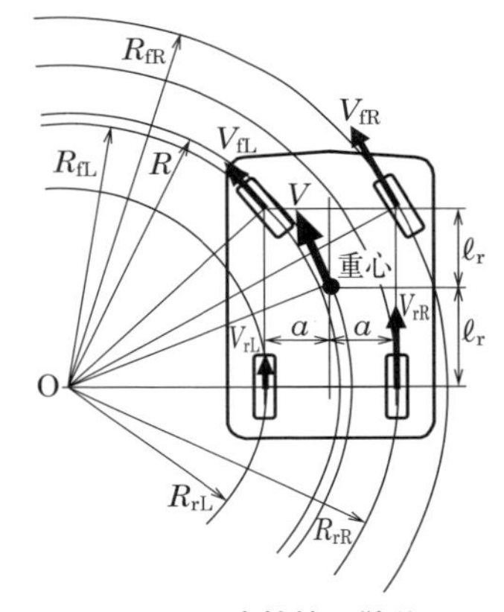

図 5.16　内輪差の説明

$$V_{fR} = R_{fR} \cdot \omega = \frac{R_{fR}}{R} V = 2\pi \cdot r_T \cdot n_{fR} \quad (5.21)$$

$$V_{fL} = R_{fL} \cdot \omega = \frac{R_{fL}}{R} V = 2\pi \cdot r_T \cdot n_{fL} \quad (5.22)$$

$$V_{rR} = R_{rR} \cdot \omega = \frac{R_{rR}}{R} V = 2\pi \cdot r_T \cdot n_{rR} \quad (5.23)$$

$$V_{rL} = R_{rL} \cdot \omega = \frac{R_{rL}}{R} V = 2\pi \cdot r_T \cdot n_{rL} \quad (5.24)$$

R_{fR}，R_{fL}，R_{rR}，R_{rL}；各タイヤ位置における旋回半径〔m〕，ω；旋回時の角速度〔rad/s〕，R；重心位置での旋回半径〔m〕，r_T；タイヤ回転半径〔m〕，n_{fR}，n_{fL}，n_{rR}，n_{rL}；各タイヤの回転速度〔rps〕

車両が，図のように一定の速度 V で，円旋回している場合を考える。それぞれの車輪位置での旋回角速度 ω は等しいので，それぞれの車輪の旋回速度 V_{fR}，V_{fL}，V_{rR}，V_{rL} は，式 (5.21)～(5.24) で表される。

したがって，前輪の速度差 $\varDelta V_f$ と後輪の速度差 $\varDelta V_r$ は，次式のようになる。

$$\varDelta V_f = V_{fR} - V_{fL} = \left(R_{fR} - R_{fL}\right)\frac{V}{R} = 2\pi \cdot r_T \left(n_{fR} - n_{fL}\right) \quad (5.25)$$

$$\varDelta V_r = V_{rR} - V_{rL} = \left(R_{rR} - R_{rL}\right)\frac{V}{R} = 2\pi \cdot r_T \left(n_{rR} - n_{rL}\right) \quad (5.26)$$

式 (5.25)，(5.26) より，旋回中の自動車は，旋回半径差 $(R_{fR} - R_{fL})$，$(R_{rR} - R_{rL})$ に比例した回転数差 $(n_{fR} - n_{fL})$，$(n_{rR} - n_{rL})$ を生じるので，これを許容してエンジンやモータからの駆動力を車輪へ等しく伝達する機構が必要である。この機構が差動装置である。

5.6.2　差動装置の作動原理

図 5.17 に示す差動装置のケースに設けられる入力ギヤの回転数を N_C，トルクを T_C，左サイドギヤの回転数を N_L，トルクを T_L，右サイドギヤの回転数を N_R，トルクを T_R，左右回転数差を $\varDelta N$ とすると，

$$N_{\mathrm{R}} - N_{\mathrm{L}} = \Delta N \tag{5.27}$$

$$N_{\mathrm{C}} = \frac{N_{\mathrm{R}} + N_{\mathrm{L}}}{2} \tag{5.28}$$

$$T_{\mathrm{R}} = T_{\mathrm{L}} = \frac{T_{\mathrm{C}}}{2} \tag{5.29}$$

であるから，

$$N_{\mathrm{R}} = N_{\mathrm{C}} + \frac{\Delta N}{2} \tag{5.30}$$

$$N_{\mathrm{L}} = N_{\mathrm{C}} - \frac{\Delta N}{2} \tag{5.31}$$

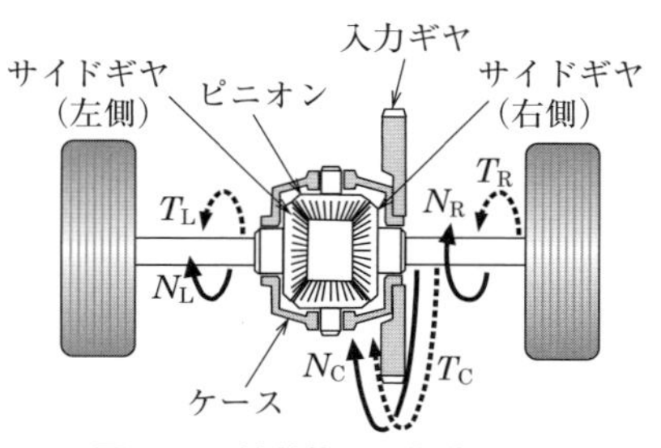

図 5.17　差動装置の作動原理

の関係式が得られる。式 (5.30)，(5.31) より，ピニオンの自転により右サイドギヤの回転数が増加した分だけ左サイドギヤの回転数は減少することが分かる。

5.6.3　リミッテッドスリップデフ

普通のデフの場合，内輪が空転したときは，式 (5.29) より，$T_{\mathrm{L}} = T_{\mathrm{R}} = 0$ となり外輪に駆動力は伝達されない。デフは，旋回時の内外輪回転速度差を許容し駆動トルクを均等配分して曲りやすくする装置であるが，スポーツ走行で内輪が浮く，雪上走行で1輪が滑るなどの場面で1輪がグリップを失うと，駆動トルクが伝達できず前進できなくなる。このような走行場面では，差動装置をロックさせて左右駆動輪を一体駆動するような制限装置が必要になる。その装置が LSD（Limited-Slip Differential；リミッテッドスリップデフ）である。

LSD には，負荷に応じて制限トルクが増大するトルク感応式，回転速度差に応じて制限トルクを増大する回転数差感応式，およびこれらの2つの方式を組み合わせたハイブリッド式がある。

(1)　トルク感応式 LSD

図 5.18 に示すようにトルク感応式 LSD は，ピニオンシャフトがケースに固定されておらず，2分割された圧力リング A，B に挟まれ，ピニオンシャフト六角部と圧力リング A，B のカム部が接触している。左右の圧力リング A，B 内面にサイドギヤの背面が，また圧力リングの背面とケースの間に湿式クラッチ板が交互に4枚挟み込むように設けられる。一方のクラッチ板をケース，他方をサイドギヤ背面にそれぞれスプラインでかみ合せ，板バネで与圧して湿式多板クラッチを形成している。

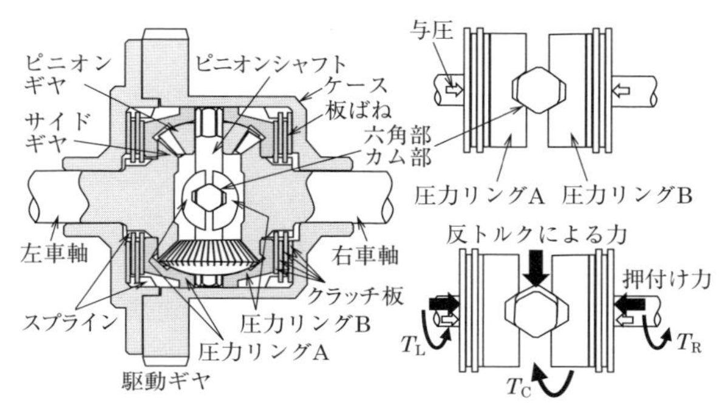

図 5.18　トルク感応式 LSD の構造と動作原理

駆動時には，図 5.18 の右下図のように路面抵抗の反トルクによる力により，ピニオンシャフト六角部がクサビ効果によって圧力リング A, B のカム部を押し広げ，ケース側に押し付けてクラッチ摩擦力を発生させる。この駆動トルクに応じた摩擦力により，内外車輪の差動回転動作を制限する。すなわち駆動トルクが大きいほど，差動回転動作に必要な駆動トルクが大きくなる仕組みである。このとき，内外車輪のトルク配分比（高トルク/低トルク）を「トルクバイアス比」といい，この値を大きく設定すると，グリップのある方のタイヤ（外輪）を生かし大きなトラクションを与えられる。

低摩擦路で一方の車軸が空転したときには，板バネの与圧により差動回転動作を制限して駆動トルクを車輪に作用させる。これらのように六角部とカム部形状のクサビ効果により圧力リングの押付け力が駆動トルクに比例することから，トルク感応型と呼ばれる。トルクバイアス比と与圧（差動回転動作のイニシャルトルク）の代表値を，表 5.5 に示す。

(2)　回転数差感応式（ビスカスカップリング式）LSD

回転数差感応式 LSD は，図 5.19 に示すように，左右車軸間に，差動装置とシリコンオイルの密閉されたビスカス室を設け，その中に複数の内プレートと外プレー

表 5.5　トルク感応式 LSD の設定値

与圧（イニシャルトルク）〔Nm〕	トルクバイアス比
40 ～ 50	2 ～ 3（一般車）
	4 ～ 5（スポーツ車）

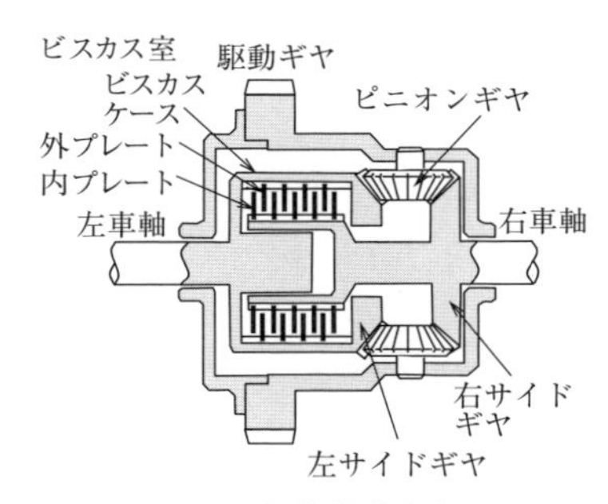

図 5.19　回転数差感応式 LSD

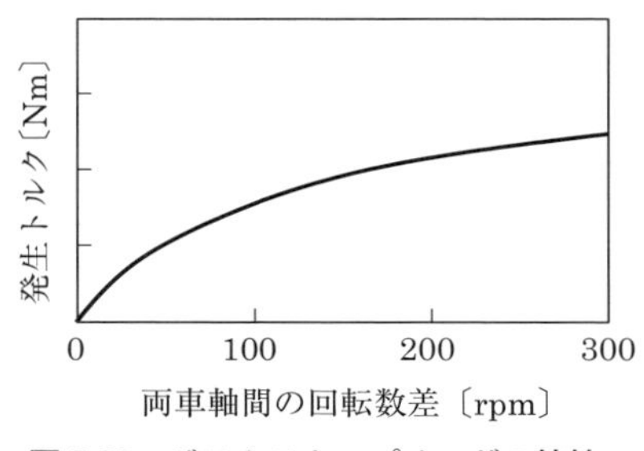

図 5.20　ビスカスカップリングの特性

トが交互に重ねられ収納されている。内プレートは右車軸の筒部に，外プレートは左車軸のビスカスケースにスプライン噛合される。

左右車軸間に回転速度差が発生すると，内・外プレートがシリコンオイルをせん断し粘性トルクを発生する（図 5.20）。そして片輪が空転すると，せん断による粘性抵抗の摩擦熱でオイルが発熱し，プレート間のオイルが縮少してプレートどうしが貼り付き，摩擦トルクが発生する「ハンプ現象（Hump phenomenon，図 5.21）」により，差動装置を効かなくする。このようにして，左右両車軸の回転数に感応して差動回転動作を制限する。

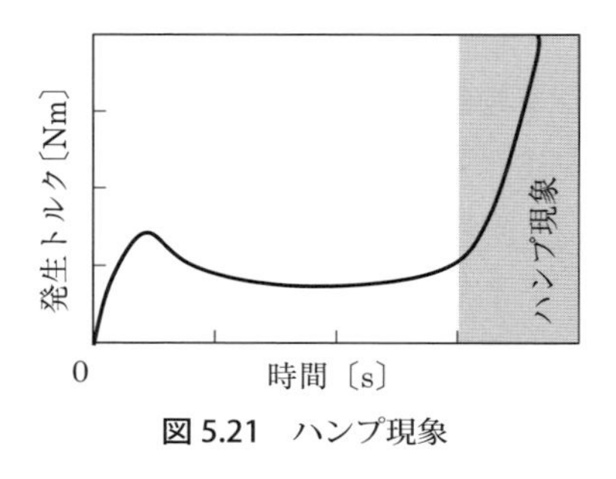

図 5.21　ハンプ現象

(3)　ハイブリッド式 LSD

ハイブリッド式 LSD は，回転数差感応式のビスカスカップリングと，トルク差感応式を組み合わせたものである。特徴は，差動装置にヘリカルギヤを用いて，駆動トルクにより発生した推力を利用しヘリカルギヤ端面をビスカスカップリングに押し付け，摩擦と粘性により差動装置を制限したことである。ビスカスカップリングのハンプ現象も利用して，左右両車軸の差動動作を制限し駆動トルクを伝達する。

(4)　アクティブ制御式 LSD

アクティブ制御式 LSD は，電磁クラッチを使って電子制御により差動回転を制限するもので，スリップ状態を正確に検出してきめ細かな制御を可能にする。

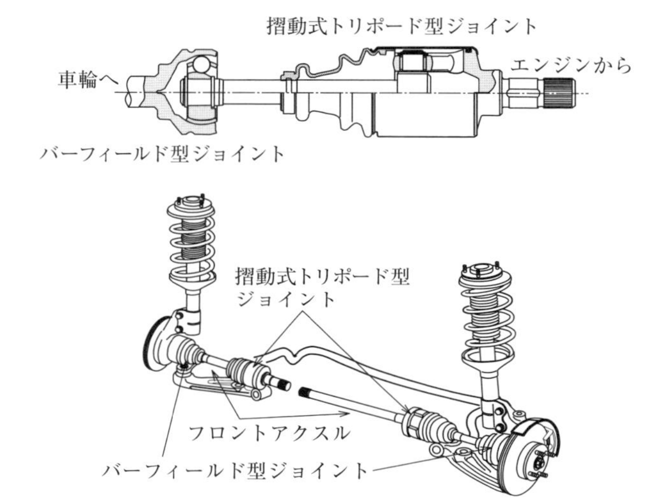

図 5.22　ドライブシャフトの搭載状態 [5)]

5.7　ドライブシャフト（アクスルシャフト）

図 5.1，図 5.22 に示すようにドライブシャフトは，走行時にサスペンションに懸架され上下動する車輪を駆動するために，2 か所で屈曲させるジョイントを有している。これらのジョイントは，等速ジョイントを用い，車輪側に固定型のバーフィールド型ジョイント（ボールジョイント）とデフ側に伸縮可能な摺動式のトリポード型を組み合わせる。FF 車のフロントアクスルは，車輪が操舵入力を受けるので操舵と共に伸縮しながら大きく屈曲可能な構造が採用される。

5.7.1　等速ジョイントの基本原理

等速伝達の条件は，入出力軸間の動力伝達点が入出力軸の 2 等分面に維持されることである。図 5.23 のように，入・出力軸の回転角速度を ω_i，ω_o とすると，動力伝達点の瞬間的な速度は等しいから，次式が成り立つ。

$$r_1 \cdot \omega_\mathrm{i} = r_2 \cdot \omega_\mathrm{o} \tag{5.32}$$

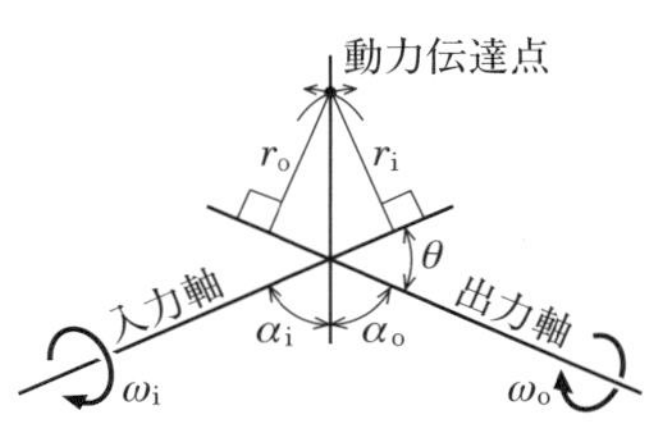

図 5.23　等速ジョイントの基本原理

等速伝達のためには，$\omega_\mathrm{i} = \omega_\mathrm{o}$ であるから，$r_\mathrm{i} = r_\mathrm{o}$

すなわち，

$$\alpha_1 = \alpha_2 \tag{5.33}$$

となるように配置することが必要十分条件である。

5.7.2　バーフィールド型ジョイント（ボールジョイント）

図5.24は，構造を示す。6個のボールとボール溝により揺動を許容して回転トルクを伝達する。内外輪のボール溝中心B，Aを，ジョイントの角度中心Oに対して反対方向に等距離だけオフセットさせて入出力軸の2等分面上に配置し等速性を保つ。この構造の特徴は，大きな屈曲角がとれることである。

5.7.3　摺動式トリポード型ジョイント

摺動式トリポード型ジョイントは，図5.25に示すように，軸方向の伸縮と揺動を許容しつつ等速で回転を伝達する。

ハウジングの内側にチューリップ状のローラ溝が設けられ，その中をトリポードのローラが転動しながら摺動して伸縮を自在に許容する。等速を保つ配置構造は，

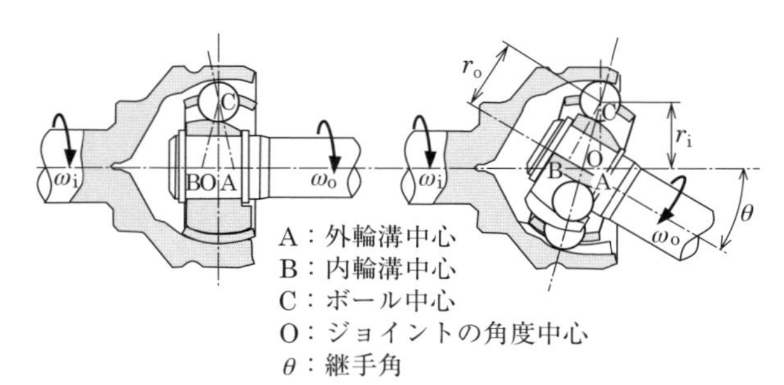

図5.24　バーフィールド型ジョイント[5)]

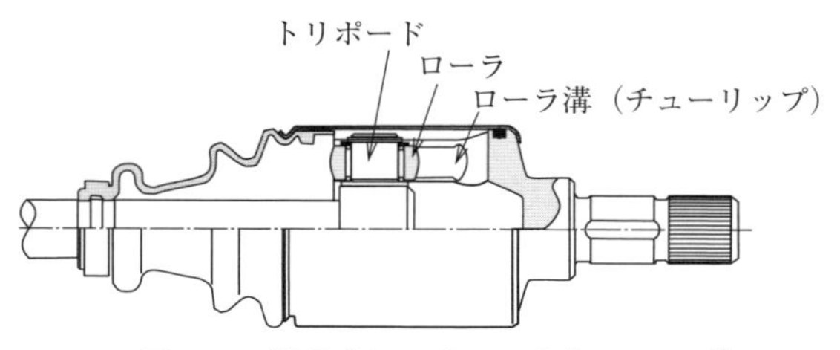

図5.25　摺動式トリポード型ジョイント[5)]

バーフィールド型と同様である。

5.8　4輪駆動装置

4輪駆動装置；4WD（Four-Wheel Drive）は，4輪にそれぞれ駆動力を伝達することにより，登坂路や雪上・悪路・砂地などの場面でグリップを確保して走破性を向上させる装置である。エンジンからの駆動力を4輪に分配する機能と旋回時の前後輪の回転差を吸収させる機能を備えている。

5.8.1　登坂性能

FF，FR，4WD車の登坂性能を比較するために，図5.26に示すような勾配を登坂する車両の駆動伝達力 F_T を求める。ただし，転がり抵抗は無視できるくらい小さいものとする。計算結果を図5.27に示す（路面タイヤ間の摩擦係数は，$\mu=0.2$）。

(1)　FF車の場合；$\boldsymbol{F_{TFF}}$

$$W_f' = W_f \cdot \cos\theta - W \cdot \frac{h}{\ell} \cdot \sin\theta \quad (5.34)$$

$$F_{TFF} = F_f = \mu \cdot W_f' \quad (5.35)$$

(2)　FR車の場合；$\boldsymbol{F_{TFR}}$

$$W_r' = W_r \cdot \cos\theta + W \cdot \frac{h}{\ell} \cdot \sin\theta \quad (5.36)$$

$$F_{TFR} = F_r = \mu \cdot W_r' \quad (5.37)$$

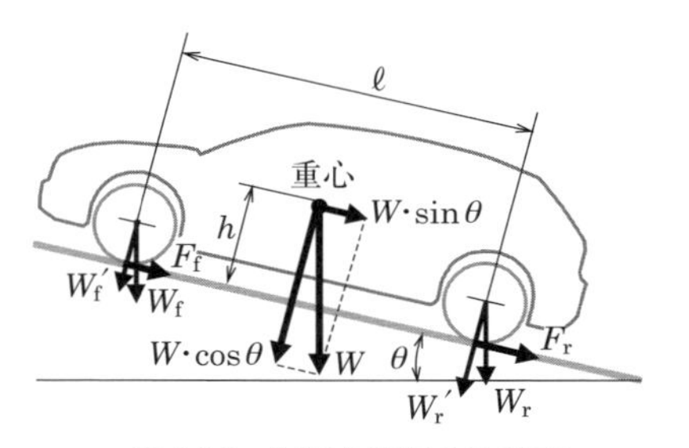

図5.26　勾配を登坂する車両

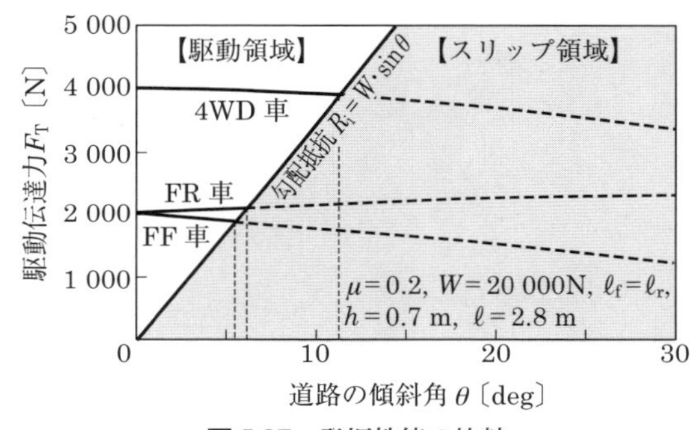

図5.27　登坂性能の比較

(3)　4WD の場合；F_{T4WD}

$$F_{T4WD} = F_f + F_r = \mu \cdot W \cdot \cos\theta \qquad (5.38)$$

W；自動車総重量〔N〕，W_f'；前輪路面垂直荷重〔N〕，W_f；前輪荷重〔N〕，W_r'；後輪路面垂直荷重〔N〕，W_r；後輪荷重〔N〕，ℓ；ホイールベース〔m〕，h；重心高〔m〕，μ；路面タイヤ間の摩擦係数，θ：道路の傾斜角〔deg〕，

5. 8. 2　基本形式と特徴

4WD の基本型式は，通常 2WD で必要時に 4WD に切り替えるパートタイム方式，常時 4WD のフルタイム方式，および FF 方式の後輪をモータで駆動する方式に分類できる。これらについて説明する。

(1)　パートタイム方式

この方式の前後輪は，プロペラシャフトにより直結状態になるので直結式 4WD ともいう。タイトコーナでは，前後輪の内輪差により旋回半径は前輪より後輪の方が小さくなり，前後輪が同一回転数で走行しようとすると，前輪が後輪を引っ張ろうとしてブレーキが掛かった状態になり，「タイトコーナブレーキ現象」が発生する。これに対応するために，前後輪間のプロペラシャフト中にビスカスカップリング（図 5.28(a)）や電磁多板クラッチなどを設けて回転差を与える必要がある。

(2)　フルタイム方式

フルタイム方式は，前後輪の回転数差を吸収しながら，駆動力を 4 輪に常時伝達する方式なので，前後輪間のプロペラシャフトの途中に差動装置（図 5.28(b)）を

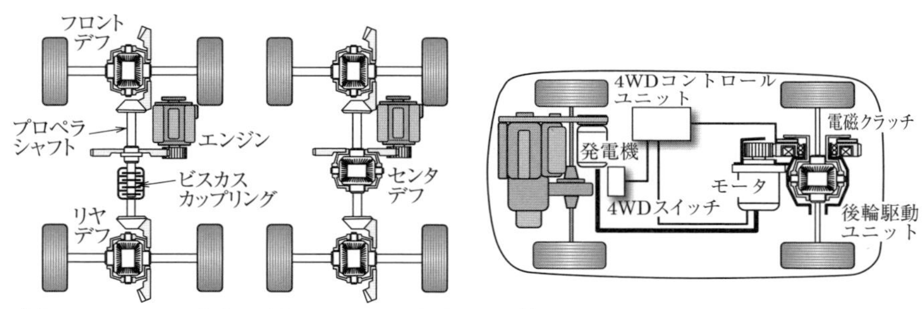

(a) パートタイム方式　(b) フルタイム方式　(c) フロントエンジン/リヤ電動方式

図 5.28　4WD の型式

設けている。だからタイトコーナブレーキ現象は発生しない。空転時のトルク抜けは，LSD で対応する。

(3) フロントエンジン/リヤ電動方式

この方式の 4WD は，図 5.28(c) に示すように通常走行時には後車軸駆動用モータを電磁クラッチで OFF し前輪駆動（FF）で走行する。スイッチで 4WD を選択すると，電磁クラッチを ON して後輪モータと合わせて 4WD 走行を可能にする。

プロペラシャフトやセンタデフなどの機械要素が不要なので車室内を広くとれる。またブレーキ作動時には，電磁クラッチを ON すれば回生制動も可能な省動力型である。さらに後輪用モータ（インホイールモータ）を左右独立で駆動制御すればヨーイングモーメント制御も可能である。

5.9 駆動力によるヨーイングモーメント制御

この制御は，左右輪に駆動力差を設け，車両自体に曲がろうとする回転力（ヨーイングモーメント）を与える制御である。旋回時にコンピュータが車両走行状況を判断し，内部に 2 つの異なる回転速度を作り出す増・減速ギヤと，左・右輪用クラッチを組み込んだトルクトランスファデフを設け，左右輪に適切に駆動力を配分する。コーナ外側の車輪を内側より速く回転させるように配分すると，自動車が自分で旋回する。

上手に配分を制御できると 4 輪のタイヤ負担を均等化し，エンジン出力を抑えることなく車両の操縦性と安定性を高めることができる。4WD や FF のようなアンダーステアの強い車両では有効な装備であるが，あまり効かせ過ぎるとリヤタイヤのグリップが旋回スピードに負けてスピンしてしまう。このときの速度は，限界を超えているので制御は難しい。

演習問題

問題1　FF方式が，最も普及している理由を述べなさい。またFF方式の課題についても説明しなさい。

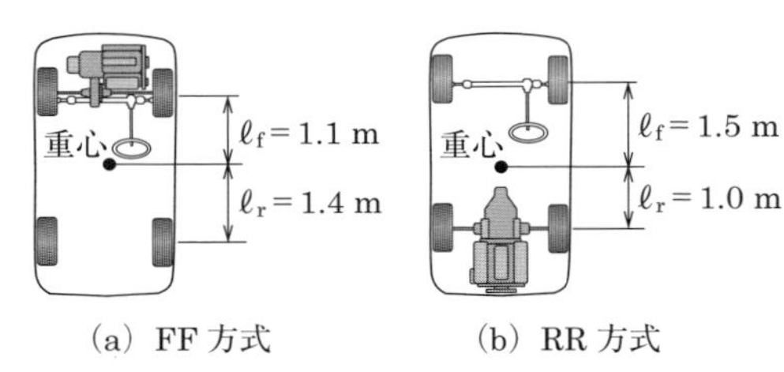

(a) FF方式　　(b) RR方式

図5.29

問題2　図5.29のようなFF方式と，RR方式の車両のそれぞれの前輪2輪と後輪2輪にかかる荷重を求めよ。車両質量は，共に質量1000kgとする。

（答え；FF方式 $W_f = 5490$〔N〕，$W_r = 4320$〔N〕，
RR方式 $W_f = 3920$〔N〕，$W_r = 5890$〔N〕）

問題3　半クラッチとは，どういう状態か，またどういう場面で使うのか，説明しなさい。

問題4　シンクロナイザは，どういうときに，どのように作動するものか，説明しなさい。

問題5　キャリア入力，サンギヤ出力，リングギヤ固定の場合の遊星車装置の変速比の式を導出しなさい。

問題6　シンプソン式歯車列を用いた3速自動変速機において，$Z_{S1} = 39$，$Z_{R1} = 75$，$Z_{S1} = Z_{S2}$，$Z_{R1} = Z_{R2}$ のときの1速，2速，後進時の減速比を求めよ。

（答え；$i_1 = 2.52$，$i_2 = 1,52$，$i_r = -1.92$）

問題7　自動変速線図で，車速とスロットルバルブ開度との間にヒステリシスを設けている理由を述べなさい。

問題8　図5.11においてスロットル開度60％一定で加速したとき，2速から3速にシフトアップする車速は，何〔km/h〕か求めよ。

（答え；約65〔km/h〕）

問題9　車速10km/h一定，半径（重心位置）6mで旋回中のときに，前後輪の内外輪のタイヤの回転数差を求めよ。ただし，トレッドは，1.6m，タイヤの有効回転半径は，0.3m，$\ell_f = 1.1$〔m〕，$\ell_r = 1.5$〔m〕で，タイヤのスリップはないものとする。

（答え；前輪の回転数差23.1〔rpm〕，後輪の回転数差22.9〔rpm〕）

問題10　路面タイヤ間の摩擦係数；$\mu = 0.3$ のとき，$W = 20000$〔N〕，$\ell_f = \ell_r = 1.4$〔m〕，$h = 0.7$〔m〕の自動車が登坂可能な傾斜角を求めよ。

(1)　FF車の場合　　(2)　FR車の場合　　(3)　4WD車の場合

（答え；(1)　7.9〔deg〕，(2)　9.2〔deg〕，(3)　16.7〔deg〕）

第6章

ブレーキ装置と応用電子制御システム

ブレーキ装置の歴史は，自動車の歴史と共に始まり駆動力により発生させた運動を減速させて自動車の速度を制御する装置として発展してきた。しかし近年では，電子制御技術を取り込んで，アンチロックブレーキシステム；ABS（Antilock Brake System），電子ブレーキ力配分装置；EBD（Electronic Brake force Distribution System），トラクションコントロールシステム；TCS（Traction Control System）などのような4輪独立スリップ率制御装置や，ビークルスタビリティコントロールシステム；VSCS（Vehicle Stability Control System）などのようなヨーモメント制御装置，さらに障害物を識別して自動ブレーキをかける装置などが実用化され予防安全技術の中核を担っている。

そこで本章では，ブレーキの基本的な部分を説明した後で，進歩が著しい電子制御ブレーキについて説明する。

6.1　ブレーキ装置の基本技術

ブレーキ装置は，図6.1に示すようにブレーキ力を発生させ車両の運動エネルギーを熱エネルギーに変換し消費させることにより車両を減速・停止させる主ブレーキ装置（①～⑧）と，駐車中に車両が動き出さないように止めておくパーキングブレーキ装置⑨で構成されている。

6.1.1　主ブレーキ装置の基本構成

ブレーキ操作時の運転者の踏力は，ブレーキペダル①によりレバー比を乗じた力で倍力（アシスト）装置②に伝達され，エンジン負圧を利用して倍力される（負圧サーボ機構）。この倍力された力は，マスタシリンダ③で液圧に変換され液圧制御

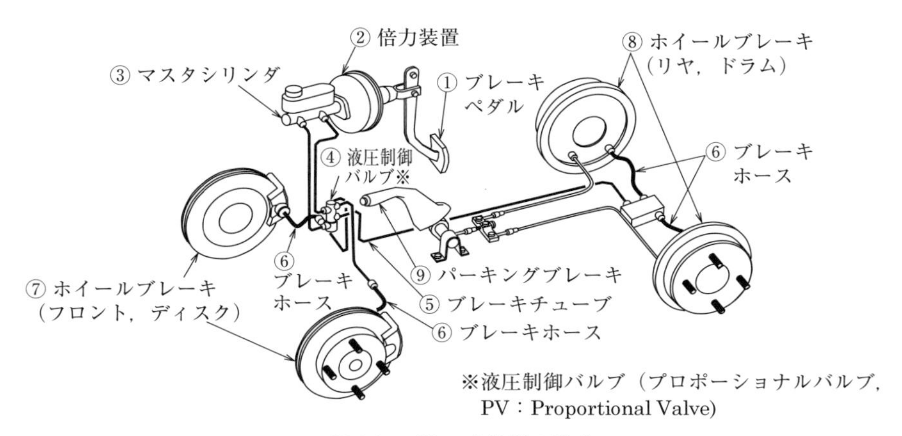

図 6.1　ブレーキ装置の構成

バルブ④に圧送される。この制御バルブ④は，液圧を前後輪に分配し，ブレーキチューブ⑤，ブレーキホース⑥を介して前後輪のホイールブレーキ⑦，⑧に圧送し，ここで摩擦力（ブレーキ力）を発生させて車両の制動を行う。液圧制御バルブ④は，液圧油を前輪と後輪に分割し，後輪の液圧を前輪より減圧して供給することにより後輪ロックを前輪より遅らせ，ブレーキ時の安定性を確保している。

ペダルからの踏力を液圧に変換すると，「パスカルの原理」が利用できる。この原理に従って液体の一部に圧力を加えると，その圧力は液体内の全ての部分に同じ大きさで伝わるという性質をマスタシリンダやホイールブレーキのピストンを使って応用したのがブレーキ装置である。

(1)　配管方式

ブレーキ系失陥時の安全性を確保するために，構造上で2系統のブレーキシステムを用いることが，国内はもとより世界各国の法規制で定められている。一般的にはマスタシリンダをタンデム型（2系統）にすることにより要求を満たしている。

ブレーキシステムを2系統化する方法としては，1系統失陥時にブレーキ力を，できるだけ正常時の50％を確保することが必要であるので，FR車の場合には，前・後輪への重量配分が，50：50に近い特性を利用して，図6.2(a)に示すような前・後輪に分割するという構造上簡単な前後分割配管方式がとられている。しかしFF車のように，前輪に重量が集中し後輪が軽い車両の場合には，前輪のブレーキ系統

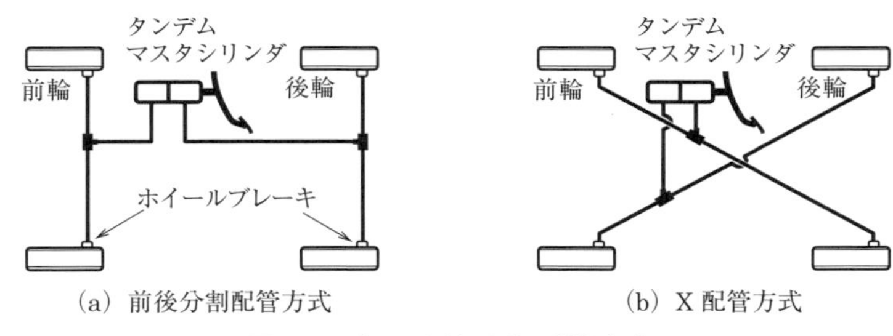

(a) 前後分割配管方式　　(b) X 配管方式

図 6.2　ブレーキ液圧系の配管方式

失陥時に充分なブレーキ力を得られにくいので，図 6.2(b) に示すような対角各 1 輪の X 配管方式が用いられる。

(2)　マスタシリンダ

マスタシリンダ（Master Cylinder）は，図 6.3 に示すように，運転者からブレーキペダルを介して入力機構に加えられた踏力を液圧に変換するピストンシリンダと，ブレーキ液を貯蔵するリザーバより構成される。ピストンシリンダとリザーバは 2 系統設けられ，仮に 1 系統が失陥してもブレーキ機能が確保できるように設計されている。

プライマリとセカンダリのピストンが直列に配置され独立したマスタシリンダと

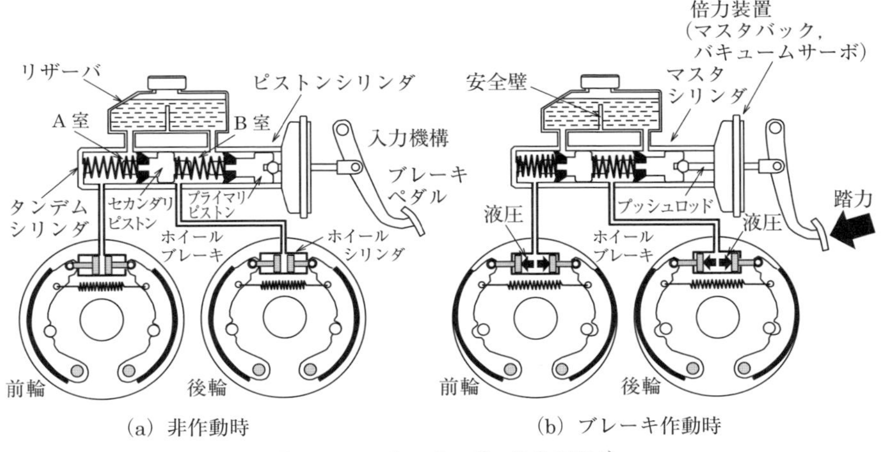

(a) 非作動時　　(b) ブレーキ作動時

図 6.3　マスタシリンダの作動説明 [1)]

して機能するタンデムシリンダ構造化と，リザーバ中央に安全壁が立てられ独立したタンクとして機能する構造により，2系統が独立して機能するように工夫されている。

(3)　ホイールブレーキ

ブレーキ装置は，車両の持つ運動エネルギーを摩擦によりブレーキ力を発生させ熱エネルギーに変換し消費させることにより車両を停止させる装置である。運動エネルギー E_d は，自動車の質量を m，走行速度を V とすると，

$$E_\mathrm{d} = \frac{1}{2} m \cdot V^2 \tag{6.1}$$

であるから，質量と車両速度の2乗に比例したホイールブレーキの熱容量が必要となり，安定した効きを得るためには熱容量に見合う冷却性能を備えることが重要である。

ホイールブレーキ（Wheel brake）は，ディスクブレーキとドラムブレーキに大別できる。ディスクブレーキは，ドラムブレーキに比べて冷却性に優れ熱容量が大きいので効きが安定し，片効きによるハンドル取られが少ない。またフェード現象（発熱により摩擦係数が低下し効きが低下する現象，さらに進行してブレーキ液が沸騰するとブレーキ力を失うペーパーロック現象）に至るまでのタフネスも大きいので，乗用車の前輪や高級車・スポーツカーの4輪に採用されている。

ドラムブレーキは，ライニング（摩擦材）が自分でドラムに食いつく「自己サーボ機構」により大きなブレーキ効力が得られるので，最高速度が乗用車よりも低い（熱容量が小さくてもよい）バスやトラックなどの重い車両に用いられる。

(a)　ディスクブレーキ

図6.4に示すようにディスクブレーキ（Disk brake）は，車輪が固定されるハブと一体に回転するディスクロータに，サスペンションのナックル（図示されない）に固定されるブレーキキャリパが嵌装（かんそう）される。図中のキャリパは，一部半透明化されディスクロータを挟むブレーキパッドとブレーキピストンが見える。その断面を見ると，図6.4(b)のようにブレーキペダル踏力により変換された圧液は，ブレーキピストンに圧送され，ブレーキキャリパ内のブレーキパッドをディスクロータに押し付け，摩擦による制動力を発生させる。ディスクロータは，図6.4(c)に示すように，放熱のために2枚のディスクを合わせその隙間に放射状のフィンを設けて

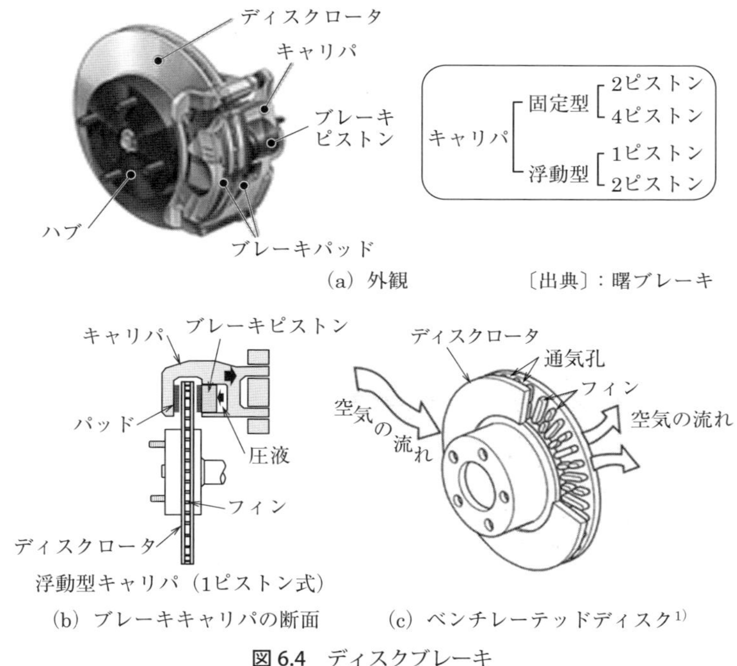

(a) 外観

(b) ブレーキキャリパの断面　　(c) ベンチレーテッドディスク[1)]

図6.4　ディスクブレーキ

通気孔にしている。

(b)　ドラムブレーキ

ドラムブレーキ（Drum brake）は，図6.5に示すように車輪にハブ部で固定されるブレーキドラム（図6.5(a)は，内部を見せるために半透明）と，サスペンションのナックル（図示されない）に固定されるバックプレートにより構成される。バックプレートは，ライニングが固定される2つのブレーキシュー，これらのシューを回転支持するアンカー，ブレーキ不作動時に納まる位置を決めるホールドダウンとシューリターンスプリングなどから構成され，踏力からの液圧によりホイールシリンダを拡張させブレーキシューのライニングをブレーキドラム内周面に押し付けて摩擦ブレーキ力を発生させる。

2つのシューのうち，ドラムの回転方向を見て，ホイールシリンダの先にアンカーが位置するものをリーディングシュー，逆にあるものをトレーリングシューといい区別して扱う。リーディングシューには，自己倍力作用が働き摩擦力は大きく作

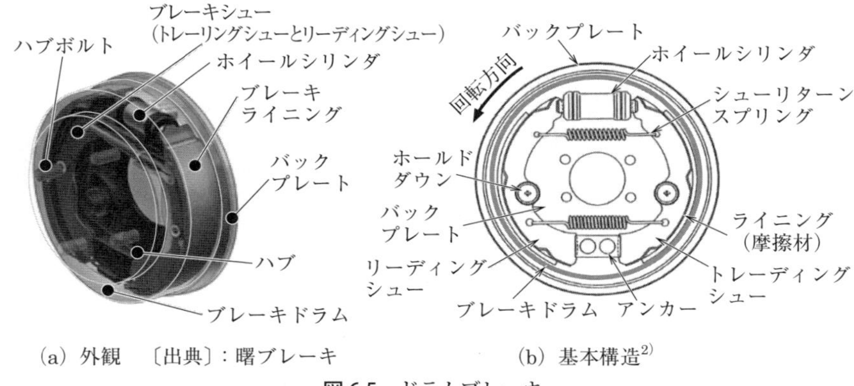

(a) 外観　〔出典〕：曙ブレーキ　　(b) 基本構造[2)]

図6.5　ドラムブレーキ

用するが，トレーリングシューでは，跳ね返される力が作用するので摩擦力は小さくなる。この作用は，バック走行時に逆転する。

(4)　倍力装置

倍力装置（ブレーキブースタ；Brake booster）は，動力源としてエンジンのインテークマニホールド（燃焼室に空気を導入するための多岐管）負圧を利用する真空倍力装置と，油圧ポンプの圧油を利用する油圧倍力装置に大別できる。

(a)　真空倍力装置

真空倍力装置（マスタバック；Mastervac, バキュームサーボ；Vacuum servo）は，図6.1に示すようにブレーキペダルとマスタシリンダの間に設けられペダルを軽く踏んでも充分な制動力が得られるようにアシスト（倍力）する装置である。図6.6に示すようにA室とB室はダイヤフラムとブースタピストンで隔離され，A室には, エンジンの吸気管が接続され負圧に保持される。図6.6(a) に示す非作動時には, ブースタピストンはリターンスプリングにより停止位置に戻された状態にあり，このとき，A，B両室はバキューム弁で連通され負圧に保持される。

オペレーティングロッドが押され間隙がなくなると，プッシュロッドとの間に設けられたばね定数の低い反力プレートが踏力に応じて圧縮され，この圧縮変位によりバキューム弁が絞られ，A，B両室の連通が絞られると共に，大気弁を開き大気をB室に流入させる。すると，A室との間に差圧が生じ，図6.6(b) のアシスト作動状態になり，ブースタピストンを押しプッシュロッドを左方に押し出す。これに

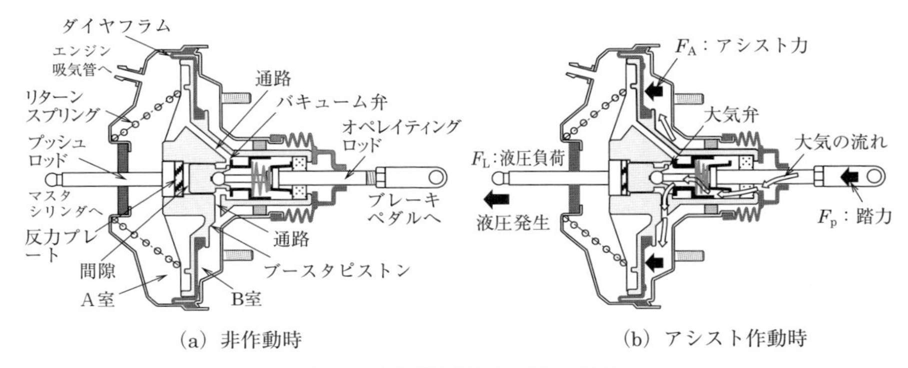

(a) 非作動時　　(b) アシスト作動時

図 6.6　真空倍力装置の構造と作動

より，図 6.3 のようにマスタシリンダ内に液圧を発生させる。このとき，踏力に比例した液圧を発生するので，プッシュロッドとの間に設けられた反力プレートのばね定数を変えることにより発生する液圧を変える，つまりアシストの効き具合を変えることができる。ここで，踏力を F_{p}，アシスト力を F_{A}，液圧負荷を F_{L}，反力プレートのばね定数を k_{R}，変位を x とし，アシスト力が変位 x に比例するとみなせるときの比例定数を k_1 とすると，

$$F_{\mathrm{p}} + F_{\mathrm{A}} = F_{\mathrm{L}} \quad , \quad F_{\mathrm{p}} = k_{\mathrm{R}} \cdot x \tag{6.2}$$

$$F_{\mathrm{A}} = k_1 \cdot x = \frac{k_1}{k_{\mathrm{R}}} F_{\mathrm{p}} \tag{6.3}$$

であるから，次のようなアシストの式が得られる。

$$F_{\mathrm{p}} = \frac{F_{\mathrm{L}}}{1 + \dfrac{k_1}{k_{\mathrm{R}}}} \tag{6.4}$$

式 (6.4) から，ばね定数 k_{R} を低く設定すると，分母が大きくなりアシスト率を高めることができる。これは，踏に対する大気弁の開度を大きくとれるからである。

次にペダルから足を離し踏力が解放されると，大気弁が閉じバキューム弁は開きB 室の大気は通路より A 室を通り吸気管に吸入され差圧は消失しリターンスプリングによりピストンは元の位置に戻される。

万が一故障してアシストしない事態に陥っても，オペレーティングロッドは，機械的にプッシュロッドにつながっているため，アシストがないだけであって踏力だけでマスタシリンダを押圧できるように設計され，安全上の問題が発生しないよう

に工夫されている。これをフェイルセーフ（Fail safe）構造といい，信頼性設計上重要な構造である。

図 6.7 は，出力特性をアシストがない場合と比較して示す。折れ点までが制御範囲である。

式 (6.4) より，アシストがない場合は，次式のように踏力と負荷は等しくなる。

$$F_{\mathrm{p}} = F_{\mathrm{L}} \qquad (6.5)$$

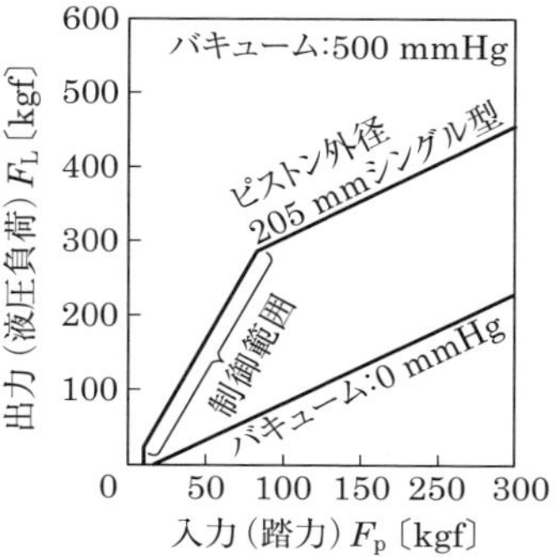

図 6.7 真空倍力装置の出力特性

(b) 油圧倍力装置

油圧倍力装置（Hydraulic brake booster，油圧サーボブレーキ；Hydraulic servo brake，油圧ブースタ；Hydraulic booster）は，図 6.8 に示すように油圧ポンプからの圧油を利用して，ブレーキペダルからの踏力をアシストする。

油圧ブースタとマスタシリンダの構造（図 6.9(a)）と，その出力特性（図 6.9(b)）を参照しながら作動説明する。

ブレーキペダルを踏むと，スプールが押されスプールとパワーピストン間のばね力に抗してスプールが変位し可変オリフィスが絞られパワーピストンがスプールに追従する圧力（サーボ圧）まで上昇する。この圧力によるピストン力（アシスト力）と踏力の合算した推力でパワーピストンと一体のプッシュロッドを押す。この推力によって，タンデム型マスタシリンダのそれぞれのピストンを押し，発生した液圧を各ホイールブレーキに圧送して制動する。

ブレーキペダルから足を離すと，ばね力によりスプールが戻され可変オリフィス

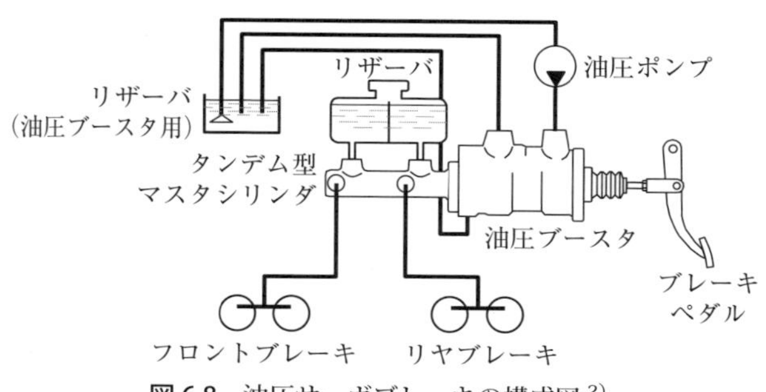

図 6.8 油圧サーボブレーキの構成図 [2)]

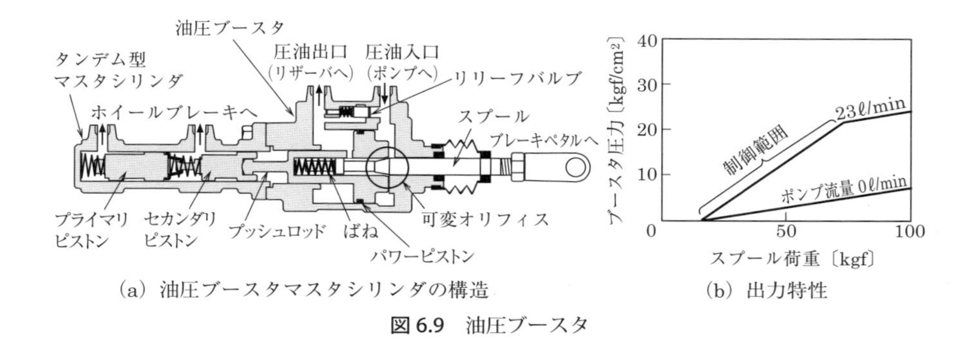

(a) 油圧ブースタマスタシリンダの構造　(b) 出力特性

図 6.9 油圧ブースタ

を開く。これにより油圧が低下し，ばねとマスタシリンダのそれぞれのピストン反力により，元の位置に戻され制動力が消失する。

図 6.9(b) に示すように，油圧倍力装置は，真空倍力装置と比べると，アシスト圧が大きくとれるので，踏力を軽くピストン径を小さくできる。

万が一ポンプが停止しても，ブレーキペダルによりスプールを介してプッシュロッドを直接押して，マスタシリンダのピストンを押圧作動させることができる安全なフェイルセーフ構造がとられている。

(5) 液圧制御バルブ

液圧制御バルブ；CV (Control Valve；コントロールバルブ) は，前輪と後輪のブレーキ力がバランスを保つ，すなわち後輪にかかるブレーキ圧を状況に応じて制限し前輪より先に後輪がロックすることを防止するバルブである。走行中に急ブレーキをかけると，減速度により車両重心が前方に移動し，後輪が受け持っていた車重の一部が前輪に移動，いわゆる「荷重抜け」を起こし後輪はロックしやすく不安定になる。また，空車と定積時の重量差が大きい車両では，重積載時の大きな踏力に慣れると，空車時にブレーキペダルを強く踏み過ぎ不用意にロックさせ，不安定を招く恐れがある。これらのような走行場面で有効なバルブである。

制御バルブは，大別すると，前後輪のブレーキ圧バランスを一定の関係に保つ特性を付与するプロポーショニングバルブと，積載状態に応じて特性が変化するロードセンシングプロポーショニングバルブ，車両の減速度に応じて特性を変化させる G バルブなどがある。これらの制御バルブは，車両のブレーキバランスの要求特性に合わせて使い分けられている。

(a) プロポーショニングバルブ

プロポーショニングバルブ；PV（Proportioning Valve）は，図 6.10 に示すように作動開始点 p_p までは前後のブレーキ圧を等しく配分し，動作開始点を超えると後輪ブレーキ圧を減圧して供給するバルブである。次に作動原理を説明する。

図 6.10(b) の通常ブレーキ時において，マスタシリンダからの液圧を p_1，ホイールブレーキ側の液圧を p_2，プランジャーを与圧するばねのセット荷重を F_0，バルブの断面積とプランジャーの断面積をそれぞれ A_1，A_2 とすると，

$$p_1(A_1 - A_2) + F_0 = p_2 \cdot A_1 \tag{6.6}$$

である。このときに，$p_1 = p_2$ であるから，$p_p = p_1 = p_2$ のときは，

$$p_p = \frac{F_0}{A_2} \tag{6.7}$$

である。このときの圧力 p_p は減圧の動作開始点である。すなわち，マスタシリンダからの圧力が上昇して作動開始点 p_p に到達すると，セット荷重 F_0 に打ち勝ってプランジャーを押し下げ，図 6.10(c) の前後配分（減圧）制御に切り替わる。このときの圧力 p_2 は，式 (6.6) より，次式で表される。

$$p_2 = \left(1 - \frac{A_2}{A_1}\right) p_1 + \frac{F_0}{A_1} \tag{6.8}$$

式 (6.7)，(6.8) より，動作開始点（図 6.10(a)）はプランジャーの断面積とばねのセット荷重で，減圧比（$(1 - A_2/A_1)$，減圧制御線の傾き）は面積比で設定できることが分かる。

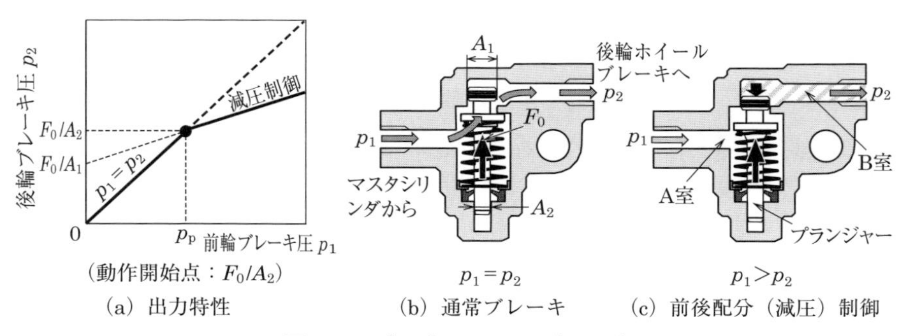

(a) 出力特性　(b) 通常ブレーキ　(c) 前後配分（減圧）制御

図 6.10 プロポーショニングバルブ

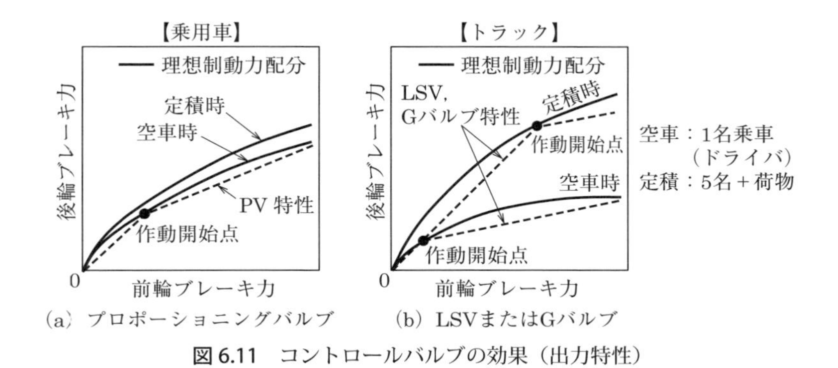

(a) プロポーショニングバルブ　(b) LSVまたはGバルブ

図 6.11　コントロールバルブの効果（出力特性）

(b)　ロードセンシングバルブ

ロードセンシングバルブ；LSV（Load Sensing Valve）は，車両重量の大きさに応じて動作開始点を変化させる機能を持つ制御バルブである。重量変化は，サスペンションのばね上とばね下間の寸法変化などにより検出する。空積重量差の大きいトラックや乗用車に用いられている。

(c)　G バルブ

G バルブ（G valve）は，作動開始点を車両の減速度（G）の大きさによって変える制御バルブである。一定の減速度以上に達するとバルブ内の鋼球が移動して入力を遮断し，動作点をより大きい値に変更した PV として作動する。LSV は，ばね上とばね下間の寸法変化を検出するためにリンケージが必要であるが，G バルブは不要であるのでスペースをとらず装着が容易なので小型トラックなどに用いられる。

バルブ特性をまとめると，図 6.11 のようになる。(a) は乗用車，(b) はトラックの代表的な特性である。LSV や G バルブは，定積と空車時の積載重量差の大きい車両に有効である。

6.1.2　パーキングブレーキ

パーキングブレーキ（Parking brake）は，ヨーロッパ法規制のように主ブレーキ故障時に非常用ブレーキとして所定のブレーキ性能を規定している例もあるが，一般的には，駐車中に車両が動き出すのを防止するために主ブレーキとは別に用意された補助ブレーキである。

操作方法は，図 6.12 に示すようなサイドレバーによる手動式とフットペダルに

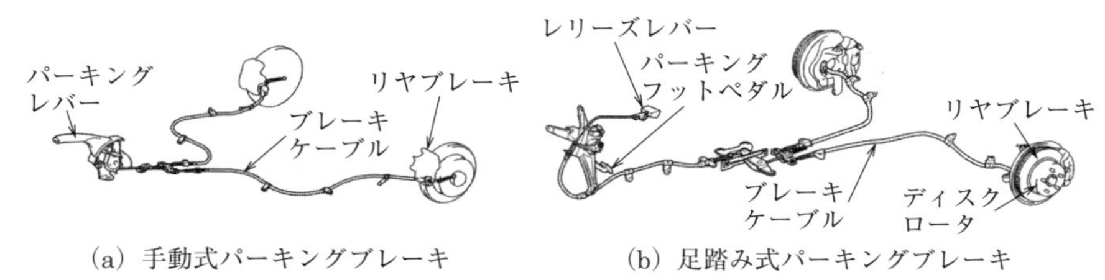

(a) 手動式パーキングブレーキ　(b) 足踏み式パーキングブレーキ

図 6.12　パーキングブレーキ（手動式と足踏み式）[1]

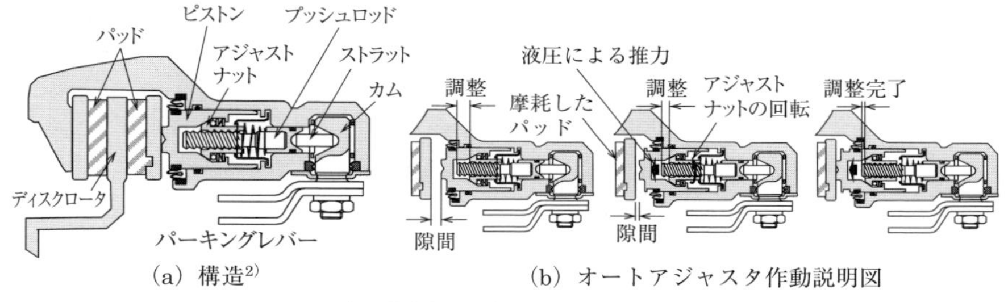

(a) 構造[2]　(b) オートアジャスタ作動説明図

図 6.13　パーキング機構内蔵型ディスクブレーキ（ワンショット型）

よる足踏み式がある。その型式は，主ブレーキに内蔵されたものやパーキング専用のものがある。主ブレーキに内蔵された形式を図 6.13 に示す。パッド摩耗によるパーキングレバーのストローク増大を自動調整するワンショット型のオートアジャスタを設けている。駐車ブレーキ機構をディスクブレーキのキャリパに内蔵しパッドを機械的に押圧する。手動または足踏みによりワイヤを介してパーキングレバーを回転させると，レバーと一体のカムによりストラットが押し出され，プッシュロッド，アジャストナットを介してピストンとパッドを押圧しブレーキ力を発生させる。

オートアジャスタは，主ブレーキ作動時に発生した液圧がピストンを左方向に，プッシュロッドを右方向に押し，パッド摩耗が進んでできた隙間により，アジャストナットがピストンから離間し，プッシュロッドに刻まれたねじに沿って空転し自動的に隙間を詰める機構である。

6.2　ブレーキ性能

本節では，ブレーキに要求される基本的な性能について述べる。

6.2.1　停止距離，減速度

運転者の動作の遅れを含めた場合の停止距離は，図 6.14 に示すように実際にブレーキ力が作用してから車両を停止させるまでの制動距離に，運転者の反射時間・反応時間（踏替時間）や，踏込時間とブレーキ装置の遅れによる空走距離を加えたものである。空走時間を t_0，ブレーキ初速度を V_0，平均減速度を α とすると，停止距離 S，停止時間 t は，次式で与えられる。

$$S = t_0 \cdot V_0 + \frac{V_0^2}{2\alpha} \tag{6.9}$$

$$t = t_0 + \frac{V_0}{\alpha} \tag{6.10}$$

各国の法規を満たすには，ロックさせないで所定の停止距離内で停止することが必要である。式 (6.9) より減速度 α が大きいほど停止距離は短くなるが，最大出しうる減速度すなわちロック限界減速度は，路面とタイヤ間の摩擦係数によって決まってしまう。したがって，同一タイヤ・同一路面において，ロック限界減速度を高めるには，前後輪が同時にロックするブレーキ力配分を行う必要がある。

停止距離は，そのほかにも運転者の操作しやすいペダル位置や，踏力の重さとペダルストローク，また装置としてブレーキ液圧の立ち上がり特性などの影響を受け，これらの設計配慮も性能向上には欠かせない検討項目である。

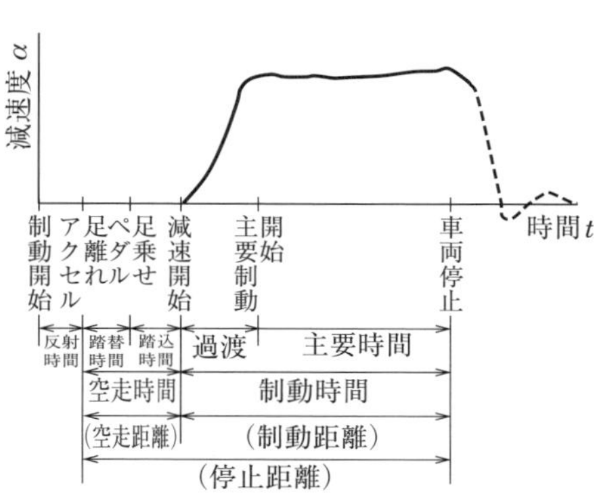

図 6.14　運転者を含めた自動車の停止距離 [2)]

6.2.2　ブレーキの効き

ブレーキの効きは，（ブレーキ力）/（ペダル踏力）で表される。倍力装置と制御バルブのないタンデムのマスタシリンダから直接ホイールブレーキに圧送される基本ブレーキモデル（図 6.15）を用いて検討し，その後で倍力

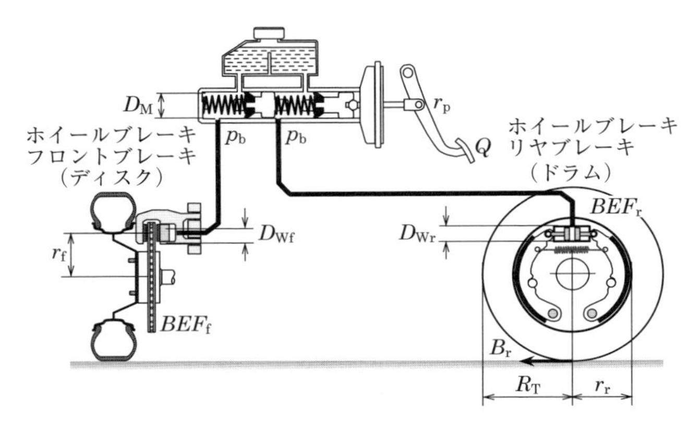

Q：ペダル踏力〔N〕
r_p：ペダル比
D_M：マスタシリンダ径〔m〕
D_{Wf}：フロントシリンダ径〔m〕
D_{Wr}：リヤシリンダ径〔m〕
BEF_f：フロントブレーキファクタ
BEF_r：リヤブレーキファクタ
r_f：フロントブレーキ有効半径〔m〕
r_r：リヤブレーキ有効半径〔m〕
R_T：タイヤの半径〔m〕
p_b：ブレーキ圧〔N/m²〕
B_r：後輪のブレーキ力

図 6.15　基本ブレーキモデル

装置と制御バルブを搭載して車トータルで仕上げていく。

(1)　基本ブレーキモデルによる検討

ペダル踏力 Q と前後輪のブレーキ力 B_f, B_r の関係は，次式で求められる。

$$B_f = 2 \cdot \frac{r_p \cdot Q}{\pi \cdot \dfrac{D_M^2}{4}} \cdot \frac{\pi \cdot D_{Wf}^2}{4} \cdot BEF_f \cdot \frac{r_f}{R_T} \tag{6.11}$$

$$B_r = 2 \cdot \frac{r_p \cdot Q}{\pi \cdot \dfrac{D_M^2}{4}} \cdot \frac{\pi \cdot D_{Wr}^2}{4} \cdot BEF_r \cdot \frac{r_r}{R_T} \tag{6.12}$$

$$p_b = \frac{r_p \cdot Q}{\pi \cdot \dfrac{D_M^2}{4}} \tag{6.13}$$

(a)　前後輪のブレーキファクタ

ブレーキファクタ（Brake Effective Factor；BEF）BEF_f と BEF_r は，フロントとリアのそれぞれのブレーキ入力と出力の比を表す係数である。摩擦材の摩擦係数とブレーキの形式により決まり，一般的には表 6.1 のような値である。

表 6.1 BEF，ペダル比

項　目	内　容	
ブレーキファクタ BEF	ディスクブレーキ	0.6 〜 0.9
	ドラムブレーキ	1.5 〜 3.5（低ゲイン）
		3.8 〜 8（高ゲイン）
ペダル比	3 〜 7 程度（乗用車の場合）	

(b) ペダル比

ペダル比は，ブレーキペダルのレバー比である。液圧回路の最大圧は，シール性能上，10 〜 15 MPa 程度に制限されるので，最大積載状態の限界減速度において，この制限圧に収まるように，また一系統欠陥時のブレーキ力を確保するようにペダル比を設定する。標準的な乗用車では，表 6.1 のような値をとる。

6.2.3 システム検討

基本ブレーキモデルでの検討が完了したので，倍力装置や制御バルブを装着し，踏力と減速度によるブレーキ操作感や車両重心位置・積載状態による制動力の前後配分など，検討範囲を拡大し，システム全体としてブレーキの効きを満足させる。

(1) ブレーキ力配分によるブレーキの効きと，ロック限界における安全性

(a) 理想ブレーキ力配分と実ブレーキ力配分

ブレーキ時に車輪にかかる荷重は，車両重心位置が接地面より上方にあるので慣性力によって前軸方向に移動する。このときにブレーキの効きを最大にするには，前後輪にかかる荷重移動分も考慮してブレーキ力を発生させ，各車輪のロック限界速度が同じになるようにブレーキ力配分することである。このことから路面とタイヤ間の摩擦係数が一定のときに，前後輪が同時にロックするようなブレーキ力配分は，「理想ブレーキ力配分」であり，このときにロック限界速度が最大になる。これに対して実際のブレーキ力配分を「実ブレーキ力配分」という。

実際の車両に作用するブレーキ力は，式 (6.11)，(6.12) より前後輪が一定の配分では，例えば図 6.16 の実ブレーキ力配分線（A），または（B）のようになりブレーキの効きを最大限引き出すことはできない。そこで理想ブレーキ力配分に近づける方法について考える。

(b)　ロック限界における安全性の検討

図6.16において実ブレーキ力配分線（A）の設定において車輪がロックする場合は，ロック限界線との交点で発生するのでa点で後輪がロックすることを示し，実ブレーキ力配分線（B）の設定において車輪がロックする場合は，前輪ロック限界線との交点bで発生する前輪ロックである。

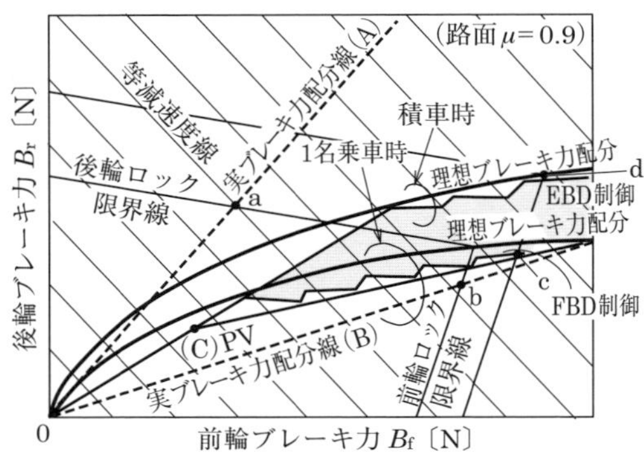

図6.16　ブレーキ力 B_f〔N〕配分線図

それでは，車輪がロックする場合，前後輪のうちどちらをロックさせた方が安全なのかについて考察する。

図6.17(a)のように前輪ロックの場合は，前輪タイヤはコーナリングフォースを発生できないので操舵しても車両の方向を変えることができないが，後輪タイヤは回転しているのでコーナリングフォース F_r と後輪のブレーキ力 B_r により，時計方向のヨーイングモーメント，

$$M_{bf} = F_r \cdot \ell_r + B_r \cdot a_r - B_f \cdot a_f \qquad (6.14)$$

が発生しモーメントアーム a_r を0にする方向，すなわち車両の姿勢を進行方向に向けて直進状態で減速して停止する。逆に，図6.17(b)のような後輪ロックの場合は，前輪タイヤに発生した前輪ブレーキ力 B_f とコーナリングフォース F_f により，反時計方向のヨーイングモーメント，

$$M_{br} = F_f \cdot \ell_f + B_r \cdot a_f - B_r \cdot a_r \qquad (6.15)$$

が発生し，モーメントアーム a_f を大きくする方向に働くので車両はスピンする。

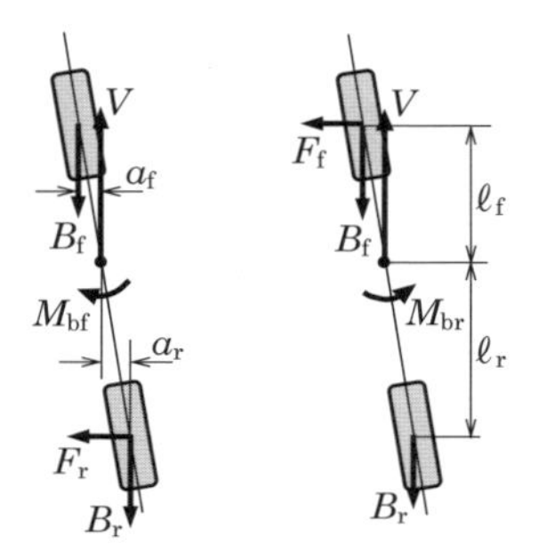

(a) 前輪ロック　　(b) 後輪ロック

図6.17　ブレーキ力 B とコーナリングフォース F によるヨーイングモーメント M_b

(c)　理想配分に近づける方法と技術（PV，LSV，EBD）

以上の検討より，車両の安全性の観点から前輪を先にロックさせる傾向にブレーキ力を配分するのが一般的であり，実ブレーキ力配分線を理

想ブレーキ力配分線より下側に位置するように設定する。だからといって，実ブレーキ力配分線（B）のように各諸元値を設定すると，理想ブレーキ力配分線との差が大きいので，前輪だけを使ってブレーキをかけるような状況になる。これでは，同じ減速度を発生させるのに大きな前輪ブレーキ力が必要となり，前輪ブレーキの負担が大きくなることや，ロック限界減速度が低くなり路面摩擦係数を充分に生かしきれないので，PV なしの実ブレーキ力配分線の傾きを（C）のように設定しておいて，理想ブレーキ力配分線に近づくところで，PV を使って途中で折るような特性を付与し，理想ブレーキ力配分線に近づける方法がとられる。しかし，1 名乗車（車両の積載状態が最も前輪寄りの重量配分率となる状態）において前輪先ロックに設定すると，積車状態（最も後輪寄りの重量配分率となる状態）における前輪ロック限界 c は，理想ブレーキ配分におけるロック限界 d からのずれが大きくなりブレーキ力が低下する。このために空積差の大きいトラックなどでは，積載条件によって作動開始点を変化させる LSV が用いられる。

LSV は，サスペンションによる機械式の積載検出装置が必要で，機構が複雑で調整が難しいことなどから，乗用車系の積載荷重変化の大きい RV やミニバン系の車両では，ABS の液圧制御を使った電子ブレーキ力配分制御装置；EBD（Electronic Brake force Distribution System）が用いられる。このシステムは，前後の車輪速度のわずかな差を検出することにより，理想的ブレーキ力配分からのずれを推定し，ABS のアクチュエータによって，後輪のブレーキ力を緩め自動的に最適配分するものである（図 6.16 のノコギリ状の制御）。

(2)　ブレーキ操作感

ブレーキ操作時のフィーリングは，必要な減速度を発生させるための踏力とストロークの大きさ，ブレーキ力・減速度が発生するまでの遊び・遅れ・フリクション，制動中の踏力やストローク変化などで評価される。

誰でも意図どおりに快適に，安心して減速度が得られスムーズに停止できることが重要である。踏力とストロークの歴史を振り返ると，年代と共に踏力は軽くなりある一定値に漸近し，またストロークも同様の傾向を示す。これは機械中心の技術であった自動車が，電子制御などの技術進化により普及と共に人間中心に変革を遂げ，運転者層を高齢者，女性など広く取り込む過程で適正化された歴史であるといえる。

表 6.2 ブレーキの効きを低下させる要因

項 目	内 容
(1) フェード (Fade)	走行中にブレーキを連続使用しブレーキ材が発熱した結果，ブレーキの効き（ブレーキ力）が低下する現象。摩擦材に使用されている有機材料は，ディスクブレーキの場合，約 350℃以上になると，温度の上昇と共に摩擦係数が低下する傾向にあり，高速走行からの急制動や繰り返しブレーキ作動によって摩擦面が高温になると，ブレーキ性能が低下する。一般にドラムブレーキの方がフェード特性は悪い。摩擦材の改良，選定あるいは冷却により温度上昇を抑える熱設計が重要である。
(2) ベーパーロック (Vapor Lock)	ブレーキ油が沸騰し，気泡が生じ圧力を伝達できなくなってブレーキ機能を失った状態。連続降坂路での繰り返しブレーキ作動により，ブレーキ油の温度が上昇したときに発生する。ブレーキ油の沸点は，新品時に 200℃以上であるが，劣化後は 110℃程度に低下するものもあるので，使用頻度を見込んだブレーキ容量の確保が必要である。
(3) ウォーターフェード (Water Fade)	ブレーキの摩擦面が濡れ，水膜の潤滑作用により摩擦係数が一時的に低下する現象をいう。ブレーキのハイドロプレーニング現象。ドラムブレーキよりディスクブレーキの方が，ブレーキ力が安定してタフネスが高い。運転中に，時々ブレーキ力を作用させてパッドを乾かすなどの対策が必要であるが，設計上は水の染み込みずらいパッド材に改良，あるいは選定したり水はけを良好にするなどの工夫が必要である。
(4) スピードスプレッド (Speed spread)，G スプレッド (G Spread)	スピードスプレッドは，車両速度によってブレーキ摩擦材の摩擦係数が変化する現象であり，G スプレッドは，減速度によって変化する現象である。

6.2.4 特殊条件下でのブレーキ特性

雨，水，熱などの特殊環境条件下で，ブレーキの効きを低下させる要因についてまとめると，表 6.2 のようになる。

6.3 応用電子制御システム

ブレーキ装置は，意図する減速度で安全に停止するために誕生したが，電子制御技術の発展に伴い著しい進歩を遂げ，車両の回避性能向上など予防安全上に必要不可欠な技術となっている。本節では，車輪のロックや空転を防止する ABS や TCS，ブレーキ力配分を電子制御する EBD，車両のヨーイングモーメントを 4 輪のブレーキ力を独立で制御して安定化する VSCS について説明する。

6.3.1 アンチロックブレーキシステム

アンチロックブレーキシステム；ABSは，急ブレーキ時や雪道などの滑りやすい路面でブレーキ作動時に発生する車輪ロックを防止して，操舵安定性と制動距離短縮を両立させるシステムである。

車輪のロックを防止するというアイデアは，鉄道や航空機の分野では1930年代には，機械式であるが，既に特許が取られ実用化されていた。現在のようなABSが登場するのは，1970年代のアメリカESV計画の取り組みからである。そして電子制御技術の発展と共にABS開発が本格化し，1978年から4輪を制御するABSが登場したのである。現在では予防安全技術として標準装備されている。

(1) ABSの基本原理

一定速度で走行している車両では，車両速度と車輪速度は一致しているが，制動時にタイヤと路面間に滑りが生じると，車輪速度は車両速度より減少する。そして，図6.18に示すように，タイヤと路面間の最大摩擦係数 $\mu_{\max}$ は，車輪がロックする直前に現れる。ここで車輪のスリップ率 ρ を，式(6.16)のように定義すると，走行中の車輪にブレーキをかけたときの運動方程式は，式(6.17)～(6.19)で与えられる。

$$\rho = \frac{V - r \cdot \omega}{V} \tag{6.16}$$

V；車両速度〔m/s〕，ω；車輪角速度〔rad/s〕，r；車輪有効半径〔m〕

$$J_0 \frac{d\omega}{dt} = \mu \cdot r \cdot W_0 - T_{\mathrm{B}} \tag{6.17}$$

$$M \frac{dV}{dt} = -\mu \cdot W_0 \tag{6.18}$$

$$\mu = f(\rho) \tag{6.19}$$

J_0：車輪の慣性モーメント〔kg·m^2〕，W_0；車輪にかかる荷重（＝車両重量）〔N〕，T_{B}；ブレーキトルク〔N·m〕，μ；タイヤと路面の摩擦係数，M；車体質量〔kg〕，t；時間〔s〕

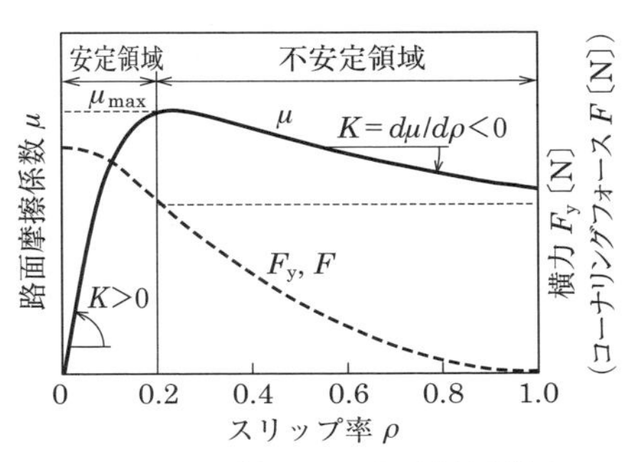

図6.18 スリップ率による路面摩擦係数とコーナリングフォース

$\rho = 0.2$ のときに，ブレーキ時の摩擦係数は最大値をとり，このときのスリップ率を理想スリップ率 ρ_{opt} という。旋回時に必要なコーナリングフォースも 60％以上あり，旋回性能を充分に確保できる。この原理に基づいてブレーキ力を制御して，操舵方向安定性と制動距離短縮を両立させるシステムが ABS である。

(2)　実際の ABS

実際の ABS では，タイヤと路面の摩擦係数が瞬時に変化するので，式 (6.16) ～ (6.19) を正確に解くことができない。そこで，ブレーキ時摩擦係数の最大値付近の $\rho = 0.1 \sim 0.3$ の範囲を許容することにより，市販のセンサ性能で具現化できるようになった。このような構成でも，旋回時に必要なコーナリングフォースを 1/2 以上確保できるので，実用上充分な性能が得られる。そこで，実際の ABS は，車輪のスリップ率目標を 0.1 ～ 0.3 の理想スリップ率付近において，この目標範囲に入るように各車輪のホイールブレーキの液圧を制御する。

(a)　ABS の構成

ABS は，図 6.19 に示すように 4 つの車輪速センサ，アクチュエータ，ECU，故障時に ECU 指令により電気系を遮断するフェイルセーフリレーなどから構成される。

① 車輪速センサ

車輪速センサは，各車輪の角速度を検出する。図 6.20 に示すように，車輪の回転軸にギヤパルサ，ナックルに検出部を取り付け，検出部の永久磁石による磁束のギャップ変化をコイルで検出し，ギヤパルサの回転速度を交流電圧に変換する。そしてこの交流電圧の周期を ECU で計ることにより角速度を検出する。

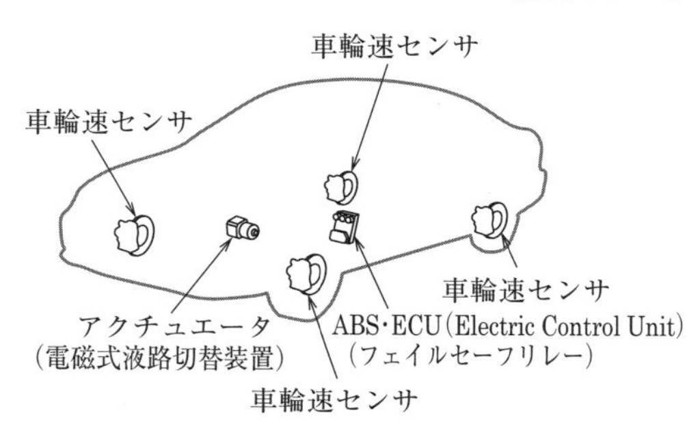

図 6.19　ABS の構成と搭載図

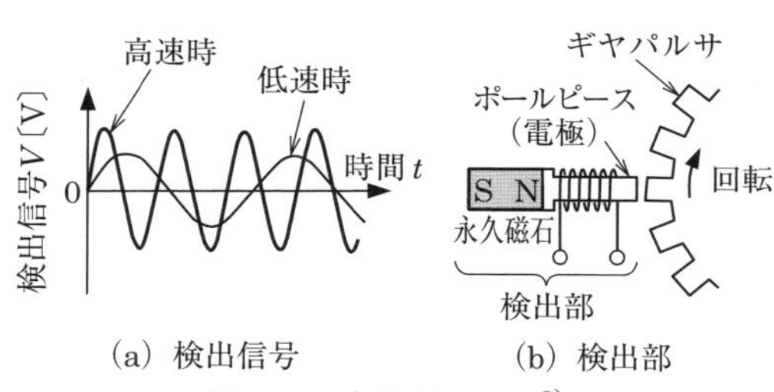

図 6.20　車輪速センサ [2)]

② アクチュエータ

アクチュエータは，図 6.21 に示すように（1 輪のみ図示）ECU からの指令により，保持用，または減圧用の電磁バルブを駆動してブレーキ液圧を「増圧」,「保持」あるいは「減圧」のモードに切替える。ブレーキ液圧を供給する場合には，ECU の指令によりモータでポンプを駆動する。図 6.21 は 1 輪のみのユニットを示したが，4 輪の場合はそれぞれの車輪用に同様のユニットが設けられる。

アクチュエータの作動を説明する。アクチュエータは，図 6.22 に示すように，通常ブレーキモードと ABS 制御モードを電磁バルブで切替える。通常ブレーキ時は，ブレーキ解除作動時も含めて，ABS 制御モードの増圧モードと同じ動作である。

③ ECU

ECU（Electric Control Unit）は，4 つの車輪速センサや，その他のセンサから入力された信号を適宜処理しアクチュエータ内の電磁バルブを駆動制御する。そのほかに常に故障診断処理を行い，故障が検出されればフェイルセーフ制御を実施する。

また，自動車に搭載されている各システムの制御が多様化・高度化され，多くの情報処理を行う必要性から，従来個別のシステムとして作動していた複数の ECU をネットワークで結び，各 ECU のセンサ信号の共有化や機能補間などを図るために，通信速度を高速化した CAN（Controller Area Network）通信が導入されシステムの統合化が進んでいる .

(b) ABS 制御の概要

① 車両速度の推定（推定車両速度），セレクト・ハイの原理

式 (6.16) からスリップ率を求める際に，実際の車両速度 V_{R} を計測する必要があるが困難であるので，車輪速度 V_{W} を求めて，その値から推定する。

$$V_{\mathrm{W}} = r \cdot \omega \tag{6.20}$$

$$\begin{bmatrix} V_{\mathrm{Wfr}} = r \cdot \omega_{\mathrm{fr}} \\ V_{\mathrm{Wf}\ell} = r \cdot \omega_{\mathrm{f}\ell} \\ V_{\mathrm{Wrr}} = r \cdot \omega_{\mathrm{rr}} \\ V_{\mathrm{Wr}\ell} = r \cdot \omega_{\mathrm{r}\ell} \end{bmatrix}$$

ω_{fr}, $\omega_{\mathrm{f}\ell}$, ω_{rr}, $\omega_{\mathrm{r}\ell}$；4 輪（添え字 fr～rℓ は，それぞれ前輪右，前輪左，後輪右，後輪左）の各車輪速センサの角速度信号〔rad/s〕，r：車輪有効半径〔m〕

図 6.23 のように 4 輪の車輪速度 V_{W} のうち一番速い車輪速度を選択し推定車両速度 V_{e} とする。これは，前述したようにタイヤと路面間の滑りがなく車両が一定速度で走行しているときは車輪速度と車両速度は一致しているので，ブレーキ時には最速の車輪速度が車両速度に近いと考えるのが合理的であるからだ。これを車両

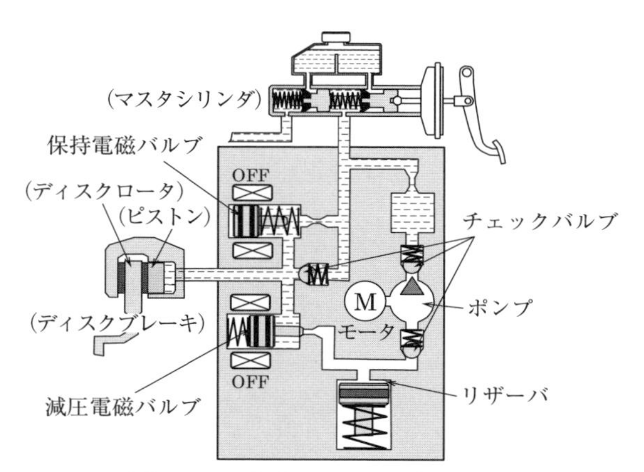

図 6.21　アクチュエータの液圧回路

【増圧モード】
保持モードは，図中（1）に示すように，保持電磁バルブを開いて，減圧電磁バルブを閉じることにより，マスタシリンダと，ディスクブレーキシリンダを連通させ，踏力による液圧を作用させる。通常ブレーキ動作と同じであるが，ポンプからの液圧供給も可能にする。

【保持モード】
保持モードは，図中（2）に示すように保持電磁バルブと減圧電磁バルブの両方を閉じ，液路をマスタシリンダから遮断し，ディスクブレーキシリンダを密閉する。これにより，ブレーキ力を保持させる。

【減圧モード】
減圧モードは，図中（3）に示すように，保持電磁バルブを閉じて，減圧電磁バルブを開け，ディスクブレーキシリンダとリザーバ，2個のチェックバルブを介してマスタシリンダに連通させ，ブレーキ圧を減じる。

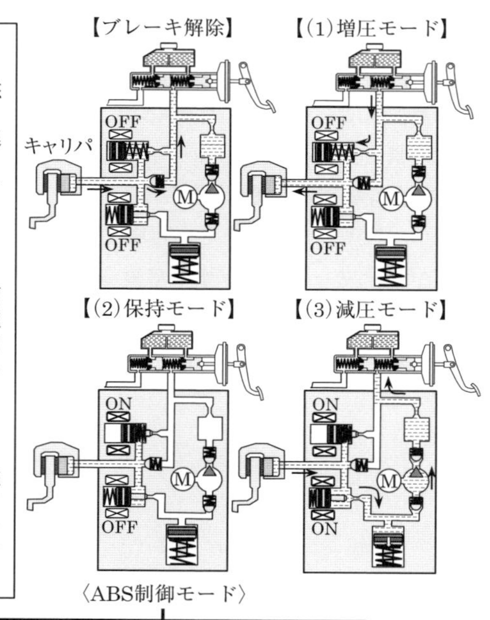

(1) 増圧モード　(2) 保持モード　(3) 減圧モード
ブレーキ解除作動　ブレーキ通常作動
<通常ブレーキモード>

図 6.22　アクチュエータ（ABS）の作動説明

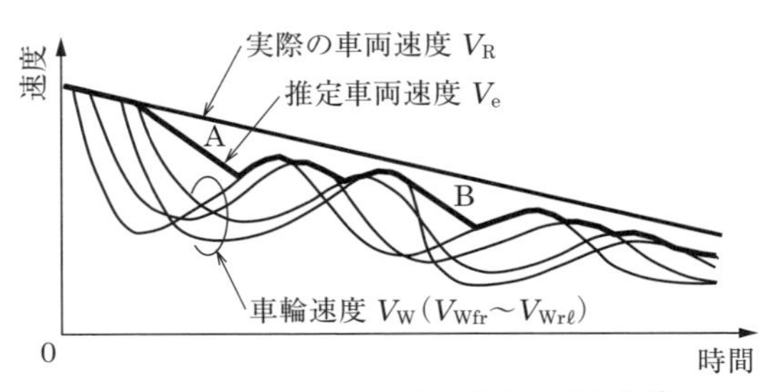

図 6.23　実際の車両速度と推定車両速度 [3)]

速度推定における「セレクト・ハイの原理」という。しかし，図 6.23 の A や B のように急落するような場合には，4 輪同時ロックであり車両速度を推定できないので，乾いたコンクリート路で生じるロック減速度より大きい −1.2 G に固定する。

② 後輪は，左右輪共，セレクト・ローで同時制御

前輪のブレーキ圧は，左右独立に制御し後輪はロックしやすい方，すなわち低い方の車輪速度を基準（セレクト・ロー）に左右同時にブレーキ圧を制御する。これは，6.2.3 項で説明したように，後輪をロックさせるとスピンを誘発するからである。前輪は制動距離短縮に，後輪は安定性の確保に主眼がおかれる。

③ スリップ率の算出

各 4 輪の車輪速センサからの信号により車輪速度 V_W と推定車両速度 V_e を求め，式 (6.16) に代入して各車輪のスリップ率を算出する。

④ ブレーキ液圧制御

ブレーキ液圧制御は，車輪のスリップ率が目標範囲に入るように車輪のスリップ率 ρ と車輪減速度である車輪加速度 $d\omega/dt$ を調べて判定し，各輪のブレーキ液圧を減圧，保持，増圧する制御である。式 (6.17) より，制動トルク T_B がタイヤ路面間の摩擦トルク $\mu \cdot r \cdot W_0$ を上回ったとき，車輪加速度 $d\omega/dt$ は負値に転じるので，その符号と大きさを見れば，どの程度滑っているのかが推定でき応答良くブレーキ液圧を制御できる。

⑤ ブレーキ液圧制御の作動例（1 輪の場合）

図 6.24 と図 6.22 を参照してブレーキ液圧制御について説明する。時刻 t_1 から急制動し，時刻 t_2 で車輪加速度 $d\omega/dt$，すなわち減速度が大きくなり，推定車両速度 V_e から車輪速度信号 V_W が離れると，車輪加速度の符号と大きさから，スリップ率は目標範囲にあっても，通常の増圧モードから保持モードに切り替えてブレーキ

圧を保持する。

時刻 t_3 で車輪の減速度がさらに大きくなると共に，車輪のスリップ率も許容範囲から外れるので制御圧上昇を抑えるため，減圧モードに切り替えてブレーキ圧を減じる。

時刻 t_4 で減速度は，0に近づいているので保持モードに切り替えてブレーキ圧を保持する。

時刻 t_5 では，車輪のスリップ率は目標範囲に入るが，車輪加速度の方向が反転しその大きさから，タイヤと路面のグリップを急速に回復していることがうかがえるので増圧モードに切り替えてブレーキ圧を増圧し制動距離短縮に傾注する。

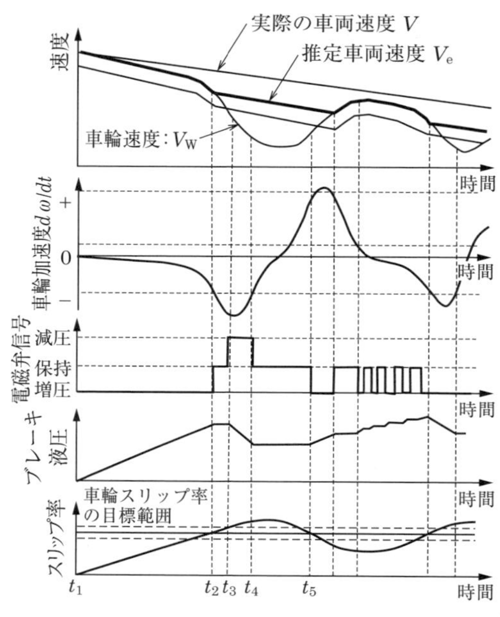

図 6.24　ABS のブレーキ圧制御 [2)]

以上のサイクルを車両が停止するまで繰り返し制御することにより，適度なコーナリングフォースを維持しながら，良好なブレーキ力で車両を停止させる。

1輪について説明したが，4輪制御の場合，前輪の左右論は独立して同様に液圧制御し，後輪の左右輪は前輪とは独立してセレクト・ローにより同時制御する。

(c)　フェイルセーフ制御

フェイルセーフ（Fail safe）制御は，ABS システムの一部に故障が発生して，本来の機能を遂行できなくなるか，または現在は機能上問題ないが，将来重大な故障に発展する可能性が生じたときに，ECU 自身で ABS 制御を遮断して通常のブレーキに復帰させると共に，ワーニングランプを点灯させて運転者に故障を知らせる制御である。

(d)　保全性

ECU は，フェイルセーフ制御を実施するので故障診断機能を持っていて，どの部位が故障したのか分かるようになっている。そこで，故障時に外部から別の診断装置を接続するか，自身により故障コードをワーニングランプを使って点滅表示させ，故障部位を特定することができる。これにより保全作業を円滑に，効率良く進めることができる。

6.3.2 電子ブレーキ力配分装置

電子ブレーキ力配分装置；EBD は，ABS の車輪速センサやアクチュエータを用いて，電子制御ならではの車両状態に応じた理想に近い 4 輪ブレーキ力配分を実現する装置である。通常は，ABS の中に組み込まれている。6.1.1 項で説明した機械式の PV は，前後ブレーキ力配分制御のみであったが，EBD は左右ブレーキ力配分制御も可能にする。

(1) 前後ブレーキ力配分制御

前後ブレーキ力配分制御は，各 4 輪の車輪速センサ信号から車輪速度，車両速度推定，車輪加速度，スリップ率を演算し，車両の走行状態を判定して各輪ホイールブレーキの液圧を制御することにより，減速度による荷重移動や車両の積載状態（図 6.16）に応じた適切な前後ブレーキ力配分を行うことができる。図 6.25(a) は，後輪速度を前輪速度より低下させない，すなわち後輪ロックを防止するように液圧を制御した例を示す。

(2) 左右ブレーキ力配分制御

左右ブレーキ力配分制御は，ABS 液圧制御技術を応用して左右輪のブレーキ力も制御することにより，旋回制動時のブレーキの効きと車両の安定化を実現する。各車輪のスリップ率から車両の走行状態を判定して，図 6.25(b) のように旋回外側

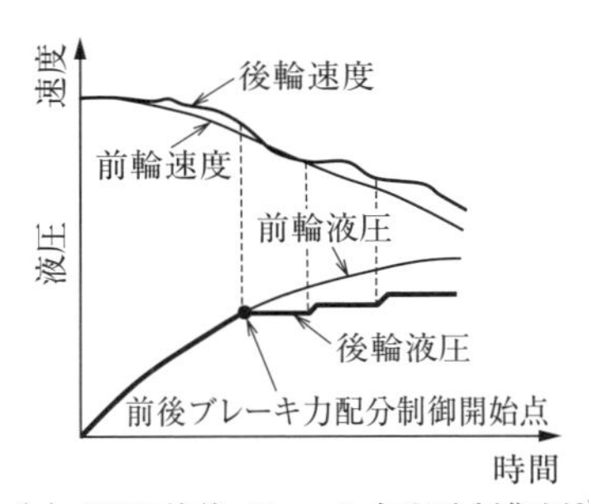

(a) EBD前後ブレーキ力配分制御例[2)]

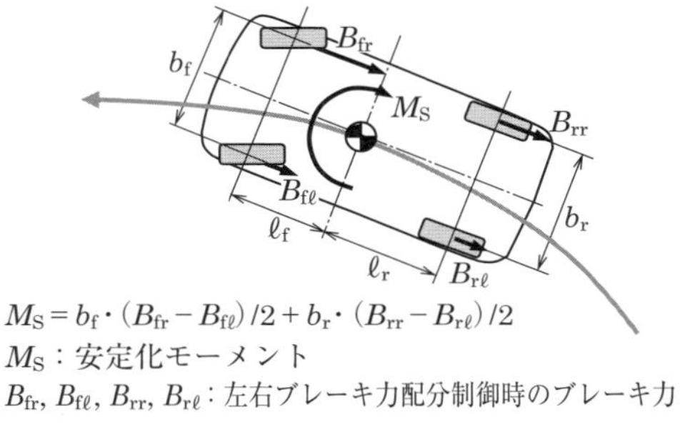

(b) EBD左右ブレーキ力配分制御

図 6.25 電子ブレーキ力配分装置；EBD

の車輪に内側より強いブレーキ力を作用させて旋回方向と反対方向の安定化モーメント M_S を作り，スピンを防止して車両の安定化を図る。旋回中は，外側の車輪に荷重移動しているので，より強いブレーキ力を得ることができる。

6.3.3　トラクションコントロールシステム

トラクションコントロールシステム；TCSは，発進時と加速時に駆動力がタイヤと路面間の摩擦円を越えてスリップしないように，エンジン出力を抑制する制御とブレーキ力を付与する制御を適宜行い，操舵時の横力と発進時・加速時の駆動力のバランスを図り，車両の安定性を向上させる。近年では，後述するスタビリティコントロールシステムの1機能として搭載されている。

(1)　システム構成

TCSの構成を図6.26に示す。ABSと供用する各4輪の車輪速センサ，駆動輪にブレーキ力を作用するブレーキアクチュエータ，ブレーキ制御と連携しエンジン駆動トルクを抑制制御するためのエンジンECUなどから構成される。TCS作動中はブレーキペダルを踏んでいないので，ブレーキアクチュエータはABSアクチュエータの油圧回路の一部を改良し，ECU指令によりポンプで加圧した液圧によるブレーキ力を作用させ駆動力を抑制制御する。

駆動時の車輪のスリップ率 ρ_d を，次式のように定める。

$$\rho_{\mathrm{d}} = \frac{V_{\mathrm{d}} - V_{\mathrm{n}}}{V_{\mathrm{n}}} = \frac{\omega_{\mathrm{d}} - \omega_{\mathrm{n}}}{\omega_{\mathrm{n}}} \tag{6.21}$$

V_d：駆動輪速〔m/s〕，V_n；従動輪速（＝車両速度）〔m/s〕，ω_d；駆動輪の角速度〔rad/s〕，ω_n；従動輪の角速度〔rad/s〕

(2)　制御概要

駆動時においてもABS同様に，図6.18に示すスリップ率による路面摩擦係数とコーナリングフォースの関係が成立する。したがって，目標スリップ率を理想スリップ率付近の0.1〜0.3の範囲に設定すれば，旋回時に必要なコーナリングフォースも最大値の1/2以上確保できるので，駆動時のスリップ率がこの

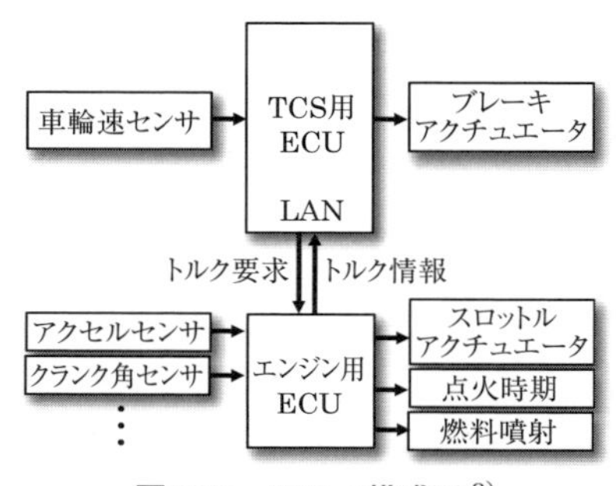

図6.26　TCSの構成図[2)]

目標範囲に入るようにエンジン出力とブレーキ力を制御する。

図 6.27 は，TCS 制御作動例を示す。この図を用いて動作を説明する。

① 式 (6.21) より，駆動輪のスリップ率 ρ_d を求める（FF 車は，駆動輪が前輪，従動輪が後輪である）。

② 駆動輪のスリップ率の値が，あらかじめ設定された制御開始しきい値を超えると，例えば 0.3 を超えると駆動輪の角加速度 $d\omega/dt$ を次式から求める。

$$J_0 \frac{d\omega}{dt} = T_D - \mu \cdot r \cdot W_0 \tag{6.22}$$

J_0:車輪の慣性モーメント〔kg·m²〕，W_0;車輪にかかる荷重（＝車両重両）〔N〕，T_D;駆動トルク〔N·m〕，μ;タイヤと路面の摩擦係数，t;時間〔s〕，r;車輪有効半径〔m〕

駆動トルク T_D がタイヤと路面の摩擦トルク $\mu \cdot r \cdot W_0$ を上回ったとき，正の値を示し，その大きさは，駆動トルクの過剰分の大きさを示す。したがって，角加速度の大きさによって表 6.3 のように制御を変更する。

③ 駆動輪のスリップ率が，制御開始しきい値と制御終了しきい値の間に収まり，駆動輪の加速度が設定値より小さくなると，エンジントルクを保持してアクセルを踏んでもそれ以上出力トルクを上げない

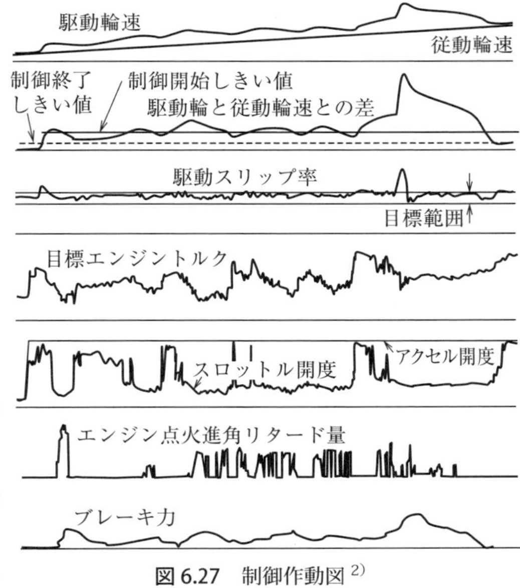

図 6.27　制御作動図 [2)]

表 6.3　TCS 制御概要

制御判断	制御内容
角加速度が設定値より小	エンジン燃料噴射制御にて出力を抑制しエンジントルクを保持，アクセルを踏んでもそれ以上，出力トルクを上げないようにして駆動力制御
角加速度が設定値より大	エンジントルク抑制制御と駆動輪への制動力制御にて駆動力を抑制制御

制御を実施する。

④ 駆動輪のスリップ率の値が，制御終了しきい値より小さくなると，駆動力抑制制御を停止してエンジントルクをドライバ要求に戻す。

⑤ スリップ率が目標範囲に収まるまで，②〜④の制御を繰り返す。

以上をまとめると，TCS は式 (6.22) を使って，次式のように制御することである。

$$J_0 \frac{d\omega}{dt} = (T_D^* - \Delta T_D - T_B) - \mu \cdot r \cdot W_0 \tag{6.23}$$

$$T_D = T_D^* - \Delta T_D \tag{6.24}$$

T_D^*；運転者の意図による入力駆動トルク〔Nm〕，ΔT_D；TCS 制御で減じる駆動トルク，T_D；ΔT_D，T_B だけ減じられて有効に作用する駆動トルク〔Nm〕，T_B；TCS 制御で付与するブレーキトルク〔Nm〕

このとき，ΔT_D は，エンジンを直接制御，またはスロットルバイワイヤで運転者の意図と関係なくスロットルを制御して作り出される。

基本的な制御例について説明したが，そのほかにハンドル舵角センサ，横加速度センサやヨーレイトセンサを用いて，操舵状態や車両挙動に応じて駆動輪の目標スリップ率を変えて制御することにより，直進時は駆動力優先，旋回中は横力優先などの制御を行っている。

6.3.4 ビークルスタビリティコントロールシステム

ビークルスタビリティコントロールシステム；VSCS は，横滑り防止装置として 1995 年にメルセデス社によって世界に先駆けて S クラスに搭載された。TCS, EBD を取り込んだ ABS 進化技術といえる。VSCS は，路面状況の急変や急ハンドル操作を強いられる不測の事態における後輪の横滑り（スピン）や前輪の横滑り（ドリフトアウト）を，4 輪独立によるブレーキ力付与制御とエンジントルク制御により車両の安定化を図るシステムである。

(1) 基本原理

自動車が走行中，限界に近い状況にあるとき 2 つの場面（図 6.28）が存在する。1 つは後輪の横滑りによりスピンに至る場合と，もう 1 つは前輪の横滑りによりドリフトアウトに至る場合である。この限界状況をどのようにして安定状態に復帰させるかについて考える。

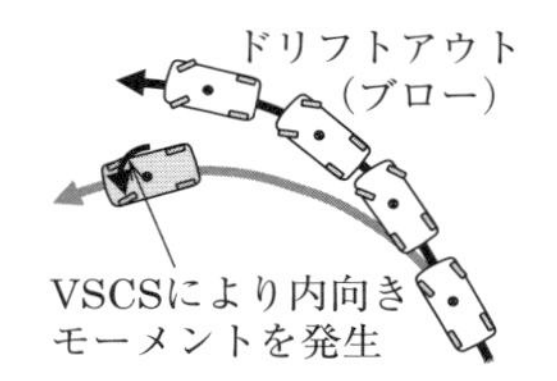

（a）前輪横滑りが発生した状態

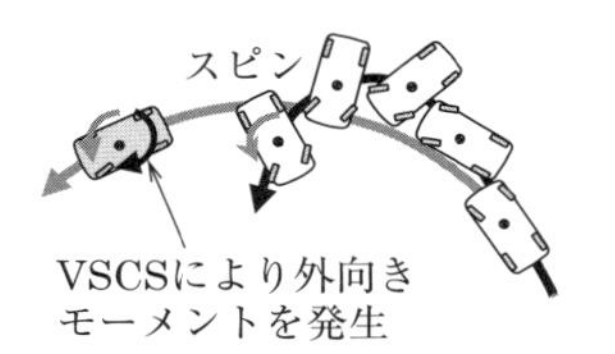

（b）後輪横滑りが発生した状態

図 6.28 ドリフトアウトとスピン

（a） 横滑りを抑制するブレーキ力付与方法の検討

① 前左車輪のタイヤ発生力の考察

図 6.29 は，反時計回りに旋回中の車両の前左車輪のタイヤ発生力を示す。図 (a) の走行状態からアクセルを戻して駆動力を抜くと，図 (b) のようなタイヤ発生力になる。旋回方向のヨーイングモーメントが減少し，エンジンの駆動トルクをこのように制御しただけでも安定化することが分かる。この状態から，さらに，ブレーキ力 B_{x1} を作用させると，図 (c) のタイヤ発生力になる。ブレーキ力により外輪に荷重移動が発生し摩擦円が大きくなるがモーメント長が短くなるので，さらに，ヨーイングモーメントが減少する（図 (c) では，ほぼ 0）。さらに，ブレーキを強く踏んでブレーキ力を摩擦円いっぱいまで大きく B_{x2} にすると，もはや横力は消失しブレーキ力だけが作用する。このときのタイヤ発生力は，図 (d) で示される。旋

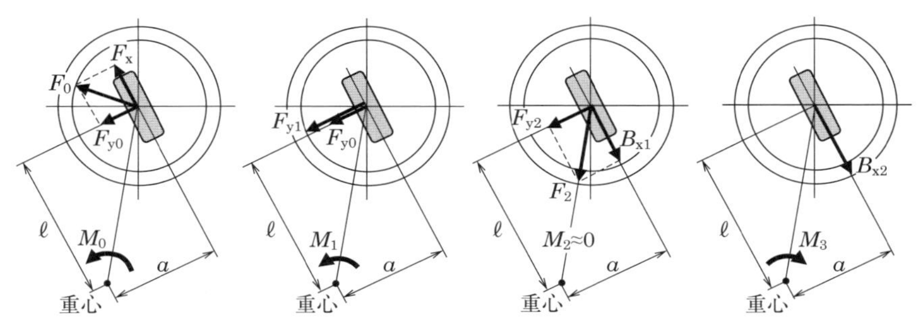

（a）通常走行　（b）駆動力を抜いたとき　（c）制動力を作用　（d）制動力でタイヤロック

（a）駆動力：F_x，横力：F_{y0}，摩擦円上の合力：F_0，ヨーイングモーメント；$M_0 = F_x \cdot a + F_{y0} \cdot \ell$
（b）駆動力：0，横力：$F_{y1} > F_{y0}$，ヨーイングモーメント；$M_1 = F_{y0} \cdot \ell < M_0$
（c）制動力：B_{x1}，横力：$F_{y2} > F_{y0}$，ヨーイングモーメント；$M_2 = B_{x1} \cdot a + F_{y2} \cdot \ell < M_1$
（d）制動力：B_{x2}，横力：0，ヨーイングモーメント；$M_3 = -B_{x2} \cdot a$

図 6.29 左旋回中車両の前左車輪のタイヤ発生力

回方向と反対方向のヨーイングモーメントが得られる。これにより，旋回中の後輪に横滑りが発生してスピンを誘導するヨーイングモーメントが発生しても，図(d)のように，M_0 を打ち消す反対方向のヨーイングモーメント M_3 が発生し車両を安定化させることができる。

② その他の車輪のタイヤ発生力の考察

前左側タイヤについて検討したが，他のタイヤについても検討する。図6.30は，4輪に最大横力を発生させながら左旋回走行中に，ある1輪にブレーキ力を付与したときに発生するヨーイングモーメントを求めたものである。

①で考察したとおりに，前外側タイヤにブレーキ力を付与すると，ブレーキ力に応じて旋回方向と反対方向の大きなヨーイングモーメントを安定して発生させることが分かる。前内側タイヤは途中で逆転するが，それ以外の後内・外側タイヤは，前輪横滑り抑制には有効である。

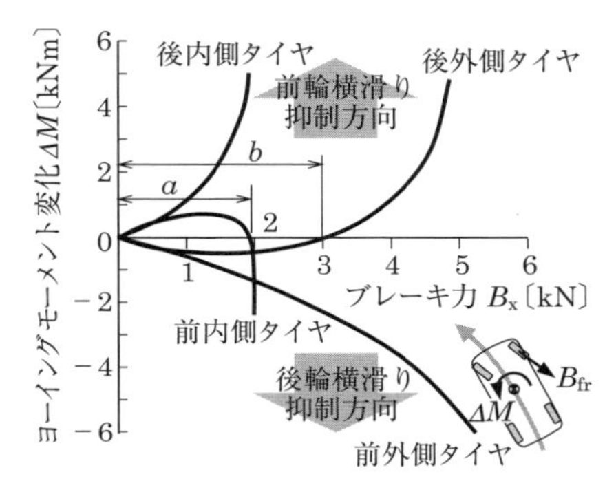

図6.30　最大横力状態から1輪にブレーキ力を作用した場合のヨーイングモーメント発生状況[4)]

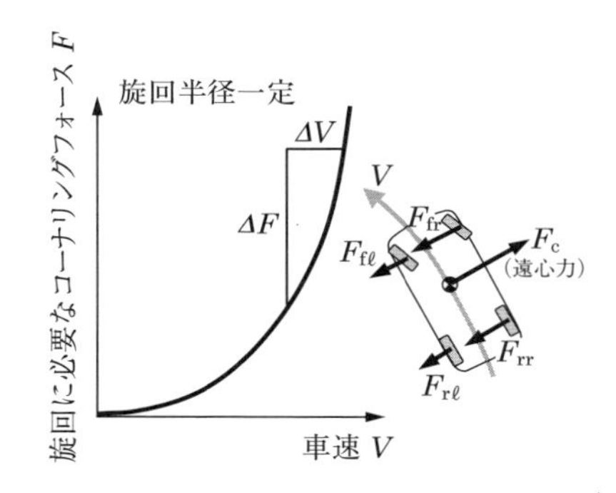

図6.31　旋回に必要なコーナリングフォース[4)]

車両の4輪分の横力合計値は，図6.31に示すように遠心力に等しいので車速を $\varDelta V$ 小さくするとコーナリングフォースは，速度の2乗に比例して $\varDelta F$ 小さくなる。したがって，ブレーキ力を付与し車両速度を低下させることは，限界から安定状態への復帰に有効である。

これらの特性を有効に利用して車両が限界状態にあるときに安定化させる。

(b)　前輪タイヤの横滑り抑制制御

① ブレーキ力付与方法

前輪タイヤの横滑りを抑制させるために，図6.30，6.31より得られた知見から，次のようなことがいえる。

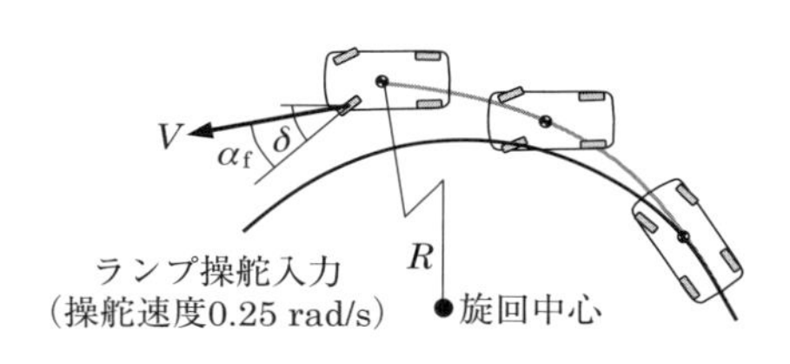

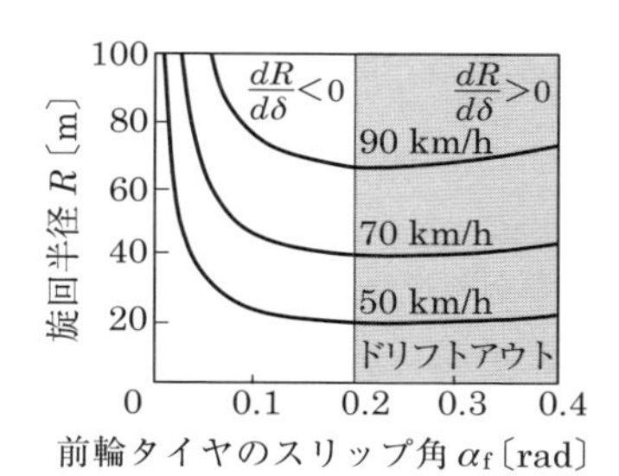

図 6.32 前輪スリップ角と旋回半径 [4)]

> ① 後内側タイヤのブレーキ力と後外側タイヤブレーキ力（$B_{rr}>b$）により旋回方向ヨーイングモーメントを発生させる
> ② 前内側タイヤにブレーキ力（$B_{f\ell}<a$），後外側タイヤにブレーキ力（$B_{rr}<b$）を作用させ，車両速度を下げる

これらのようにブレーキ力を適宜作用させ安定状態に復帰させる。

② 前輪タイヤの横滑り状態の検出と判定

前輪タイヤの横滑り状態は，前輪タイヤが後輪タイヤより先にグリップ限界に達し横滑りを起こすドリフトアウト状態のことで，ハンドルを切り回しても舵が効かない。図 6.32 は，この状態をランプ操舵入力時の前輪タイヤのスリップ角と旋回半径で示す。旋回半径を最小にする前輪スリップ角は，車両速度に依存しないでほぼ一定の 0.2 rad である。したがって，前輪タイヤの横滑り状態は，前輪スリップ角を測定し 0.2 rad を超えないように，後 2 輪と前内輪のそれぞれのタイヤの目標スリップ率を定め目標範囲に入るように電磁バルブを ON/OFF 駆動してブレーキ力を制御すれば回避できる。

(c) 後輪タイヤの横滑り制御

① ブレーキ力付与方法

後輪タイヤの横滑りを抑制させるために，図 6.30，6.31 より得られた知見から，次のようなことがいえる。

> ① 前外側タイヤにブレーキ力を発生させて旋回方向と逆のヨーイングモーメントを発生させる
> ② 後外側タイヤにブレーキ力（$B_{rr}<b$），前内側タイヤにブレーキ力（$B_{f\ell}>a$）

を作用させ，車両速度を下げる

これらのようにブレーキ力を作用させ，安定状態に復帰させる。

② 後輪タイヤの横滑り状態の検出と判定

後輪タイヤの横滑り状態は，後輪タイヤが限界に達し横方向に滑り始め車両が不安定になる状態である。車体スリップ角が急増すると，車両が旋回内側に巻き込まれ，いわゆるスピン状態に陥る。この状態は，図6.33に示すような車体スリップ角とその変化率の位相面上で表現できる。

図は，0.6 Hzのサイン操舵入力における応答を示したものである。安定限界は車両速度や操舵角にあまり依存していないので，この位相面を使って判定できる。したがって，車体スリップ角とその変化率である車体スリップ角速度を測定して，それらの値が安定領域内に収まるように車輪の目標スリップ率を定め，目標範囲に入るように電磁バルブをON/OFF駆動してブレーキ力を制御する。

(2) システム構成

VSCSの構成を図6.34に示す。各4輪を検出する車輪速センサに加え，車両挙動を検出するヨーレイトセンサ，横・前後加速度（G）センサ，ドライバの操作を検出するハンドル舵角センサ，ブレーキ液圧を検出するブレーキ圧センサなどの各種センサと，ECU，およびブレーキ液圧を各4輪それぞれ独立してアクティブに加圧できるブレーキアクチュエータ（VSCS液圧制御ユニット）で構成される。また，VSCSは，TCSと同様に，エンジントルクを制御するので，エンジン用ECUと通信している。

(a) 車体スリップ角と前輪タイヤスリップ角の測定

VSCSは，車体スリップ角βと前輪スリップ角α_fの測定がキーとなるが，直接

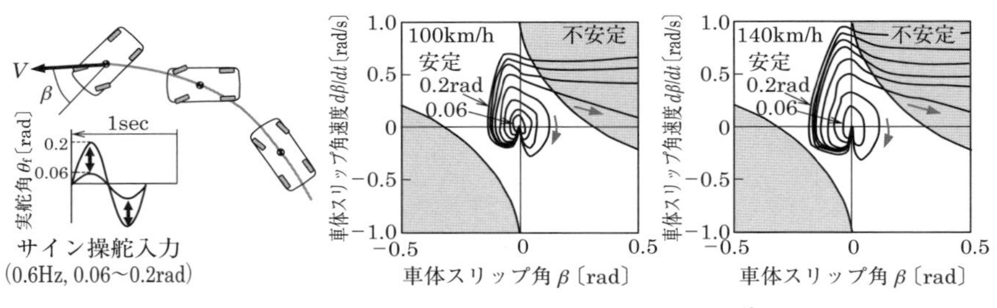

図6.33　車体スリップ角とその変化率の位相面[4)]

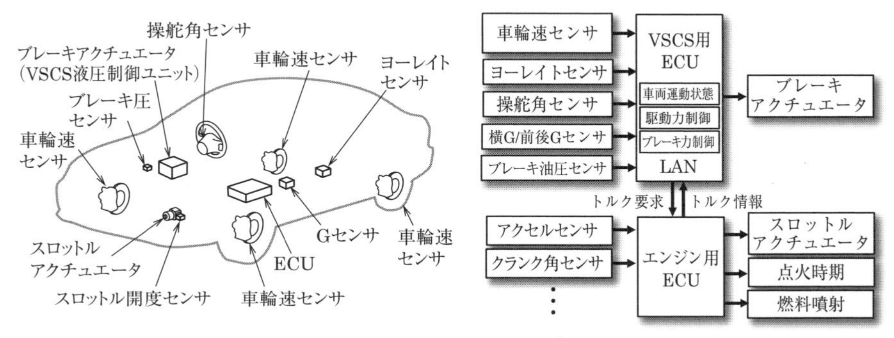

図 6.34 VSCS の構成図 [2)]

測定できないので車両挙動を検出するヨーレイトセンサ，横・前後加速度（G）センサ，ハンドル舵角センサを使って数学的に算出する。しかし，センサ部の温度ドリフトや計算上の積分誤差，また走行路面のカント（傾斜）などの誤差要因が存在するので，適宜補正して上手に使う。

図 6.35 は，車両運動モデルを使ったオブザーバ出力 γ^*, β^* とセンサからの信号 γ，演算値 β を比較して補正し，実用上の精度を確保している例である。

(b) ブレーキアクチュエータ

ブレーキアクチュエータは，ECU からの指令によりブレーキ液圧を瞬時に発生させブレーキ力を付与し安定化ヨーイングモーメントを作り出す。運転者のペダル操作に関わらず高応答の加圧要求を満たすために，ABS アクチュエータに加圧回

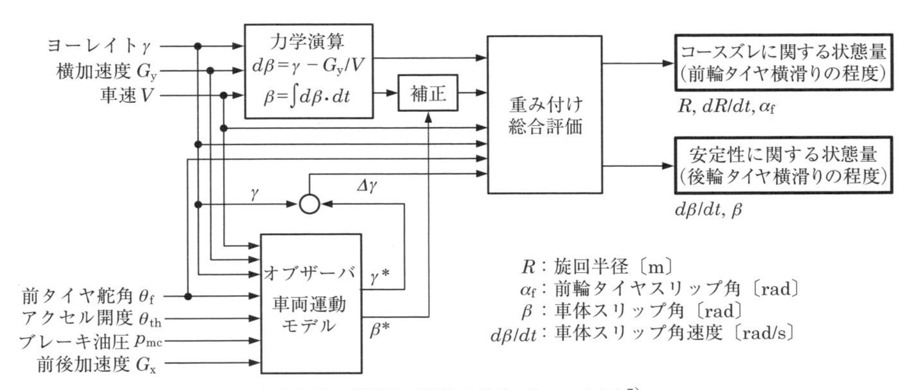

図 6.35 横滑り状態の推定ブロック図 [5)]

路を追加しポンプとモータの能力を上げている。

①　液圧回路

図6.36は，ブレーキアクチュエータの液圧回路を示す。フロント右とリヤ左，フロント左とリヤ右をそれぞれの液路をつないでマスタシリンダに接続するX配管方式である。

図の液圧回路における電磁バルブの開閉状態は，通常ブレーキ作動状態である。ECUからの指令により表6.4のように，適宜電磁バルブを開閉させABS，EBD，

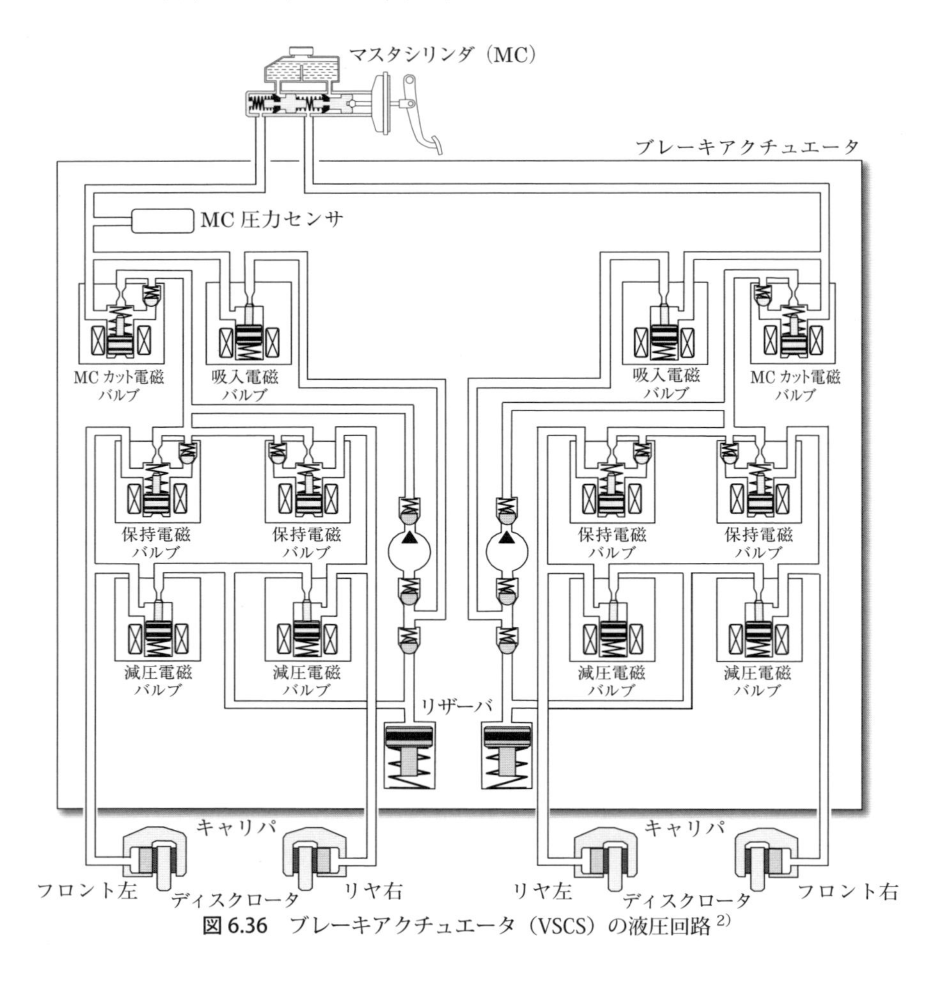

図6.36　ブレーキアクチュエータ（VSCS）の液圧回路[2)]

表 6.4　各制御におけるソレノイドバルブ切り替え状態

<table>
<tr><th colspan="2"></th><th>保持電磁バルブ</th><th>減圧電磁バルブ</th><th>マスタシリンダ
(M/C)
カットバルブ</th><th>吸入電磁バルブ</th></tr>
<tr><td colspan="2">通常ブレーキ</td><td>開</td><td>閉</td><td>開</td><td>閉</td></tr>
<tr><td rowspan="3">ABS
EBD
TCS</td><td>増圧モード</td><td>開/高圧供給</td><td>閉</td><td rowspan="3">閉</td><td rowspan="3">閉</td></tr>
<tr><td>保持モード</td><td>閉</td><td>閉</td></tr>
<tr><td>減圧モード</td><td>閉</td><td>開</td></tr>
<tr><td colspan="2">BA</td><td>開</td><td>閉</td><td>開</td><td>開</td></tr>
</table>

TCS のほかに，BA 機能を持つ。BA 機能についても触れておく。

② BA 機能

BA（Brake Assist；ブレーキアシスト）は，運転者がブレーキペダルを踏み込む速度と量によって緊急ブレーキかどうかを判断し，緊急であればマスタシリンダで倍力（アシスト）された液圧よりさらに強い液圧を発生させる緊急ブレーキ時のアシスト増大制御である。運転者のブレーキ作動中に，吸入電磁を開くと共に，アクチュエータ内のポンプで発生させた高い液圧を各ホイールシリンダに導き，より高いブレーキ力を作用させる。吸入電磁は，BA 作動以外は閉じている。

③ VSCS（ABS，EBD，TCS）

表 6.4 に各制御における電磁バルブの切り替え状態を示す（図 6.21，6.22 における ABS アクチュエータの作動モードの説明を参照)。増圧モードは，ポンプから高圧供給を可能にする。

(3) 制御の概要

VSCS 制御は，車両運動状態演算部，駆動力制御演算部，およびブレーキ力制御演算部の 3 つの制御モジュールから構成（図 6.34）され，運転者からの加速操作や減速操作時に前輪タイヤの横滑りや後輪タイヤの横滑りを検出し，車両を安定させる方向にエンジントルクを絞る制御とブレーキ力を付与する制御を行う（表 6.5)。

(4) VSCS 装着義務化

国土交通省は，2010 年 12 月に乗用車に VSCS を順次義務化すると発表した。2012 年 10 月以降に発売される新型車とフルモデルチェンジされる車種に義務付けられ，既存車種も 2014 年 10 月以降には装備に追加する必要がある。

軽自動車は，新型車が 2014 年 10 月以降，それ以外は 2018 年 2 月以降に義務化

表 6.5　VSCS 制御

演算部	説　明
車両運動状態演算部	各センサ信号をもとに車体スリップ角，車体スリップ角速度，および前輪タイヤスリップ角を推定し，車体スリップ角とその変化率の位相面上のどこに位置するのかを常に監視し後輪タイヤ横滑り状態（不安定の程度）を推定する。同時に前輪タイヤスリップ角の推定値から，前輪タイヤ横滑り状態を推定する。
駆動力制御演算部	エンジン ECU からのトルク情報に基づいて，現在の発生しているエンジントルクと車両状態に最適なエンジントルク（目標）を求め，これらが一致するようにエンジン ECU に指令を出す。
ブレーキ力制御演算部	車両運動状態演算部からの信号に基づき車両を安定状態に復帰させるには，どのタイヤにどれだけブレーキ力を発生させるのかを求め，各タイヤのブレーキ力がその値に一致するようにブレーキアクチュエータを駆動する。 後輪タイヤの横滑り時には，外向きヨーイングモーメントを与えるために前外輪へ加圧指令し，前輪の横滑り時には，内向きヨーイングモーメントを与えるために主に後内輪に加圧指令すると同時に，車両速度を下げるために各輪を加圧する。また，限界状態では，運転者がパニック状態に陥ってアクセルペダルを踏み続ける場合を想定し，ブレーキへの加圧指令と同時に，通信によりエンジン出力を絞るように要求する。

される。トラック・トレーラ・バスについては，2013 年 8 月に国連欧州経済委員会の「制動装置に係る協定規則（第 13 号）」と「操縦装置の配置及び識別表示等に係る協定規則（第 121 号）」を採用し一部の車種に装着義務化を発表。新型車は，2014 年 11 月発売以降のモデルから，継続生産車も 2017 年 2 月以降から義務化される。

VSCS 義務化の動きは世界各国で見られ，米国，EU，カナダ，オーストラリアで義務化が既に決定されている。

演習問題

問題1　ドラムブレーキの自己サーボ機能について説明しなさい。

問題2　速度 100 km/h で一定走行している自動車が，平均減速度が 0.3 G となるようにブレーキをかけた場合の停止距離と停止時間を求めよ。ただし空走時間は，0.75 sec とする。

（答え；停止距離 $S = 152$〔m〕，停止時間 $t = 10.2$〔sec〕）

問題3　ブレーキシステムを2系統化する理由と，その配管方式について説明しなさい。

問題4　下り坂の峠道をブレーキ操作のみで下降していたときに，ブレーキのストロークが増大し効きが弱くなった。このときにブレーキ低下要因とその理由を述べなさい。

（答え；ペーパロック，油温が沸騰，気泡が生じストロークが増大し圧力伝達不足）

問題5　$\mu = 1.0$ の路面上を質量 $m = 1200$〔kg〕の自動車を1Gで減速して止まれるブレーキを以下の順序で設計しなさい。ただし，$\ell_f = 1.1$〔m〕，$\ell_r = 1.4$〔m〕，$h = 0.6$〔m〕である。

(1)　前輪静荷重 W_f と後輪静荷重 W_r を求めよ。

（答え；$W_f = 6590$〔N〕，$W_r = 5180$〔N〕）

(2)　理想ブレーキ力配分線と1Gのときの理論ブレーキ力を求めよ。

（答え；第3章参照，$W_f^* = 9420$〔N〕，$W_r^* = 2350$〔N〕）

(3)　前輪ブレーキ力 B_f と下記装置でのペダル踏力 Q を求めよ。

【ブレーキ装置の諸元】

ペダル比；$r_P = 5$，タイヤの半径；$R_T = 0.3$〔m〕，マスタシリンダ径；$D_M = 0.03$〔m〕，前後輪ブレーキ有効半径；$r_f = 0.15$〔m〕，$r_r = 0.10$〔m〕，前輪シリンダ径；$D_{Wf} = 0.03$〔m〕，前輪ブレーキファクタ；$BEF_f = 0.8$（ディスクブレーキ，2ピストンキャリパ），後輪シリンダ径；$D_{Wr} = 0.02$〔m〕，後輪ブレーキファクタ；$BEF_r = 3$（ドラムブレーキ）

（答え；$B_f = 9420$〔N〕，$Q = 1180$〔N〕）

(4)　このときのブレーキ圧 p_b を求めよ。一般的なシール耐圧を満たすかどうか検討し，特別なシール構造が必要かどうか検討しなさい。

（答え；$p_b = 8.4$〔MPa〕，< 15〔MPa〕（シール耐圧），通常のシール構造）

(5) このブレーキ装置の後輪ブレーキ力 B_r を求め，PV 搭載の必要性の検討と必要な場合は動作開始点の圧力 p_p，有効な PV 特性を求めよ。

（答え；$B_r = 5240$〔N〕，> 2350〔N〕→ PV 必要，$p_p = 2.3$〔MPa〕）

問題6　問題5(3) で求めた踏力を，1/3 にしたいときにブレーキブースタのバルブ開度反力係数 k_1/k_R をいくらにしたらよいか答えなさい。

（答え；$k_1/k_R = 2$）

問題7　100 km/h で旋回中にブレーキをかけたとき，後輪のスリップ率が 10 % から 40 % に増大したとき，①車輪の角速度はどのくらい変化したか。また②コーナリングフォースの発揮できる能力は何パーセント減少（図 6.18 参照）したか答えなさい。

（答え；①−33.3 %，②−56 %）

問題8　問題5の自動車が半径 100 m のコースを 100 km/h で旋回中に，突然，後軸外輪コーナリングフォースが 1000 N 低下した。スピンを回避するブレーキ力の与え方を図 6.30 を参照して検討しなさい。ただし，車体のロールやピッチング，ブレーキ力の応答遅れはないものと仮定する。

（答え；前軸右タイヤに 2000〔N〕のブレーキ力を作用し −1 400〔Nm〕のヨーイングモーメントを発生させ打ち消す）

問題9　フェイルセーフ制御とは，どのような制御か説明しなさい。

第7章

振動・騒音と乗り心地

自動車の振動現象は,「振動･騒音」と「乗り心地」に分類できる。振動･騒音は,エンジンやモータなどの回転運動のアンバランスや質量の上下運動,路面入力によるタイヤ上下動と自身の振動,ステアリングやブレーキなどのアクチュエータの振動,そしてボディの共振などのように個別要素の共振現象が自動車の加振源となって,車室内に伝達される現象である。

乗り心地は,車体全体を剛体のように揺らす20 Hz以下の低周波数振動である。これはタイヤからの強制振動をサスペンションで減衰させて車体へ伝達するときの振動伝達特性であるが,エンジンや燃料タンク,ステアリングギヤボックスなどの質量とそれを支えるマウントのばね定数・減衰による振動系の影響も受ける。

振動・騒音は乗員に不快感を与え,乗り心地は身体に影響を及ぼすので,①加振源のエネルギーを小さくする,②他の部品との共振,共鳴を避ける,③遮音吸音などの対策により振動・騒音レベルを抑制すると共に,④サスペンションやシートのばね・減衰特性と他の重量物による振動系特性を最適化し乗り心地を向上させる。

本章では,これら自動車の振動・騒音と乗り心地の全体像を理解するために,開発の現場で扱われている「振動・騒音」と「乗り心地」について解説する。

7.1 自動車の振動・騒音と乗り心地に関与する振動の種類

図7.1は,自動車室内における振動・騒音と乗り心地に関与する振動の周波数帯域分布をまとめたものである。50 Hz付近より低い周波数域には,車室内に直接伝達される振動と,乗り心地に関与する振動がある。20 Hz前後から高周波数域に及ぶ振動は,自身が共鳴,あるいは他の共鳴体を共振させ騒音を発する。

振動は,エンジンマウントやサスペンションなどの起振源(加振源の質量)を懸

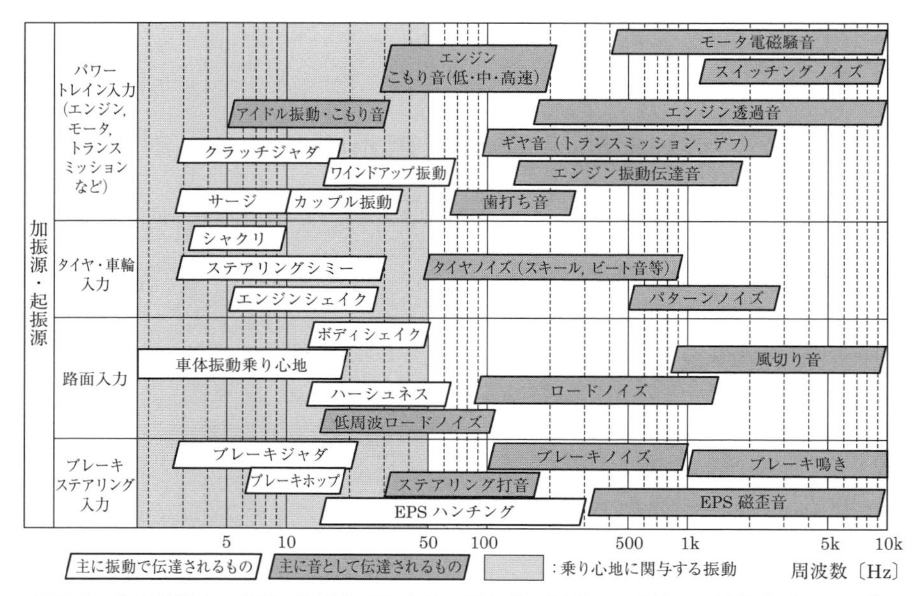

図 7.1　自動車室内の振動・騒音と乗り心地に関与する振動の一般的な周波数帯域分布図[1)]

架するばね要素からボディを経由する。また，騒音は，ボディが発音応答系になる固体伝播音（間接音）として，あるいはエンジンやタイヤなどから直接放射される音が空気伝播音（直接音）として車室内に伝達される。それぞれ振動ごとに異なった周波数帯域を持ち，広い周波数範囲に分布する。

7.2　車体（ボディ）の振動・騒音

車体は，図7.2に示すように骨格（フレーム）に外板が溶接された構造にドアやフードなどが取り付けられているので，エンジン・動力伝達系で発生する起振力や，路面からの変位強制力が伝達されると，図7.3に示す振動モードやパネル共振などによって，車内に振動・騒音が発生する。この車室内振動・騒音のまとめを表7.1に示す。

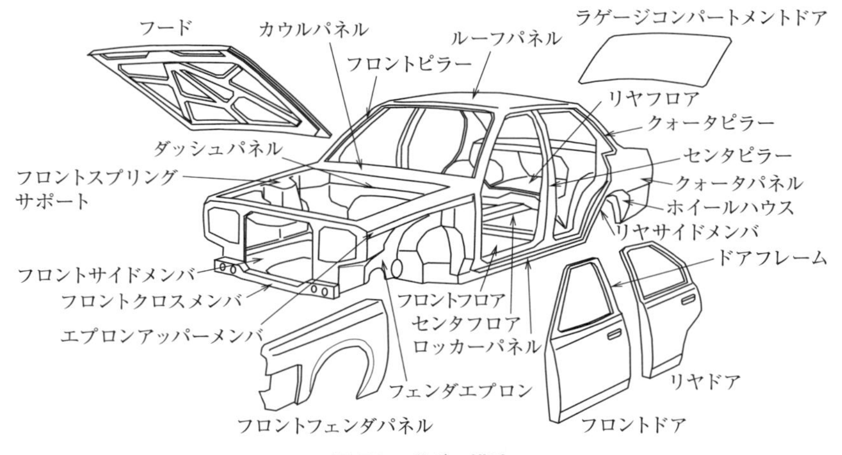

図 7.2　ボディ構造

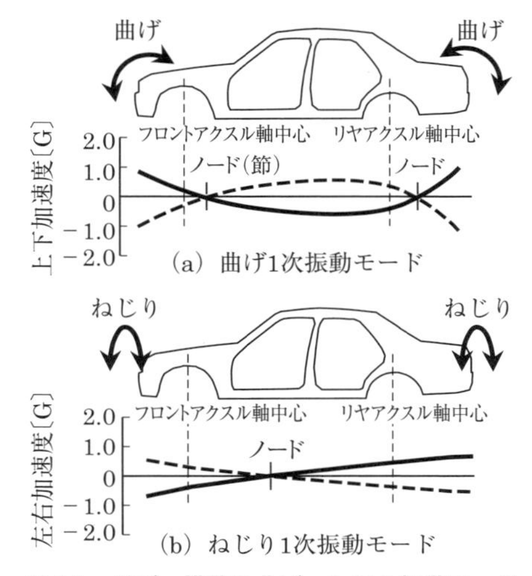

図 7.3　ボディ構造の曲げ・ねじり振動モード

表 7.1　車室内振動・騒音のまとめ[1)]

振動・騒音名	起振力・加振源	振動・騒音の発生メカニズム	振動・騒音低減手法
(1) アイドル振動 5 〜 30 Hz	エンジントルク変動	車体伝達後，車体1次曲げ共振，排気管，シート，ステアリングを加振，共振点に近づき大振動・騒音化	エンジン爆発1次周波数との共振点をずらし応答感度の低い構造に変更
(2) 加減速時のショック振動 5〜30 Hz	エンジントルクの急増・急減	駆動系ねじり振動が励起され車体前後の1次曲げ共振と共に，急激なトルク増加の反力を受けエンジン懸架系が振動する現象	共振点をずらす。ダイナミックダンパで振動低減を図る
(3) シェイク 5〜30 Hz	路面の凹凸，タイヤのアンバランス，ユニフォミティ，ホイールの偏心	サスから車体伝達し，車体1次曲げ共振，エンジン懸架系剛体振動，サスばね下共振，ステア系共振を誘発。詳細は「乗り心地」の項で説明	タイヤのバランスをとる。共振点をずらす。ダイナミックダンパで振動低減を図る
(4) しゃくり振動 〜10 Hz	加減速によりエンジントルクの急変	車体前後方向にガクガクと揺さぶられる現象。フレーム構造の1次曲げ共振駆動系に1次ねじり振動が重なると発生	共振点をずらす。ダイナミックダンパで振動低減を図る
(5) こもり音	車体パネル振動が誘発され車室空洞共鳴により「ボー」,「ブーン」という音圧を感じる騒音		
①低周波こもり音 5〜30 Hz	タイヤ変位（悪路走行時）	車体を質量とするリヤサス系振動が，リヤサイドメンバから車体1次曲げ振動，パネル共振を引き起こし，こもり音発生	リヤサス系共振と車体曲げ共振を近接させない関連部位諸元にする
②低速走行時こもり音 30〜50 Hz	エンジントルク変動による回転振動（〜50 km/h）	駆動系ねじり共振やリヤサス・ワインドアップ共振（加速時に駆動輪の車軸周りに生じるねじり共振）により増幅された振動がリヤサイドメンバから車体1次曲げ振動，パネル共振を引き起こし，こもり音発生	後輪懸架系のワインドアップ共振を常用車速以下（約 35 Hz 以下）に設定する。クラッチディスクのねじりばね定数の低減など，エンジンの回転変動を低減する
③中速走行時こもり音 50〜100 Hz	エンジンのトルク変動 回転体のアンバランス（50〜80 km/h）	駆動系のねじり4次振動（50 〜 80 Hz）を引き起こし，こもり音発生 後輪懸架系ワインドアップ振動を引き起こし，こもり音を発生 ドライブシャフト，サスメンバなどの曲げ共振が，50〜100 Hz にある場合に，こもり音が発生 排気系の脈動音に助長され，ダッシュパネル，トーボード，前席フロア，リヤウインドガラスなどの振動にも影響される	起振力による共振周波数と，それぞれの共振周波数をずらす

表 7.1 車室内振動・騒音のまとめ（つづき）

振動・騒音名	起振力・加振源	振動・騒音の発生メカニズム	振動・騒音低減手法
④高速走行時こもり音 100〜200 Hz	エンジンのピストン，コンロッドなどの慣性力や慣性モーメント（80 km/h）	起振力による駆動系曲げ1次・2次振動が，リヤサスから車体後方に伝達，車体後方，中央のフロア振動を誘起し，こもり音発生。駆動系曲げ共振が200 Hz以上の周波数で発生。ドライブシャフト，エンジンマウントから車体へと振動伝達される過程，車体に共振がある場合，大きなこもり音発生	対策は，強制力の低減と，ボディ剛性を大きくし共振周波数を200 Hz以上にする
(6) エンジンノイズ 200〜 Hz	エンジン内部（右図）で発生する各種振動（バルブ作動，シリンダ内燃焼などの不連続作動による振動）	起振力がシリンダブロック，オイルパンなどを振動させ，音として放射されて車室内に侵入する成分と，エンジンマウントから振動伝達され，車体パネル振動により音が放射される成分が存在する	カム ロッカーアーム スプリング 排気 吸気 燃焼室 バルブ コンロッド ピストン SOHC バルブ構造（ホンダシビック）

7.3 車体形状と空力騒音

空力騒音は，高速走行中に車体周りに発生する気流が関与して発生する騒音である。次のように大別される。

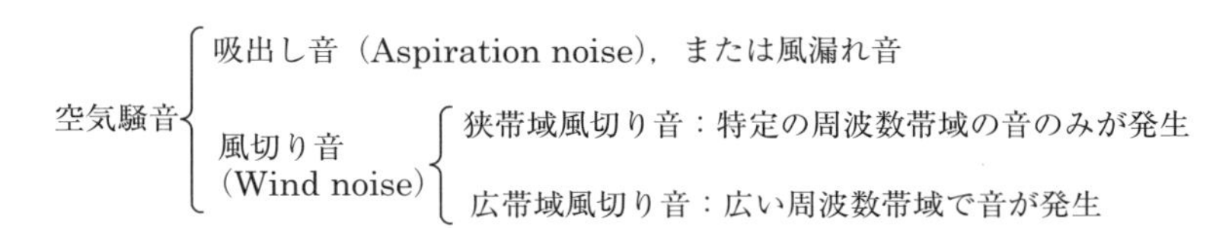

一般的に，風漏れ音と狭帯域風切り音は耳につきやすく異音と判断され，広帯域風切り音は，静かさうるささ，として捕らえられる。また，いわゆる風切り音は帯域風切り音のことであり，笛吹き音や共鳴音などは狭帯域風切り音に属する。

表 7.2 は，空気騒音について解説したものである。

表 7.2　空気騒音の解説 [1)]

空気騒音	解　説
1. 吸出し音，風漏れ音	走行中は，車体形状と流れの関係からフロントピラー背後やルーフの前側に圧力低下が生じ，ドアやサンルーフに吸い出す力が発生して動的に変化する隙間を生じる。静止状態のシール性能を損なう変位量が発生すると，風漏れ音が発生する
2. 風切り音	風切り音は，高速走行時に車体を流れる気流が表面の段差や突起などにより乱され発生する気流騒音がウェザーストリップ，ボディパネル，ウインドシールガラスなどから透過して聞こえる騒音である (1) 狭帯域風切り音 狭帯域風切り音は，空気の流れが周期的に変動をしたときに，数 kHz の高い周波数で発生する．ラジオ用ロッドアンテナやルーフのクロスバーなどの後流に周期的な渦（カルマン渦）を伴って発生するエオリアントーン（Aeorian tone），ドアと車体の隙間やボンネットフード先端などの溝部や突起部で生じる数〔kHz〕のキャビティトーン（Cavity tone）やエッジトーン（Edge tone），サンルーフやリヤガラスを開けたときに，耳の鼓膜が圧迫される 10～25 Hz 程度のウインドスロブ（Wind throb）に大別される エオリアトーン，キャビティトーン，エッジトーンの対策は，流れの上下左右対象形状を非対称にする，小突起を設けて強制的に剥離をさせる，寸法を徐々に変化させるなどの周波数をずらす手法がとられ，ウインドスロブの対策は，デフレクタを設け開口上流端で発生した気流の乱れが下流端に到達しないようにして三次元的に乱すことにより周期性を壊す手法がとられる (2) 広帯域風切り音 広帯域風切り音は，誰もが普通に感じる高速走行中の風切り音のことである。自動車表面の圧力は，流速（車速）の 2 乗に比例し，音源のパワーは車速の 6 乗に比例する。また流れの剥離によって生じる渦の大きさが小さい方が室内音が小さいので，ドアミラーなどのフロントピラー周りやウインドシールドガラス上部などの剥離を作りやすい部位は，形状設計にて工夫する

7.4　動力発生源（エンジン，モータ）の振動・騒音

特にハイブリッド車では，エンジン駆動に加えてモータを駆動して，アイドル停止，回生ブレーキ，モータアシスト走行などのガソリン車にはない機能を持たせているので，エンジンの振動現象に加え，新たな機能に起因する高周波の電磁騒音や特有のパワートレイン構造に起因する低周波の振動が発生する。

7.4.1　エンジンの振動現象

エンジンは，各種の部品と連動し燃焼室内で 4 行程を経て燃料を爆発させ動力を作り出す装置である。図 7.4 に示す燃焼膨張圧力によるトルク変動や表 7.1 の図，図 7.5 に示す部品の慣性力により種々の振動強制力を発生させるので，自身を振動

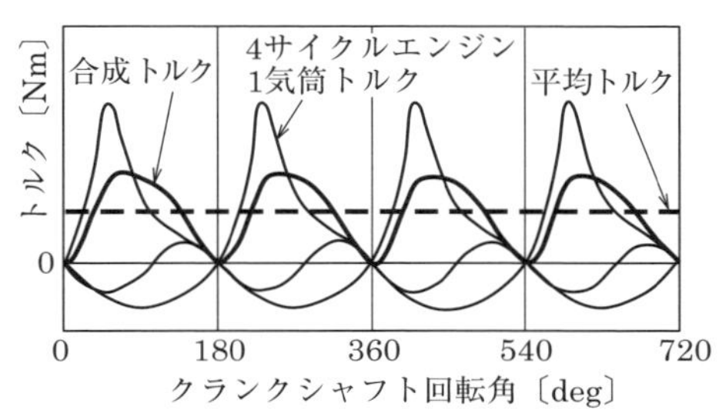

図 7.4 クランクシャフト回転角に対するトルク

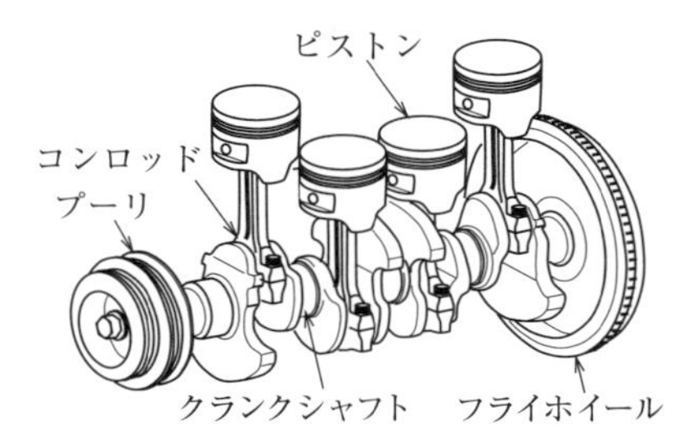

図 7.5 クランクシャフト周りの部品

させ発音体になると共に，駆動系や車体にも伝達され種々の振動・騒音源となる。

7. 4. 2 モータ電磁騒音（磁歪音）

モータ電磁騒音は，発進時のモータアシスト走行，EV（Electric Vehicle）走行，減速時の回生制動などの大駆動トルク時の電磁強制力が大きい場合や，エンジン停止時の暗騒音が低い場合に顕著に聞こえる。モータ回転数に同期した周波数（数百〔Hz〕～数〔kHz〕）で発生し，その振動源は主に次の 2 つである。

（1） モータ径方向に発生する力の変動

図 7.6 に示すように，通電相の切り替えに応じて発生する吸引力と反発力の変動でステータが弾性変形することにより発生する振動である。

（2） モータ回転方向のトルク変動

3 相モータの場合，磁石のトルク T は，式 (7.1) に示すような磁束 ϕ と電流 i の関係で表され，トルクの変化は回転方向の磁束の変化に起因する。

$$T = \frac{\partial \phi_{\mathrm{u}}}{\partial \theta} i_{\mathrm{u}} + \frac{\partial \phi_{\mathrm{v}}}{\partial \theta} i_{\mathrm{v}} + \frac{\partial \phi_{\mathrm{w}}}{\partial \theta} i_{\mathrm{w}} \tag{7.1}$$

これらの強制力により，ロータ，ステータ，ケースなどの振動が励起される。対策としては，磁束の変化を相殺するような電流波形を付加する制御やロータと磁石配置，ロータとステータ形状・配置の最適化などにより強制力を小さくする。

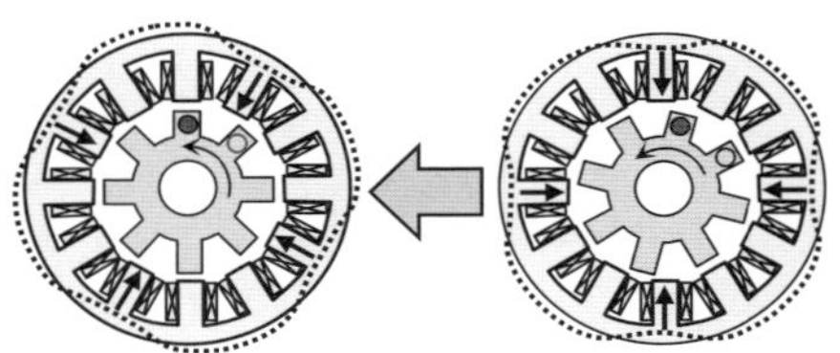

図 7.6 通電切り替え前後のステータ変形

7.4.3　昇圧やDC/AC変換時に発生する高周波スイッチングノイズ

スイッチングノイズの発生周波数は，昇圧回路やDC/AC変換時のキャリア基本周波数とその高調波（数〔kHz〕～十数〔kHz〕）によるものである。コア材の板厚選定や固定方法を工夫して，これらの周波数に対する磁歪変形量を低減する。

7.4.4　パワートレイン構造に起因する低周波の振動

この振動は，エンジントルク変動を強制振動源とする駆動系ねじり共振やエンジン懸架系共振に起因し，エンジン低回転時の低周波こもり音（数十〔Hz〕～百数十〔Hz〕）やエンジン起動・停止時の低周波過渡振動（～数十〔Hz〕）を引き起こす。エンジン起動・停止時の過渡振動は，乗員の意図と無関係に発生するので気になりやすく対策要求レベルが厳しい。

ハイブリッド車固有の対策として，エンジン起動時の圧縮圧を低減させるピストン停止位置制御，エンジン爆発時の過渡トルク変動を車軸に伝達させない制御，駆動系ねじり共振による車軸のねじり振動を低減させるフィードバック制御などをモータとエンジンに対して行っている。

7.4.5　防振技術の理論

エンジンやモータなどの強制振動をビームに伝えない防振技術について考える。図7.7の1自由度振動系を用いて説明する。

運動方程式　$m \cdot \ddot{x} + c \cdot \dot{x} + k \cdot x = F_0 \cdot \sin \omega \cdot t$　　(7.2)

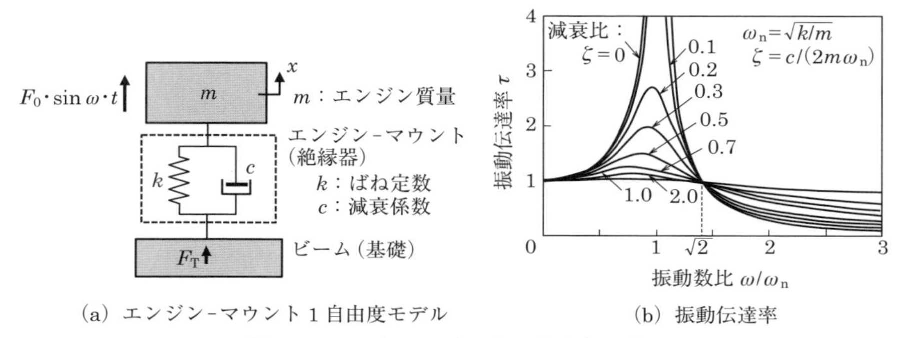

図7.7　エンジン-マウント1自由度モデル

ビームに伝わる力　$F_T = c \cdot \dot{x} + k \cdot x$　(7.3)

振動伝達率　$\tau = \dfrac{F_T}{F_0} = \sqrt{\dfrac{k^2 + (c \cdot \omega)^2}{(k - m \cdot \omega^2)^2 + (c \cdot \omega)^2}}$　(7.4)

$$= \sqrt{\frac{1 + \left(\dfrac{2\varsigma \cdot \omega}{\omega_n}\right)^2}{\left\{1 - \left(\dfrac{\omega}{\omega_n}\right)^2\right\}^2 + \left(\dfrac{2\varsigma \cdot \omega}{\omega_n}\right)^2}}$$

$\omega / \omega_n > \sqrt{2}$ で $\tau < 1$ となり防振効果を発揮する。振動数比を大きく設定する（固有振動数小⇒ばね定数小）ほど，伝達率を小さくできる。

7.5　タイヤの振動と騒音

7.5.1　タイヤの振動特性

自動車は，上下方向のみを考慮した簡単な振動モデル（図 7.8(a)）を用いて説明すると便利である。このときタイヤは，図 7.8(b) に示すような断面形状をした「ばね」とみなし，サスペンションを基準として，それより上部にあるエンジンなどを含むボディを「ばね上」，下部に位置するタイヤ，ホイールなどを含む車軸部を「ばね下」という。このような振動系において，ばね下共振によるばね上振動のピークは，ばね下質量とタイヤばねの１自由度系で形成される振動により発生する。

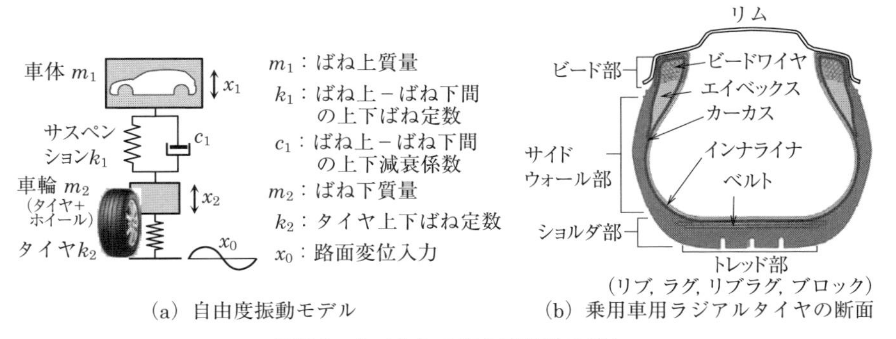

(a) 自由度振動モデル　(b) 乗用車用ラジアルタイヤの断面

図 7.8　タイヤと２自由度振動モデル

(1)　動ばね特性と静ばね特性

タイヤは，粘弾性体であるゴムを用いた構造体であるので動的な強制変位に対してヒステリシス損失を生じる。このためタイヤのばね特性は「動ばね特性」といい，「動ばね定数」と「減衰係数」の2つの特性で表現する。動ばね定数は，タイヤ回転速度の増大によって低下し，加振周波数に応じて増加する傾向を示す。しかし乗り心地や振動に影響を及ぼす縦方向（上下方向）のばね定数は，動ばね定数と静ばね定数の相関が強いので，静ばね定数でタイヤ間の相対的な比較が可能である。

表7.3　タイヤ弾性振動の解説[1)]

弾性振動特性	解　説
(1) タイヤ固有振動数	タイヤの固有振動数や振動モードは，実験にて求める。トレッドにインパクトハンマ，または加振器で加振しタイヤピーク周波数帯域を求め，車両系の周波数ピークとずれるようにタイヤ構造を設計する
(2) タイヤ空洞共鳴	タイヤには，上記の弾性構造の振動による固有振動のほかに，内部に充填された空気による空洞共鳴が存在する。空洞共鳴周波数は，下図に示すように，タイヤ内部空気を円管として断面AA′で展開し円筒状にモデル化することにより次式で表される $$f_i = i \cdot \frac{c}{\ell} \qquad (7.5)$$ f_i；i次共振周波数〔Hz〕， c；音速〔m/s〕，ℓ；管長〔m〕 普通乗用車用タイヤの外形；500～800 mm，内部の円管長さ；1.25～2.0 m，であるから式（7.5）より，1次共鳴周波数は，170～270 Hz。1次共鳴振動は，内部の音圧変化としてタイヤ周り方向に伝達されホイールの加振力となり，耳障りな車内騒音を発する A　ホイール　管の展開長　A′　ℓ　管長　タイヤ タイヤの空洞共鳴モデル[5)]
(3) タイヤトレッド部の振動	図7.9は，タイヤフリー状態で，トレッドを加振したホイール半径方向の伝達特性である。2つのピーク周波数が存在し，ピークaは，タイヤトレッド部とホイールが逆位相で振動するモードであり，タイヤ断面内に2点の節を持つ弾性振動である。ピークbは，タイヤ断面内に4つの節を持つ弾性振動モードである
(4) タイヤ振動伝達特性	路面入力に対するタイヤの振動伝達特性は，前記(1)～(3)の現象が組み合わされる。サスペンションの影響を取り除きタイヤの伝達特性を調べるために，回転軸を固定して接地面から加振力を加えたときのタイヤの動ばね定数を図7.10に示す。ピークが85 Hz（上下方向1次），100 Hz（前後方向1次），245 Hz（前後方向空洞共鳴），270 Hz（上下方向空洞共鳴）に存在する
(5) 動的突起乗り越し特性	この特性は，路面上の突起を通過するときの振動特性で，エンベロープ特性と伝達特性の組み合わせで決まり，ハーシュネス（舗装路の継ぎ目や亀裂など，単発的な凹凸を通過するときの衝撃音や振動）の評価法である。ラジアルタイヤでは，30～50 km/h で上下，前後方向の軸力変動にピークが現れる

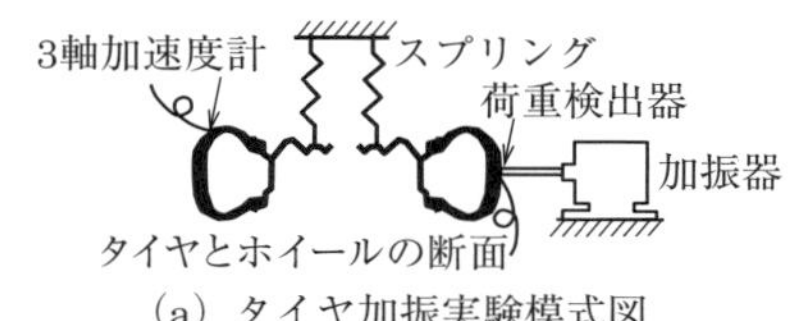

(a) タイヤ加振実験模式図

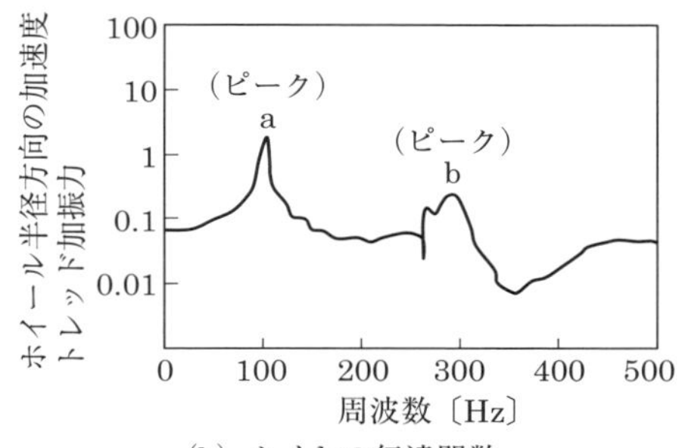

(b) タイヤの伝達関数

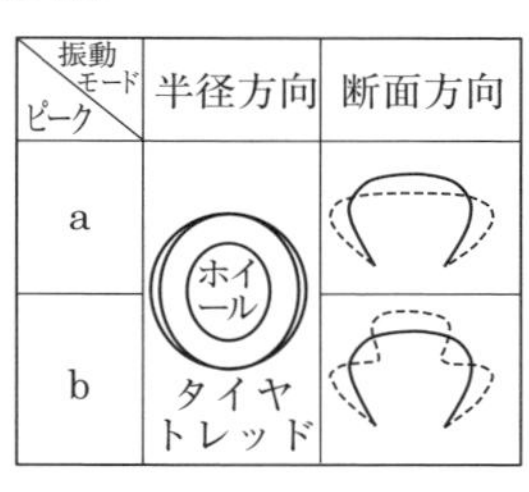

(c) タイヤの振動モード

図 7.9　トレッド加振によるタイヤ伝達特性とモード[2), 3)]

(2)　エンベロープ特性

タイヤが路面の小突起を乗り越す際，トレッド部が小突起を包み込む特性をエンベロープ特性（Enveloping）といい，この包み込む能力をエンベロッピングパワーという。エンベロープ特性は，突起乗り越し振動特性（ハーシュネス）に影響を及ぼす。

(3)　弾性振動特性

タイヤは，図 7.8(b) に示すように空気が充填された多層の弾性体から構成される複雑な構造体である。表 7.3 に各種の弾性振動特性を示す。

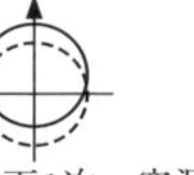
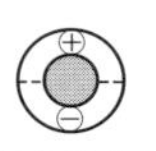

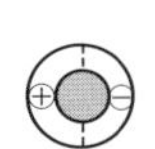

(a) 振動モード

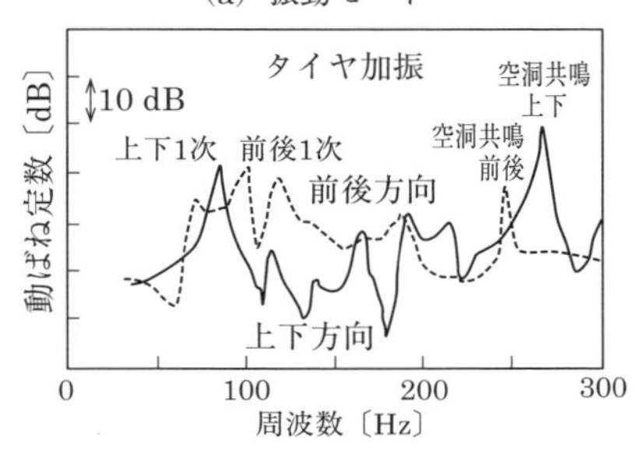

(b) タイヤ単体の動ばね定数

図 7.10　車軸固定時の動ばね特性[4)]

7. 5. 2　タイヤ振動に起因する騒音（タイヤノイズ）

タイヤの振動・騒音は，図 7.11 に示すように，タイヤが原因で発生した加振力

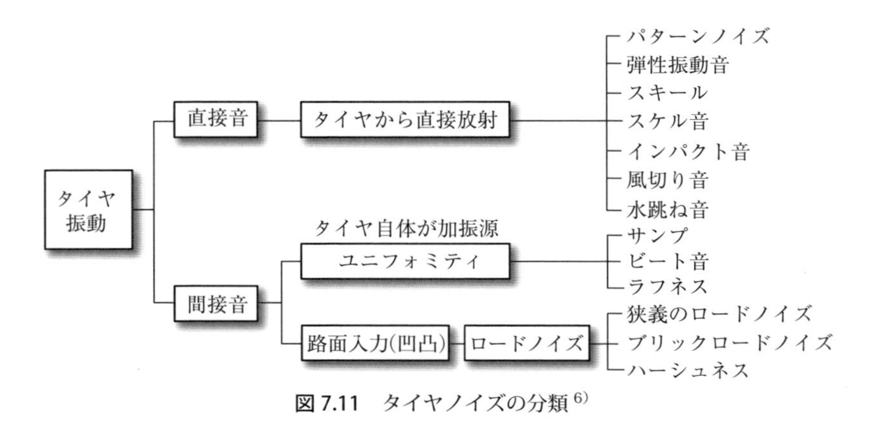

図 7.11　タイヤノイズの分類[6)]

が車両の伝達系を通って車室内騒音となる間接音と，同じく間接音であるが路面入力で発生するロードノイズと，タイヤ自体が音を発して直接放射する直接音がある。これらについて説明する。

(1)　間接音

(a)　タイヤ自体が加振源となる振動・騒音；ユニフォミティ

タイヤの重量，内部剛性，寸法の不均一性をノンユニフォミティ（Nonuniformity），これによる荷重変動をフォースバリエーション；FV（Force Variation）という。不均一性による3軸方向の荷重変動が，次の6種類の変動や偏りとなり車体振動・騒音に影響を与える（図 7.12）。

① RFV（Radial Force Variation）；上下力の変動
② LFV（Lateral Force Variation）；横力の変動
③ LFD（Lateral Force Deviation）；横力の偏り平均
④ TFV（Tractive Force Variation）；前後力の変動
⑤ STV（Steer Torque Variation）；操舵トルクの変動
⑥ STD（Steer Torque Deviation）；操舵トルクの偏りの平均

図 7.12　タイヤに発生する力[7)]

FV；$F(t)$ は，それぞれの変動に対して，1回転を基準にとり，フーリエ級数の和（整数倍）として，次のように表す。

$$F(t) = A_0 + \sum A_{\mathrm{n}} \sin(2n\pi \cdot f \cdot t + \phi_{\mathrm{n}}) \tag{7.6}$$

1次のFVは，シェークなどの低周波振動の定常的な加振力となり，高次成分はビート音などに関与する。表7.4は，ノンユニフォミティに起因する振動・騒音である。

(b)　路面凹凸が加振源となる振動・騒音；ロードノイズとハーシュネス

ロードノイズやハーシュネスは，自動車が荒れた路面などの凹凸路を走行するとき，凹凸路面からタイヤに加わる外乱による振動が，サスペンションを経由して車体に伝達され発生する振動・騒音現象である，大別すると表7.5のように分類できる。

狭義のロードノイズは，ランダム周波数成分からなる路面入力がタイヤに作用するので，タイヤを含むサスペンション系の振動特性とボディの振動音響特性がそのまま車室内騒音特性となるものであるが，ブリックロードノイズは，主として周期的な周波数成分を有する路面入力によってタイヤ，サスペンション，ボディなどが共振して，特定の車両速度で顕著な車室内騒音を発生する。

表7.4　タイヤの不均一性に起因する振動・騒音の解説[1)]

タイヤ不均一性による振動・騒音	解　説
サンプ（Thump）	タイヤの寸法，重量，剛性などに起因するユニフォミティ波形の局部的な凹凸や，ノンユニフォミティ高次成分の変動により発生する断続的音である。ユニフォミティのパルス的な変動が，タイヤ1回転当たり1回の衝撃力となり，サスペンション，車体などの振動を引き起こす。高速時のRFV，およびTFVの高次成分の振幅変調が激しい場合には，うなり音となってサスペンションへ入力され，変調頻度が激しい場合は打音となる サンプが発生しやすい速度は，50 km/h前後で，打音の頻度は，6～8 Hz，搬送周波数は，40～60 Hz程度である。ユニフォミティの改善によって対策する
ビート音（Beat noise）	ノンユニフォミティ高次成分による騒音とエンジン駆動系の騒音の干渉により発生するうなり音である。高速道路のような平滑路面を，70～110 km/hで走行中，特に後部席で顕著に感じる。周波数は，60～120 Hz，変調周期は，24回 / 秒程度である
ラフネス（Roughness）	ノンユニフォミティ高次成分による車室内騒音である。ユニフォミティ波形上に，2～3個 / 回転のピークを持つタイヤでは，サンプより高速域（100 km/h以上）で発生する。打音の周期が明確に聞き取れず，圧迫感の強い荒れた連続音として感じる サンプ，ビート音などのタイヤのノンユニフォミティ高次成分に起因するタイヤノイズは，ラジアルタイヤによって大幅に軽減される

表 7.5　路面凹凸が加振源となる振動・騒音[1)]

路面振動・騒音	解　説
狭義のロードノイズ (Road roar)	粗い表面の舗装路など不規則な凹凸を有する路面を走行するとき耳障りな音が発生する現象。一般にロードノイズといえば，このことをいう
ブリックロードノイズ (Brick-road noise)	敷石路，滑り止め路などのような一定期間の凹凸を持った路面を走行するときに連続的な音やこもり感を伴った音を発生する現象
ハーシュネス (Harshness)	舗装路の継ぎ目や亀裂など単発的な凹凸を通過するときに発生する衝撃的な音，振動

サスペンション系によるロードノイズの対応策は，①ゴムブッシュの高周波帯域での動ばね定数やショックアブソーバの減衰・フリクションを低下させ，サスペンション系から車体への振動伝達を低減する，②振動伝達経路にある構成要素の固有振動数が，近接しないように移動させる。

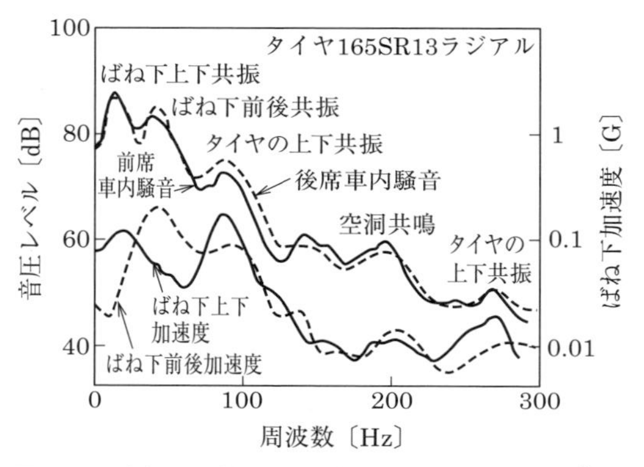

図 7.13　突起乗り越し時のばね下加速度と車内音[3)]

ハーシュネスは，バイアスタイヤではほとんど問題にならなかったが，ラジアルタイヤでは，曲げ剛性が高いのでエンベロープ特性や振動伝達特性が不利になり問題となる。図 7.13 は，ラジアルタイヤが突起を乗り越したときのばね下の上下振動による車室内音を示す。10 Hz と 90 Hz のピークは，ばね下の上下共振に対応し，また 40 Hz のピークは，ばね下前後共振に対応する。

ラジアルタイヤでの対策は，①ベルト剛性を低下させエンベロープ特性を改良することや，②前後の 40 Hz と上下の 80 Hz の振動伝達率を改善することが効果的である。またサスペンションでの対応策は，前後および左右のばね定数，減衰を低くし車体への振動伝達を抑えることである。

(2)　直接音；タイヤからの直接放射ノイズ

直接放射ノイズは，タイヤの弾性変形による振動から直接放射されるノイズである。表 7.6 のような種類がある。

表 7.6　タイヤから直接放射されるノイズ [1)]

タイヤ直接音	解　説
(1) パターンノイズ (Pattern noise)	タイヤから直接，放射されるノイズで，タイヤの転動に伴いトレッドパターンの溝部が繰り返し変形を受け，溝部に含有された空気がトレッドパターンのエアポンプの働きにより空気を排出，または流入するとき発生するエアポンプ音と，溝部の空気の気柱共鳴振動によって発生する音のことで，ピッチノイズともいう。トレッドパターンがタイヤ周上に一定のピッチで配列されているとみなせるとき，パターンノイズは周期的になるので，その周波数を f とすると，次式で表される。 $$f=\frac{V\cdot n}{2\pi\cdot R} \qquad (7.7)$$ f；パターンノイズの周波数〔Hz〕，V；車速〔m/s〕 R；タイヤ転がり半径〔m〕 n；タイヤ1周当たりのパターンピッチ数 図7.14は，一定ピッチのラグパターンタイヤのパターンノイズの周波数分析結果を示す。1次，2次，それ以上の倍音を伴ったピークを有する。パターンノイズは，空気に伝達されるため車内騒音だけでなく車外騒音としても問題になる場合がある
(2) 弾性振動音	トレッドパターンの剛性変動，路面の凹凸，タイヤのノンユニフォミティなどの加振力によって，タイヤがトレッドとカーカスの持つ固有振動数で振動し発生する音である。またタイヤの共振による音以外にも，ダイヤトレッドに付けられたクラウン部のパターンブロックと道路間の滑りによる音がある
(3) スキール音 (Squeal)	平滑で乾いた路面上を急旋回，または急発進，急制動する際に発生する「キー」という音である。急旋回時はコーナリングスキール，急発進，急制動時はブレーキングスキールという。これは，トレッドのパターンブロックが水平力を受け，接地面において断続的な滑りを繰り返す自励振動に基づく音である。音の周波数は，500 〜 1000 Hz で，空気伝播される断続音である

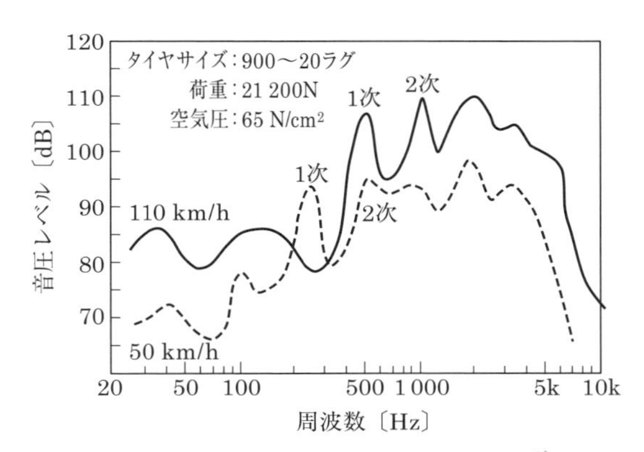

図 7.14　パターンノイズの台上試験結果 [8)]

7.6　ブレーキの振動・騒音

ブレーキの振動・騒音は，摺動体（ディスクロータ，ブレーキドラム）と摩擦材（パッド，シュー）の接触による摩擦振動が加振源となり，ブレーキ構成部品や車体を共振させる現象である。

7.6.1　振動・騒音の分類

表7.7は，ブレーキの振動・騒音を周波数別に分類したものである。低周波数のものは，振動そのものが問題になり，高周波数のものは騒音を発して問題になる。低周波数のジャダと高周波数のブレーキ鳴き（スキール）がその例である。ジャダは，制動中のブレーキ振動が足回り部品に伝達されて車体を共振してきしむような振動へと成長する現象で，振動として伝達される。ブレーキ鳴きは，ブレーキ構成部品の共振であり振動が音源（発音体）となって騒音となる。

表7.7　ブレーキの振動・騒音[1)]

ブレーキ振動・騒音		音　色	周波数〔Hz〕	解　説
制動時に発生するもの	スキール（ブレーキ鳴き，Squeal）	キィーキィー	1 000～5 000	ブレーキ部品とサスペンションの部品の低次モードでの共振
		チィーチィー	5 000～16 000	ブレーキ部品の高次モードでの共振
	グローン（Groan）	グーグー（ハム音）	200～800	キャリパのシェーク，ディスクロータの熱倒れが原因
		グッ	100～400	ディスクロータとパッドのスティックスリップが加振源の車体振動。停止寸前，またはオートマチックの発進時に発生（クリープグローン）
	ジャダ（Judder）	低速走行時の振動	25 ～100	サスペンションおよび駆動系のねじり，上下，前後共振
		高速走行時の振動	15～60	ディスクロータの厚さが不均一による液圧変動，トルク変動がサスペンションやステアリングを加振
	スケルチ（Squelch）	キュルキュル	200～500	周波数が瞬時に変化するのが特徴。摩耗粉がたまると出やすい
非制動時に発生するもの	スキーク（Squeak）	チィー音の断続	8 000～10 000	ディスクロータとパッドが接触して引き擦りを起こしている音
	ラトル（Rattle）	ガタガタ	断続音	パッドやシリンダボディが振動を受けて接触するときの打音

7.6.2 ブレーキに作用する起振力

(1) スティックスリップ現象

スティックスリップ（Stick-slip）現象は，グローンの原因となる現象であり，物体を滑らせるときに途中で引っ掛かったり滑ったりを繰り返す自励振動である。摩擦係数 μ が，図 7.15 に示す $v-\dot{x}$ の関数で表されるときに負の勾配を持つ条件下で物体がスティックスリップ振動を始める。

(a) 摩擦特性（$v-\dot{x}$ 特性）

図 7.16 に示すようなスティックスリップ現象の自励振動モデルを使って，自動車用ブレーキの低周波振動について考える。

$$m\cdot\ddot{x}+k\cdot x+f=0 \tag{7.8}$$

$$f=\mu(v-\dot{x})\cdot N \tag{7.9}$$

m；被摺動体の質量〔kg〕，k；被摺動体支持部のばね定数〔N/m〕，N；被摺動体を押す力（摩擦材への押し付け力）〔N〕，f；摩擦力〔N〕，$\mu=\mu$（$v-\dot{x}$）；摩擦係数，v；摺動体の摩擦接触面の周速度〔m/s〕，x；被摺動体の変位〔m〕

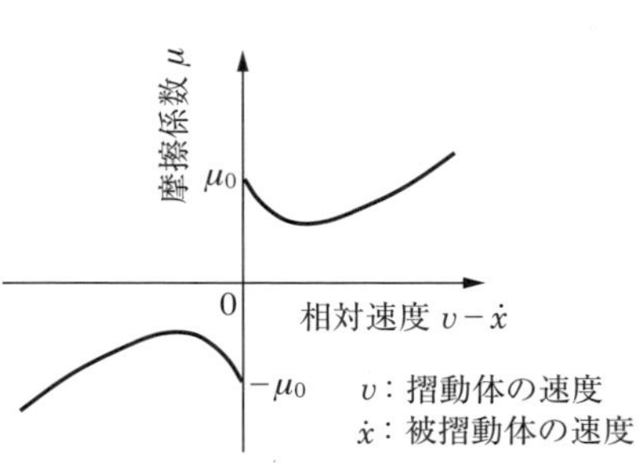

図 7.15 摩擦係数[1)]

モデル中のばねは，摩擦材（パッド，シュー），およびキャリア（トルクメンバー）やブレーキアンカ部といったトルク受け部の剛性である。周波数によって異なるがサスペンションやタイヤの周方向の剛性も含まれる場合もある。

スティックスリップ振動がブレーキ振動へと成長するためには，摩擦係数が負の勾配を持つ状態が続く必要がある。これは，$v-\dot{x}$ がゼロに近い状況のときに発生する静摩擦係数と動摩擦係数の変化であり，オートマチック車の停止寸前で発生するグー音（クリープグローン音）などがその例である。

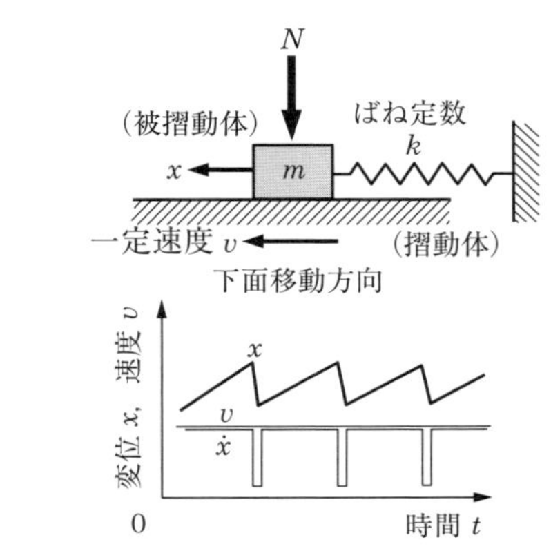

図 7.16 スティクスリップ現象の自励振動モデル[1)]

(b)　摩擦材の特性

摩擦材（被摺動体）を押す力 N を時間的に変化させることは，式(7.9)において，

$$\mu = 一定,\quad N = N_{\mathrm{m}} + N_0 \cdot \sin\omega \cdot t \tag{7.10}$$

として，押し付け力 N を ω の関数とすることである。そうすると，次式が得られる。

$$f = \mu \cdot N = \mu \cdot N_0 \cdot \sin\omega \cdot t + \mu \cdot N_{\mathrm{m}} \tag{7.11}$$

ここで，f の最大値近傍において，

$$f > k \cdot x \tag{7.12}$$

となる領域があれば，摩擦材は周波数 ω のスティックスリップを始める。ディスクブレーキに例えると，ディスクロータ摺動方向とそれに垂直な方向，すなわち摩擦材押し付け方向と車軸方向に共通の固有振動数 ω を持てば，スティックスリップを介してお互いが連成して自励振動が発生することになる。

(2)　摩擦力の変動

摩擦力の変動は，ジャダの原理となる現象である。ディスクロータやブレーキドラムの摺動面上の厚さ変動，振れ，偏心により摩擦材の押し付け力が変動する場合や，錆などにより局部的に摩擦係数が変動する場合には，ブレーキ力が変動し摺動体の回転に同期した振動が発生する。このブレーキ強制振動が，サスペンション系やステアリング系の共振を起こす原因となる。

7.7　ステアリング系の振動・騒音現象

ステアリング系の振動・騒音現象には，タイヤホイールやブレーキなどの回転部分のアンバランスや寸法的な精度不良錆などが加振源となりステアリング振動を引き起こす「シミー」，路面の凹凸による「キックバック」や「パワーステアリング自身による振動」と，この振動がボディやステアリングホイールに共鳴して騒音となる。

7.7.1　シミー

シミー（Shimmy）は，操舵輪からの入力により，ステアリングホイールが連続的に回転振動する現象で，その振動形態により表7.8のように分類できる。

表 7.8 シミーの分類[1)]

シミー	解 説
(1) フラッター (Wheelflutter)	操舵輪のアンバランスによるキングピン回りの強制振動である。高速シミーともいう
(2) ウォッブル (Wheelwobble)	タイヤの変形や横滑りによる操舵輪のキングピン回り自励振動である。低速シミーともいう
(3) シミー (Shimmy)	左右輪の逆位相の上下，前後振動とウォッブルとが連成した自励振動である

表 7.9 EPS の振動・騒音

EPS 振動・異音	解 説
(1) 磁歪音 (Magnetostriction noise)	モータ鉄心の磁気歪振動が，ボディやステアリングホイールなどに伝達され共鳴する高周波の振動音である。音圧レベルは小さいが異音として気になる音である
(2) アシスト作動時の騒音 (Operating noise)	モータ回転時にモータと減速装置の振動がボディやステアリングホイール伝達され，共鳴する振動音である
(3) ハンチング (Hunting)	アシスト制御の安定余裕が少ないときに，モータ振動が持続する現象であり，ステアリングホイールを回転方向に振動させる。制御の安定余裕を充分確保することにより解決する
(4) 打音 (Slappingnoise)	ギヤボックスのギヤ類，ニードルベアリング，ラックガイドなどの，「がた」や「隙間」で発生する衝突振動である。他の部品の固有振動数と重なると振動が持続する

7.7.2 電動パワーステアリングの振動・異音現象

電動パワーステアリング；EPS（Electric Power Steering）を搭載した車両に発生する振動・騒音・異音現象を，表 7.9 に示す。

7.8 サスペンションの振動・騒音

7.8.1 サスペンションに作用する振動強制力

サスペンションには，様々な強制振動が入力される。主なものを表 7.10 に示す。

表 7.10 の強制振動力によって発生するサスペンション，ステアリング系が関連する車両の振動・騒音現象を周波数帯で分類すると，図 7.1 のようになる。次に代表的なものを紹介する。

表 7.10　サスペンションに作用する振動強制力 [1)]

強制力となる入力	解　説
(1) 路面形状	路面の凹凸などの形状により，タイヤの上下，左右，前後方向に強制力が入力される
(2) ブレーキ摩擦面の不整	ブレーキ時に，回転1～3次程度の成分からなる制動トルク変動が発生
(3) 回転部分の動的不釣合いによる振動	回転1次成分の振動による強制力である。プロペラシャフトのアンバランスが代表例
(4) タイヤのノンユニフォミティによる振動	タイヤの不均一性によって発生する荷重変動
(5) エンジントルク変動などによる振動	エンジントルク変動が駆動系のねじり振動となりタイヤに伝達され，その反力としてサスペンション系が振動強制力を受ける場合と，パワープラントを含む駆動系の曲げ振動に増幅された強制力を受ける場合がある
(6) 歯車のかみ合いによる振動	トランスミッション，デフなどの歯車のかみ合いにより発生する高周波成分の強制力である。400～1 500 Hz 程度の周波数成分を持つ
(7) ブレーキの摩擦面における自励振動	非常に高い周波数成分を持つ振動強制力。1～数 kHz の周波数帯域にわたる

7.8.2　ワインドアップ振動

ワインドアップ振動は，低速走行時に高速ギヤで加速したときに車体全体が激しく振動する現象である。エンジントルク変動による駆動系のねじり振動がタイヤに伝達され，路面との反作用により振動強制力がサスペンション系のワインドアップ共振によって増幅されて車体に伝達される振動である。ボディパネルの振動や車室内空洞共鳴を誘起し「こもり音」を発生させる場合もある。

7.9　乗り心地

自動車の乗り心地（Ride comfort）は，広く捉えると図 7.17 に示すように振動・騒音やシートの座り心地，室内の温度・湿度など多くの要因が関係しているが，このうち振動として乗員に感じられる乗り心地を，ここでは「振動乗り心地」として，シートの座り心地や今まで説明してきた騒音と区別して扱う。さらに，その中で路面の凹凸などにより車体全体が振動する場合を，「車体振動乗り心地」として議論を進める。

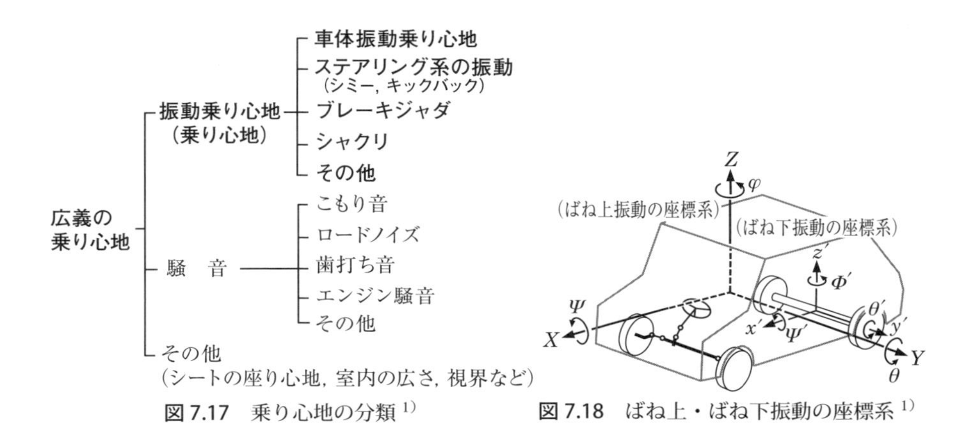

図 7.17　乗り心地の分類 [1]

図 7.18　ばね上・ばね下振動の座標系 [1]

7.9.1　車体振動乗り心地；ばね上・ばね下質量の剛体振動

車体振動乗り心地は，図 7.1 に示すように，20 Hz 程度までの比較的低周波数域での振動が支配的であり，図 7.18 に示すような 6 自由度の剛体振動系として取り扱うことができる。この剛体振動系において，サスペンションによって支えられる質量をばね上質量，タイヤとサスペンションの間にある有効質量をばね下質量ということは，タイヤの振動特性でも述べた。

7.9.2　ばね上質量の固有振動

表 7.11 は，ばね上質量の固有振動のうち，実際の自動車の乗り心地に関与するものをまとめたものである。

7.9.3　ばね下質量の固有振動

表 7.12 は，ばね下質量の固有振動を図 7.18 の後輪；リジッドアクスルを例にまとめたものである。ばね下振動は，振幅が大きく複数の振動モードと連成する。

7.9.4　ばね上・ばね下質量の剛体振動モデル

振動乗り心地で扱う振動は，比較的低周波数なので振動強制力は上下方向の路面入力を対象にした線形 2 自由度振動モデルで表現できることは 7.4.5 項で述べた。

表 7.11　振動乗り心地に関係するばね上質量の固有振動 [1)]

ばね上質量の固有振動	解　説
(1) 上下動，またはバウンス（Bounce）	Z 軸方向の並進を主とする振動
(2) 縦ゆれ，またはピッチ（Pitch）	Y 軸回りの回転運動を主とする振動
(3) ロール（Roll）	X 軸回りの回転運動を主とする振動（Y 軸方向の並進運動と連成して起こる振動も含む）
(4) ヨー（Yow）	Z 軸回りの回転運動を主とする振動

表 7.12　振動乗り心地に関係するばね下質量の固有振動 [1)]
（後輪；リジッドアクスルの例）

ばね下質量の固有振動	解　説
(1) 上下振動（Parallel hop）	z' 軸方向の並進を主とする振動
(2) 地だんだ振動（Tramp）	x' 軸回りの回転運動を主とする振動
(3) ワインドアップ（Wind up）	y' 軸回りの回転運動を主とする振動

(1)　線形2自由度モデル

1/4 車両を表現する図 7.19 の 2 自由度モデルを用いると，路面変位入力 x_0 に対する運動方程式は，次式で表現できる。

$$m_1 \ddot{x}_1 + c_1 (\dot{x}_1 - \dot{x}_2) + k_1 (x_1 - x_2) = 0 \tag{7.13}$$

$$m_2 \ddot{x}_2 + c_1 (\dot{x}_2 - \dot{x}_1) + k_1 (x_2 - x_1) + k_2 x_2 = k_2 x_0 \tag{7.14}$$

パラメータ m_1，m_2，c_1，k_1，k_2 をそれぞれ変更したときのばね上質量 m_1 の加速度の影響を調査したものを，図 7.19(a) ～ (e) に示す。

c_1 を大きくすると，ばね上共振点付近の振動加速度は減少するがその他の周波数領域では増加する。ばね上質量 m_1 を小さくすると振動加速度は全周波数域で大きく，ばね下共振点の周波数は高くなる。k_1 を小さくしても，ばね下共振点は変わらないが，ばね上共振点の振動加速度は小さくなり乗り心地が向上する。m_2 を小さくしても，ばね上共振点の周波数と振動加速度は変わらないが，ばね下共振点の周波数は高い方向へ推移する。k_2 を小さくすると，ばね下共振点の周波数と振動加速度は共に小さくなる。

以上の検討より，ばね上・ばね下共振点の振動加速度と周波数は，ばね上とばね下で独立して考えることが可能である。この場合のばね上共振周波数 f_1，ばね下共振周波数 f_2 は，近似的に次のように表すことができる。

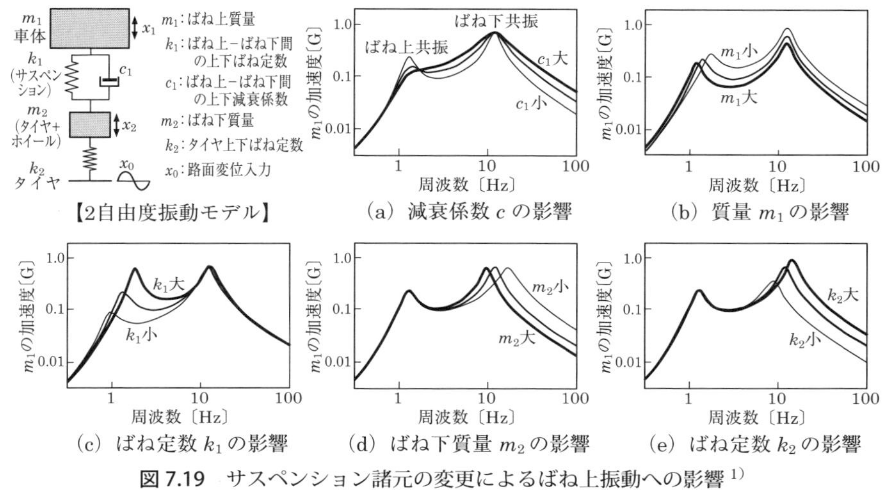

図 7.19　サスペンション諸元の変更によるばね上振動への影響 [1)]

表 7.13　ばね上・ばね下振動数 [1)]

車種	ばね下固有振動数〔Hz〕		ばね上固有振動数
	前輪系	後輪系	
軽自動車	13 ～ 17.5	13 ～ 16	1.5 ～ 2.1
大衆車	11 ～ 16	12 ～ 16	1.4 ～ 1.7
小型車	10 ～ 15.5	10 ～ 17.5	1.2 ～ 1.6
中型車	12 ～ 13.5	9 ～ 13	1.0 ～ 1.5

$$f_1 \approx \frac{1}{2\pi}\sqrt{\frac{k_1 \cdot k_2}{m_1(k_1 + k_2)}} \approx \frac{1}{2\pi}\sqrt{\frac{k_1}{m_1}} \tag{7.15}$$

$$f_2 \approx \frac{1}{2\pi}\sqrt{\frac{k_1 + k_2}{m_2}} \approx \frac{1}{2\pi}\sqrt{\frac{k_2}{m_2}} \tag{7.16}$$

表 7.13 は，国産乗用車のばね上・ばね下質量の上下固有振動数を調べたものである。サスペンション型式はそれぞれ異なっているが，ばね下・ばね上固有振動数は共に，ほぼ車両の大きさで階層化でき，車両の大きさに反比例して小さくなる傾向を示す。

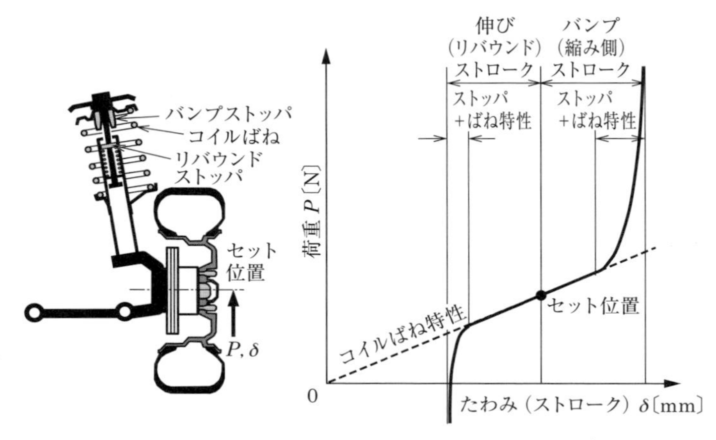

図 7.20　サスペンション系の荷重－たわみ特性 [1)]

(2)　非線形 2 自由度モデル

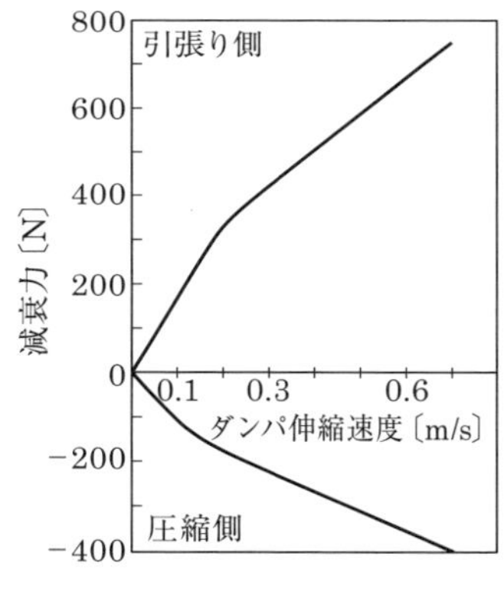

図 7.21　ショックアブソーバの減衰力特性 [9)]

実際の自動車では，図 7.19 のばね定数 k_1 と減衰係数 c_1，およびタイヤばね定数 k_2 は，非線形特性を示す。例えば図 7.20 は，実際のサスペンション系の荷重－たわみ特性，図 7.21 はショックアブソーバの減衰力特性である。

ダンパストローク終端にそれぞれバンプストッパとリバウンドストッパが設けられ，それぞれのストッパのばね特性が主ばねの特性に重畳され図 7.20 に示すような非線形特性を作っている。

ショックアブソーバのピストン速度は，ばね上質量とばね下質量の相対速度であり，この相対速度に対して非線形の減衰力を発生させている。サスペンションの上下動に伴って摺動するボールジョイントやダンパガイドなどのフリクションも非線形要因である。

(a)　非線形特性を関数で表現

これらの非線形要素を考慮して振動モデルを設定すると，図 7.22 に示すような関数で表現できる。このときの運動方程式は次式で表される。

$$m_1 \ddot{x}_1 - f_s(\delta_s) - f_D(v_s) \pm f_F = 0 \tag{7.17}$$

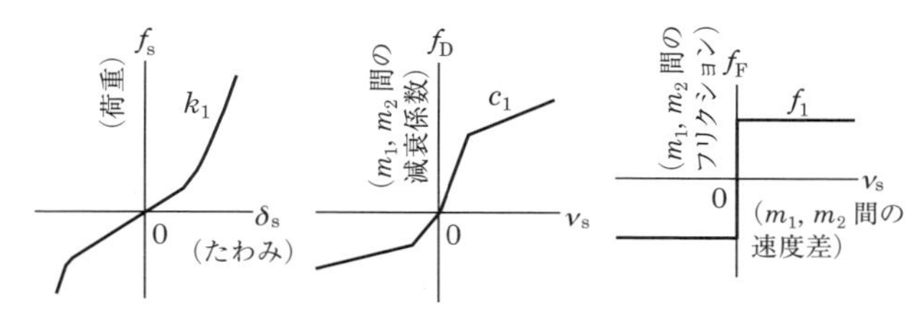

（a）サスペンション特性

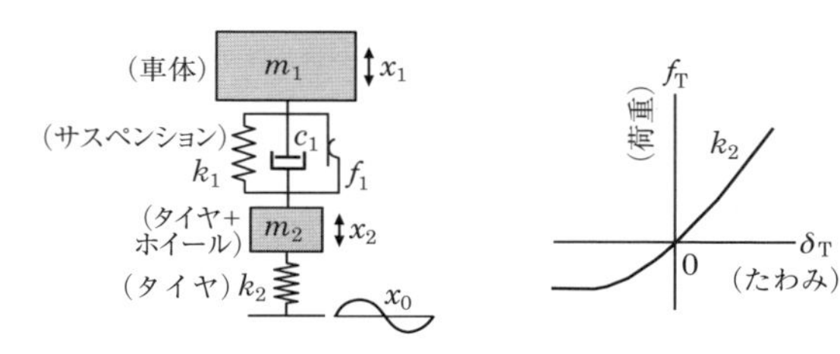

（b）非線形 2 自由度モデル　　（c）タイヤのばね特性

図 7.22　非線形 2 自由度モデル [1)]

$$m_2 \ddot{x}_2 + f_s(\delta_s) + f_D(v_s) - f_T(\delta_T) \mp f_F = 0 \qquad (7.18)$$

$\delta_s = x_2 - x_1$,　$v_s = \dot{x}_2 - \dot{x}_1$,　$\delta_T = x_0 - x_2$,　f_F；ばね上質量とばね下質量間のフリクション，$f_s(\delta_s)$；サスペンションの荷重 - たわみ特性，$f_D(v_s)$；ダンパ減衰特性，$f_T(\delta_T)$；タイヤの荷重 - たわみ特性

これらの式を用いて，フリクションの影響を調べる。過渡応答を路面変位の時間関数で表現すれば，Runge-Kutta-Gill 法などの数値解析手法を用いて計算することができる。図 7.23 は，計算結果である。路面乗り越し直後では，上下加速度の吸収はできないが，路面乗り越し後の高周波振動の減衰は若干良くなる。しかし，フリクションが過大になると，路面乗り越し後の減衰は悪化する。

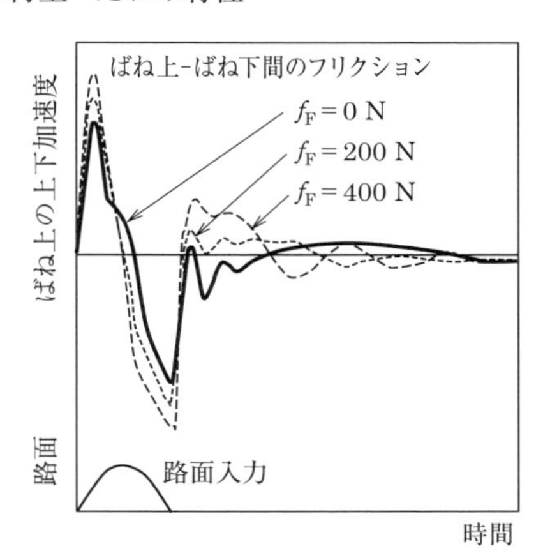

図 7.23　フリクションの影響（計算結果）[1)]

(b) 非線形特性を複数のばねとフリクションで表現

非線形特性の別の表現手法を，図7.24に示す。解析時間の短縮化と物理的考察を容易にするもので，非線形特性を図(a)のようにばねとフリクションの直列結合で表現し，この直列ばね付きフリクションを複数並べることにより，実際の非線形特性を滑らかに表現する。これを図(b)のようにモデル化する。そして，このモデルを用いて計算したばね下とばね上間の振動特性を図(c)，実車の測定結果を図(d)に示す。両者を見比べると，精度良く表現されていることが分かる。

(3) 8自由度振動モデル（1/2自動車モデル）

図7.25(a)に示す8自由度振動モデルを用いた例を紹介する。車体のピッチングを考慮して，前後輪を上下方向の各1自由度，車体とエンジンを各上下・ピッチ方向の2自由度，前席・後席の乗員をシートの振動特性を含んだ各上下1自由度とし

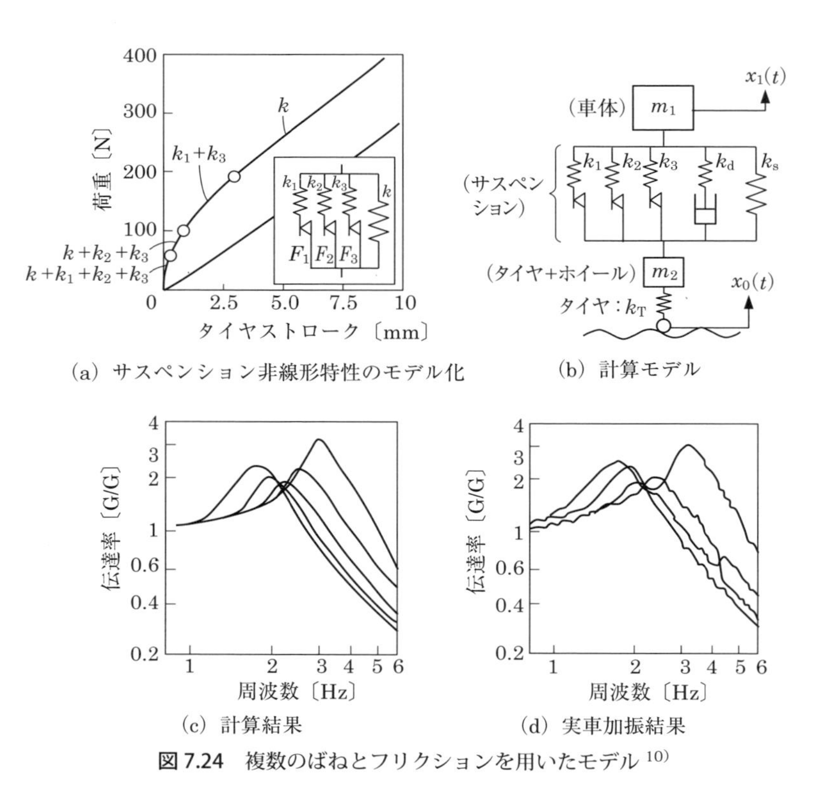

(a) サスペンション非線形特性のモデル化　(b) 計算モデル

(c) 計算結果　(d) 実車加振結果

図7.24　複数のばねとフリクションを用いたモデル[10)]

て表現したもので，縦置きエンジン車の乗り心地の評価や振動現象の定量的な把握などに用いられる。

図 7.25(b) に計算結果を示す。車体の上下振動加速度は，ばね上上下・ピッチ共振，シート共振，エンジン上下共振，ばね下上下共振，エンジンピッチ共振によりピークを持つ。前席乗員の振動加速度は，シート共振点付近では車体上下振動加速度より増加するが，シート共振点より高周波域ではシートの減衰効果により大幅に改善される。

エンジン上下共振，ばね下上下共振によって発生する車体上下振動，前席乗員上下振動を「中低速シェイク」と呼ぶ。中低速シェイクは，エンジンマウントの減衰を大きく設定することにより低減できるが，シートの減衰を大きく設定すると悪化

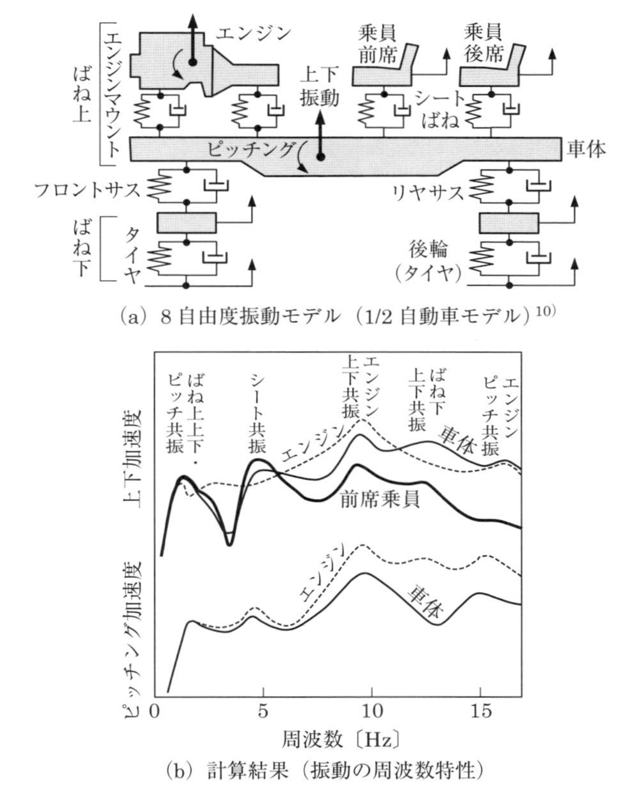

(a) 8 自由度振動モデル（1/2 自動車モデル）[10]

(b) 計算結果（振動の周波数特性）

図 7.25 8 自由度振動モデル（1/2 自動車モデル）と計算結果 [11]

表 7.14　車体振動乗り心地に関与する振動[1)]

車体振動乗り心地に関与する振動	解　説
(1) ピッチングバウンシング振動（Pitching Bouncing）	高速道路の大きなうねりを走行するときや路面の凹凸などを乗り越した後に，ばね上が連続的にピッチング，バウンシング，ローリング（図7.18参照）を繰り返す1～2Hz程度のゆっくりとした振動である。振動数は，ほぼばね上固有振動数で決まる
(2) ブルブル振動	連続的な凹凸のある路面を走行するときや比較的大きな段差を乗り越えた後に車体全体が約2～15Hzでブルブルと微振動を繰り返す振動である 路面からの凹凸入力が，シート－人間の共振，ばね下共振，エンジン剛体共振や低周波の車体弾性共振によって増幅され，ハンドル，フロア，シートを介して乗員に伝達される
(3) シェイク（Shake）	ブルブル振動が，定常的，過渡的な振動現象全体を指すのに対して，シェイクは，タイヤホイールの回転1次の強制力や連続的な路面刺激によって発生する定常的振動現象を指す ホイールのアンバランスやラジアルランアウト（Radial run out；円周振れ），タイヤのノンユニフォミティなどの強制振動力が，ばね下質量の上下振動，あるいは左右振動やトランピング（Tramping；じだんだ）振動によって増幅され車体に伝わり，ボディ，フロア，ハンドルを振動させる。ばね下質量の共振だけでなく，エンジンの剛体共振やボディの曲げねじり共振，ステアリング支持系共振なども関連する シェイクは，その発生車速から，比較的低速のばね下共振や，エンジン共振が関連する中低速シェーク（エンジンシェイク，フロントシェイク）と，比較的高速のボディの曲げねじり共振やステアリング支持系共振が関係する高速シェイク（ステアリングシェイク）に分類することができる
(4) ゴツゴツ振動（Harsh ride）	連続的な荒れた路面を走行する際，上下，前後方向の路面凹凸入力がサスペンション系で減衰できないままゴツゴツとした15～30Hzの刺激を乗員に伝達する現象である タイヤの振動伝達特性，サスペンションの上下・前後方向のばね定数や減衰力，ショックアブソーバの減衰力やフリクション，サスペンションボールジョイントのフリクションなどが関連する。フリクションは，小さい方がゴツゴツ感は小さい
(5) 突き上げショック，リバウンドショック	悪路走行時や縁石乗り降り時にばね下質量がバンプストッパに衝撃的に当たるショックを突き上げショックといい，リバウンドストッパに当たるショックをリバウンドショック（図7.20参照）という
(6) ボトミング（Bottoming）	突き上げショックのうち，特に大きな単凸形状を持つ路面を走行するときに発生するショックをボトミングという。右図に示すように，凹路の終わり付近でばね上質量の慣性力により下向きの運動とばね下質量の上向きの運動の相対運動が，バンプストップにより急激に止められるショックである。重積載状態の後席で発生しやすく，30～60km/hで走行する際，顕著に現れる 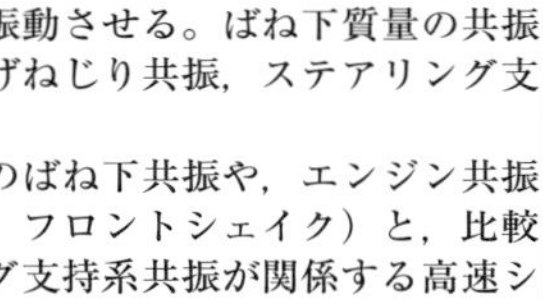
(7) ばね下の前後振動	ばね下の前後振動に関連する振動現象には，定常的な振動現象である15～30Hzのゴツゴツ振動と過渡的で振動と音を伴うハーシュネスがある

を招く。

7.9.5 振動乗り心地の分類・整理

図 7.17 の振動乗り心地現象を，実際の自動車で発生する周波数，振動状態，路面形状などから分類し，まとめたものを表 7.14 に示す。

7.10 騒音・振動のアクティブ制御

従来，騒音や振動の抑制には，防振材や防音材などを使ったパッシブ（受動）型の対策がなされてきたが，近年，対策しようとする騒音や振動に対してパワーを付与して逆位相の音や振動を発生させて低減するアクティブ（能動）制御による対策手法がとられるようになってきた。アクティブ制御のメリットは，重量を従来手法より重くしないで目的を達成できることである。

自動車の分野では，1980 年代から研究が活発化し 1990 年代から実用化されるようになった。それまでは理論研究が中心であったが，DSP（Digital Signal Processor）の急速な発展により，信号処理や制御理論がリアルタイムで実現できるようになったことが要因の 1 つにある。

本節では，アクティブ騒音制御；ANC（Active Noise Control）とアクティブ制御エンジンマウント；ACM（Active Control Engine Mount）について説明する。

7.10.1 アクティブ騒音制御

アクティブ騒音制御；ANC は，図 7.26 に示すように，「エンジンこもり音」や

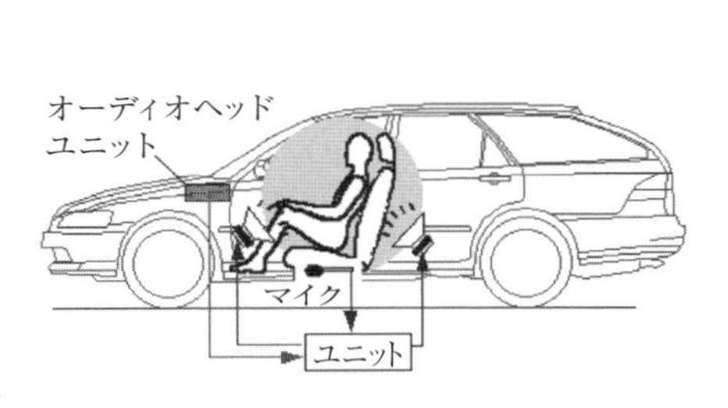

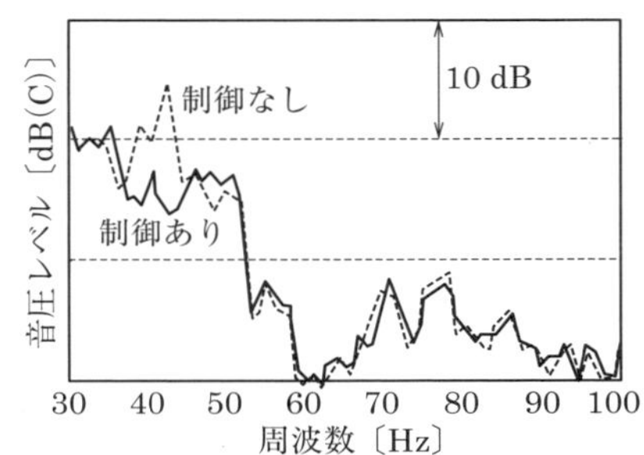

図 7.26 ANC システム構成とその効果 [12)]

40 Hz 位の「ドラミング（高速道路の継ぎ目でドンドンという音）」といわれる非周期的なロードノイズの対策に用いられている。このロードノイズ対策用システムは，荒れた路面を走行した場合などに室内に発生する低周波の騒音を，運転席の下に設置したマイクロフォンで検出して，その音と逆位相の音をオーディオ用のスピーカーから放射し「音を音のパワーで消す」ことで低減する。走行中の音楽が聞きやすくなることや従来の低周波騒音対策であったボディ補強材を軽減できるため，車両の軽量化にも貢献する。

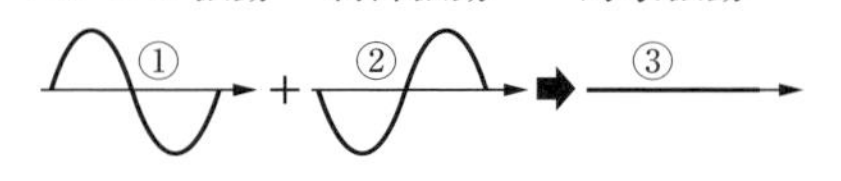

図 7.27　ACM の制御原理 [13)]

7. 10. 2　アクティブエンジンマウント制御

アクティブエンジンマウント制御；ACM は，ガソリンエンジンのアイドル振動やディーゼルエンジン振動などを低減するために，エンジン回転数変化に対応する 20～130 Hz くらいの周波数帯までを制御する。

図 7.27 に示すように，①エンジンが振動すると，車体に伝わろうとする力を荷重センサが検出してコントロールユニットに伝え，この伝達力を打ち消す方向に，②逆位相の力を発生させて，③打ち消すので，高速の演算処理と高応答の力を発生するアクチュエータが必要である。

演習問題

問題 1　振動・騒音について，振動として伝わるものと，音として伝わるものを整理して，それらの特長を述べなさい。またその理由を述べなさい。

問題 2　ハイブリッド車の振動・騒音の特長をガソリン車と比較して説明しなさい。

問題 3　タイヤ外形が 600 mm，内径が 400 mm のとき，1 次共鳴周波数を求めよ。ただし，音速は 400 m/s とする。

（答え；250〔Hz〕）

問題 4　タイヤのノンユニフォミティに起因する振動・騒音を列記し，それぞれを説明しなさい。

問題 5　3 種類のロードノイズについて，どのような走行場面で発生し，その原因は何であるか説明しなさい。

問題 6 ブレーキ鳴きの発生メカニズムを説明しなさい。

問題 7 ばね上振動数とばね下振動数が，車両の大きさでほぼ階層化できる理由を考えなさい。

問題 8 (1) 車体質量（空車時）が 1 200 kg，重心から前軸までの距離 $\ell_{\mathrm{f}} = 1.0$〔m〕。重心から後軸までの距離 $\ell_{\mathrm{r}} = 1.5$〔m〕，ばね上共振周波数が 1.4 Hz になるようなフロントサスペンションとリヤサスペンションのばね定数を求めよ（図 7.28）。

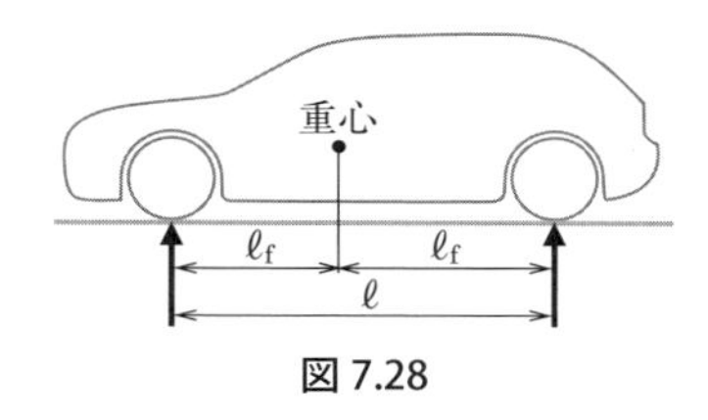

図 7.28

(2) 空車時のサスペンションのコイルスプリングのセット長を 0.4 m にしたときに車体の水平を維持させようとすると，コイルスプリングの自由長は，それぞれ何〔m〕になるのか。計算しなさい。

（答え；① $k_{\mathrm{f}} = 27\,800$〔N/m〕，$k_{\mathrm{r}} = 18\,600$〔N/m〕 ② 0.53〔m〕）

問題 9 エアサスペンションを用いると乗り心地が向上できる理由を説明しなさい。

問題 10 質量 $m = 100$〔kg〕のエンジンをエンジンマウント（絶縁器）を介してビーム（基礎）に取り付ける（図 7.29）。このときに，エンジン回転数 1 800 rpm（30 Hz）時にエンジン振動（加振力 F_0）をビームに対し 10 % 以下の伝達にしたい。このときのマウントのばね定数を求めよ。ただし減衰係数は無視できるものとする。

（答え；323 000〔N/m〕）

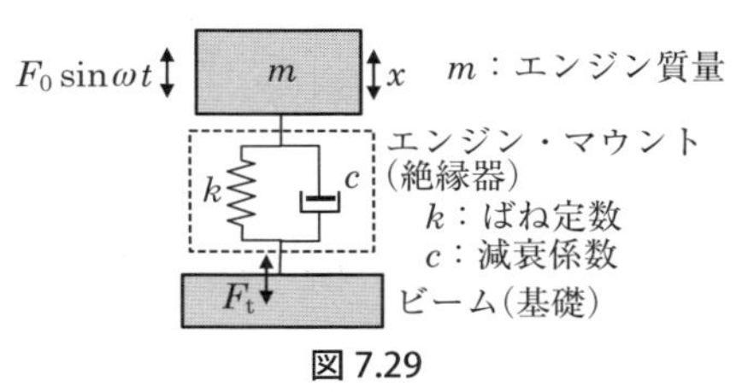

図 7.29

問題 11 振動・騒音の低減手法について述べなさい。

第8章

サスペンション（基本サスペンションと制御サスペンション）

本章では，車輪を懸架する基本的な構造の「基本サスペンション」と電子制御により乗り心地や姿勢を制御する「制御サスペンション」について説明する。

8.1　基本サスペンション

基本サスペンションは，車体に対して車輪を上下方向に，ばね，減衰機構で移動可能に支持し，上下以外の方向は適度な剛性で支持する懸架装置である。

図8.1は，1940年代にアメリカの技術者マクファーソンが発明したことからマクファーソン式ストラット（Macpherson strut）と呼ばれる構造である。コイルスプリングと減衰機構とナックルを一体に設けてロアアームに回転結合し，タイヤの上下運動をロアアームの回転とナックルの上下運動に変換する。構造が簡単で部品点数が少なく低コストのため乗用車に広く使われている。

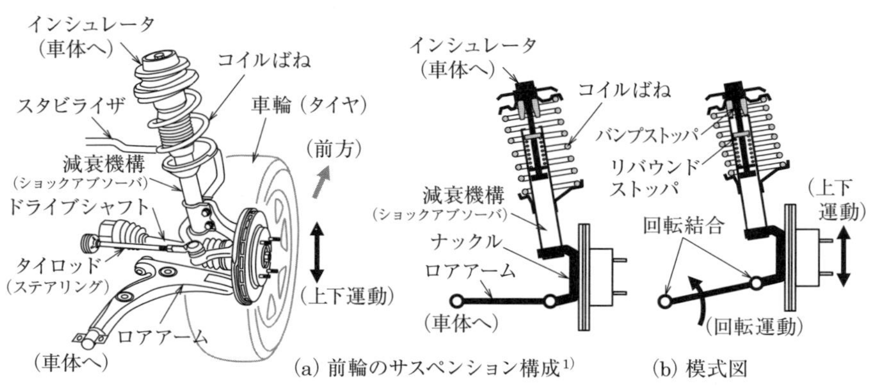

(a) 前輪のサスペンション構成[1)]　(b) 模式図

図8.1　マクファーソン式ストラットサスペンションの構造と作動説明

表 8.1 サスペンションの 4 つの基本機能 [1)]

基本機能	狙 い
(1) 車輪保持機能	車両重量，駆動力・制動力の反力，路面からの衝撃力などを十分な強度，耐久性，剛性をもって受け止める
(2) アライメント制御機能	車体の動きやタイヤの荷重状態に応じて，意図したタイヤの接地状態となるように，適切なトー変化，キャンバ角，キングピン角などを保持する
(3) ストローク規制機能	タイヤと車体が干渉しないように過大ストロークを規制するストッパ（図 8.1(b) に示すバンプストッパ，リバウンドストッパ）の役割を担う。バンプストッパは，コイルばねが縮む方向，リバウンドストッパは伸びる方向の終端に設けられる
(4) 緩衝機能	車体の振動を速やかに減衰し，操縦性や収束性（安定性），乗り心地を向上させる

8.1.1 サスペンションの基本機能

サスペンションとして必要な基本機能を表 8.1 に，荷重たわみ特性を図 8.2 に示す。基準積載付近での接線ばね定数をサスペンションレート，基準積載からバンプストッパに変位規制されるまでをバンプストローク，リバウンドストッパに変位規制されるまでをリバウンドストロークという。

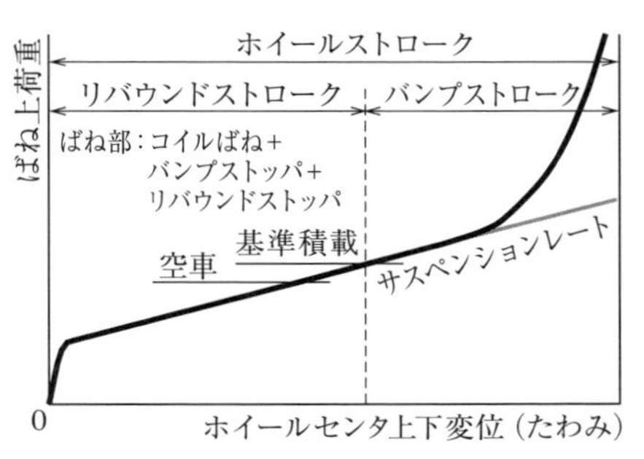

図 8.2 サスペンションの荷重－たわみ特性

タイヤサスペンション系を図 8.3(a) の 2 自由度系振動モデルで表すと，ばね上

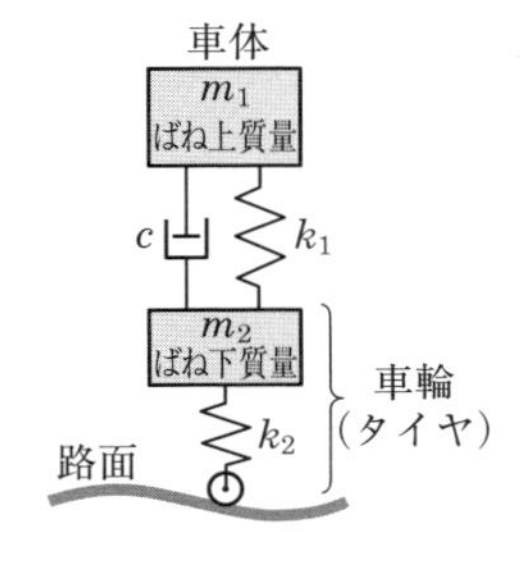

(a) 2自由度系振動モデル

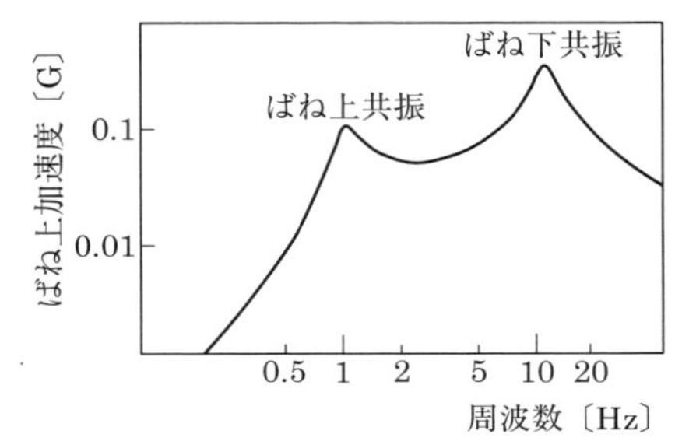

(b) ばね上質量の加速度の周波数応答

図 8.3 2 自由度系振動モデルにおけるばね上質量の加速度の周波数応答

質量の加速度の周波数応答は図 8.3(b) のようになる。ばね上共振が車体部のばね系による共振であり，ばね下共振が車輪タイヤ部のばね系による共振である。

8.1.2　サスペンションの基本形式と特徴

前記機能を満たすために種々の形式が実用化され，大きく分けると左右両輪が1本の車軸で連結されたリジッドアクスル（Rigid axle）式と，左右両輪が独立してストロークするインディペンダント（Independent）式に分類できる。これらの基本形式と特徴について説明する。

(1)　リジッドアクスル式サスペンション

この形式は，バスやトラックなどの大型商用車の前後輪や小型商用車，乗用車の後輪に用いられる。代表例を図 8.4 に示す。2本のロアリンク，2本のアッパリンク，1本のラテラルロッド（Lateral rod；横支持棒）にて構成される5リンク式で，制動・駆動力はアッパとロアリンクで受け持ち，横荷重はラテラルロッドで受け持つ。

構造が単純，安価で信頼性が高い。車輪の上下動による対地アライメントの変化が小さいので積載重量変化の大きな車両ではタイヤの摩耗が小さいなどの利点があるが，トー角，キャンバ角変化特性などの性能設計自由度は少ない。デフギヤやアクスルなどの重量物によりばね下重量が重くなるので乗り心地が不利であることや，左右輪の動きが連成しやすく，横振動を起こしやすい。

この形式の変形例として，図 8.5 に示すコイルばねをリーフスプリングに変えた

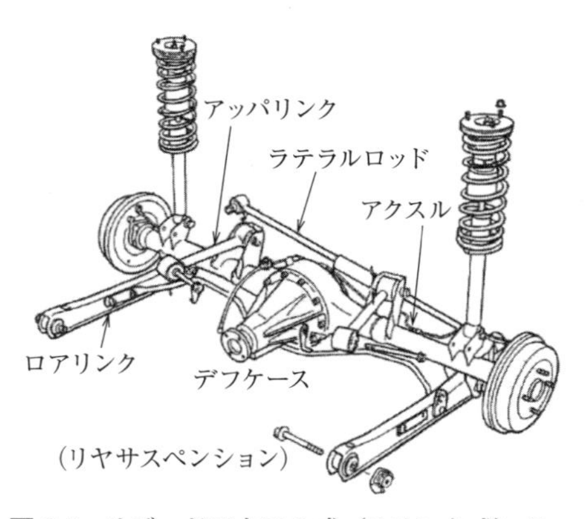

図 8.4　リジッドアクスル式（5リンク式）の構造[2)]

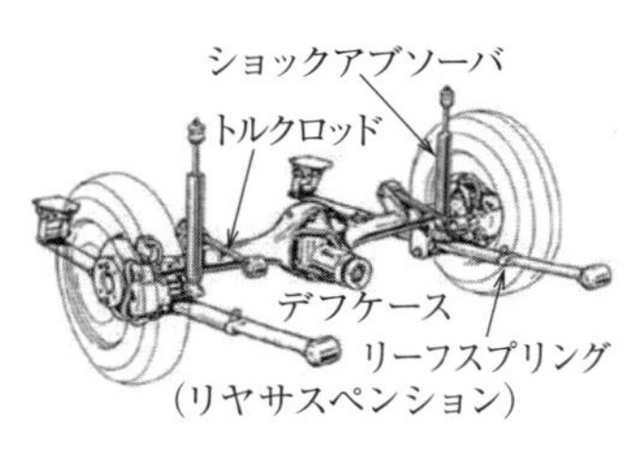

図 8.5　トルクロッド付縦置きリーフスプリング式の構造[3)]

リーフスプリング式や，図 8.6 のデフギヤを車体側に固定し，ばね下重量を軽減したド・ディオン式などがある。

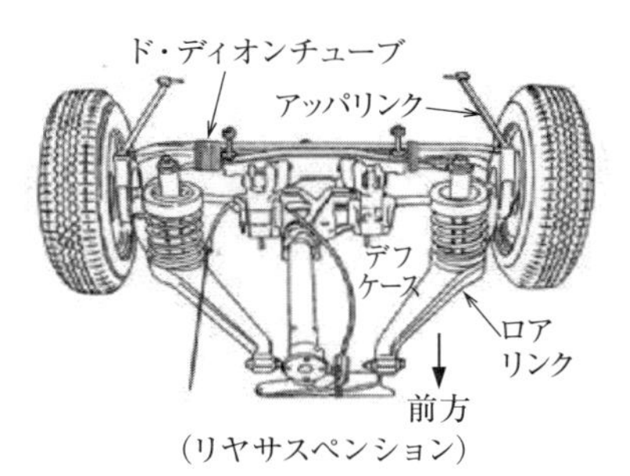

図 8.6　ド・ディオン式の構造 [3)]

(2) インディペンダント式サスペンション

この形式は，左右輪を独立してストロークさせるので，アライメント変化の設定自由度が大きい。車輪の接地状態を意図どおりに制御すれば車両運動性能を向上できる。またアクスルがないことから，ばね下重量が軽く，乗り心地を向上できると共に，エンジン位置やトランクルームを低く設計できる。しかし構造が複雑で，高価になりやすい。この形式での実用化例は，スイングアーム（Swing arm）式，トーションビーム式（Torsion beam），マクファーソン式（Macpherson），ダブルウイッシュボーン（Double wishbone）式などである。

(a) スイングアーム式

この形式は，図 8.7(a) に示すように左右のアクスルがサブフレームに揺動軸を介して支持されるトレーリングアームに固定される構造である。インディペンダント式の中で最も簡単な構造で，揺動軸の配置によって，この図 (b) トレーリングアーム式のほかに，図 (c) スイングアクスル式，図 (d) リーディングアーム式に細分される。なお，図 (a) は，フルトレーリングアーム式である。

トレーリングアーム式は，車輪を揺動軸より後方配置した構造であり，省スペースに収まるので小型車に用いられる。揺動軸が横方向に平行なフルトレーリングアーム式（図①）と角度を付けたセミトレーリングアーム式（図②）がある。

フルトレーリングアーム式は，揺動軸が車体中心軸に直交するためにトレッド変化，対車体キャンバ，トー角変化がないが，横剛性が低く，ロールセンタ高も低い。対地キャンバが車体のロール方向に付くため旋回限界が低くなる。前輪に用いるとキャスタ角変化が課題になる。セミトレーリング式は，揺動軸に角度を持たせることにより，トレッド，キャンバ，トー角，ロールセンタ高変化を調整できる。さらに補助リンクを追加し横力・前後力に対するコンプライアンスステアの適正化や，ロールセンタ高，アンチスクォート（Anti-squat（急発進・急加速時に車体後部が沈み込む現象を抑える））の独立制御を行う場合もある。

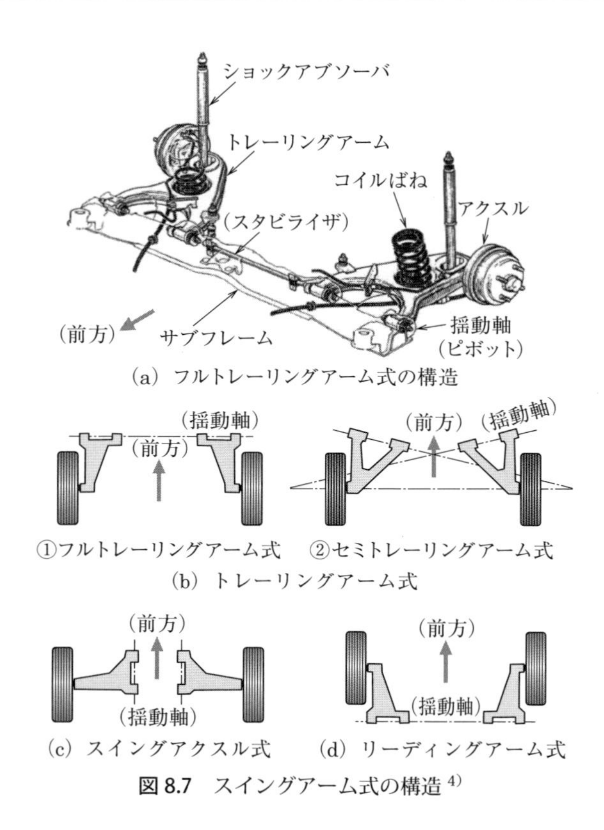

図 8.7　スイングアーム式の構造[4)]

スイングアクスル式は，揺動軸を車両の進行方向と平行に配置した形式である。ロールセンタ高が高く，ジャッキアップを起こしやすい。リーディングアーム式は，揺動軸を車両の横方向に平行配置し，車輪を進行方向に対し前に配置した形式である。ブレーキトルク反力により車体のリフトを発生しやすいなどの特徴がある。

(b)　トーションビーム式

図 8.8 に示すようにトーションビーム式は，左右のトレーリングアームをクロスビーム（Crossbeam；横げた）で結合し，車体のロールをクロスビームのねじりで受けてスタビライザの役割を持たせた構造である。クロスビームの配置により，(a) アクスルビーム式，(b) ピボッドビーム式，(c) カップルドビーム式に細分できる。

アクスルビーム式は，トレーリングアームに平板を用いるので，横剛性が不足し

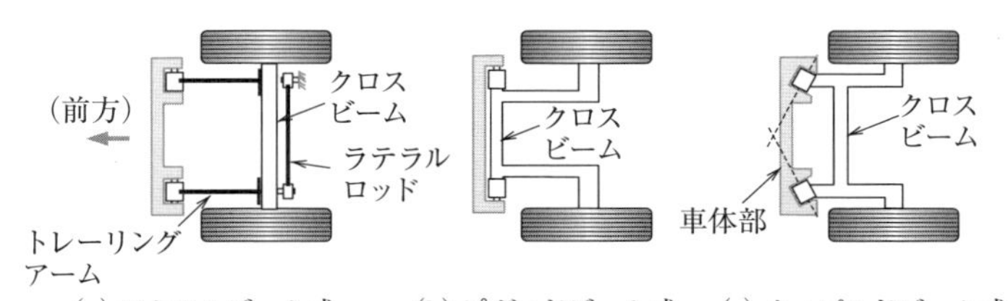

図 8.8 トーションビーム式の基本形式[1)]

補強するためにクロスビームにラテラルロッドが付加される。

ピボッドビーム式は曲げ剛性を高めるために，トレーリングアームとクロスビームの曲げ剛性を高めつつクロスビームのねじりばね特性を満足させる必要があり，クロスビームの断面形状には工夫が必要である。

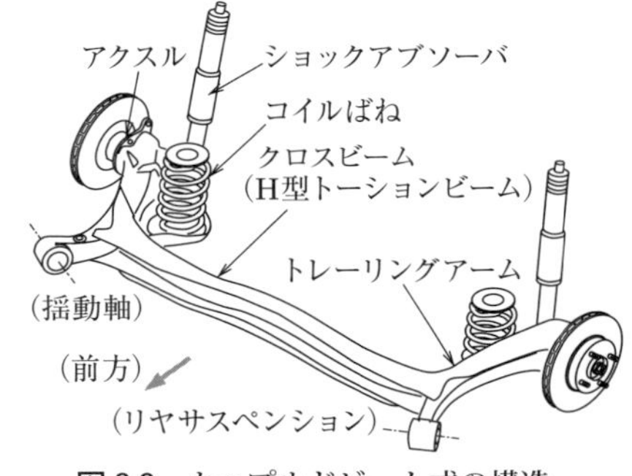

図 8.9 カップルドビーム式の構造

カップルドビーム式は，アクスルビーム式とピボットビーム式の中間的な動き，すなわちバウンス時にはフルトレーリング式，ロール時にはセミトレーリング式の動きを持たせ，双方の利点を合わせ持った形式である（図 8.9 は具体的構造例）。シンプルな構造なので，小型乗用車の後輪に広く採用されている。

(c) マクファーソン式

マクファーソン式は，図 8.1 に示すようにダンパの曲げ剛性を大きくしてアームの役割を持たせたものである。後述するダブルウイッシュボーン式と比べるとアライメント設定の自由度は低いが，構造部材が少ないので軽量・安価であり乗用車の前輪に広く採用されている。しかし，この方式は，ダンパロッドの曲げモーメントによるコジリが発生しフリクションが増大するので，コイルばねの中心軸をダンパ軸に対し傾斜（図 8.1(b)）させるなどしてコジリを抑える工夫が必要であることや，ダンパが車輪を避けて配置されるのでキングピン軸の傾斜角やキングピンオフセットが大きくなる傾向にある。またダンパの車体取り付け点位置が高いので，ボンネットや荷室への張り出しが大きくなる欠点もあるが，キャンバ角やキャスタ角のバラツキなども少なく，タイヤ回転方向の剛性も高いので量産車に適している。

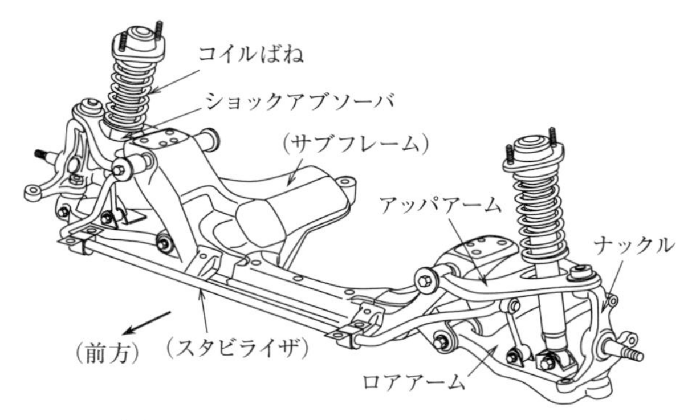

図 8.10　ダブルウイッシュボーン式（インホイール形式）の構造 [5)]

(d)　ダブルウイッシュボーン式とマルチリンク式

ダブルウイッシュボーン式は，スポーツ系の乗用車や競技車などに多く採用されている形式である。他の形式に比べ構造が複雑・高価で，車体側が重くなるなどの短所もあるが，図 8.10 に示すように略三角形のアッパアームとロアアームがナックルを介して平行リンクとなるように構成されるので，キャンバ角変化，トー角変化，ロールセンタ高変化などの設計自由度が高く，低ボンネット化，低フリクション化を実現しやすいという利点がある。コンプライアンスなどと合わせて最適な状態に設定すれば，操縦安定性と乗り心地を高い次元で両立させることができる。

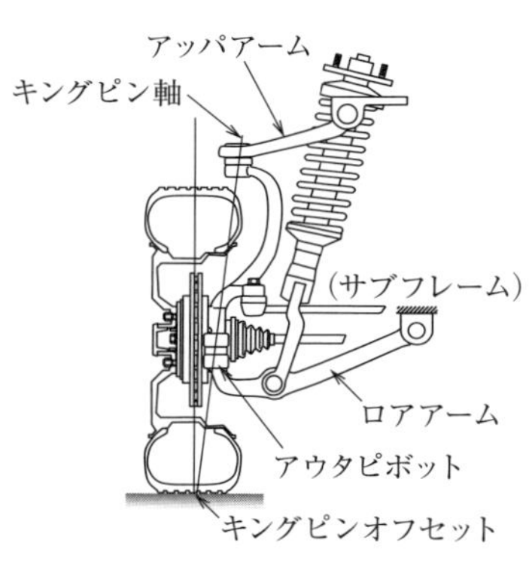

図 8.11　アッパアームをハイマウント化した例

ダブルウイッシュボーン式の変形として，マルチリンク式がある。この形式は，ダブルウイッシュボーン式のアームを分割し新たな機能を追加したものである。次にこれらについて説明する。

①　ダブルウイッシュボーン式

ダブルウイッシュボーン式は，アッパアームの先端がタイヤのホイール内側（図 8.10）にあるか，あるいはタイヤの外側（図 8.11）に位置するかによって，インホイール形式とハイマウント形式に分類される。

インホイール形式は，低ボンネット化，低重心化の要求が強いスポーツ系の車両に広く使われている。路面凹凸に対する乗り心地を向上させるために車輪前後方向の支持剛性を柔らかくすると，車輪回転方向の支持剛性も低下するので，前後方向をあまり柔らかく設定することができない。そこで乗り心地のニーズが高い乗用車では，ハイマウント形式を採用し，ロアアームのアウタピボット高さをホイールセンタ近傍に，アッパアームをタイヤ上方に配置してキャンバ剛性を高い状態に保つことにより，キングピンオフセットを安定してゼロ化できる。これにより，路面からのキックバックを減少させ操舵手応え感を向上させている。

② マルチリンク式

マルチリンク（Multi-link）式は，ダブルウイッシュボーン式の2本の略三角形アームを分割して複数のリンクに置き換えたもので，種々の構成が考案されている。アライメント設計自由度が高いので前輪，後輪に関わらずキングピン軸を仮想のものとして捉えることにより，制動・駆動・横力などの外力によるアライメント変化を最適に設定できる。

ダイムラーベンツ社が，図8.12に示すような5リンク構成のリヤサスペンションを開発し，「マルチリンクサスペンション」と命名した。1982年に発売されたメルセデスベンツ190Eのリヤサスペンションから採用されている。5本のアームからなり，2本がアッパアーム，3本がロアアームの機能を果たす。全てのアームが離れた位置に配置できるので設計自由度が増し，きめ細やかな動きを作り出すことができる。

図8.13は，前後入力に対してはトレーリングとリーディングに，横入力に対し

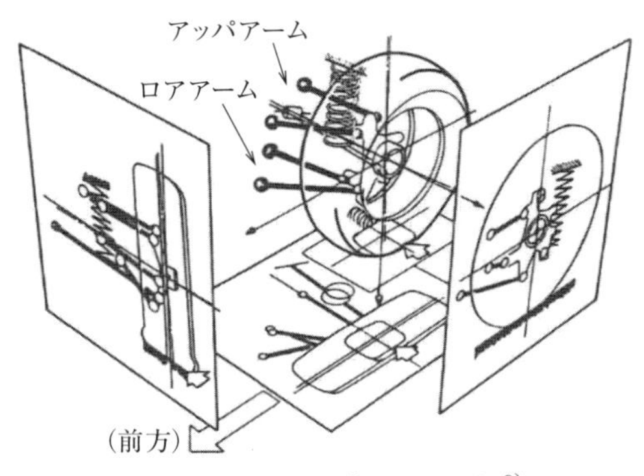

図 8.12　マルチリンク式，5リンク[6)]

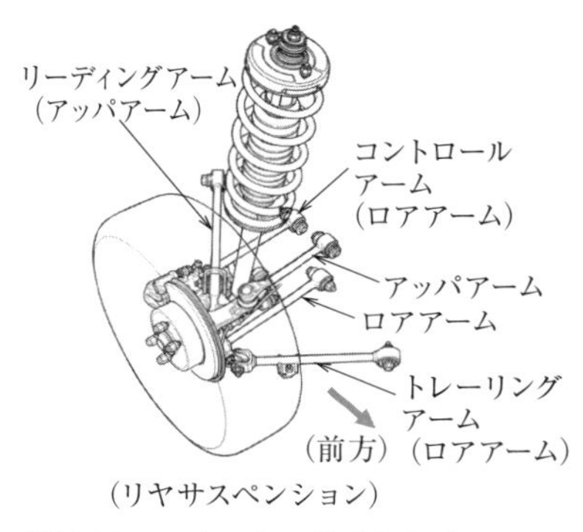

図 8.13　5リンク・ダブルウイッシュボーン式の構造[7)]

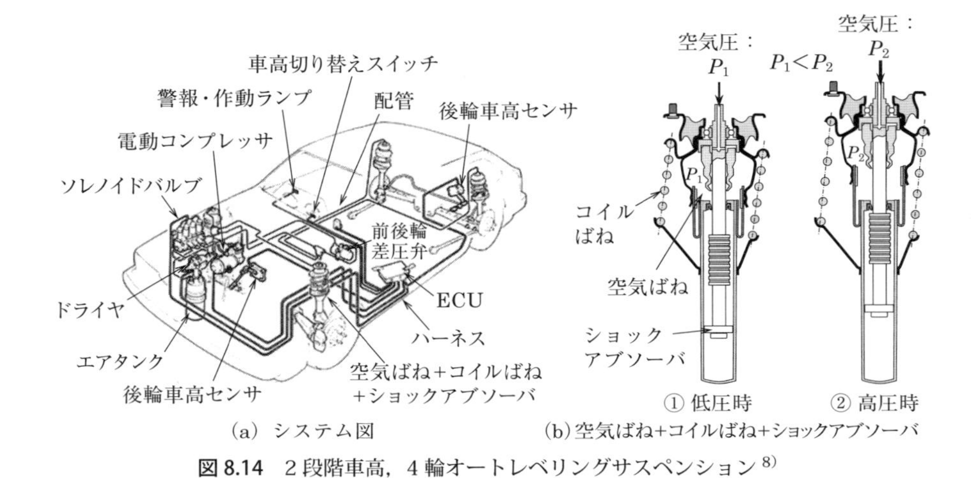

（a） システム図　　（b）空気ばね+コイルばね+ショックアブソーバ

図 8.14　2段階車高，4輪オートレベリングサスペンション[8)]

てはアッパアーム，ロアアーム，コントロールアームに剛性を分担させた例である。

8.1.3　特殊サスペンション

（1）　空気ばね式

空気ばね式は，大型トラック，バス，高級車などに採用例が多い。コイルばねと併用してコイルばねを構成するものや，空気ばね単独で用いられるものがある。固有振動数を低くでき高周波の絶縁性が良い，空気の圧縮性を利用して非線形ばね特性を得やすいなど，乗り心地に有利な特性を有している。

図 8.14 は，空気ばねの実用化例である。マクファーソン式ストラットサスペンションのショックアブソーバと並列にコイルばねとベローズ式の空気ばねを設け，エアタンクの高圧空気を空気ばねに供給して車高を一定に保つオートレベリングサスペンションである。

（2）　流体ばね式

流体ばね式は，図 8.15 に示すように，油圧により力を伝達し気体ばね（窒素）の圧縮性を利用する方式である。オリフィスによるダンパ機能を有する。ポンプを用い

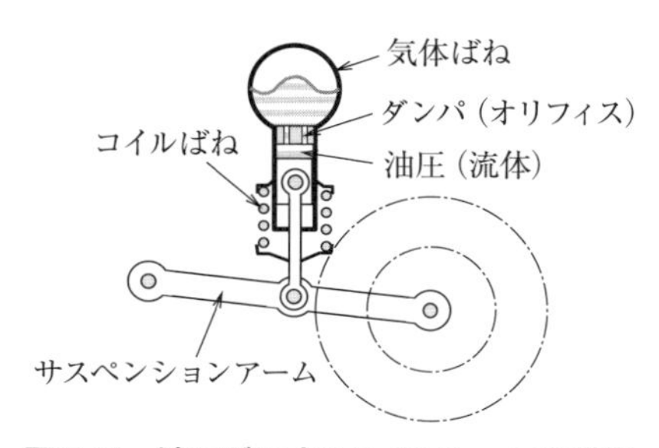

図 8.15　油圧ばね式サスペンションの構造

れば，オートレベリングの機能を持たせることができる。空気ばね式と比較すると，応答性が良いが，圧力を高く設定すると油漏れやフリクションによる性能低下が問題となる。

8.2　サスペンション設計

サスペンション設計とは，自動車の操縦性・安定性や乗り心地などの性能を満足させるためにサスペンションを意図どおりに機能させることである。本節では，サスペンションの4機能のうち，アライメント制御機能と緩衝機能を意図どおりに具現化するための設計手法について述べる。

8.2.1　機能設計

表8.2は，乗用車用のサスペンション特性値の一般的な範囲を示す。機能設計では，表のように要求機能を満たすために必要な特性管理項目とその目標値（特性値）を定める。

8.2.2　アライメント制御

(1)　トー変化

図8.16に示すように，前輪のバンプ時のトー変化は，0～弱トーアウトに設定される。0付近の値に設定するのは，直進時の路面うねりなどに起因するトー変化を抑え良好な直進安定性を得るためであり，弱トーアウト変化に設定するのは，旋

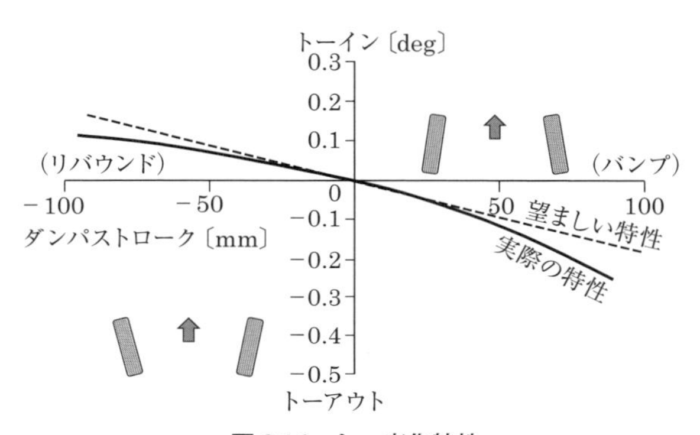

図8.16　トー変化特性

表 8.2 サスペンション特性値の一般的範囲 [1)]

機能＼項目	サスペンション特性管理項目	特性値の一般的範囲		
アライメント制御機能	トー変化	前輪	0〜アウト 0.5 deg/50 mm バンプ時	
		後輪	0〜イン 0.5 deg/50 mm バンプ時	
	キャンバ角	−0.2〜−2 deg		
	キャンバ変化	対ボディ；−2〜+0.5 deg/50 mm バンプ時		
	キングピン傾角	5〜15 deg		
	キングピンオフセット	−10〜−30 mm		
	ホイールセンタオフセット	30〜70 mm		
	キャスタ角	FF 車	1〜7 deg	
		FR 車	3〜10 deg	
	キャスタトレイル	0〜40 mm		
	トレッド変化	−5〜+5 deg/50 mm バンプ時（片輪当たり）		
	ロールセンタ高	0〜150 mm（独立懸架）		
	ロール剛性	ロール率に換算して，1.5〜4 deg		
アライメント制御機能／車輪保持機能	前後剛性	2〜5 mm/980 N（100 kgf 負荷）		
	前後力コンプライアンスステア	アウト 0.5〜イン 0.5 deg/ ホイールセンタ 980 N（100 kgf 負荷）		
		アウト 0.3〜イン 0.3 deg/ 接地点 980 N（100 kgf 負荷）		
	横剛性	0.3〜3 mm/ 接地点 980 N（100 kgf 負荷）		
	横力コンプライアンスステア	前輪	0〜アウト 0.2 deg/980 N（100 kg 内向き負荷）	
		後輪	アウト 0.1〜イン 0.1 deg/980 N（100 kgf 内向き負荷）	
ストローク規制緩衝機能	荷重たわみ特性	バンプストローク	70〜 120 mm	
		リバウンドストローク	80〜 130 mm	
		サスペンションレート	ばね上固有振動数に換算して 1 〜 2 Hz	
	減衰力特性	減衰比（c/c_c）に換算して，0.2 〜 0.8		

トー角とキャンバ角の符号

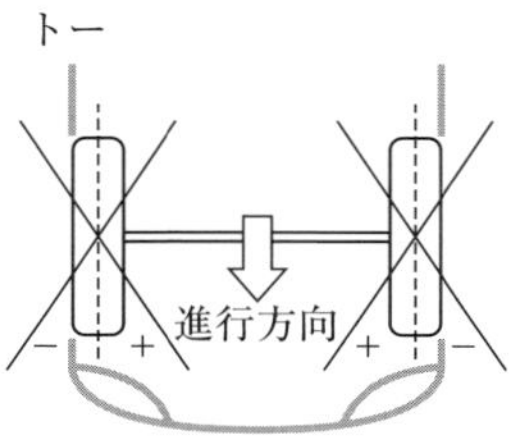

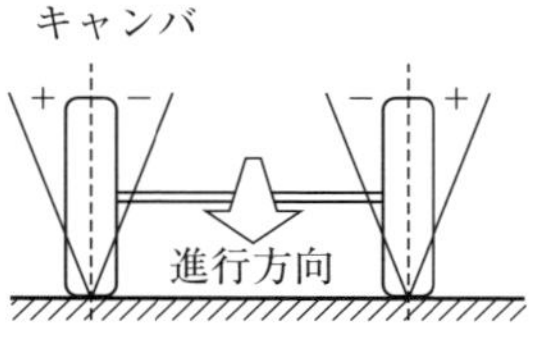

トー　　キャンバ

進行方向

回方向に対して外側（縮み側）の車輪の切れ角を戻し，弱US特性を付与するためである。このときのUS特性変化の度合いは，積載重量変化などによる車高差があっても，変わらないことが望ましいことから，バンプストロークに対するトー変化は，直線的な特性に近づける。

後輪においては，バンプ時に弱トーインとなるように設定し弱US特性を付与する。しかし過度のバンプ時トーインは，車両のヨー角やロール角の周波数応答特性が振動的になり望ましくない。

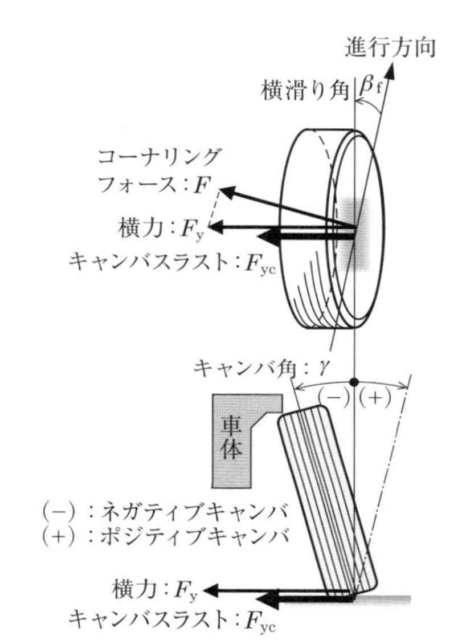

図 8.17　横滑りするキャンバ角の付いたタイヤに作用する力

(2)　キャンバ変化

バンプ，リバウンド時のキャンバ変化は，トー変化と同様に車両の直進安定性，US，OS特性などに影響を及ぼす。これは図8.17に示すように，タイヤにキャンバ角 γ に比例したキャンバスラスト F_{yc}，

$$F_{yc} = C_c \cdot \gamma \tag{8.1}$$

C_c；キャンバスラスト係数〔N/rad〕，コーナリングパワーの1/20程度

が発生し，横滑り角により発生する横力と合わせて旋回に必要な力となるからである。このことから，キャンバ変化と車両運動特性との関係を考える場合は，「対地キャンバ変化」を考える必要がある。

「対地キャンバ変化」と「対ボディキャンバ変化」の関係は，リジッドアクスルと独立懸架の場合で大きく異なる。図8.18は，その一例を示す。リジッドアクスルや独立懸架Bタイプの車両は，ロール時にグリップを高めて旋回性能を向上させるが，直進時に路面のうねりなどでバンプ，リバウンドすると，キャンバ変化を生じキャンバスラストを発生するため，過度の対地キャンバ変化は，直進安定性を妨げる。バンプ，リバウンド時には，独立懸架Aタイプの方が望ましい。これらの考察から，バンプ，リバウンド時のキャンバ変化は，旋回性能と直進安定性を両立させるために適切な範囲に設定する必要がある。

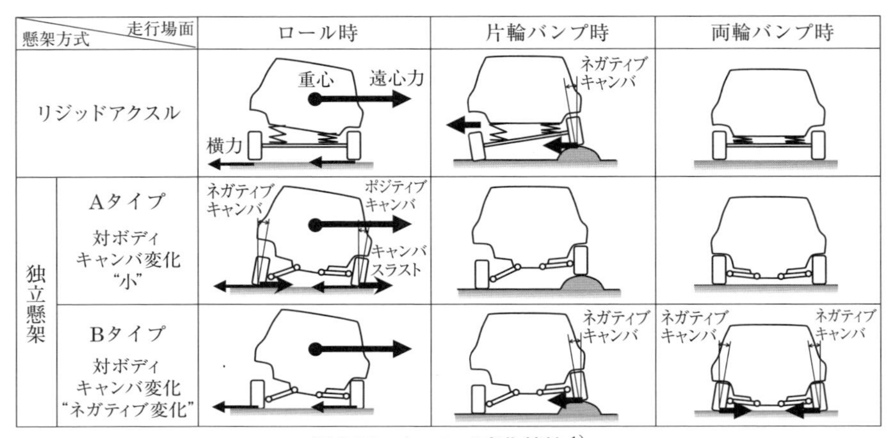

図 8.18　キャンバ変化特性 [1)]

(3)　キングピン傾角，キングピンオフセット，ホイールセンタオフセット

キングピン傾角 α_k は，操舵輪を車両正面から見たとき図 8.19 に示すようにキングピン軸の鉛直線に対する傾き角である。キングピンオフセット ξ_k は，タイヤ接地点 A とキングピン軸と路面の交点 B の車幅方向距離である。接地点 A に前後力（駆動力のブレーキ力）が加わったときに，キングピン軸回りに発生するモーメントを決めるアーム長である。

ブレーキ力のように，ステアリングリンク内力として左右輪で打ち消すように発生するキングピン軸回りのモーメントは問題ないが，ブレーキの片効きや左右タイヤ接地面の路面摩擦係数違いなどのようにキングピン軸回りのモーメントが片輪に強く現れるような場合，ハンドルが取られる方向にモーメントが作用する。このようなときにキングピンオフセットをマイナスに設定すると，図 8.20 に示すように，ブレーキ力に左右差がある場合やブレーキの一系失陥時に車両に作用するヨーイングモーメントを打ち消す方向にタイヤを操舵させるモーメント（$-F_1 \cdot e$）が発生し，車両の姿勢を保った状態で停止させることができる。

車輪回転中心と交わる点 C，D 間の距離をホイールセンタオフセットといい，ホイールセンタに前後力が加わったときにキングピン軸回りに発生するモーメントのアーム長になるものである。キックバックや前輪駆動車のトルクステアを発生させる原因になるので，小さくすることが望ましいが，ロアアームのピボット E のとれる位置には，ブレーキディスクロータなどの制約を受ける（図 8.19）。

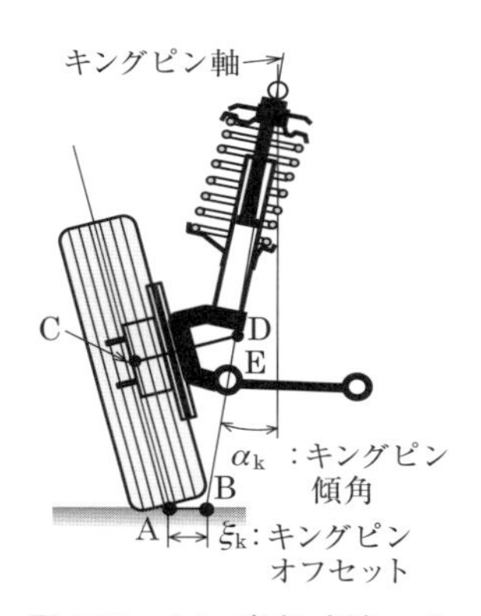

図 8.19 キングピン傾角，キングピンオフセット

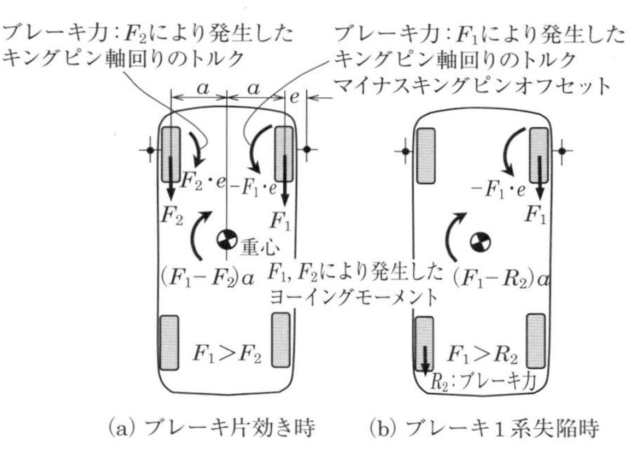

図 8.20 マイナスキングピンオフセットの効果[1)]

(4) キャスタ角とキャスタトレイル

キャスタ角 α_c は，図 8.21 に示すように操舵輪を車両側面から見たときに，鉛直線に対するキングピン軸の傾き角であり，キャスタトレイル ξ_c は，タイヤ接地点 A とキングピン軸の接地面交点 B との間の車長方向距離である。

図 8.22 に示すように，キャスタ角を大きく設定すると，外輪のキャンバ角がネガティブ方向に変化し，キャンバスラスト分が横力に加わるため，車両の US 特性は弱まり，旋回時の最大横加速度を向上させる。

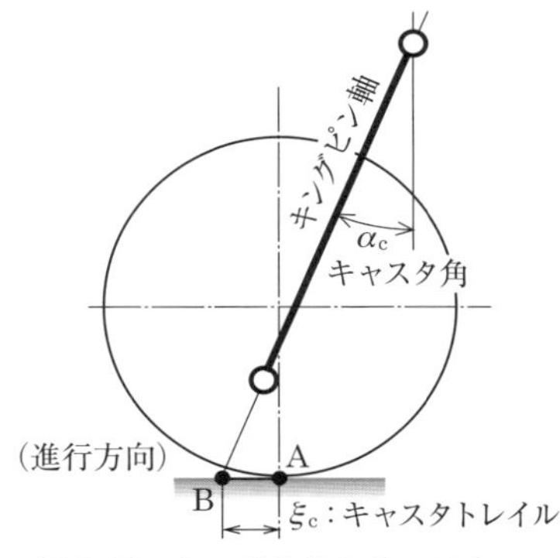

図 8.21 キャスタ角とキャスタトレイル

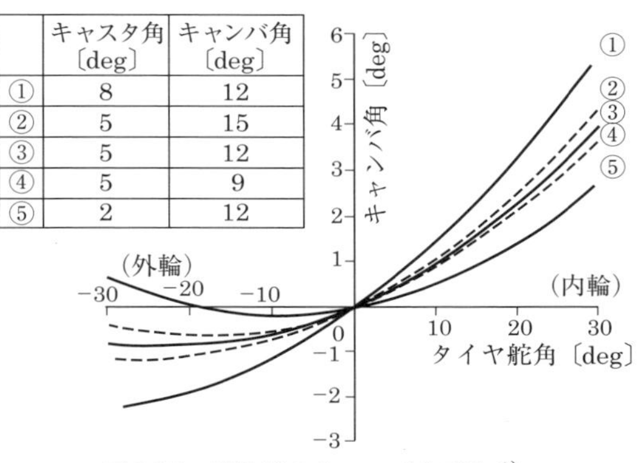

	キャスタ角〔deg〕	キャンバ角〔deg〕
①	8	12
②	5	15
③	5	12
④	5	9
⑤	2	12

図 8.22 操舵時のキャンバ角変化[1)]

キャスタトレイルを大きく設定すると，ハンドルの戻りや直進安定性は良い方向になるが，旋回時の操舵力・保舵力は重くなる。

(5)　トレッド変化

トレッド変化は，図8.23に示すように，バンプ，リバウンド時に伴う接地点の横移動（スカッフ；Scuff）である。この変化は，疑似横滑り角を発生させ，路面不整地などでふらつきの原因となるので，アッパ・ロアアーム長を充分に長くとるなどして設計的に小さくする工夫が必要である。

(6)　ロールセンタ，ロール軸

ロールセンタは，図8.24に示すように，車体がロールするときの瞬間中心であり，サスペンションの上下アームのそれぞれの延長線の交点とタイヤの接地面中央を結ぶ線上の車体中心線上にあり，通常は車体重心より下に位置する。重心とロールセンタの距離が車体のロール角の大きさを決め，ロール時の左右輪の荷重移動やトレッド変化などに影響を及ぼす。地上からロールセンタまでの距離を「ロールセンタ高」，前輪のロールセンタと後輪のロールセンタを結んだ軸を「ロール軸」という。

(7)　ロール剛性

ロールセンタ回りに単位角度ロールさせるために必要なロールモーメントを「ロール剛性」という。前輪のロール剛性の大きさと後輪のロール剛性の大きさの配分を決める前後輪ロール剛性配分の設定により，車両のロールの大きさと前後輪への荷重移動量が大きく変化し，US・OS特性などの運動性能に大きな影響を与える。

(a)　独立懸架のロール剛性

独立懸架のロール剛性 m_i は，ホイール位置に換算した上下ばね定数（サスペン

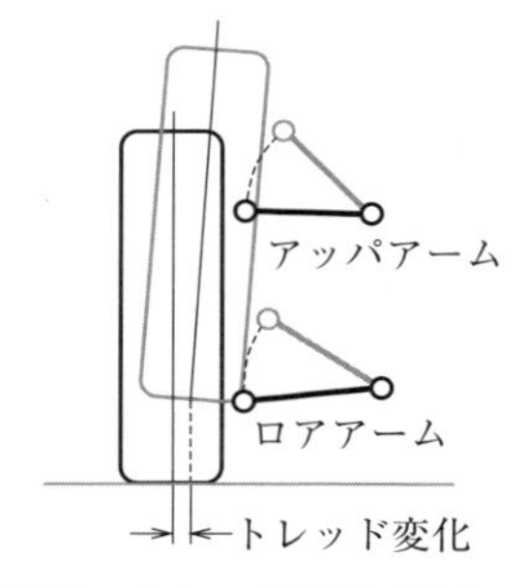

図8.23　トレッド変化（スカッフ）

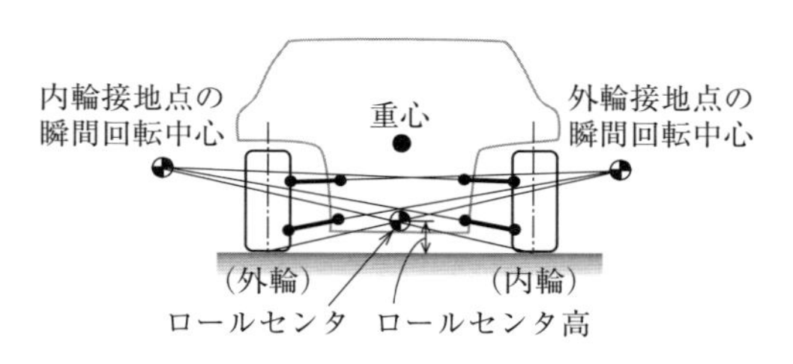

図8.24　ロールセンタ，ロールセンタ高

ションレート）を k_1〔N/m〕，スタビライザのばね定数を k_2（左右輪を逆相にねじらせて上下動させたときの片輪当たりの上下ばね定数），トレッドを b，ロールモーメント M を作用させたときのロール角を θ（図 8.25(a)）とすると，次式で表される。

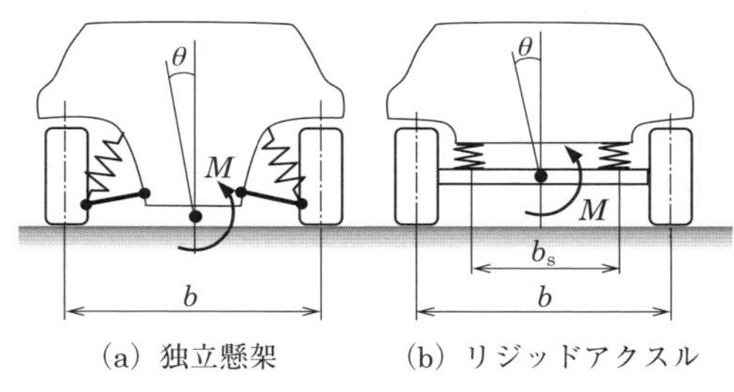

（a）独立懸架　　（b）リジッドアクスル

図 8.25　ロール剛性

$$m_i = \frac{M}{\theta} = \frac{1}{2}(k_1 + k_2)b^2 \tag{8.2}$$

(b)　リジッドアクスルのロール剛性

リジッドアクスルのロール剛性 m_r は，図 8.25(b) に示すように，ばねスパンを b_s とすると，次式で表される。

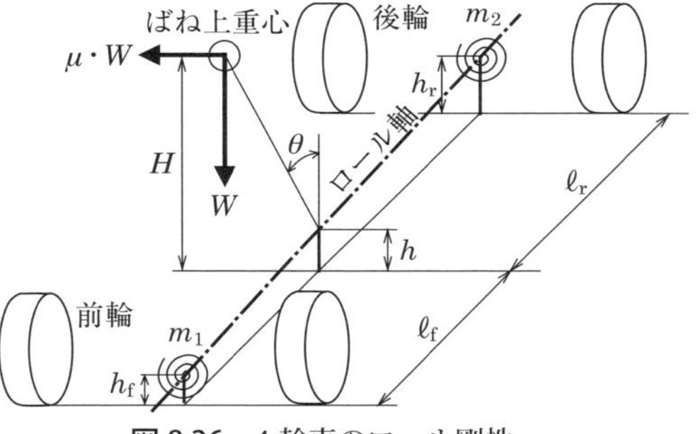

図 8.26　4 輪車のロール剛性

$$m_r = \frac{M}{\theta} = \frac{1}{2}(k_1 \cdot b_s^2 + k_2 \cdot b^2) \tag{8.3}$$

(c)　4 輪車のロール剛性

4 輪車としてのロール剛性は，前・後サスペンションのロール剛性をそれぞれ足し合せたものである。図 8.26 に示すように，ロール軸とロール剛性が決定されれば，簡易的にロール角 θ を計算できる。まず，ロール軸の重心位置における地上高 h を求めると，次式が得られる。

$$h = h_f + \frac{\ell_f}{\ell_f + \ell_r}(h_r - h_f) \tag{8.4}$$

h_f，h_r；前・後のサスペンションのロールセンタ高〔m〕，ℓ_f，ℓ_r；前・後の車軸から重心位置までの距離〔m〕

ロール角 θ が微小のとき，ロール軸回りのモーメントの釣り合いから，

$$\mu \cdot W(H - h) + W(H - h)\theta = (m_f + m_r)\theta \tag{8.5}$$

$$\theta = \frac{\mu \cdot W(H-h)}{m_f + m_r - W(H-h)} \tag{8.6}$$

m_f，m_r；前・後のサスペンションのロール剛性，h；ロール軸の重心位置における地上高〔m〕，W；車両質量〔kg〕，$\mu \cdot W$；求心加速度 μ〔G〕における遠心力〔N〕，H；重心高〔m〕

なお，0.5Gの求心加速度で定常円旋回したときのロール角を「ロール率」という。

(8)　車両側面から見た瞬間回転中心

前後の車輪が上下動するときに，車両側面から見た前後輪の瞬間回転中心の位置 O_1，O_2 が，姿勢変化に及ぼす影響について検討する。

(a)　制動時のノーズダイブ

制動時に車体慣性力により，車体前部が沈み込み後部が尻上がりになる姿勢変化をノーズダイブ（Nose dive），その逆をノーズリフト（Nose lift）といい，式(8.7)，(8.8)に示すアンチダイブ率，アンチリフト率を用いて，ノーズダイブの大きさを表す指標としている。

$$(\text{アンチダイブ率}) = \frac{C_1 \cdot \ell \cdot f_1}{H \cdot r_1} \times 100\ 〔\%〕 \tag{8.7}$$

$$(\text{アンチリフト率}) = \frac{C_2 \cdot \ell \cdot f_2}{H \cdot r_2} \times 100\ 〔\%〕 \tag{8.8}$$

F_1，F_2；前・後輪のブレーキ力〔N〕，$F = F_1 + F_2$，$f_1 = F_1/F$，$f_2 = F_2/F$

図8.27(a)において，C_1/r_1，C_2/r_2 を大きくするように瞬間回転中心 O_1，O_2 の位置を決定すれば，モーメント M_1，M_2 は小さくなりノーズダイブは小さくできる。

(b)　駆動時のスクォート特性

スクォート（Squat）は，ホイールセンタに駆動力が負荷された状態で車体慣性

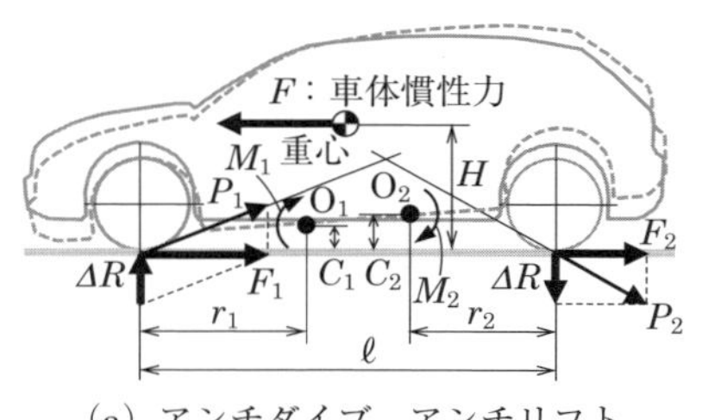

(a) アンチダイブ，アンチリフト

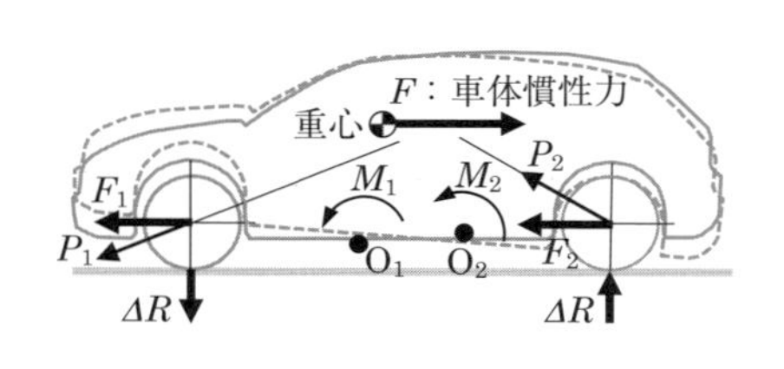

(b) アンチスクォート

図8.27　瞬間中心の位置

力により前部が浮き上がり，後部が沈み込む姿勢変化をいう。4 輪駆動車の場合，図 8.27(b) において前輪は前後荷重移動量 $\varDelta R$ と駆動力 F_1 の合力 P_1 により，瞬間回転中心 O_1 回りにモーメント M_1 が作用し，これにより車輪はリバウンド(リフト)する。後輪も前輪と同様に合力 P_2 に起因するモーメント M_2 により車輪はバンプ（ダイブ）し，車体は後傾する。この状態が「スクォート」であり，アンチスクォート特性にするには瞬間中心 O_1，O_2 を合力 P_1，P_2 の方向に近づけ M_1，M_2 を小さくするように配置することが有効である。

(9)　サスペンション周りの剛性

(a)　前後剛性

前後剛性は，車体に対して，ホイールセンタの前後方向のばね定数である。タイヤが路面の小さな凹凸を通過するときに，ホイールセンタに前後方向の振動的な力を発生するのでサスペンションの前後剛性は，ハーシュネスとの相関が高い。そこで対象とする振動周波数での動的な剛性を低くし適度な粘性を持たせて減衰させるのがよい。

(b)　前後力コンプライアンスステア

前後力コンプライアンスステアは，制動，駆動などの前後力によって発生するトー変化のことをいう（図 8.28(a)）。ブレーキ力は接地部，駆動力やエンジンブレーキは車軸に作用する。直進時に車両の安定性を乱さないようにトー変化をゼロにすることが望ましいが，剛性を無限大にはできないので，表 8.3 のように，トーインを積極的に付与して安定性を向上させる例もある。

(c)　横剛性

横剛性は，車輪中心と車体間の横方向のばね定数である。操縦性の観点からは高い方がよいが，逆にハーシュネスなどの乗り心地の

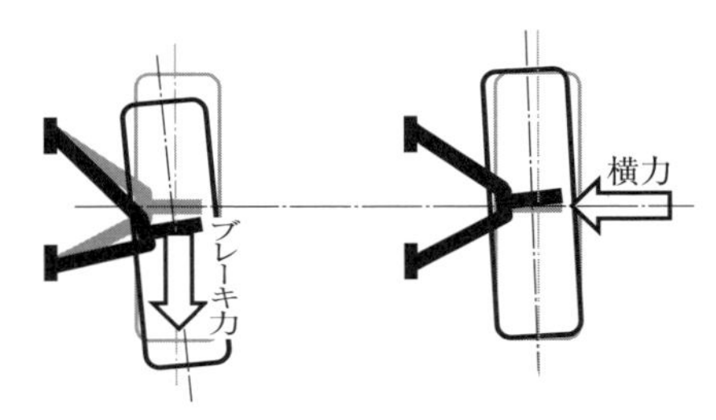

(a) 制動力による前後力コンプライアンス　(b) 旋回時の横力コンプライアンス

図 8.28　コンプライアンスステア

表 8.3　特定条件下でのトーイン/トーアウト設定[1)]

	入力荷重	変化特性	効果
前輪	ブレーキ力	トーイン	ブレーキ力の左右不均一時にも安定化できる
後輪	駆動力	トーイン	高速走行時に駆動力の増加と共に大きくすることにより直進安定性が向上する

観点からは低い方がよいので，操縦性の許容範囲で乗り心地を満足させる。

(d) 横力コンプライアンスステア，SATコンプライアンスステア

タイヤ接地部に左右力が負荷されたときのトー変化を「横力コンプライアンスステア（図8.28(b))」，タイヤ上下軸回りにモーメントを作用させたときのトー変化を「SATコンプライアンスステア」といい，これらの特性は，車両のUS/OS特性に影響を与える。左右力は，実車では横力として作用し，その着力点が接地中心よりニューマチックトレイル分だけ後方にオフセットしているため，SATコンプライアンスステアと同様の影響を与える。

8.2.3 緩衝機能

サスペンションの緩衝機能は，表8.1に示すように，車体振動を減衰し操縦性や収束性（安定性），乗り心地を向上させる役割を担う。この機能を荷重-たわみ特性と減衰力特性，およびスタビライザ特性を定めることにより達成させる。

(1) 荷重－たわみ特性

荷重－たわみ特性は，図8.2に示すように基準積載付近のばね定数であるサスペンションレート，伸び側と圧縮側の最大ストロークを規制するバンプストロークとリバウンドストロークとこれらの非線形ばね定数で表現される。これらの特性は，図8.3(a)の2自由度系振動モデルで表されるように，車体部（ばね上）の共振，車輪タイヤ部（ばね下）の共振特性を作り出すもので，乗り心地や車両応答に大きな影響を与える。このほかにも車高維持機能，衝撃荷重吸収機能，ロール特性，ノーズダイブ特性などを担っている。次に，共振特性に影響を与えるばね上固有振動数と減衰について述べる。

(2) ばね上固有振動数

ばね上固有振動数は，図8.2に示す荷重－たわみ特性の基準積載付近のサスペンションレートを用いて次式で求められる。

$$f_1 = \frac{1}{2\pi}\sqrt{\frac{k_1}{m_1}} \qquad (8.9)$$

f_1；ばね上質量固有振動数〔Hz〕，m_1；ばね上質量〔kg〕，k_1；基準積載付近のサスペンションレート〔N/m〕

ばね上固有振動数は，乗り心地の観点からは低く，操縦性の観点からは高く設定

され，これらの調整は，次に説明する減衰力特性と合わせて行われる。

(3)　減衰力特性

図 8.3(b) に示すようなばね上質量の加速度の上下減衰力特性は，ショックアブソーバの減衰係数により決定される。この減衰係数は，一般的に次式の減衰比から求められる。

$$\zeta = \frac{c}{c_{\mathrm{c}}} = \frac{c}{2\sqrt{m \cdot k}} \tag{8.10}$$

ζ；減衰比，c；ダンパの減衰係数〔N・s/m〕，c_{c}；臨界減衰係数〔N・s/m〕

減衰力は，図 8.29(b) に示すようにピストンの移動速度 v によりオイルがオリフィスを通過するときに発生する圧力差 p と受圧面積 S の積で与えられる。

$$p = \alpha \cdot S \cdot v + \frac{1}{2}\rho \cdot \frac{S^2}{c_{\mathrm{d}}^2 \cdot a^2} \cdot v^2 \tag{8.11}$$

p；圧力差〔Pa〕，α；流路形状とオイルの粘性によって決まる係数〔N・s/m^5〕，S；受圧面積〔m^2〕，v；上下移動速度〔m/s〕，ρ；オイル密度〔kg/m^3〕，c_{d}；流量係数，a；流路面積〔m^2〕

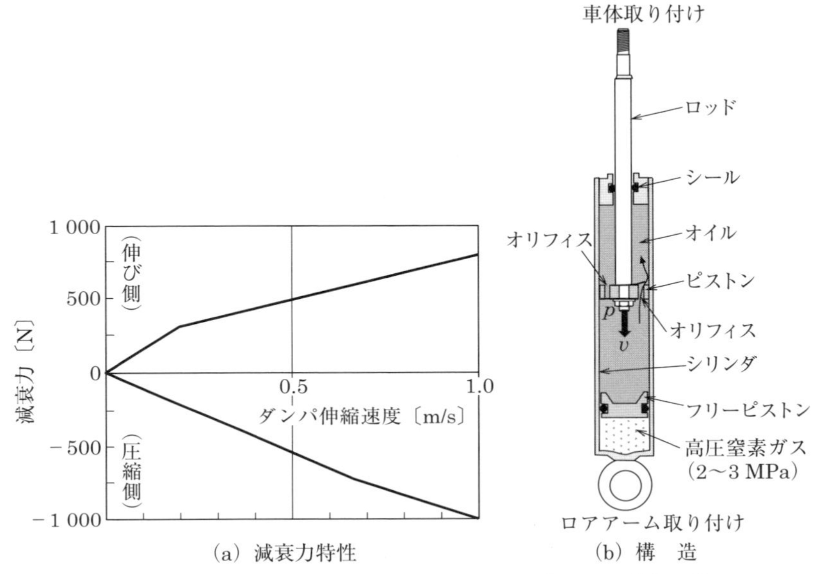

(a) 減衰力特性　　(b) 構　造

図 8.29　モノチューブ式ガス入りショックアブソーバ（ダンパ）

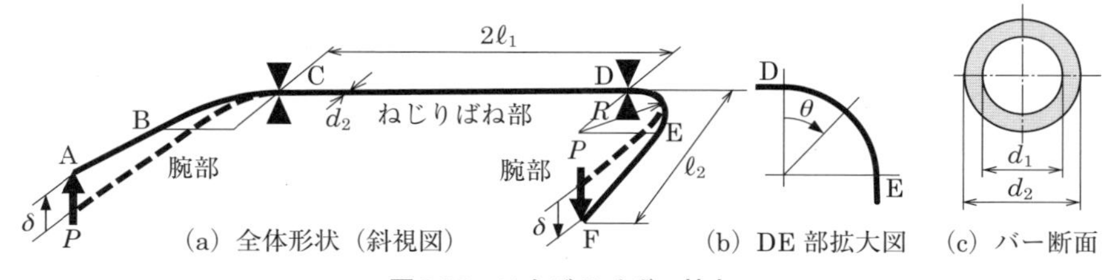

図 8.30　スタビライザの基本

この圧力差 p は，速度 v の 1 次項の粘性抵抗と 2 次項の乱流抵抗により生成される。代表的な減衰力特性を図 8.29(a) に示す。ダンパ伸縮速度に対して非線形特性が付与されている。

ばね上固有振動数を低減させ乗り心地を向上させると，操縦性や収束性が低下するので，ダンパの減衰係数を適宜設定（図 7.19 参照）し，緩衝機能を成立させる。

(4)　スタビライザの機能と構造

スタビライザ（Stabilizer）（図 8.1，8.7(a)，8.10，8.30）は，略コの字状の形状をした細長い棒状のばね材である。車両の旋回時にはねじりばね機能を効かしロール角を減少させ，左右輪の上下運動時にはねじり作用が働かない特性を生かして操縦性と乗り心地を向上させる部品である。

前後輪で異なるねじりばね定数のスタビライザを用いて前後のロール剛性を変えれば，車輪にかかる荷重移動量のバランスを図ることができる。

サスペンションやその周辺部品を避けながら配置されるので様々な形状のものがあるが，基本は車体ロール時に発生する左右車輪のナックル変位の位相差を，図 8.30 に示すような曲げを伴う「腕部」とこの腕部によってねじられる「ねじりばね部」から構成される。断面形状は，中空にして軽量化が図れている。

8.3　制御サスペンション

制御サスペンションは，基本サスペンションの減衰力やばね定数を変化させ懸架特性を向上させる基本制御サスペンションと，動力を供給して車高や姿勢などを制御するパワーサスペンションに分類できる。これらについて説明する。

制御サスペンション
- 基本制御サスペンション
  - ●減衰力制御サスペンション（セミアクティブサスペンション）
  - ●上下ばね定数制御サスペンション
  - ●ねじりばね定数（ロール剛性）制御サスペンション
- パワーサスペンション
  - ●車高制御サスペンション
  - ●アクティブサスペンション

8.3.1 基本制御サスペンション

(1) 減衰力制御サスペンション

減衰力制御は，図8.31に示すように2Hz以上の高周波数入力が支配的であるロードノイズやハーシュネス，エンジン振動などに対してにはダンパの減衰係数Cを小さく，急制動，急操舵時などのピッチング，バウンシング，ローリングなどの1Hz前後のばね上振動を抑えるときには減衰係数Cを大きくして乗り心地と安定性を向上させる制御である。走行モードで分類すると，図8.32のようになる。

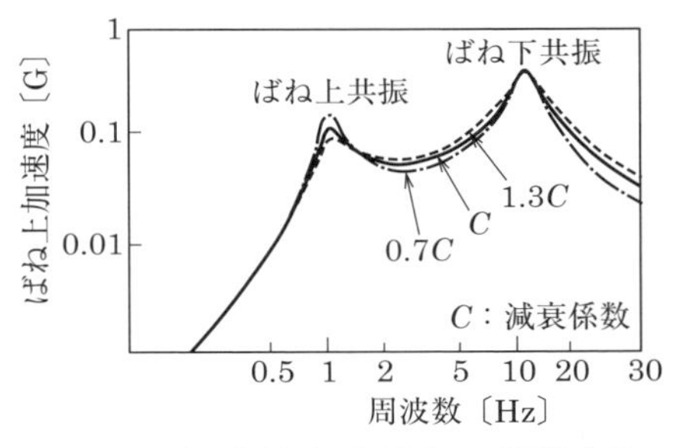

図8.31　ばね上質量の加速度の周波数応答

(a) 制御機能の分類と狙い・制御方法

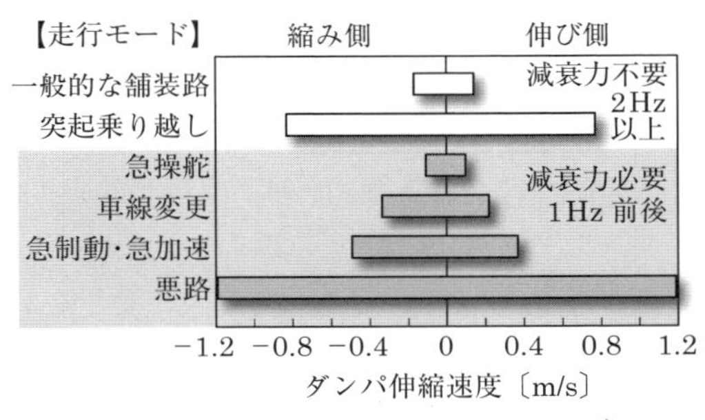

図8.32　走行モードによる減衰力の寄与[1)]

表8.4に示すように，減衰力を適宜変化させる制御を効かせて，運転者の急操作の結果発生する車体姿勢乱れを抑制する車体姿勢変化抑制や，高速走行時の収束遅れを減少させ車両の安定性を向上させる操縦安定性向上制御機能，路面入力からの車体振動伝達を抑制する路面入力振動制振機能などが開発されている。

表 8.4　減衰力制御機能 [9]

制御機能		狙い	制御実行条件	検出用センサ						減衰力制御
				車輪速	ハンドル操舵角	車体速度・加速度	ダンパストローク	ブレーキスイッチ	エンジン回転数	
車体姿勢変化抑制・操縦安定性向上制御	ロール制御	操舵時のロール速度低減	推定横加速度が所定値以上	○	○					Soft ⇒ Hard
	アンチダイブ制御	操舵時のダイブ速度低減	ブレーキ操作時	○				○		Soft ⇒ Hard
	アンチスクワット制御	操舵時のスクワット速度低減	エンジン回転数変化が所定値以上	○					○	Soft ⇒ Hard
	車速感応減衰力制御	高速走行時の走行安定性向上	車速が所定値以上	○						Soft から車速に応じて Hard
路面入力振動制振	車体制振制御（スカイフック，H_∞）	車体振動の低減	車体上下速度，ダンパ伸縮速度			○	○			Soft ⇔ Hard（条件により変化）
	ばね下制振制御	タイヤ接地性の向上	ばね下共振振幅が所定値以上	○						Soft ⇒ やや Hard

(b)　スカイフックダンパ制御とセミアクティブサスペンション

路面入力に対する減衰力制御の方法は，スカイフックダンパ制御や周波数により重み付け設定する非線形 H_∞ 制御などが用いられる。代表的な制御手法として，スカイフックダンパ制御について図 8.33 を用いて説明する。

この制御は，架空の水平線とばね上質量（車体）m_1 の間に仮想のダンパ（スカイフックダンパ）を設け，ばね k_1 で支えることによりばね上質量 m_1 を制振する。すなわち路面の凹凸を車輪のみに上下動させ車体に振動伝達させないという思想の制御である。

仮想ダンパにより発生する減衰力を F_s とすると，

$$F_s = c_s \cdot V_b \tag{8.12}$$

質量 m_1-m_2 間の実際のダンパの減衰係数 c_v を変化させて，この減衰力 F_s を発生させる方法を検討する。

式 (8.12) を，式 (8.13) のように変形して，

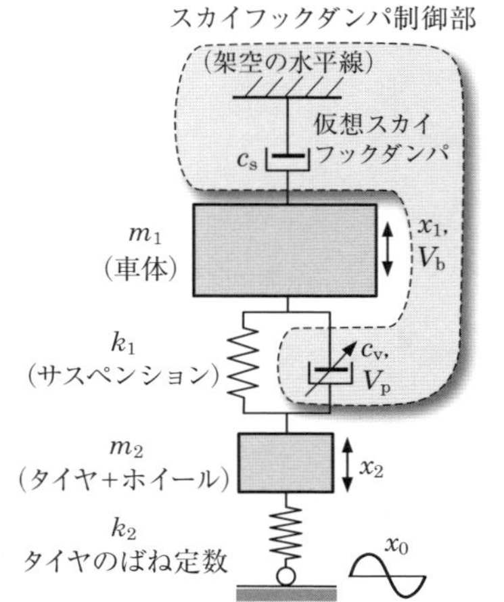

c_s：仮想スカイフックダンパの上下減衰係数
x_1：車体変位
V_b：車体上下速度
m_1：ばね上質量
k_1：ばね上-ばね下間の上下ばね定数
c_v：ばね上-ばね下間の上下減衰係数
V_p：ダンパ伸縮速度
m_2：ばね下質量
k_2：タイヤ上下ばね定数
x_2：タイヤホイール上下速度
x_0：路面変位入力

図 8.33　スカイフックダンパ制御の概念図

$$F_s = \frac{c_s \cdot V_b}{c_v \cdot V_p} \cdot c_v \cdot V_p \tag{8.13}$$

$$c_v = c_s \cdot \frac{V_b}{V_p} \tag{8.14}$$

とおくと，式 (8.13) は，

$$F_s = c_v \cdot V_p \tag{8.15}$$

に変形できる。

これは，質量 m_1-m_2 間のダンパ伸縮速度 V_p に応じてダンパの減衰係数 c_v を変化させれば，スカイフックダンパ制御が可能であることを意味する。このとき減衰係数 c_v の制御方法は，式 (8.14) より図 8.34(a) のようになる。ダンパの伸縮速度 V_p を横軸，車体速度 V_b を縦軸に座標平面をとると，

$$\text{第 1，第 3 象限} \rightarrow \frac{V_b}{V_p} > 0\text{，第 2，第 4 象限} \rightarrow \frac{V_b}{V_p} < 0$$

であるから，第 1，第 3 象限ではダンパによる制振，第 2，第 4 象限では加振するように作用させなくてはならないが，加振できないので減衰係数 c を最小にする。

このように，近似的にスカイフックダンパ制御を実施したものを，後述するアクティブサスペンション（動力付与して第 2，第 4 象限で加振するシステム）に対して「セミアクティブサスペンション」という。

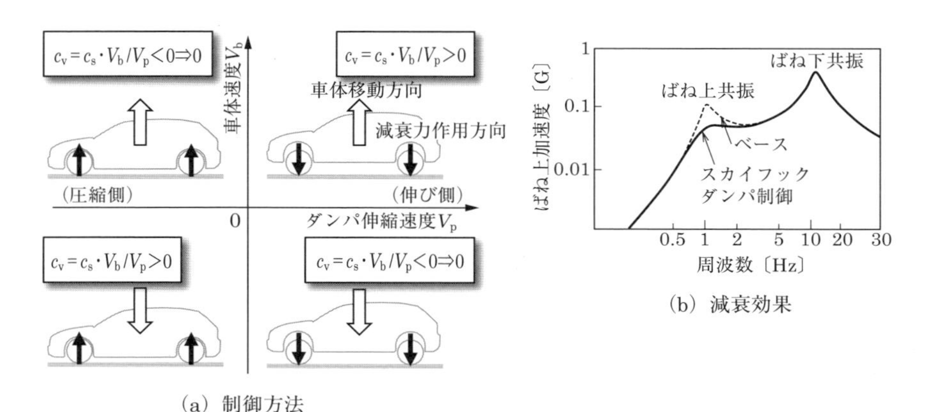

（a）制御方法　（b）減衰効果

図 8.34　スカイフックダンパ制御

図 8.34(b) は，減衰力制御によるスカイフックダンパ制御の効果を示す。

(c)　減衰力制御サスペンションを搭載した車両システム

①　システム構成

車両システムは，図 8.35 に示すように減衰力可変ダンパ（減衰力切替アクチュエータ搭載），ECU，各種センサなどで構成される。

②　減衰力可変ダンパの構造と減衰力

減衰力可変ダンパは，図 8.36 に示すように固定絞りのピストンバルブと可変絞りのロータリバルブの双方で減衰力を発生させる。ピストンバルブは，伸びと圧縮時で各々独立の絞りが選択され減衰力を付与（図 (b)）する。ロータリバルブは，アクチュエータ（ステップモータ）がスリットを回転させ，ピストンロッド内部をバイパスする通路を無段階に絞ることにより減衰力を可変制御する（図 (c)）。

図 8.37 は，同一ピストン速度における操作量（ステップモータ回転角）に対する減衰力の大きさを示したものである。本例のような伸び･圧縮同時に変化する「伸圧同時式」のほかに，伸び･圧縮それぞれ単独に変化させる「伸圧反転式」がある。

減衰力可変ダンパの減衰力可変方法は，本例のほかに作動流体に MR 流体 (Magneto-Rheological Fluid) を用いたものがある。MR 流体は，純鉄の粒子と油（溶媒）でできているので流体でありながら磁性を帯び，砂鉄のように磁石に吸い寄せられる性質を持つ機能性流体である。この性質を利用して，外部から磁界をかけて粘度を変化させ，オリフィスを通過させることでダンパの減衰係数を変える方式で

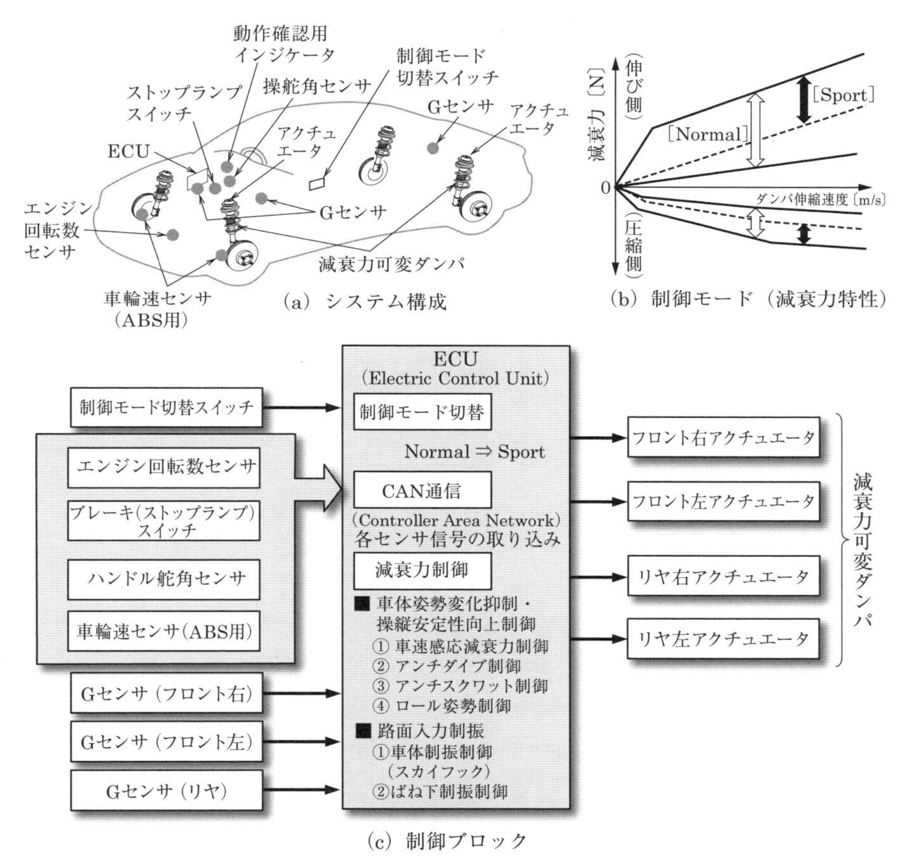

図 8.35 減衰力制御サスペンションシステム[9)]

ある。構造がシンプルであることが特徴である。

(2) ばね定数可変制御サスペンション

サスペンションのばね定数を低く設定すると，ばね上質量に働く加速度が減少し乗り心地を向上させることができるが，積載荷重の変化による車高変化や走行中のロール，ピッチなどの姿勢変化が大きくなる。したがって低ばね定数化を実現するには，ばね定数可変機能，または車高調整機能が必要となる。ここでは，まず，ばね定数を可変にする機構について，次にパワーサスペンションの項で車高調整サス

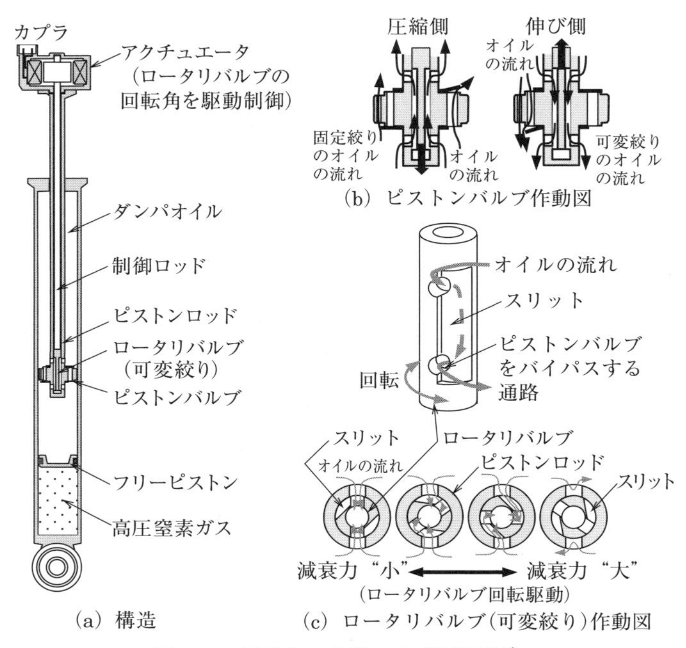

図 8.36　減衰力可変ダンパ（単筒型）[9]

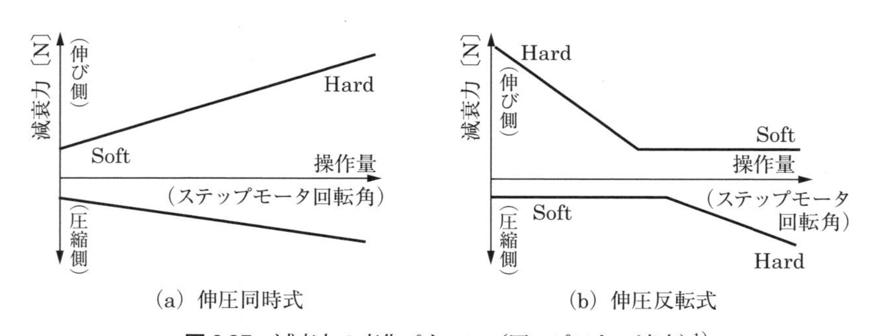

図 8.37　減衰力の変化パターン（同一ピストン速度）[1]

ペンションについて説明する。

(a)　エアサスペンションのばね定数可変機構

エアサスペンションのばね定数可変の原理を図 8.38 に示す。空気ばねの容積を V_1 と V_2 に分割し，両者の連通路に開閉弁を設け，空気室の容積を V_1 のみ，また

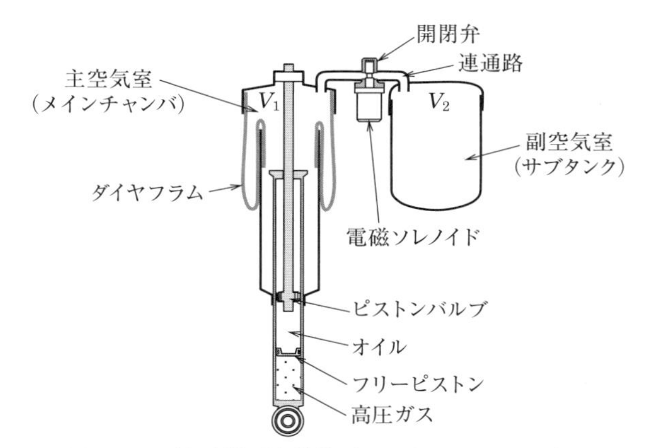

図 8.38　ばね定数可変機構（エアサスペンション）

は $(V_1 + V_2)$ に電磁ソレノイドで開閉を切り替えることによりばね定数を変化させる。空気ばねのばね定数 k_a は，ストロークによる受圧面積変化を無視できるとすると，式 (8.16) で近似でき，空気室の容積 V と反比例の関係となる。

$$k_a = \frac{n \cdot A^2 \cdot P}{V} \tag{8.16}$$

k_a；ばね定数〔N/m〕，n；ポリトロープ指数，A；空気ばねの有効受圧面積〔m^2〕，P；空気の絶対圧力〔Pa〕，V；空気室の容積〔m^2〕

(b)　油圧サスペンションのばね定数可変機構

油圧サスペンションのばね定数の可変原理を，図 8.39 に示す。各輪のサスペンション空気ばねのほかに補助空気ばねが設けられ，電磁ソレノイドを通電してポンプからの圧油を制御弁により供給し，ばね定数切替弁を切り替えて補助空気ばねを補助ダンパ絞りを介して空気ばねに連通した状態が，図 (b) のばね定数と減衰係数の低い状態である。図 (a) のように電磁ソレノイドを非通電にし補助空気ばねとの連通を断った状態が，ばね定数と減衰定数の高い状態である。電磁ソレノイド非通電のときに図 (a) の状態を作り，制御機能失陥時にばね定数，減衰力を高い状態に保持する安全設計が施される。

(3)　ねじりばね定数（ロール剛性）制御サスペンション

基本サスペンションに適用されるスタビライザのねじり剛性を可変にする電動スタビライザシステムについて説明する。

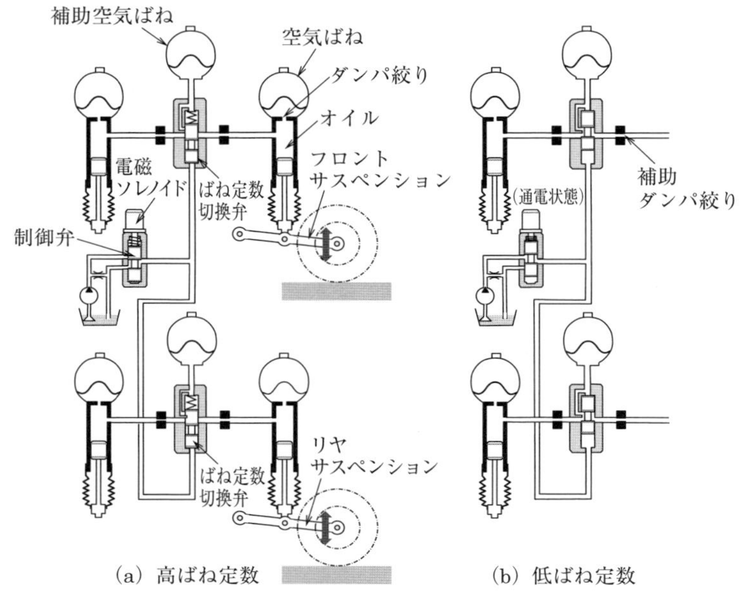

図 8.39　ばね定数可変機構（油圧サスペンション）[1)]

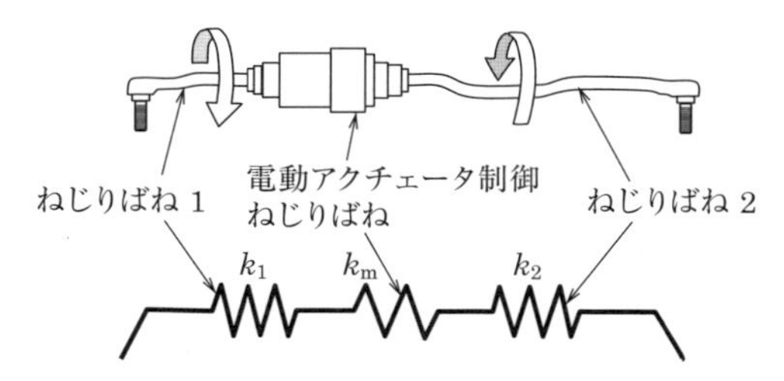

k_1：ねじりばね 1 のばね定数〔N/m〕
k_m：電動アクチュエータの制御ねじりばね定数〔N/m〕
k_2：ねじりばね 2 のばね定数〔N/m〕

図 8.40　電動スタビライザのばね構成[10)]

(a)　基本原理

スタビライザを構成するばね部を，図 8.40 のように直列結合のねじりばね集合体として，ばね定数を k_1，k_{m}，k_2 とすると，全体のばね定数 K は，

$$\frac{1}{K}=\frac{1}{k_1}+\frac{1}{k_{\mathrm{m}}}+\frac{1}{k_2}\quad\left(k_{\mathrm{m}}=\infty \text{のとき，} \frac{1}{K_0}=\frac{1}{k_1}+\frac{1}{k_2}\right) \tag{8.17}$$

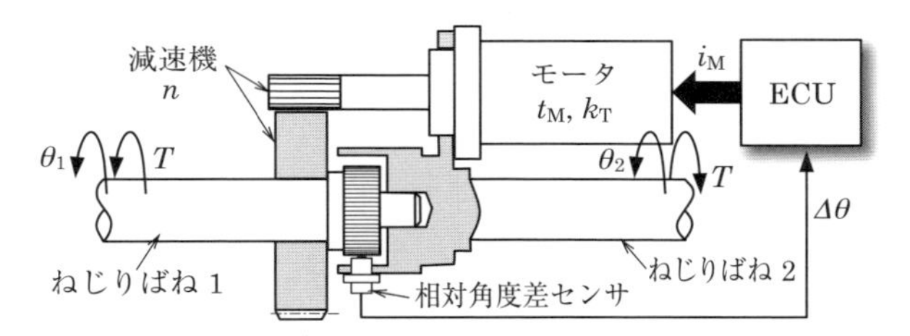

T：作用トルク〔Nm〕，θ_1：ねじりばね 1 の回転角〔rad〕，
θ_2：ねじりばねの回転角〔rad〕，n：減速比，t_M：モータトルク〔Nm〕，
i_M：モータ電流〔A〕，k_T：モータのトルク定数〔Nm/A〕

図 8.41 電動アクチュエータ

である。ここで，ねじりばね定数 k_m を電動アクチュエータで，0 ～無限大まで変化させると，全体のねじりばね定数 K を，0 ～ K_0 まで変化させることができる。

(b) ねじりばね定数可変制御方法

図 8.41 のようにねじりばね 1 とねじりばね 2 をトルク T でねじったときに，相対角度差 $\Delta\theta$ に比例したモータトルク $n \cdot t_M$ を発生させるように ECU でモータを駆動制御すると，

$$T = n \cdot t_M = k_\theta \cdot \Delta\theta = k_\theta(\theta_1 - \theta_2) \quad (k_\theta \text{；比例定数}) \tag{8.18}$$

である。このとき，

$$i_M = k_i \cdot \Delta\theta \quad (k_T \cdot i_M = t_M) \quad (k_i \text{；比例定数}) \tag{8.19}$$

であるから，電動アクチュエータによるねじりばね定数 k_m は，

$$k_m = \frac{T}{\Delta\theta} = k_\theta = n \cdot k_T \cdot k_i \tag{8.20}$$

である。ここで，n，k_T は一定値であるから，相対角度差センサからの検出信号 $\Delta\theta$ に基づき k_i を定めれば，ねじりばね定数 k_m を制御できることが分かる。

この方式は，常時故障診断を行い，万が一故障が検出されたときには，モータを速やかに停止させねじりばね 1 とねじりばね 2 の両端を固定することにより，ばね定数 K_0 の通常のスタビライザとして機能するように安全設計する。

(c) 電動スタビライザシステム

図 8.42(a) は，電動スタビライザシステムの構成図である。前後輪用電動アクチュエータとそれらを制御駆動する ECU が設けられ，車速や操舵角などの各種センサの情報に基づき，車両の運動状態や運転状態を検出し，①旋回時には，遠心力により生じるロールモーメントに抗してロール角を抑制（図 (b)）して操縦性を向上

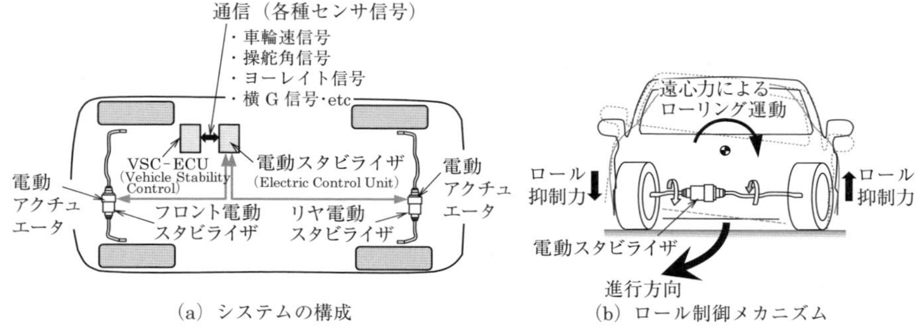

(a) システムの構成　　(b) ロール制御メカニズム

図 8.42　電動スタビライザシステムの構成 [10)]

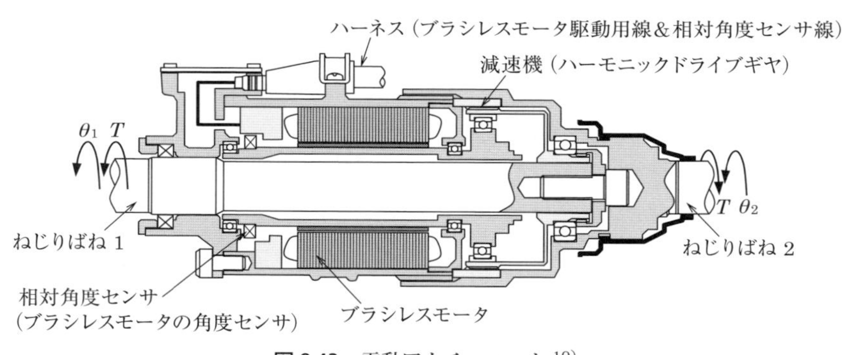

図 8.43　電動アクチュエータ [10)]

させ，②悪路走行時には，ねじりばね定数を低下させ，乗り心地を向上させる。

図 8.43 は，電動アクチュエータの断面を示す。ブラシレスモータ，減速ギヤ，ねじりばねなどから構成され，ECU からの指令に基づき電動モータが回転駆動され，ハーモニックドライブギヤで減速・倍力されて，ねじりばね 1 に伝達される。これにより，ねじりばね 1 とねじりばね 2 の相対角度差に応じて発生した倍力トルク T により，両ねじりばね間にねじりばね定数 k_{m} を発生させる。

8. 3. 2　パワーサスペンション

(1)　車高制御サスペンション

車高制御サスペンションの機能をまとめると，表 8.5 のようになる。機能の達成手法を大別すると，空圧式と油圧式があるが，ここでは，図 8.44 に示す空圧式サスペンションについて説明する。実際には，減衰力切替機能を持っているが，ここでは説明を省略する。

(a) システム構成

車高制御エアサスペンションは，モータ駆動コンプレッサ，ドライヤ，車高制御

表 8.5 車高制御サスペンションの機能

機　能	狙　い	車高設定
オートレベリング機能	乗車人員数や積載量などの変化によらず車高を一定に保つ	「通常」車高を一定に保持する
車高選択機能	①雪道や不整地などの走行時に車高を上げて走破性を向上させる ②高速走行やスポーツ走行時に車高を下げてロールセンタ高を低くしロールを抑える ③高速走行時に車高を下げて空力特性を向上させる	手動で切り替える 「高」車高 ↕ 「通常」車高 ↕ 「低」車高
車速感応機能	車速に見合った車高を保持させ，①ロールセンタ高の適正化と，②空力特性を向上させる	車速に応じて自動で「低」車高を切り替える

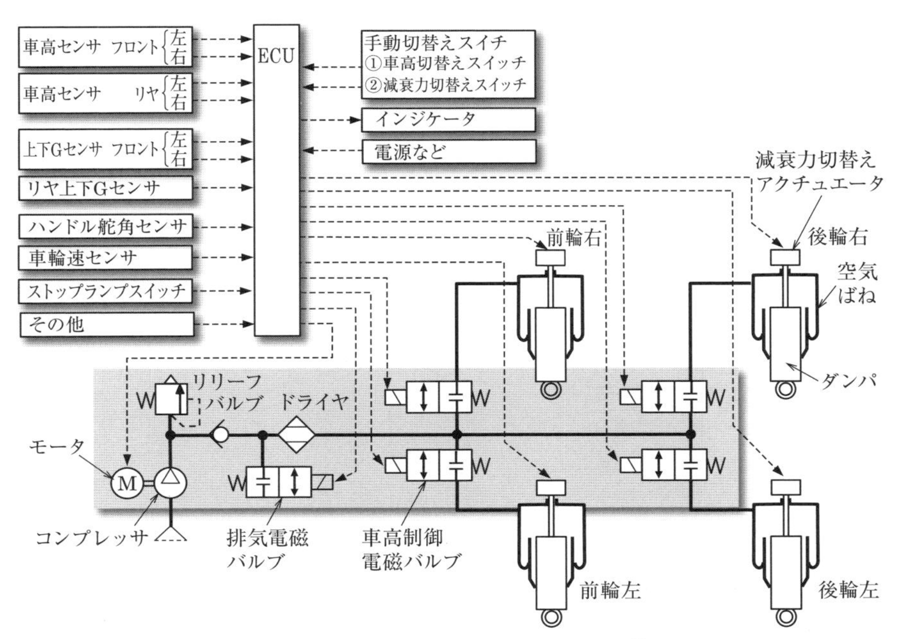

図 8.44 車高制御エアサスペンション[1)]

電磁バルブ，排気電磁バルブ，空気ばねなどから構成される。

(b)　制御方法

車高が基準値より低い場合には，モータでコンプレッサを駆動し車高制御電磁バルブを開いて空気ばねに圧縮空気を送る。車高センサ信号が基準の許容車高範囲に収まればモータを停止し，車高制御電磁バルブを閉じる。逆に基準値より高い場合には，車高制御電磁バルブと排気電磁バルブを同時に開いて車高を下降させる。許容車高範囲内に収まったら排気電磁バルブを閉じる。このようにして，車高を基準範囲に収まるように制御する。

車高センサからの信号は，路面の凹凸，発進・制動時，操舵時などの姿勢変化に応じて絶えず変動するので，次のような処理がなされる。

①　車高目標値に幅（ヒステリシス）を設けて，目標値近傍での振動を防止
②　車高信号の平均値を求め，この信号を用いて車高制御
③　旋回状態や加減速状態を検出し，その間は車高制御を停止

(c)　車高制御機構のばね特性変化

空気式や流体式のように気体の圧縮性を利用したものは，車高を変化させると，圧力と体積が変化しばね定数も変化するので，固有振動数が変化する。

図8.45は，車体質量を変えオートレベリングを行ったときの質量比 λ における固有振動数比と減衰比を示す。空気ばねとコイルばね併用の流体式では，固有振動数比は，ほぼ一定であるが減衰比は小さくなる。これは，ばね定数は高くなるが減衰係数は，ほぼ変わらないので減衰不足の状態になる。したがってこの影響を軽減

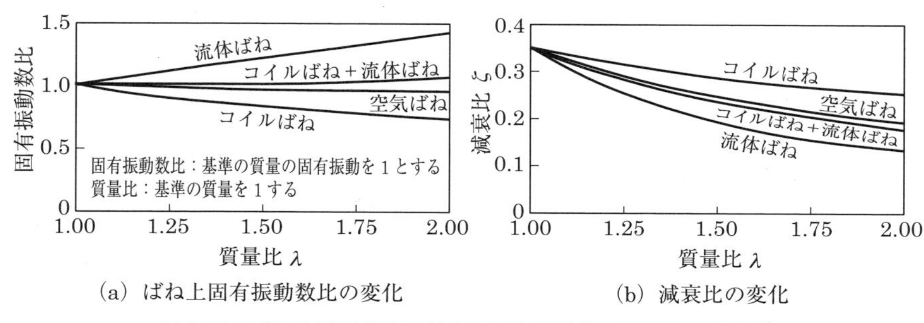

図8.45　ばね上質量変化に対する固有振動数，減衰比の変化[1)]

するためには，前述した減衰力制御を併用する必要がある。

(2) アクティブサスペンション

アクティブサスペンションは，1980年代の自動車の高性能化に伴って実用化されたシステムである。外部から思いのまま力を発生させることができるアクチュエータを用いて，振動や車体姿勢を制御するサスペンションシステムである。

図8.46に示すように，基本のサスペンションでは，ダンパがばね上とばね下の相対速度に応じて「減衰力」を発生させるが，アクティブサスペンションIでは，ばね上の絶対速度で「減衰力」と「加振力」を発生させるスカイフックダンパ制御が行われる。さらにアクティブサスペンションIIでは，コイルばねの分まで制御する。

前述した減衰力制御によるスカイフックダンパ制御（セミアクティブサスペンション）との差異は，動力を使って加振力を付与することである。これらの差異を示すために，ダンパストロークによる減衰力と加振力の作用状況を図8.47に示す。

図8.48は，基本制御サスペンションとアクティブサスペンションの振動伝達特性を比較したものである。基本制御サスペンションでは，減衰比ζを大きくしても，共振周波数（$\omega/\omega_n = 1$）における振動伝達率γは1以下にはできないが，アクティブでは可能である。また基本制御サスペンションでは，減衰比を大きくすると振動数比1.4以上の領域で振動伝達率が大きくなるが，アクティブでは悪化することはない。基本サスペンションでは制振と防振が背反するのに対し，アクテイブでは両

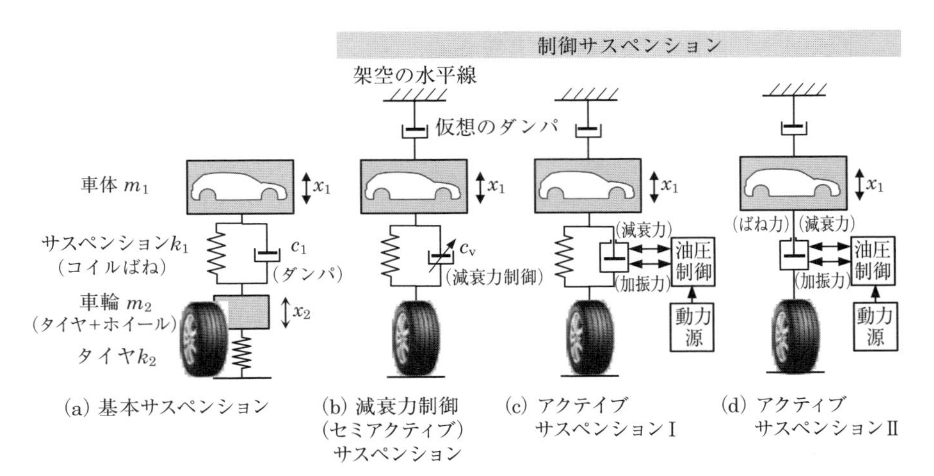

図8.46 基本サスペンションと制御サスペンション

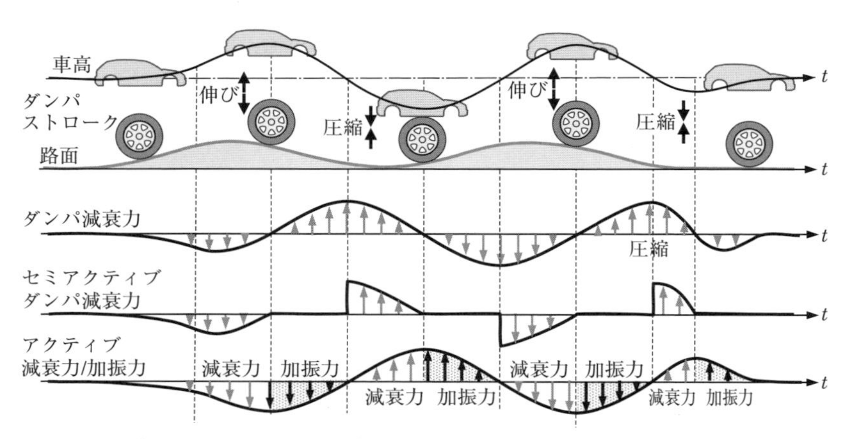

図 8.47　制御サスペンションのダンパストロークによる減衰力と加振力の作用状況

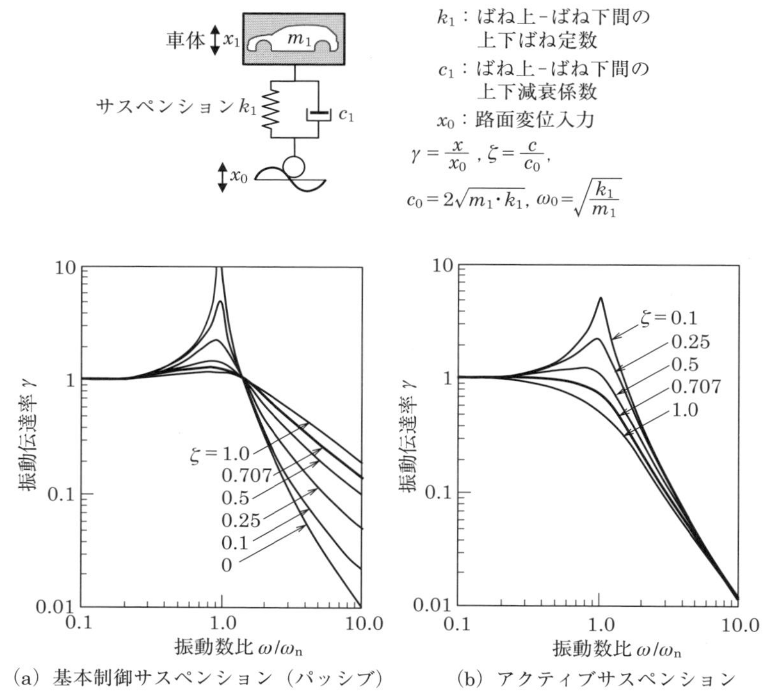

図 8.48　基本制御サスペンションとアクティブサスペンションの振動伝達特性の比較 [11)]

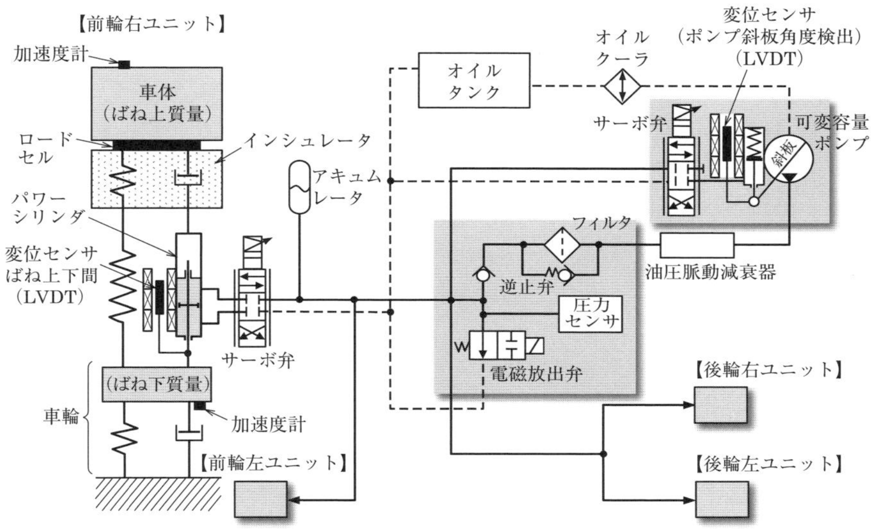

(a) 油圧システム

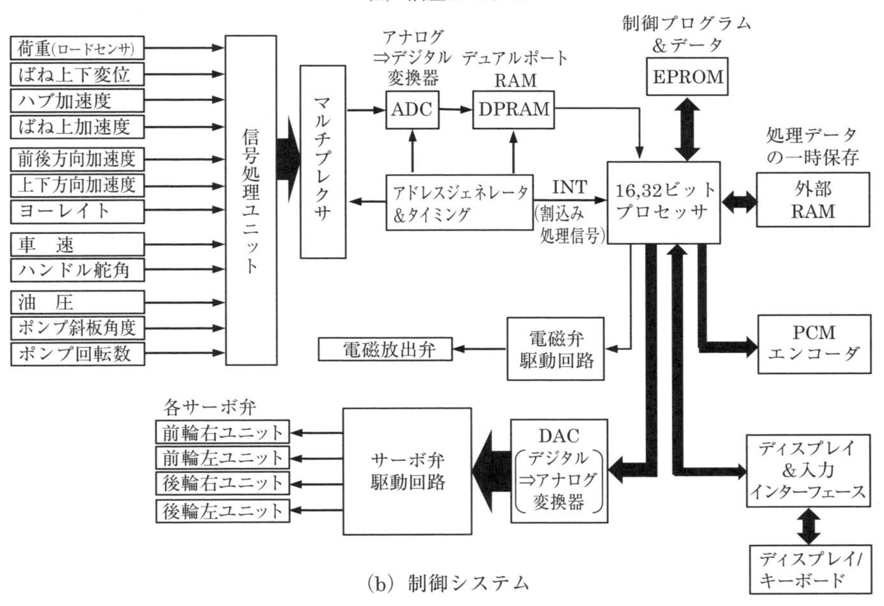

(b) 制御システム

図 8.49 油圧アクティブサスペンション(ロータス社)[12)]

立できることが分かる。

(a) 油圧アクティブサスペンション

油圧アクティブサスペンションの具体例を図8.49に示す。このシステムは，競技車両（F1）の高い運動性能に対応するために，高応答のサーボ弁により高周波数まで制御を可能にする。加圧に必要なエネルギー供給を可変容量ポンプにより必要最小限にとどめている。

表8.6は，アクティブサスペンションが行っている制御とその効果をまとめたものである。

(b) 電動アクティブサスペンション

図8.50は，モータ駆動式の電動アクティブサスペンションである。ポンプや配管が不要なことや，モータの応答性が良いので制御がしやすいなどの特徴がある。また，減衰力を発生させるときに振動エネルギーを電気エネルギーに変換して回生することが可能なので，エネルギー消費を最小限に抑えることができるシステムである。

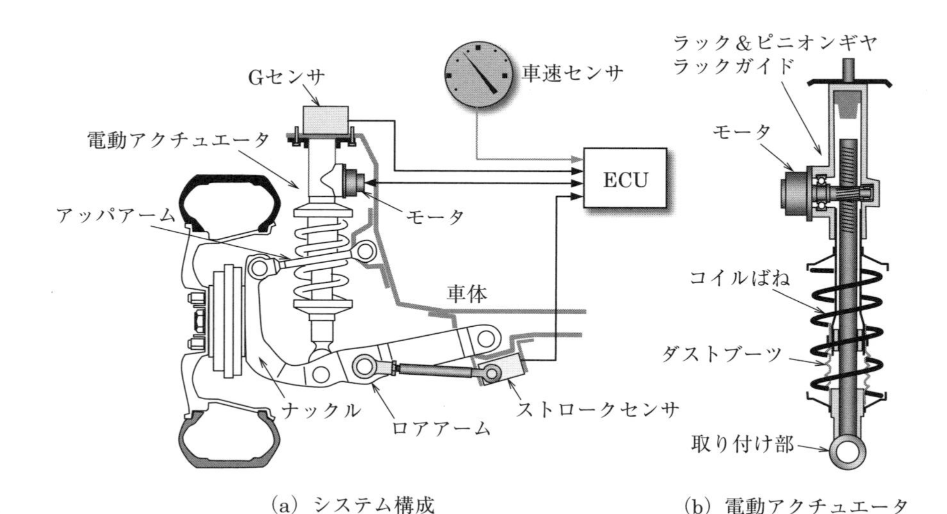

(a) システム構成　　(b) 電動アクチュエータ

図8.50 電動アクテイブサスペンション

表 8.6　アクティブサスペンションの効果

車両制御	一次効果	二次効果
ロール制御	①過渡的な輪荷重の制御が可能（車線変更など） ②対地キャンバ変化が小	操舵の効き，安定が向上，車両限界 G が向上
ピッチ制御	①制動時のノーズダイブ，テールリフトが小 ②発進，加速時のスクォートが小	①前後荷重移動が小さい ②制動性能，加速性能が安定化
バウンス制御	上下方向の荷重変動が小	タイヤの接地性が向上
車高制御	サスペンションジオメトリを一定に保つことができる	①特性変化が小 ②充分なストローク ③乗り心地向上

演習問題

問題 1　サスペンションの 4 つの機能をそれぞれ説明しなさい。

問題 2　マクファーソン式ストラットのコジリ対策手法について説明しなさい。

問題 4　リジッドアクスル式とインディペンダント式サスペンションの特徴を述べなさい。

問題 5　リジットアクスルの自動車が，図 8.18 のように直進中に，前輪 1 輪が轍（わだち）乗り上げキャンバ角が 5 deg 付いたときに発生するキャンバスラスト F_{yc} を求めよ。また，このとき発生するトルク T_{TR} を求めよ。ただし，$C_C = 2000$〔N/rad〕，キャスタトレイル；$\xi_t = 20$〔mm〕，ニューマチックトレイル；$\xi_n = 20$〔mm〕，フリクションはないものとする。

（答え；$F_{yc} = 349$〔N〕，$T_{TR} = 14.0$〔Nm〕）

問題 6　キングピン角，キングピン傾角，キャスタ角，キャンバ角，トレイル，キングピンオフセット，スカッフについて，図を描いてどの部分かを示しなさい。

問題 7　前後サスペンションのロールセンタ高；$h_f = 0.08$〔m〕，$h_r = 0.09$〔m〕，コイルばね定数 $k_{fc} = k_{rc} = 15000$〔N/m〕，スタビライザのねじりばね定数の上下ばね定数変換値 $k_{ft} = k_{rt} = 25000$〔N/m〕，前後車軸から重心位置までの距離；$\ell_f = 1.3$〔m〕，$\ell_r = 1.5$〔m〕，重心までの高さ；$H = 0.60$〔m〕，車両重量；$W = 1500$〔kgf〕，前後トレッド；$b_f = b_r = 1.54$〔m〕であるとき，

(1)　前後輪のロール剛性；m_f，m_r を求めよ。

(2)　定常円旋回時のロール率 θ_R を求めよ。

（答え；$m_f = m_r = 47400$〔Nm/rad〕，$\theta_R = 0.0443$〔rad〕）

問題 8　スタビライザとは，サスペンションにどのような作用をするのか答えなさい。

問題9 図8.30において，$\ell_1 = 0.80$〔m〕，$\ell_2 = 0.2$〔m〕，$R = 0.05$〔m〕，$d_2 = 0.025$〔m〕，$d_1 = 0.010$〔m〕，$E = 206\,000$〔N/mm^2〕，$G = 83\,000$〔N/mm^2〕のスタビライザのねじりばねによる上下方向換算ばね定数；k_t〔N/mm〕，0.1 m変位させたときの応力，せん断応力，主応力を求めよ。

（答え；$k_t = 11.5$〔N/mm〕，$\sigma = 487$〔N/mm^2〕，$\tau = 308$〔N/mm^2〕，$\sigma_1 = 564$〔N/mm^2〕）

問題10 次の空気ばねのばね定数k_aと初期ストロークx_0を求めよ。ただし，ポリトロープ指数$n = 1.4$，空気室直径$d = 120$〔mm〕，容量$V = 2\,300$〔cc〕，1輪荷重$F = 4\,000$〔N〕。

（答え；$k_a = 67.3$〔N/mm〕，$x_0 = 120$〔mm〕）

問題11 空気ばね式車高制御サスペンションに減衰力制御が必要な理由を説明しなさい。

問題12 スカイフックダンパ制御とはどのような制御か説明しなさい。

問題13 図8.48を用いて，次のような車両において基本制御サスペンションとアクティブサスペンションを搭載した場合の振動伝達率γで性能予測をしなさい。車両1輪当たりの輪荷重$W = 4\,000$〔N〕，コイルばね定数$k = 20\,000$〔N/m〕，路面入力；$\omega = 14$〔rad/s〕，ピストン速度$v_P = 0.3$〔m/s〕のときの伸縮平均減衰力；$F_d = 1\,210$〔N〕。

（答え；基本サスペンション；$\gamma = 0.7$，アクティブサスペンション；$\gamma = 0.25$）

第9章

ステアリングと人–自動車系システム設計

ステアリングは，走る・曲がる・止まるという運動の基本3要素の1つである。運転者の操舵意図をハンドルを介して車両に伝達すると同時に，路面状態や車両の運動状態などをハンドルを介して運転者に伝達する装置である。人間が操る道具として，適切な操舵力・保舵力・操舵反力・ハンドル舵角の大きさ，キックバックの抑制などに加えて，万が一の故障時にも操舵可能な安全性が要求される。

近年の自動車の高性能化を担うタイヤの扁平化や動力の高出力化，車体の大型・重量化により操舵輪にかかる荷重は益々大きくなる一方で，燃費向上，CO_2の削減の要求や自律走行に代表される予防安全性能向上の期待も高まっており，駆動効率と制御性の良い電動パワーステアリング；EPS（Electric Power Steering）が標準装備されている。

本章では，ステアリングの基本構成・基本機能，パワーステアリングを代表するEPSの概要，人–自動車系によるステアリングシステム設計，EPS要素技術，および応用技術について説明する。

9.1 ステアリングの基本構成と基本機能

9.1.1 基本構成と操舵の基本動作

図9.1は，ステアリングの基本構成を示す。運転者の操舵入力（ハンドル舵角θ_H，ハンドルトルクT_H）は，2つのユニバーサルジョイントを介してラック＆ピニオンギヤに伝達される。このギヤセットによりハンドルの回転角θ_Hはラック軸方向変位xに，ハンドルトルクT_Hは推力F_Rに変換される。この変位と推力は，タイロッドを介して車輪のホイールを支持するサスペンションのナックルに伝達され，タイヤをねじりながら向きを変える。このときの車輪の方向角がタイヤ舵角

θ_f，方向変換トルクがタイヤトルク T_T である。このようにしてハンドルからの操舵入力により，車輪の向きを変え，同時に操舵反力としてタイヤをねじるトルクがハンドルに返される。これが操舵の基本動作である。

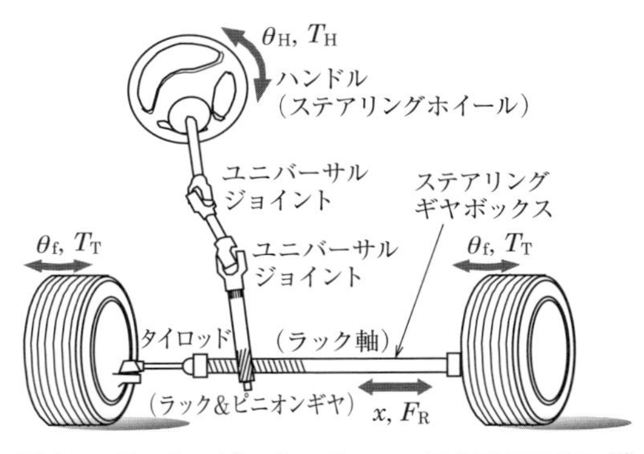

図 9.1　ラック&ピニオン式マニュアルステアリング

タイロッドは，サスペンションに支えられる車輪の上下動を許容するものであり，ユニバーサルジョイントは2個設けられ，ラック&ピニオンギヤのピニオン軸とハンドル軸の屈曲を許容しながら等速性を満たすために設けられる。

9.1.2　基本機能

自動車の曲がる機能を形成する個々の役割について説明する。

(1)　タイヤ切れ角

(a)　理想的なタイヤ切れ角（アッカーマンジオメトリ）

図9.2に示すように，タイヤに横滑りを発生させないで，一点Oを中心に円旋回する理想的なそれぞれのタイヤ切れ角をアッカーマン舵角，これらの幾何学的関係をアッカーマンジオメトリ（Ackermann geometry）という。それに対して内外輪の舵角が等しい（$\alpha = \beta$）ものをパラレルジオメトリという。

(b)　実車でのタイヤ切れ角

実際の車両では，ハンドル角に対してタイヤ切れ角を設定する場合に，図9.3に示すように，ナックルに角度 α を設けたり，ステアリングギヤボックスを ℓ だけオフセットさせて，アッカーマンジオメトリに近づけている。アッカーマンジオメトリを無視すると，タイヤからの復元トルクが得られなくなる。

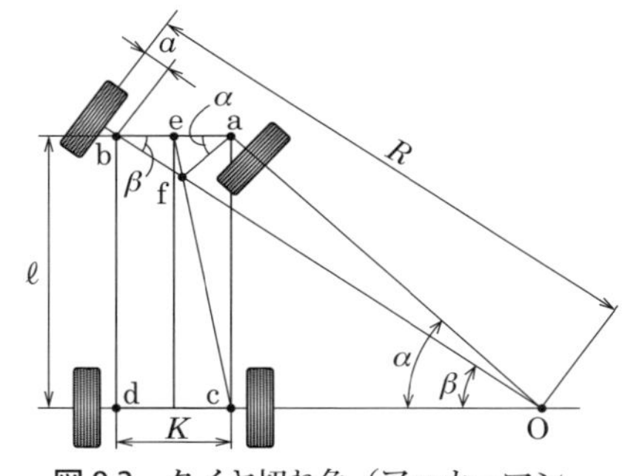

図 9.2　タイヤ切れ角（アッカーマンジオメトリ）

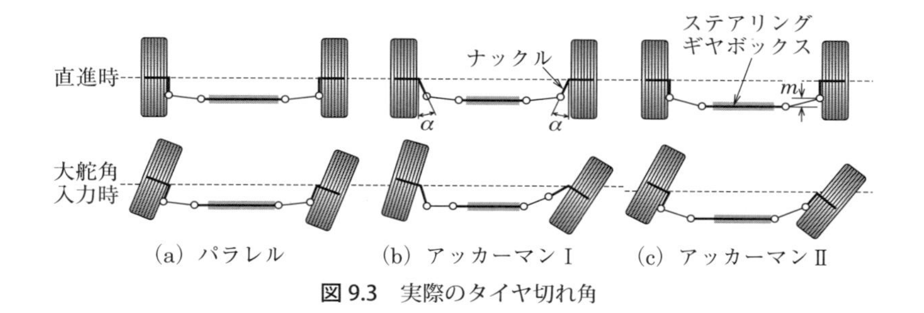

図 9.3 実際のタイヤ切れ角

(2) 最小回転半径

自動車の最小回転半径 $R_{\min}$ は，図 9.2 に示すようにタイヤの切れ角を最大の状態にして，極低速で旋回したときの外側前車輪中心の接地点の軌跡であり，式 (9.1)，(9.2) のように表される。式 (9.2) は，内輪基準であり，アッカーマンジオメトリのときに式 (9.1) と等しくなる。

$$R_{\min} = \frac{\ell}{\sin\beta_{\max}} + a \tag{9.1}$$

$$\leq a + \sqrt{\ell^2 + \left(K + \frac{\ell}{\tan\alpha_{\max}}\right)^2} \tag{9.2}$$

α：内輪舵角，β：外輪舵角，ℓ：ホイールベース，$W = K + 2a$：トレッド

(3) ハンドル舵角

ハンドル舵角は，ハンドルからの入力角であり，旋回時の回転半径や車両応答に関与するものである。

(a) オーバーオールステアリングギヤ比

ハンドル上で右回り終端から左回り終端までの回転数をロックトゥロック（Lock to lock）回転数といい，通常，乗用車では 2 ～ 4 回転，トラックでは～ 5.5 回転程度である。このロックトゥロックハンドル回転角を θ_{LTL}，内外輪の最大タイヤ切れ角の和を（$\alpha_{\max} + \beta_{\max}$）とするとオーバーオールステアリングギヤ比 n_{OG} は，

$$n_{\mathrm{OG}} = \frac{\theta_{\mathrm{LTL}}}{\alpha_{\max} + \beta_{\max}} \tag{9.3}$$

で表される。一般的に 15 ～ 25 の範囲に設定される。

(b)　ラックゲイン（コンスタントギヤ比と可変ギヤ比）

ステアリングギヤボックスにおいて，ハンドル舵角 θ_H あたりのラック軸ストローク s〔mm〕をラックゲイン G_R〔mm/rev〕とすると，ステアリングギヤ比 n_G との関係は，次式のようになる。

$$n_G = \frac{\theta_H}{s} \cdot \frac{2s}{\alpha+\beta} = \frac{1}{\frac{s}{\theta_H}} \cdot \frac{2s}{\alpha+\beta} = \frac{1}{G_R} \cdot \frac{1}{\frac{\alpha+\beta}{2s}} = \frac{1}{G_R \cdot G_T} = \frac{1}{G_S} \tag{9.4}$$

G_T；タイヤ舵角ゲイン〔deg/mm〕，G_S；ステアリングゲイン

ラック＆ピニオンギヤは，通常，コンスタントギヤ比；CGR（Constant Gear Ratio）であるのでラックゲインは一定である。しかし，車両応答性を向上させるための一手法として，図9.4に示すような可変ギヤ比；VGR（Variable Gear Ratio）が用いられる。ラックの圧力角とねじれ角をピニオンギヤの回転角に応じて変化させ実質的なかみ合いピッチ円直径を変化させるものである。ラックゲインは，概ね20％変化させることが可能である。

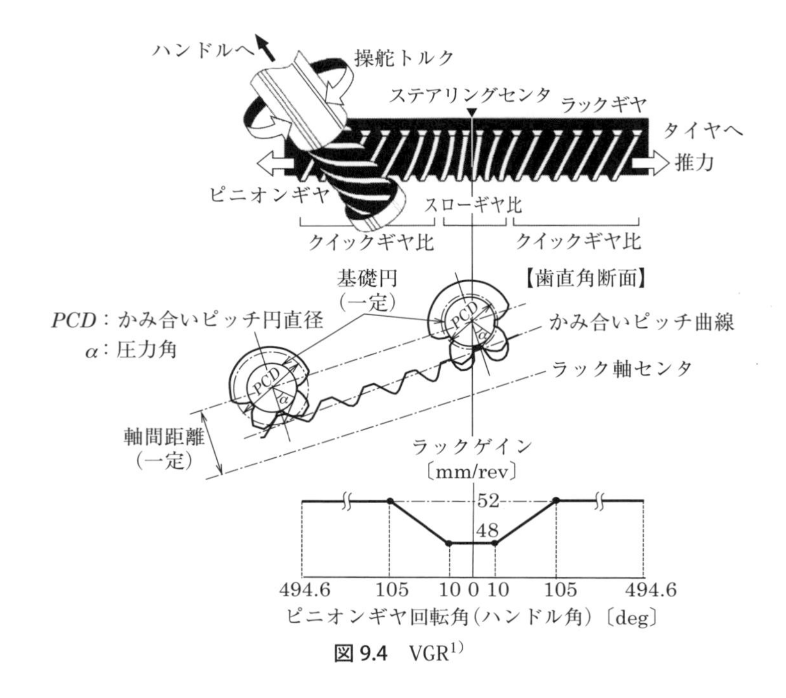

図9.4　VGR[1)]

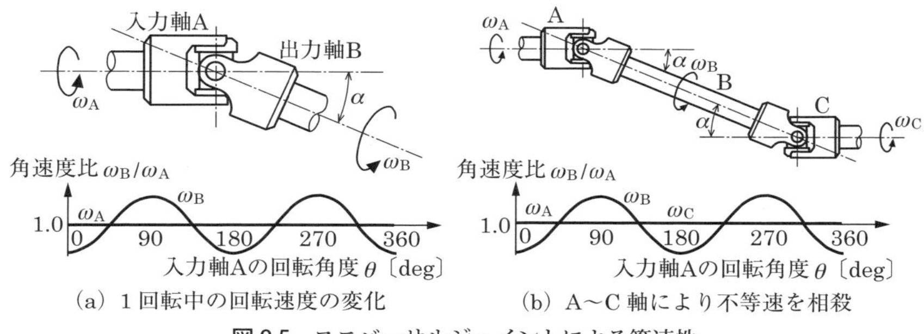

（a）1回転中の回転速度の変化　（b）A〜C軸により不等速を相殺

図9.5　ユニバーサルジョイントによる等速性

(c)　ユニバーサルジョイントによる等速性

ハンドルとピニオンギヤ間を屈曲させても，これらを等速回転させるために，ユニバーサルジョイントを2つ設ける。このことを等速性を確保するという。1つのユニバーサルジョイントの場合，図9.5(a)に示すように入力軸Aを傾角 α を設けて回転すると，入力軸Aと出力軸Bの間で1/2回転を周期として減速・増速を繰り返す不等速運動が生じる。この運動は，式(9.5)で表される。

$$\omega_B = \frac{\cos\alpha}{1-\sin^2\alpha\sin^2\theta}\omega_A \tag{9.5}$$

図9.5(b)に示すように，A·C軸のそれぞれの傾角 α を等しく，かつ回転の位相を合わせることにより，不等速は相殺される。

(4)　操舵トルク

操舵トルクには，停車状態で転舵する「据(すえ)切り操舵トルク」と「走行中の操舵トルク」がある。前者は，車両重量とタイヤ路面間の摩擦係数などの影響を強く受けるのでパワーステアリングのアシストが必要である。後者はコーナリングフォースの影響を強く受け，操縦性に関与する。

操舵トルクには，タイヤで発生するタイヤトルクとそれをハンドル上に置換したハンドルトルクがある。

(a)　据切り操舵トルク

据切り時にタイヤをキングピン回りに回転させるのに必要なタイヤトルク T_{TS} は，タイヤ路面間の摩擦係数に依存する成分 $T_{T\mu}$ と車体を持ち上げる成分 T_{Tb} により表される。

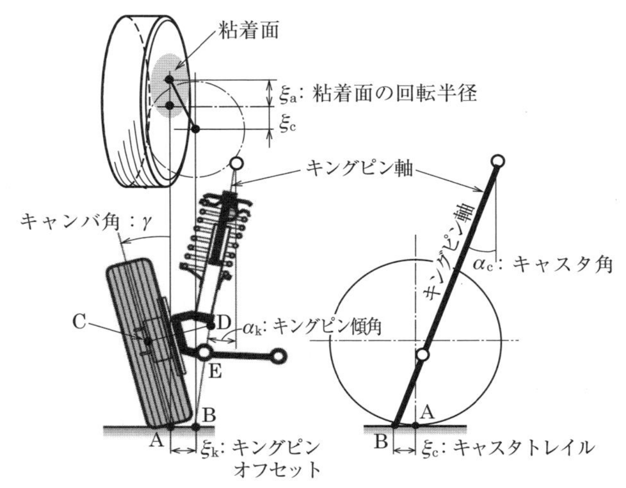

図 9.6　タイヤ路面間の摩擦係数に依存するタイヤトルク $T_{T\mu}$

$$T_{TS} = T_{T\mu} + T_{Tb} \tag{9.6}$$

図 9.6 において，キングピンオフセット ξ_k とキャスタトレイル ξ_c，粘着面回転半径 ξ_a によるタイヤ路面間の摩擦係数による成分 $T_{T\mu}$ は，前輪にかかる荷重を W_f とすると，

$$T_{T\mu} = \mu \cdot W_f \sqrt{(\xi_c + \xi_a)^2 + \xi_k^2} \tag{9.7}$$

図 9.7 に示すように，キングピンオフセット ξ_k とキングピン傾角 α_k とキャスタ角 α_c により車体を持ち上げる力と変位の積は，キングピン回りのタイヤ舵角 θ_f と車体持ち上げトルク T_{Tb} の積に等しいので，T_{Tb} は，次式で与えられる。このとき，左右のタイヤ舵角が等しくキャスタ角の影響は現れないものとする。

$$T_{Tb} \cdot \theta_f = \xi_k \cdot W_f \cdot \sin\alpha_k \cdot \cos\alpha_k (1 - \cos\theta_f)$$

$$\therefore\ T_{Tb} = \frac{\xi_k \cdot W_f \cdot \sin\alpha_k \cdot \cos\alpha_k (1 - \cos\theta_f)}{\theta_f} \tag{9.8}$$

$$\approx \xi_k \cdot W_f \cdot \sin\alpha_k \cdot \cos\alpha_k \cdot \frac{\theta_f}{2} \tag{9.9}$$

図 9.8 より，ラック軸力 F_{RS}〔N〕とハンドルトルク T_{HS}〔Nm〕は，ラックゲインを G_R〔mm/rev〕，ギヤ効率を η_G とすると，

$$F_{\mathrm{RS}} = \frac{T_{\mathrm{TS}}}{a_{\mathrm{n}} \cdot \cos\theta_{\mathrm{f}}} \tag{9.10}$$

$$T_{\mathrm{HS}} = \frac{G_{\mathrm{R}}}{2\pi \cdot 1000 \cdot \eta_{\mathrm{G}}} \cdot F_{\mathrm{RS}} \tag{9.11}$$

である。

(b) 走行中の操舵トルク

走行中の操舵時のタイヤトルク T_{TR} は，図 9.9 に示すような横力とキャスタトレイル・ニューマチックトレイル ξ に起因するタイヤ（キャスタ角傾斜時）のセルフアライニングトルク T^*_{SAT} と，車体を持ち上げる成分 T_{Tb} により，次式のように表される。

$$\begin{aligned} T_{\mathrm{TR}} &= T^*_{\mathrm{SAT}} + T_{\mathrm{Tb}} \\ &= 2\xi \cdot K_{\mathrm{f}} \cdot \beta_{\mathrm{f}} + k_{\boldsymbol{\alpha}} \cdot W_{\mathrm{f}} \cdot \theta_{\mathrm{f}} \approx 2\xi \cdot K_{\mathrm{f}} \cdot \beta_{\mathrm{f}} = T^*_{\mathrm{SAT}} \end{aligned} \tag{9.12}$$

同様に，ラック軸力 F_{RR}，ハンドルトルク T_{HR} は，ラックゲインを G_{R}〔mm/rev〕，ギヤ効率を η_{G} とすると，

$$F_{\mathrm{RR}} = \frac{T^*_{\mathrm{SAT}}}{a_{\mathrm{n}} \cdot \cos\theta_{\mathrm{f}}} \tag{9.13}$$

$$T_{\mathrm{HR}} = \frac{G_{\mathrm{R}}}{2\pi \cdot 1000 \cdot \eta_{\mathrm{G}}} \cdot F_{\mathrm{RR}} \tag{9.14}$$

で与えられる。式 (9.12) から走行中のタイヤトルクは，タイヤ舵角 θ_{f} と横滑り角 β_{f} を共にゼロにするように，すなわち車両を安定させる方向に作用する。

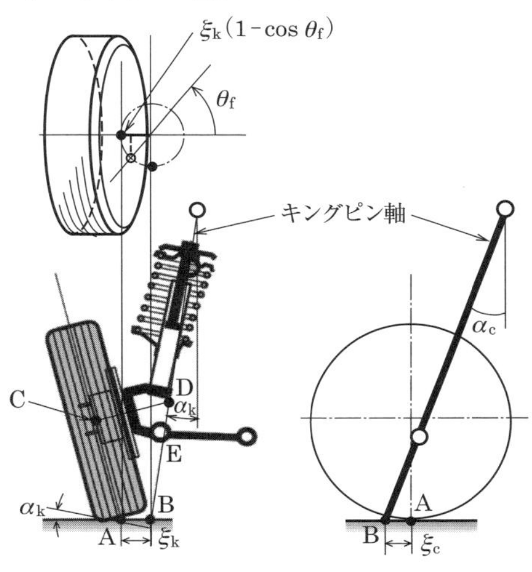

図 9.7 車体を持ち上げるタイヤトルク T_{Tb}

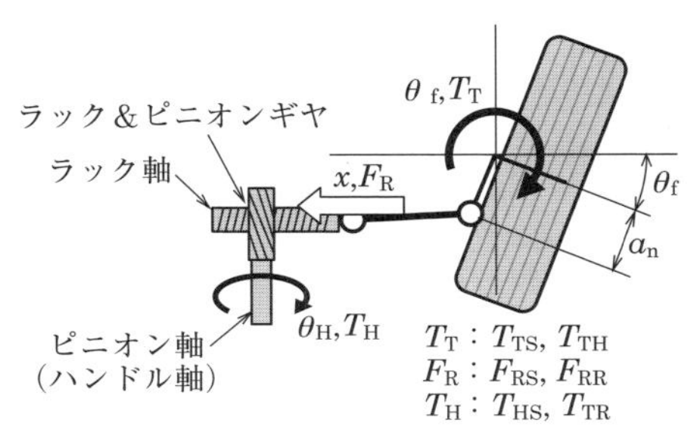

図 9.8 操舵トルクとラック軸力

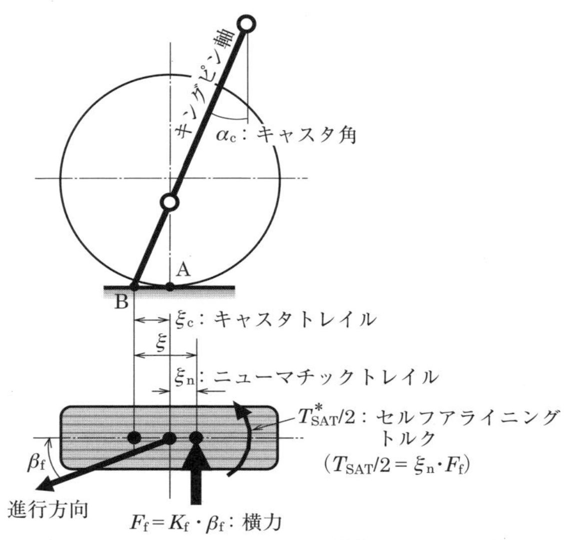

〔説明〕タイヤを垂直に立てたときの，セルフアライニングトルク T_{SAT} と，本説明のような傾斜させた場合のセルフアライニングトルクとの区別を T^*_{SAT} として行った。一般的な本では，区別があいまい。

$$T_{SAT}=\xi_n \cdot F_f$$
$$T^*_{SAT}=\xi \cdot F_f$$

図 9.9　キャスタ角傾斜時のタイヤに作用するセルフアライニングトルク

9.2　電動パワーステアリング

電動パワーステアリング；EPS（Electric Power Steering）は，電源を動力源としモータにより動力補助する電動アシスト方式の操舵トルク軽減システムである。1988年に軽自動車（スズキ，車名；セルボ）専用として国内で，1990年に普通自動車（ホンダ，車名；NSX）に搭載され全世界で販売された日本発の技術である。従来は油圧方式が用いられていたが，現在ではEPSが主流となっている。

ステアリングギヤボックスのラック＆ピニオンギヤを基本として構成され，モータの取り付け位置（ピニオンギヤ側またはラック軸側）とその駆動方式により，以下のように分類され，車両の前軸荷重（負荷）の大きさによって図9.10のように棲み分けて搭載されている。

9.2.1　電動パワーステアリングの作動原理

電動パワーステアリングは，図9.11に示すように白抜き矢印で示されるマニュアルステアリング動作に黒い矢印で示されるアシスト動作を加えて，操舵トルク

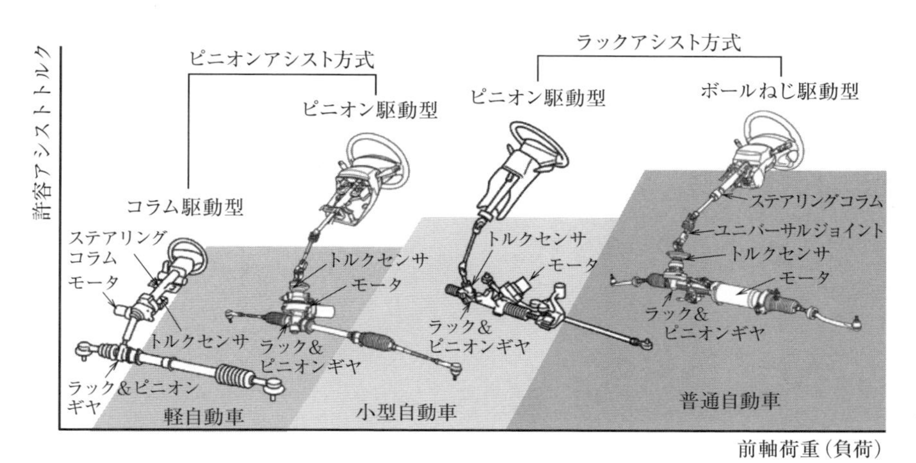

図 9.10　EPS の搭載棲み分け例

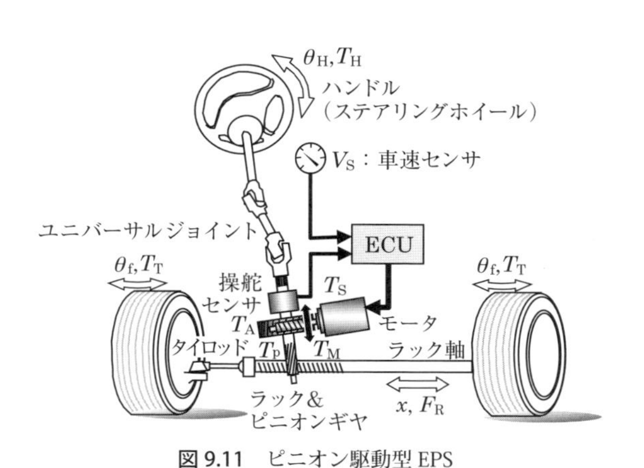

図 9.11　ピニオン駆動型 EPS

T_H の軽減を図っている。

(1) マニュアルステアリング動作

マニュアルステアリング動作は，ハンドル操舵入力（θ_H, T_H）を，ユニバーサルジョイントを介してラック&ピニオンギヤのピニオン軸に伝達し，ラック軸推力 F_R に変換することにより，この軸推力がタイヤトルク T_T（負荷）に打ち勝って，ラック軸を変位させ車輪の方向角 θ_f を変える動作である。

このようにしてハンドル操舵入力によりタイヤ舵角を与えて，車両の進行方向を制御する。

(2)　アシスト動作

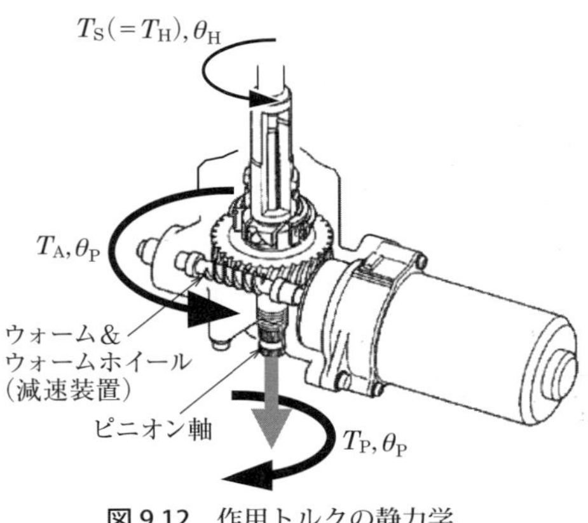

図 9.12　作用トルクの静力学

アシスト動作は，マニュアルステアリング動作にモータトルク T_M によるアシストトルク T_A を付与してハンドルトルクを軽減する動作である。ピニオン軸上の操舵トルク T_S を操舵センサで検出し，ECU に信号を出力する。ECU では，そのほかに車速センサからの信号 V_S などが入力され最適な操舵トルク特性となるようにパワーステアリングとしてのアシストトルク T_A を決定してモータの出力データを計算する。このとき，図 9.12 の静トルクの釣り合いから，

$$T_S = T_P - T_A \tag{9.15}$$

アシストトルク T_A は，トルクセンサ信号 T_S $(=T_H)$ と車速信号 V_S の関数であるとすると，

$$T_A \equiv k_A \cdot T_S \tag{9.16}$$

$k_A = G_A(V_S)$，$G_A(V_S)$；アシストゲイン

式 (9.15)，(9.16) より，

$$T_S = \frac{T_P}{1+k_A} = T_H \tag{9.17}$$

$k_A = 0$ のとき $T_H = T_P$

ハンドルトルク T_H は，ピニオン軸上の負荷トルク T_P の $1/(1+k_A)$ に軽減される。このときモータの発生トルク T_M は，減速装置により倍力されアシストトルク T_A となりピニオン軸に作用する。そしてピニオン軸上の負荷トルク T_P の一部を負担することにより操舵トルクを軽減する。このときの状態は，操舵センサの中のトルクセンサにフィードバックされる。

9.2.2　アシストトルク制御の原理と操舵アシスト制御

(1)　アシストトルク制御の原理

図 9.13 は，モータの等価回路と制御回路を示す。図 9.13 より，次式が導出できる。

$$T_{AM} = V_{di} = R_d \cdot i_M \tag{9.18}$$

$$= \frac{R_d}{k_T} \cdot T_M \tag{9.19}$$

（$i_M \propto T_M \rightarrow k_T \cdot i_M = T_M$，$k_T$；モータトルク定数）

式 (9.19) からモータトルク指令値 T_{AM} は，モータ発生トルク T_M に比例することが分かる。しかしながら，実際のアシストトルクとして取り出せるモータトルク $T_M{}^*$ は，

$$T_M^* = T_M - c_M \cdot \frac{d\theta_M}{dt} - J_M \cdot \frac{d^2\theta_M}{dt^2} \tag{9.20}$$

$$= \frac{k_T}{R_d} \cdot T_{AM} - c_M \cdot \frac{d\theta_M}{dt} - J_M \cdot \frac{d^2\theta_M}{dt^2} \tag{9.21}$$

であるから，粘性項と慣性項を補正して，

$$T_{AM}^* = T_{AM} - \frac{R_d}{k_T}\left(c_M \cdot \frac{d\theta_M}{dt} + J_M \cdot \frac{d^2\theta_M}{dt^2}\right) = T_{AM} - A \tag{9.22}$$

とすると，式 (9.21) は，

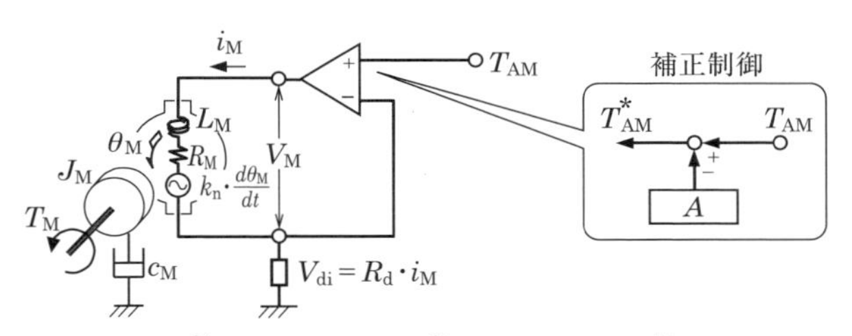

$$V_M = L_M \cdot \frac{di_M}{dt} + R_M \cdot i_M + k_n \cdot \frac{d\theta_M}{dt} \approx R_M \cdot i_M + k_n \frac{d\theta_M}{dt}$$

i_M：モータ電流，V_M：モータ端子電圧，L_M：モータインダクタンス，
R_M：モータ巻線抵抗，k_n：モータ誘起電圧定数，θ_M：モータ回転角，
J_M：モータ慣性モーメント，V_{di}：検出電圧，R_d：検出抵抗，c_M：モータ粘性係数

図 9.13　モータの等価回路と制御回路

$$T_{\mathrm{M}}^{*} = \frac{k_{\mathrm{T}}}{R_{\mathrm{d}}}\left\{T_{\mathrm{A}}^{*} + \frac{R_{\mathrm{d}}}{k_{\mathrm{T}}}\left(c_{\mathrm{M}} \cdot \frac{d\theta}{dt} + J_{\mathrm{M}} \cdot \frac{d^{2}\theta_{\mathrm{M}}}{dt^{2}}\right)\right\} - c_{\mathrm{M}} \cdot \frac{d\theta}{dt} - J_{\mathrm{M}} \cdot \frac{d^{2}\theta_{\mathrm{M}}}{dt^{2}} \tag{9.23}$$

$$= \frac{k_{\mathrm{T}}}{R_{\mathrm{d}}} \cdot T_{\mathrm{AM}}^{*} \tag{9.24}$$

となり，T_{M}^{*} を T_{A}^{*} に比例させることができる。このようにモータトルクを補正して駆動することによりアシストトルク制御を行う。

具体的には，操舵トルクを検出するトルクセンサと操舵回転速度を検出する回転速度センサの信号をECUに入力し最適な操舵トルク特性になるようなモータトルク指令値 T_{AM} を求め，この値から補正指令値 A を減じたモータトルク特性指令値 T_{AM}^{*} を目標値としてアシストトルク制御を実施する。このとき，車両速度に応じてハンドルトルクを増大させるために車速センサ信号 V_{S} をECUに入力しモータアシストトルクデータ T_{AM} を減少させる。

(2)　操舵アシスト制御

操舵アシスト制御は，アシストトルク制御の原理に基づいてモータトルクをステアリング系に作用させハンドル操舵力を軽減するハンドルトルク制御と，ハンドル戻り具合や，車両の収れん性などを向上させる車両運動制御から構成される。

(2.1)　ハンドトルク制御

ハンドルトルク制御は，図9.14に示すように，アシストゲイン $G_{\mathrm{AM}}(V_{\mathrm{S}})$ を車速ごとに設計し，モータトルク指令値 T_{AM} を求め，ハンドル操作の手応えを最適化して快適性と操縦性を向上させる。

$$T_{\mathrm{AM}} = G_{\mathrm{AM}}(V_{\mathrm{S}}) \cdot T_{\mathrm{S}} \tag{9.25}$$

アシストトルク特性を「マニュアル領域」，「比例反力領域」，「反力制限領域」の3領域に分け，それぞれオンセンタの接地感，セルフアライニングトルクに比例した手応え感，重さの上限操舵トルクを定める。

(2.2)　車両運動制御

(a)　アシストトルク制御＋操舵ダンパ制御＋操舵トルク微分制御

この制御は，操舵トルクを軽減すると共に，モータ回転速度に応じた抵抗トルクとハンドルトルクの変化に応じたアシストトルクを付与して車両の収れん性と，操舵応答性を向上させる。

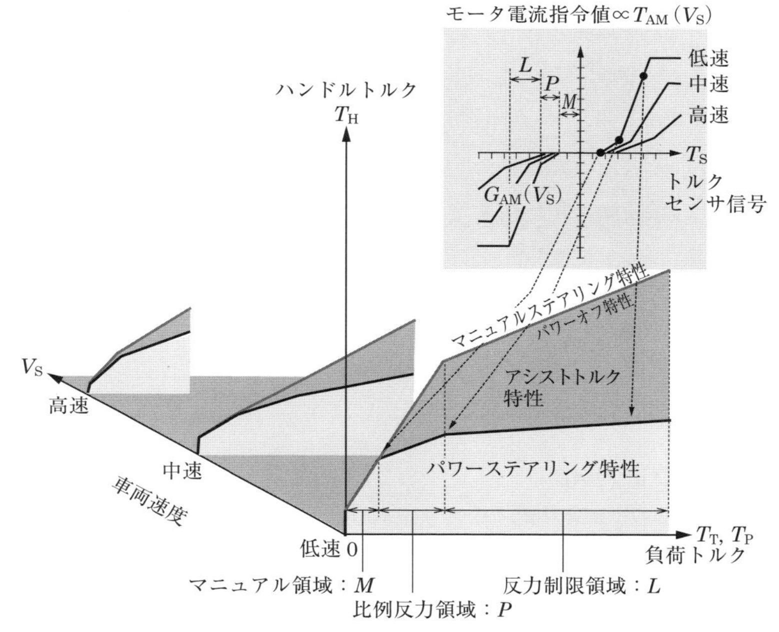

図 9.14　ハンドルトルクの設定

$$T_{AM} = G_A \cdot T_S - G_D \cdot \frac{1}{n_M}\dot{\theta}_M + G_I \cdot \dot{T}_S \quad (\because \theta_M \propto \theta_H) \tag{9.26}$$

G_D，G_I；制御ゲイン

(b)　アクティブリターン制御

この制御は，ハンドル戻りを良好にするためにタイヤ舵角 θ_f を 0 に戻す制御である。

$$T_{AM} = G_A \cdot T_S - G_D \cdot \frac{1}{n_M}\dot{\theta}_M + G_I \cdot \dot{T}_S - G_R \cdot \theta_f \tag{9.27}$$

G_R；制御ゲイン

(c)　アクティブ操舵反力（カウンタアシスト）制御

この制御は，後輪の横滑りを β_{fr} と γ で検出してドライバのカウンタ操作をアシストする制御である。

$$T_{AM} = G_A \cdot T_S - (G_1 \cdot \beta_{fr} + G_2 \cdot \gamma) - G_3 \cdot \dot{\theta}_f \tag{9.28}$$

$$\beta_{fr} = \beta_f - \beta_r = -\frac{\ell}{V_S} \cdot \gamma + \frac{1}{n_G} \cdot \theta_H$$

G_1, G_2, G_3；ゲイン，β_{fr}；前後輪横滑り角差，β_f；前輪横滑り角，β_r；後輪横滑り角，γ；ヨーレイト，ℓ：ホイールベース

9.3　人-自動車系によるステアリングシステム設計

人の動作には無駄時間や遅れ時間が存在し，それらが人-自動車系の中では自動車を不安定にする要因になる。そこでこれらの不安定要因を考慮した人-自動車系モデルを用いてステアリングシステムの最適解を求めるEPSアシスト制御設計について検討する。

9.3.1　EPSのモデル化

図9.15はEPSのモデル，式(9.29)～(9.34)は，その運動方程式を示す。目的に応じて自由度を使い分ける。アシストトルクT_Aは，式(9.26)～(9.28)の制御則を用いる。

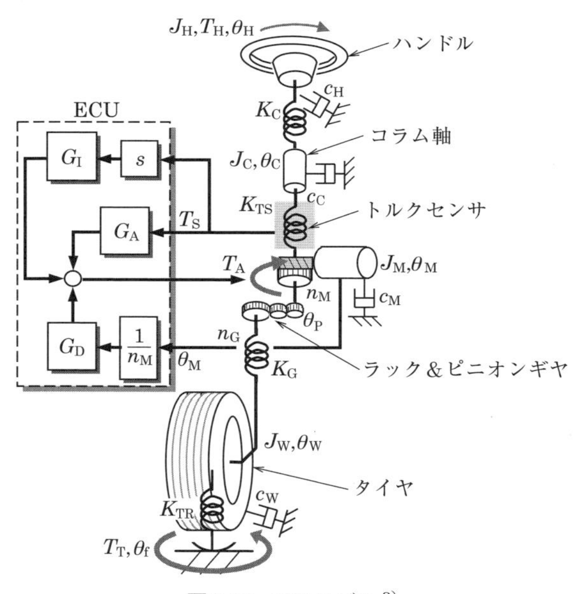

図9.15　EPSモデル[2)]

$$J_{\mathrm{H}}\cdot\ddot{\theta}_{\mathrm{H}}+c_{\mathrm{H}}\cdot\dot{\theta}_{\mathrm{H}}+K_{\mathrm{C}}(\theta_{\mathrm{H}}-\theta_{\mathrm{C}})=T_{\mathrm{H}} \tag{9.29}$$

K_{C}；コラム軸のねじりばね定数

$$J_{\mathrm{C}}\cdot\ddot{\theta}_{\mathrm{C}}+c_{\mathrm{C}}\cdot\dot{\theta}_{\mathrm{C}}+K_{\mathrm{C}}(\theta_{\mathrm{C}}-\theta_{\mathrm{H}})+K_{\mathrm{TS}}(\theta_{\mathrm{C}}-\theta_{\mathrm{P}})=0 \tag{9.30}$$

K_{TS}；トルクセンサのねじりばね定数

$$n_{\mathrm{M}}^{2}\cdot J_{\mathrm{M}}\cdot\ddot{\theta}_{\mathrm{P}}+n_{\mathrm{M}}^{2}\cdot c_{\mathrm{M}}\cdot\dot{\theta}_{\mathrm{P}}+K_{\mathrm{TS}}(\theta_{\mathrm{P}}-\theta_{\mathrm{C}})+\frac{1}{n_{\mathrm{G}}}\cdot K_{\mathrm{G}}\left(\frac{1}{n_{\mathrm{G}}}\cdot\theta_{\mathrm{P}}-\theta_{\mathrm{W}}\right)=T_{\mathrm{A}} \tag{9.31}$$

n_{G}；ステアリングギヤ比

$$J_{\mathrm{W}}\cdot\ddot{\theta}_{\mathrm{W}}+c_{\mathrm{W}}\cdot\dot{\theta}_{\mathrm{W}}+K_{\mathrm{G}}\left(\theta_{\mathrm{W}}-\frac{1}{n_{\mathrm{G}}}\cdot\theta_{\mathrm{P}}\right)+K_{\mathrm{TR}}(\theta_{\mathrm{W}}-\theta_{\mathrm{f}})=0 \tag{9.32}$$

$$\theta_{\mathrm{P}}=\frac{1}{n_{\mathrm{M}}}\cdot\theta_{\mathrm{M}} \tag{9.33}$$

n_{M}；モータの減速比

$$T_{\mathrm{T}}=K_{\mathrm{TR}}(\theta_{\mathrm{f}}-\theta_{\mathrm{W}}) \tag{9.34}$$

T_{T}；T_{TS}，T_{TR}，K_{TR}；タイヤのねじりばね定数

9.3.2　ドライバモデル

図 9.16 は，人-自動車系モデルを示す。ドライバモデルは 2 次予測モデル，ドライバは，τ_{P}〔sec〕先の目標コース上位置 y_{rP} と車両の 2 次予測位置 y_{P} との差である前方予測誤差 e_{P} に基づき，車両が目標コースを追従するように操舵トルク T_{H} を入力する。なおドライバの制御要素 $D_{\mathrm{R}}(s)$ は，比例定数 K_{D} と反応時間の遅れ時定数 τ を考慮し，$D_{\mathrm{R}}(s)=K_{\mathrm{D}}\cdot e^{-\tau\cdot s}$ を用いる。

9.3.3　車両モデル

図 9.17(a) に示すようなタイヤ横力の非線形性を考慮した二輪車両モデル（図 9.17(b)）を用いる。タイヤは前後 2 本ずつまとめて 1 本で表現し，横滑り角が小さいときは，横力とコーナリングフォースは等しいとして扱う。

$$mV\left(\frac{d\beta}{dt}+\gamma\right)=2F_{\mathrm{f}}+2F_{\mathrm{r}}=ma_{\mathrm{y}} \tag{9.35}$$

a_{y}；横加速度

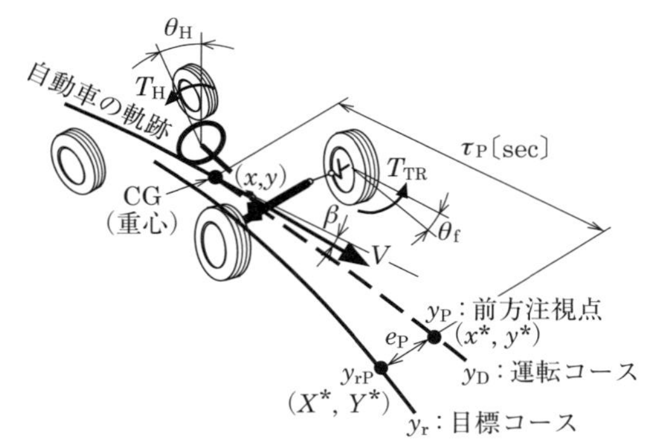

（a）2次予測による前方注視モデル

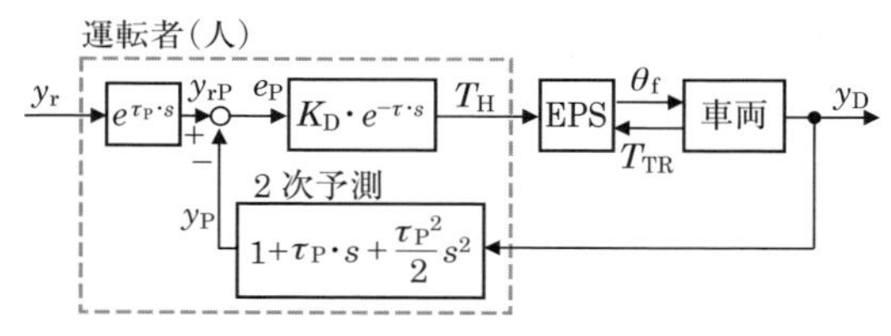

（b）EPSを考慮した人-自動車系モデル

図9.16　人-自動車系モデル [3)]

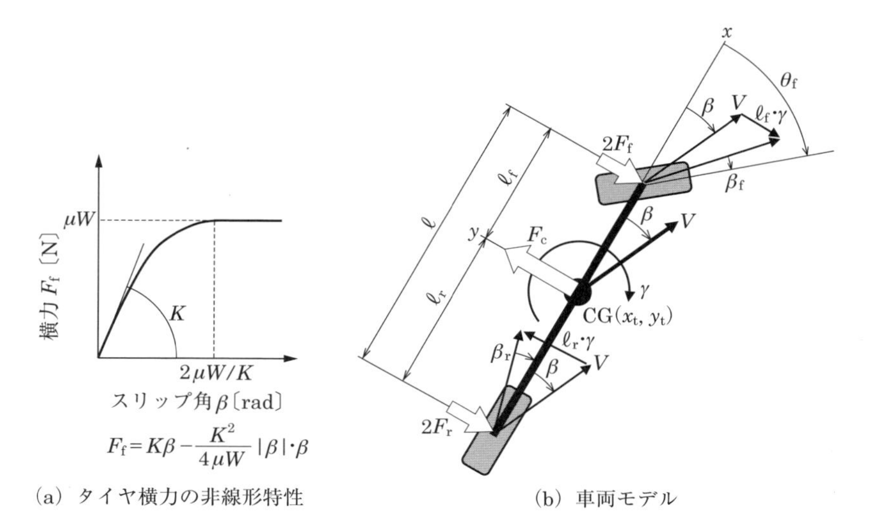

$$F_f = K\beta - \frac{K^2}{4\mu W}|\beta|\cdot\beta$$

（a）タイヤ横力の非線形特性　　（b）車両モデル

図9.17　二輪車両モデル

$$I\frac{d\gamma}{dt} = 2\ell_{\mathrm{f}}F_{\mathrm{f}} - 2\ell_{\mathrm{r}}F_{\mathrm{r}} \tag{9.36}$$

$$T_{\mathrm{TR}} = 2K_{\mathrm{f}}\beta_{\mathrm{f}}\,\xi \tag{9.37}$$

$$\beta_{\mathrm{f}} = -\beta - \frac{\ell_{\mathrm{f}}\,\gamma}{V} + \theta_{\mathrm{f}} \tag{9.38}$$

$$\beta_{\mathrm{r}} = -\beta + \frac{\ell_{\mathrm{r}}\,\gamma}{V} \tag{9.39}$$

$$F_{\mathrm{f}} = K_{\mathrm{f}}\beta_{\mathrm{f}} - \frac{K_{\mathrm{f}}^2}{4\mu W_{\mathrm{f}}} \mid \beta_{\mathrm{f}} \mid \cdot \beta_{\mathrm{f}} \tag{9.40}$$

$$F_{\mathrm{r}} = K_{\mathrm{r}}\beta_{\mathrm{r}} - \frac{K_{\mathrm{r}}^2}{4\mu W_{\mathrm{r}}}\beta_{\mathrm{r}}^2 \mid \beta_{\mathrm{r}} \mid \cdot \beta_{\mathrm{r}} \tag{9.41}$$

$$a_{\mathrm{y}} = V\left(\frac{d\beta}{dt} + \gamma\right) \tag{9.42}$$

$$x_{\mathrm{t}} = V \cdot t \quad , \quad y_{\mathrm{t}} = \int_0^t \int_0^t a_{\mathrm{y}}\, dt\, dt \tag{9.43}$$

9.3.4 ステアリングシステム設計

(1) アシストトルク制御の補正制御（H_∞ 制御）

アシスト制御の原理の項では，操舵回転速度センサを用いてモータの慣性モーメントと粘性による影響を補正制御したが，ここではトルクセンサのみで補正制御する方法を説明する。

外乱入力にハンドルトルク $T_{\mathrm{H}}(s)$，観測出力に検出トルク $T_{\mathrm{S}}(s)$ をとり，アシストフィール評価関数 E_{V} を次式のように定める。

$$\text{評価関数} \quad E_{\mathrm{V}}(s) = \frac{T_{\mathrm{s}}(s)}{T_{\mathrm{H}}(s)} \tag{9.44}$$

$J_{\mathrm{M}} = c_{\mathrm{M}} = 0$ のモータを仮定し，このときのステアリング動特性 E_{V0} を目標として，重み関数 $W(s)$ を設定した H_∞ 制御問題としてフィルタ $H_{\mathrm{f}}(s)$ を設計する。

$$\|W(s)\cdot E_{\mathrm{V}}(s)\|_\infty < 1 \qquad W(s) = [E_{\mathrm{V0}}(s)]^{-1} \tag{9.45}$$

$$G_{\mathrm{S}}(s) = \frac{1}{J_{\mathrm{H}}\cdot s^2 + c_{\mathrm{H}}\cdot s + K_{\mathrm{TS}}} \tag{9.46}$$

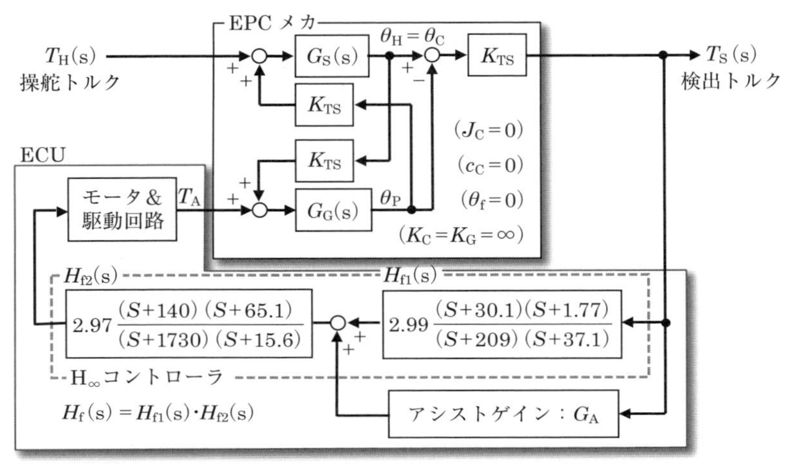

図 9.18　EPS と H_∞ コントローラ [4)]

$$G_G(s)=\frac{1}{J_G\cdot s^2+c_G\cdot s+K_{TS}+\dfrac{1}{n_G^2}\cdot K_{TR}} \tag{9.47}$$

$$J_G=n_M^2\cdot J_M+\frac{1}{n_G^2}\cdot J_W \tag{9.48}$$

$$c_G=n_M^2\cdot c_M+\frac{1}{n_G^2}\cdot c_W \tag{9.49}$$

導出したフィルタを低次元化し，2つのフィルタ H_{f1}，H_{f2} に分割し，一方のフィルタ $H_{f2}(s)$ をアシストゲインと直列に，他方のフィルタ H_{f1} を並列に配置してアシストフィール（応答性）と安定性を確保する。

本手法で設計したEPSのテスト結果を図9.19に示す。$E_{V0}(s)$ を目標特性にシステ

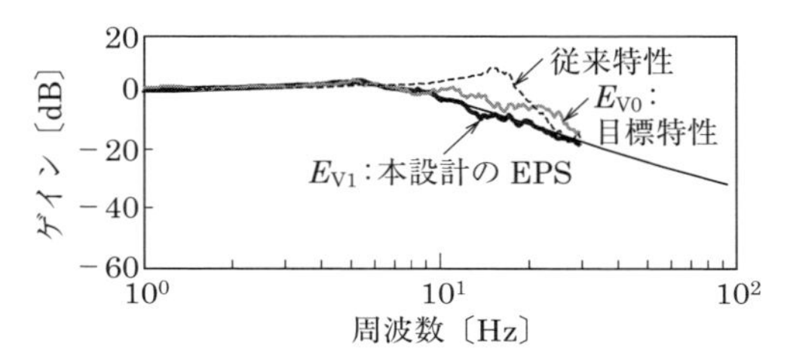

図 9.19　本設計 EPS の実車テスト結果

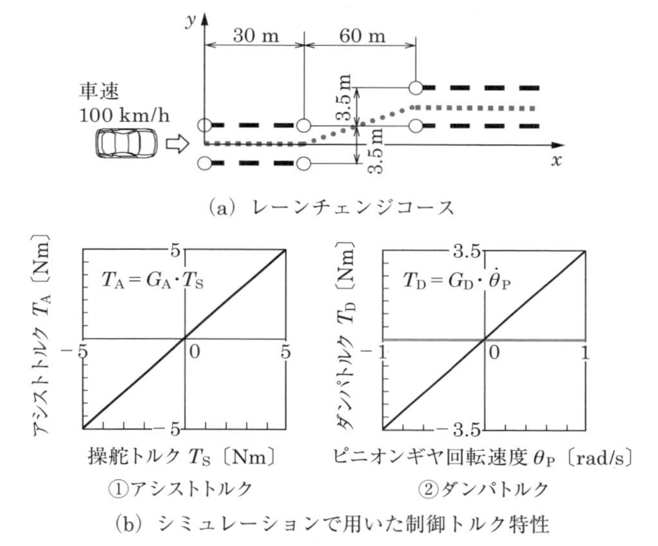

図 9.20 シミュレーションに用いた走行コースとアシスト制御トルク特性

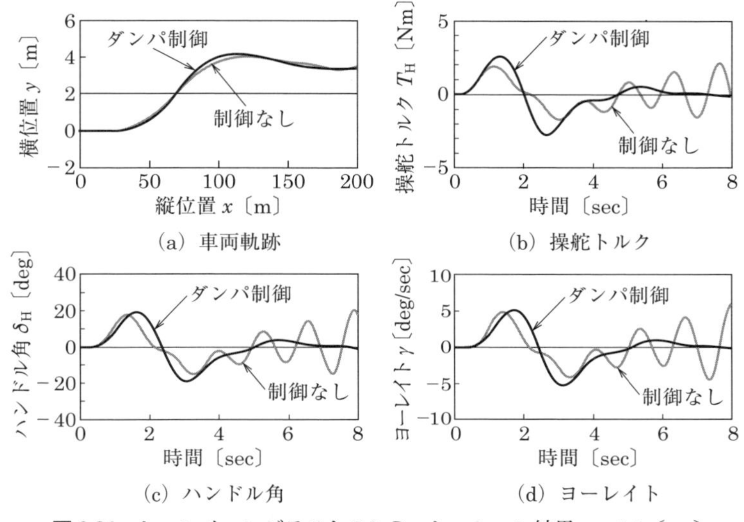

図 9.21 レーンチェンジテストのシミュレーション結果 $\tau = 0.2$〔sec〕

ムを設計できるので，モータの慣性モーメントや粘性抵抗のない良好なアシストフィールを達成できる。

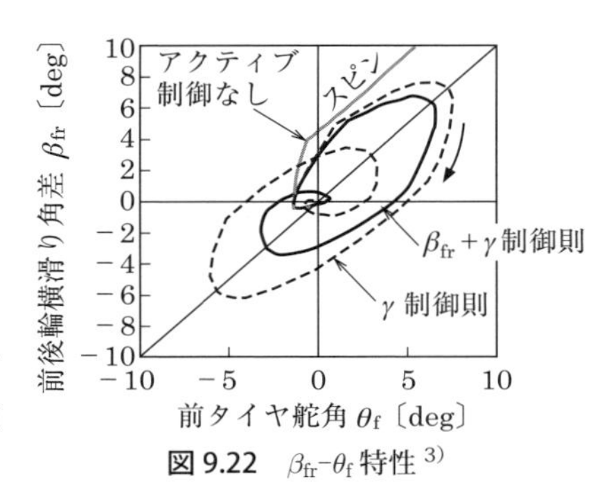

図 9.22　β_{fr}-θ_f 特性[3)]

(2)　操舵ダンパ制御による車両安定性付与設計

式 (9.25) において $G_1=0$ とおき，アシストトルク制御項に操舵ダンパ制御項を加えた制御則を用いて，人-自動車系シミュレーションによる操縦性の検討を行い，ダンパ制御ゲイン G_D の最適解を求める。

図 9.20 に (a) 走行コース，(b) 検討した制御トルクを示す。運転者の遅れ時間を $\tau=0.2$〔s〕としてダンパゲイン G_D を調整した後（求める設計値）のシミュレーション検討結果を図 9.21 に示す。

制御効果と操舵トルクの重さとのトレードオフの関係になる。

(3)　アクティブ操舵反力制御によるカウンタアシスト特性設計

式 (9.28) の制御則によるアシストトルク制御によって，車両のオーバステア度合いに応じてカウンタ操舵を行わせスピン回避動作をする。横加速度 0.1 G で旋回中にスピンが発生したときのカウンタ操作の例を図 9.22，9.23 に示す。図 9.22 に示すように β_{fr} が制御トルクとして加えられているので，β_{fr} の増加を抑制し，$G_1=0$ の γ 制御則と比較するとヨーレイトの収束を向上させる。図 9.23 にそのときの制御トルクと γ，β_{fr}，θ_f の時系列データを示す。G_1～G_3 を調整することにより，カウンタアシスト特性を最適化する。

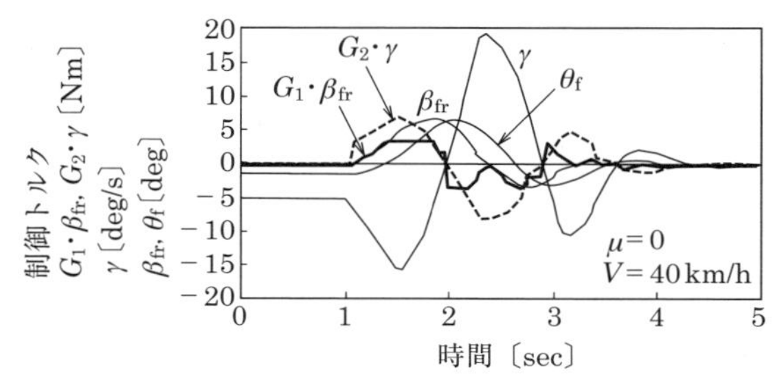

図 9.23　アクティブ操舵反力制御によるカウンタアシスト特性[3)]

9.3.5 操舵フィーリングの設定

(1) ハンドルトルクの大きさ

図9.14に示すように，パワーアシスト特性は負荷トルクに対してマニュアル領域，比例反力領域，および反力制限領域が設定され，それぞれの役割をなす。マニュアル領域は，アシストのない領域であり直進走行時に刻々と変化する路面状況を運転者に伝え（アシスト特性上の不感帯），比例反力領域は中速走行・蛇行時の手応えを運転者に与えつつハンドルトルクを軽減させる。反力制限領域では，据え切りのような大舵角入力時にハンドルトルクを概ね一定に制限するようにアシストトルクを付与し軽快な操舵フィールを達成する。

(2) 転舵追従性

転舵追従性は，据え切り時の取りまわし性や障害物の緊急回避性能を確保するために必要な性能である。モータ出力によって決定され，モータの小型化とは相反する関係にある。最大転舵回転速度$(\dot{\theta}_{\mathrm{H}})_{\mathrm{MAX}}$は，図9.13中の式より次式で与えられる。

$$(\dot{\theta}_{\mathrm{H}})_{\mathrm{MAX}} = \frac{1}{n_{\mathrm{M}}} \cdot \left(\frac{d\theta_{\mathrm{M}}}{dt}\right)_{\mathrm{MAX}} = \frac{1}{n_{\mathrm{M}} \cdot k_{\mathrm{n}}} \{(V_{\mathrm{M}})_{\mathrm{MAX}} - R_{\mathrm{M}} \cdot i_{\mathrm{M}}\} \tag{9.50}$$

また，このとき最大転舵回転速度を超えてからのハンドルトルクの増加分ΔT_{H}は，次式で与えられる。

$$\Delta T_{\mathrm{H}} = n_{\mathrm{M}} \cdot \Delta T_{\mathrm{M}} = n_{\mathrm{M}} \cdot k_{\mathrm{T}} \cdot \{(i_{\mathrm{M}})_{\boldsymbol{\theta}\mathrm{MAX}} - i_{\mathrm{M1}}\} \tag{9.51}$$

$$= \frac{i \cdot k_{\mathrm{T}} \cdot k_{\mathrm{n}}}{R_{\mathrm{M}}} \left\{\frac{d\theta_{\mathrm{M1}}}{dt} - \left(\frac{d\theta_{\mathrm{M}}}{dt}\right)_{\mathrm{MAX}}\right\} \tag{9.52}$$

$i_{\mathrm{M1}} < (i_{\mathrm{M}})_{\boldsymbol{\theta}\mathrm{MAX}}, \dot{\theta}_{\mathrm{M1}} > (\dot{\theta}_{\mathrm{M}})_{\mathrm{MAX}}$

$(\dot{\theta}_{\mathrm{M}})_{\mathrm{MAX}}$；最大転舵回転速度，$\Delta T_{\mathrm{H}}$；ハンドルトルクの増加分，$i_{\mathrm{M1}}$；最大転舵回転速度を超えて操舵したときのモータ電流，$(i_{\mathrm{M}})_{\theta\mathrm{MAX}}$；最大転舵回転速度時の電流

(3) 滑らかさ

操舵時の滑らかさは，パワーステアリングにとって重要な性能であり，満足されないと商品魅力を著しく低下させる。設計にあたっては，次の点に配慮する。

① 制御の応答性と安定性

② 減速装置の精度

③　モータ自身のトルク変動

(4) ハンドル角-ハンドルトルク特性と高速安定性

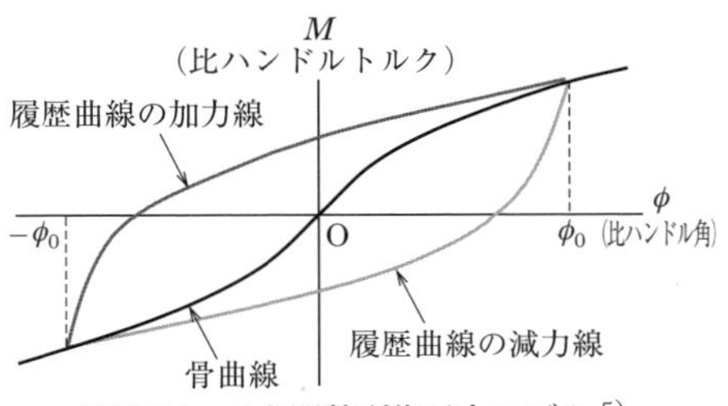

図 9.24　べき関数型復元力モデル[5]

車両運動特性とハンドルトルクの大きさに応じて前述の操舵ダンパ制御を実施することにより，ハンドル角-ハンドルトルク特性を操舵周波数に応じて適切に付与でき，高速直進時の安定性と旋回走行時の操作性のバランスを図ることができる。次に，その具体例を説明する。

ハンドル角-ハンドルトルク特性の履歴曲線をその減衰量と剛性量に対応させた「べき関数型復元力モデル」(図 9.24，式 (9.53)) に置き換え，履歴曲線の加力線と減力線の囲む面積と骨曲線から減衰係数 C と動ばね定数 K を求めると，図 9.25 のようになる。

$$\left.\begin{aligned}
&\text{骨曲線}\quad M(\phi,\eta)=k\cdot\phi^{\alpha}\\
&\text{加力線}\quad M(\phi,\eta)=2k\left[\frac{1}{2}(\phi_0+\phi)\right]^{\alpha}-k\phi_0^{\alpha}\\
&\text{減力線}\quad M(\phi,\eta)=-2k\left[\frac{1}{2}(\phi_0-\phi)\right]^{\alpha}+k\phi_0^{\alpha}
\end{aligned}\right\}\qquad(9.53)$$

α，k は，ϕ_0 と η の関数 $\phi=\theta_{\mathrm{H}}/\theta_{\mathrm{H0}}$，$\phi_0=\theta_{\mathrm{H}}/\theta_{\mathrm{H0}}$，$M=T_{\mathrm{H}}/T_{\mathrm{H0}}$，$M_0=T_{\mathrm{H}}/T_{\mathrm{H0}}$，$\eta=\omega_{\mathrm{H}}/\omega_{\mathrm{H0}}$，$\omega_{\mathrm{H}}{}^2=T_{\mathrm{H}}/(\theta_{\mathrm{H}}\cdot J_{\mathrm{H}})$，$\theta_{\mathrm{H0}}$，$T_{\mathrm{H0}}$，$\omega_{\mathrm{H0}}$ は線形限界におけるハンドル角，ハンドルトルク，固有角振動数

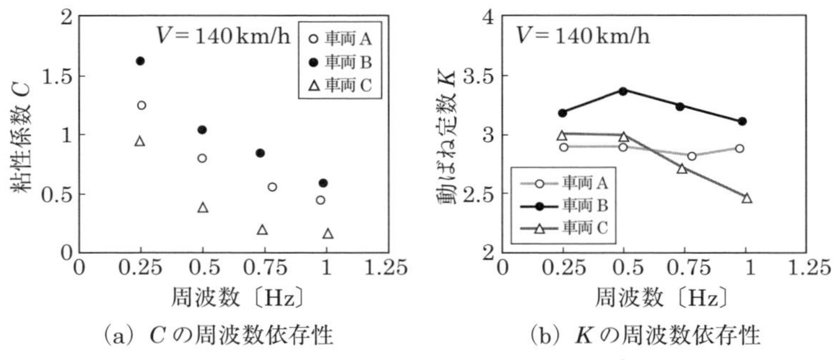

(a) C の周波数依存性　　(b) K の周波数依存性

図 9.25　ハンドル角-ハンドルトルク[6]

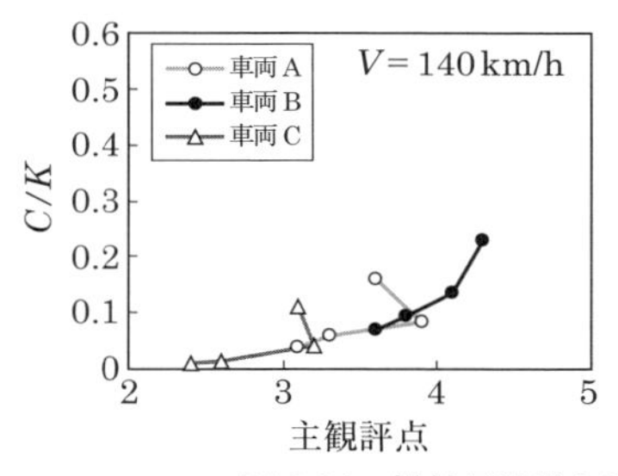

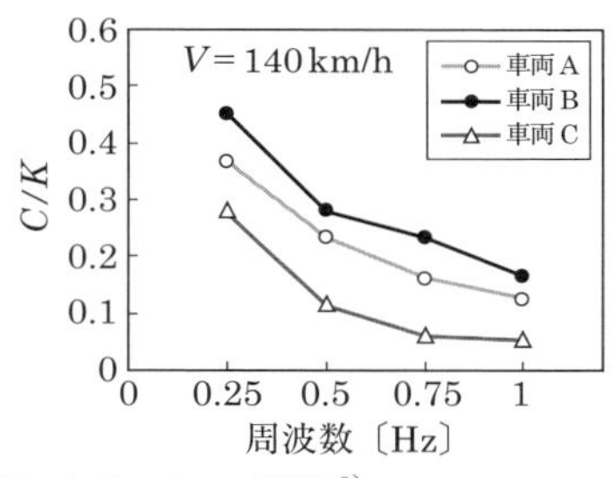

図 9.26　操舵周波数と評点による C/K の関係 [6)]

この 2 つの物理的指標値のうち減衰係数 C は，主観評価における粘性感（ハンドル戻り）と関連があり，また動ばね定数 K は，ハンドルトルクの重さ勾配，すなわちゲインを意味する。図 9.26 は，C/K と主観評点との関係を示す。C/K との増加に伴い評点が向上し，図 9.27 のエキスパートドライバの主観評価結果と相関性が認められる。この C/K とは大き過ぎると減衰過多，小さくなるとドライバの不用意の操作や外乱に対しての感度が高くなり，ドライバに不安を与えるので適当な領域が存在する。

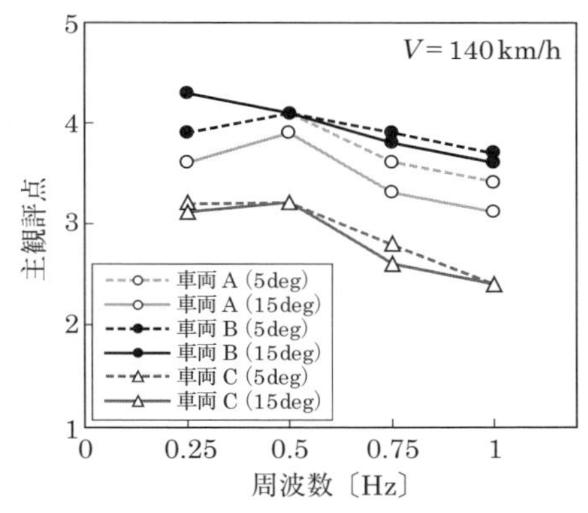

図 9.27　エキスパートドライバの主観評価（操舵角 - 操舵トルク）[6)]

9.4　EPS の構成要素

図 9.10 に示すそれぞれの EPS に共通する主要構成要素について説明する。

9.4.1　操舵センサ

操舵センサは図 9.28 に示すように，ハンドルの回転トルクを感知するトルクセンサと回転速度を感知する回転速度センサから構成され，操舵状態を検出する。

(1)　トルクセンサ

トルクセンサは，ハンドルに作用する操舵トルクの大きさと作用方向を検出するアシスト制御の基本的なセンサである。図 9.28，9.29 に示すように，入力軸と出力軸を結合し両軸間にねじれ角 θ を発生させるトーションバー，可動鉄心のスライダ，入出力軸のねじれ角をスライダの軸方向変位に変換するカム機構，この軸方向変位 X を電圧 V に変換する差動トランスなどから構成され，スライダ変位の大きさと移動方向によりハンドル（操舵）トルクの大きさ T_{H}（T_{S}）と作用方向を検出する。

(1.1)　検出原理

差動トランスは，図 9.30(a) のように構成され，1 次コイルに交流電流 i を流し励磁すると，両 2 次コイルに可動鉄心の変位に応じて交流電圧 v_1，v_2 誘導される。

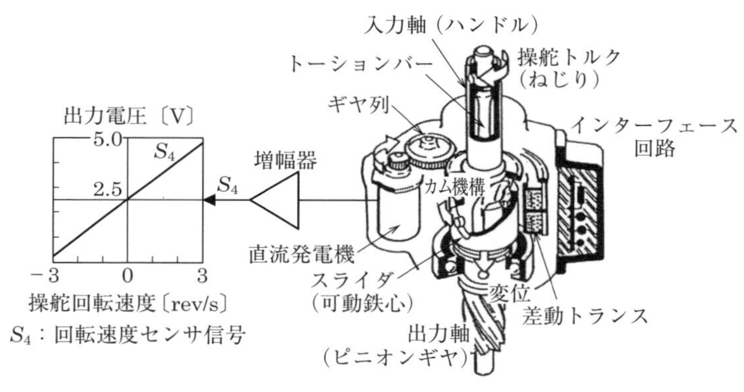

図 9.28　操舵センサ

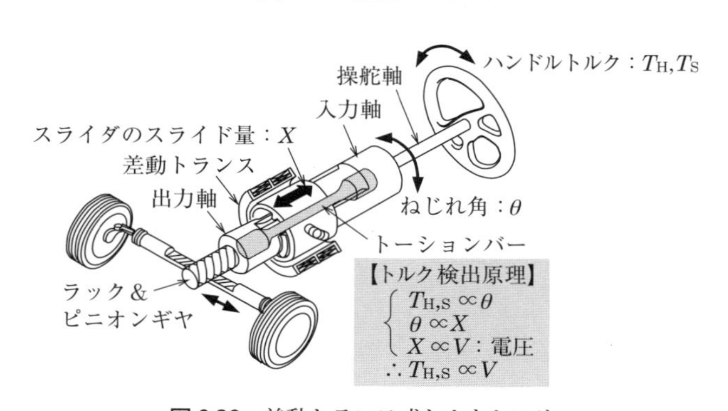

図 9.29　差動トランス式トルクセンサ

これらを直流電圧 V_1，V_2 に変換して差電圧 V を出力として検出する。電気系が2重回路で構成され両回路の電圧差を出力として用いるので，検出精度，温度特性などが良好で，しかも故障検出が確実で信頼性が高い。

(1.2)　出力特性評価法

トルクセンサは，良好な操舵フィーリングを安定して付与するために，出力特性を図9.30(b)に代表される項目にて評価され改良が重ねられている。

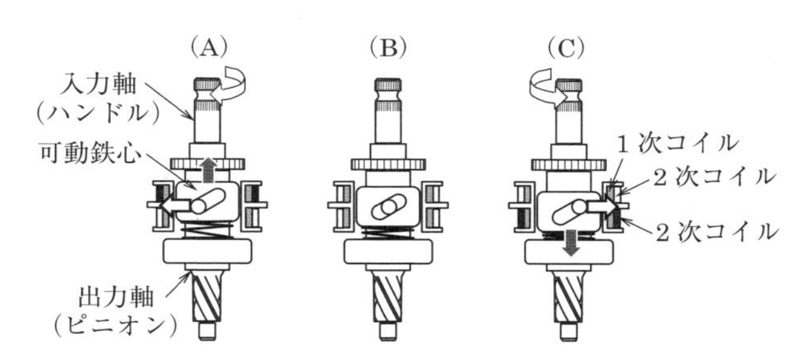

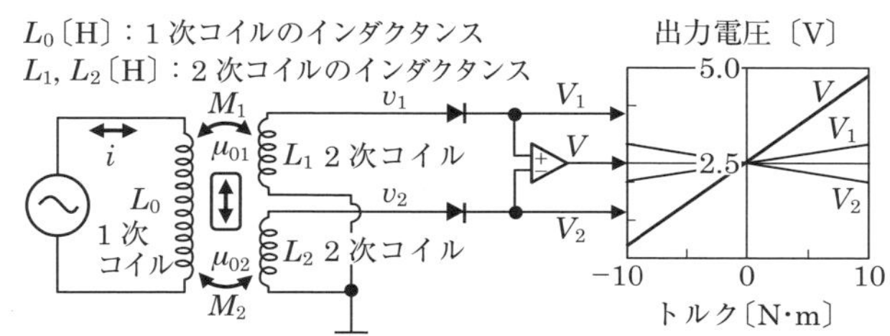

M_1, M_2〔H〕：相互インダクタンス　V：トルク出力電圧
μ_{01}, μ_{02}：1次コイルと2次コイル間の透磁率　V_1, V_2：故障診断用出力電圧

(a)　検出原理

出力電圧〔V〕
5.0
2.5
0
定格出力 V_{RO}
定格トルク
定格トルク
直線性 ΔV_H
ヒステリシス ΔV_H
繰り返し性 V_R
左　O　右
操舵トルク〔Nm〕

$$(\text{直線性}) = \frac{\Delta V_N}{V_{RO}} \times 100\%$$

$$(\text{ヒステリシス}) = \frac{\Delta V_H}{V_{RO}} \times 100\%$$

$$(\text{繰り返し性}) = \frac{\Delta V_R}{V_{RO}} \times 100\%$$

(b)　出力特性評価

図9.30　トルクセンサ

(2)　回転速度センサ

回転速度センサは，図9.28に示すように入力軸に備えられたギヤ列に増速回転される直流発電機により構成される。発電機の回転方向と回転速度により，ハンドル回転の方向と回転速度を検出する。アシスト用モータの誘起電圧から求めた回転速度や，回転角度センサを微分した値を用いることも可能である。

9.4.2　車速センサ

車速センサは，スピードメータのセンサであり車速に比例した周期のパルス列を出力する。ECU内で周期検出して車速を求める。EPSは，常時，故障診断するので2個の車速センサを用い2値比較する。

9.4.3　ECU

図9.31は，ECU（Electric Control Unit）を示す。コントロールユニットとパワーユニットにより構成される。

(1)　コントロールユニット

コントロールユニットは，アシスト制御とEPSの故障診断を行っている。アシスト制御は，各センサ信号をアドレスとするデータテーブル（あらかじめ設定されている）からテーブルルックアップ方式にて，瞬時にデータを呼び出し最適なモータアシストトルクを求める。そして駆動回路を介してパワーユニットにPWM（Pulse Width Modulation）駆動信号として出力する。

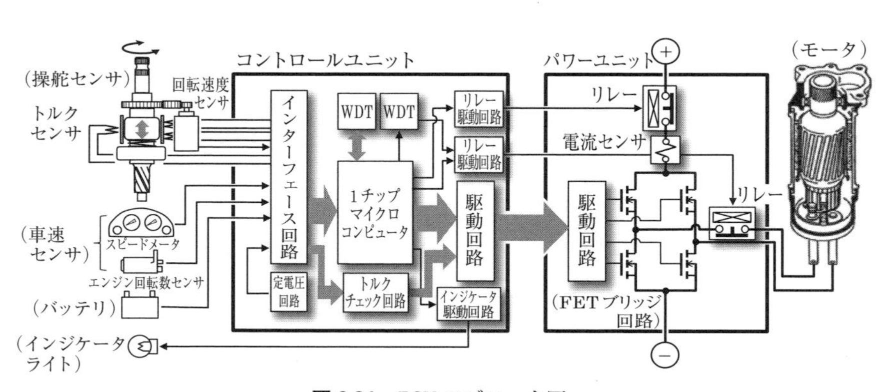

図9.31　ECUのブロック図

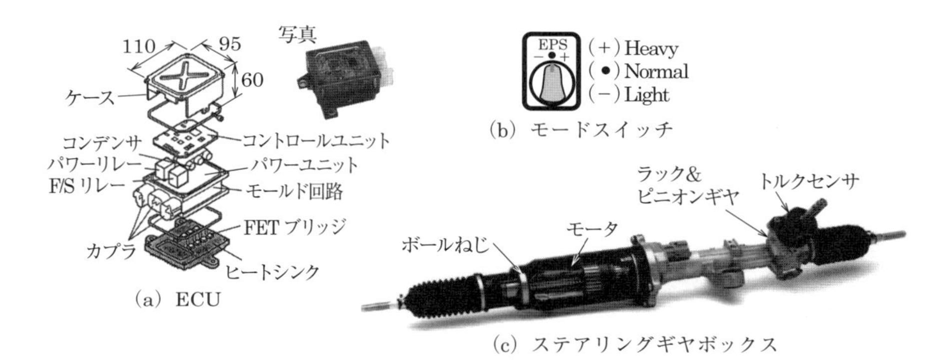

図 9.32 ボールねじ駆動型のEPS[1)]

故障診断は，トルクセンサ信号によりモータ作動方向をチェックする回路や各種部品の故障診断，制御フロー周期をチェックするウォッチドックタイマ；WDT（Watch Dog Timer）回路などを有し，異常を検出したときには故障モードの記憶と同時に2個のリレーをOFFしモータ通電を遮断する。そしてインジケータライトを点灯させ，要求に応じて故障内容を点滅コードで表示する。このときにEPSは，マニュアルステアリング動作に所定時間内で切り替えられる。

(2) パワーユニット

パワーユニットは，図9.31に示すようにモータをPWM駆動するパワーMOS（Metal Oxide Semiconductor）-FET（Field Effect Transistor）によるFETブリッジ回路，このブリッジ回路を駆動する駆動回路，パワーユニットに流れる電流を検出する電流センサ，モータをON/OFFするリレーなどから構成され，コントロールユニットの指令に基づいて正常時にはモータをPWM駆動し，異常時には2個のリレーにてモータパワーを遮断する。

図9.32は，ラックアシスト方式のボールねじ駆動型EPSの例を示す。コントロールユニットとパワーユニットがECU内にコンパクトに収容され，運転者が操舵トルクの重さを3段階に切り替え可能なモードスイッチを備えている。

9.4.4 アシスト方式

アシスト方式は，図9.10に示すように2方式4駆動型が実用化されている。

(1)　ピニオンアシスト方式

ピニオンアシスト方式は，図9.33に示すようにモータがピニオンギヤの軸上に配置され，モータ回転トルクをウォーム＆ウォームホイールなどの減速機で倍力してピニオン軸に伝達する方式である。ハンドルトルク T_{H} とアシストトルク T_{A} は，ラック＆ピニオンギヤのピニオン軸上の負荷トルク T_{P} に対抗する。

(a)　ラック＆ピニオンギヤ

ラック＆ピニオンギヤは，図9.34に示すようにピニオンギヤからの回転トルクをラック軸推力へ，ラック軸推力からピニオン回転トルクへの可逆変換を滑らか，かつ効率良く行う機構である。

ピニオンギヤとラックギヤのかみ合いスキマによるガタを除去するために，ラックガイドがスプリング力で押圧されている。ラックガイド摺動部には，ラック軸を滑らかに摺動させるために低摩擦のシュー部材が設けられる。

ラック＆ピニオンギヤの伝達効率は，式(9.54)，(9.55)の実験式により求められる。

① 順効率（ピニオンギヤから駆動）

$$\eta_{\mathrm{f}} = \frac{F \cdot \dfrac{m \cdot z_{\mathrm{p}}}{\cos \beta_{\mathrm{R}}}}{2T_{\mathrm{p}}} \tag{9.54}$$

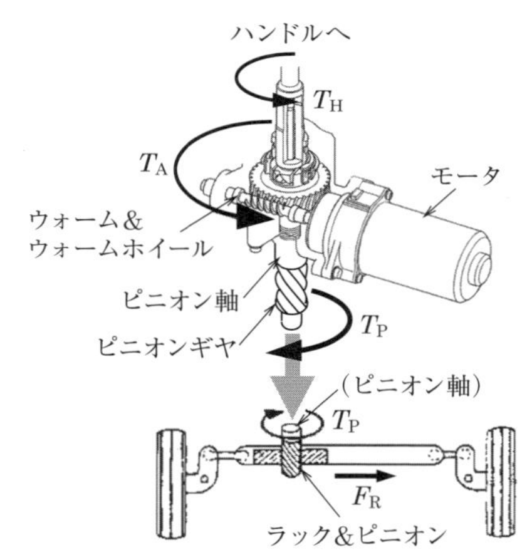

図9.33　ピニオンアシスト方式のアシスト機構

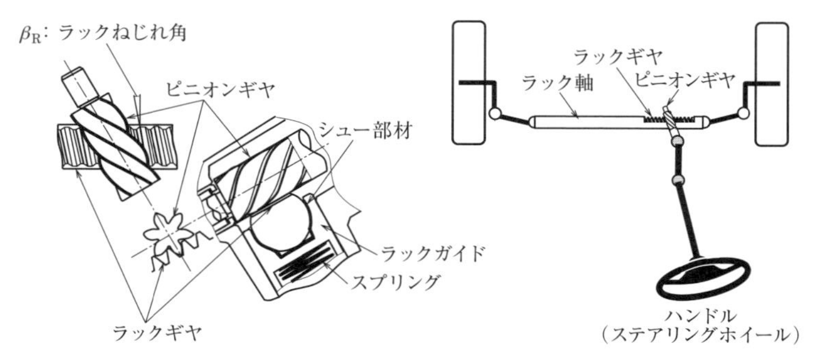

図9.34　ラック＆ピニオンギヤの機構部

② 逆効率（ラックギヤから駆動）

$$\eta_r = \frac{2T_p}{F \cdot \dfrac{m \cdot z_p}{\cos \beta_R}} \tag{9.55}$$

F；ラック軸推力，β_R；ラック歯ヘリカルアングル，T_P；ピニオントルク，m；モジュール，z_P；ピニオンギヤ歯数

(b) ウォーム＆ウォームホイール

ウォーム＆ウォームホイールは，図9.35に示すようにウォームがねじの形状をなし，リード角が小さいので大きな減速比が得られる。ウォームの条数を z_w，ウォームホイールの歯数を z とすると減速比 i は次式にて表される。

$$i = \frac{z}{z_w} \tag{9.56}$$

ウォームを回転すると，ウォームホイールの歯面にくさびが入っていくように進入し押し進めるので，平歯車と比較すると滑りが大きく摩擦損失も大きい。EPSは，モータ回転トルクからピニオン回転トルクへ，逆も滑らかに，かつ効率良く変換しなくてはならないので，①ウォームのリード角を大きくとる，②歯面の摩擦係数を小さくするなどの設計配慮がなされている。

ウォームのリード角を大きくとるためにピッチ円直径を小さくすると，かみ合い部の反力でウォーム軸のたわみを増大させ，かみ合い不良を招くので，歯形修正にて曲げ剛性を大きくする。ホイール材を樹脂化して可撓性を高め負荷時のリード角

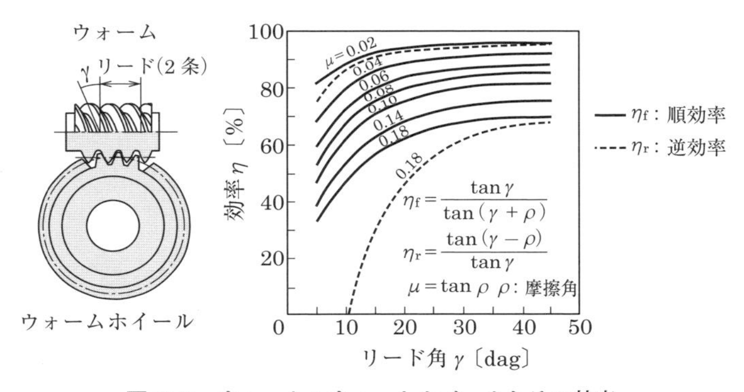

図9.35　ウォーム＆ウォームホイールとその効率

を大きくする，などの設計配慮が必要である。

(2)　ラックアシスト方式

ラックアシスト方式のボールねじ駆動型 EPS は，図 9.36 に示すようにラック軸と同軸に配置されたモータの回転トルクをボールねじ機構のボールナットに伝達し，モータトルクを滑らかにかつ効率良く推力（アシスト力）に，またその逆に変換する駆動形式である。

ボールねじ機構は，ナット溝とねじ溝間に複数個のボールが嵌合され，トルク⇔推力変換がボールの転動で行われるので，伝達効率が高い（図 9.37）。ボールねじの伝達効率（順効率，逆効率）は，式 (9.57)，(9.58) で表される。

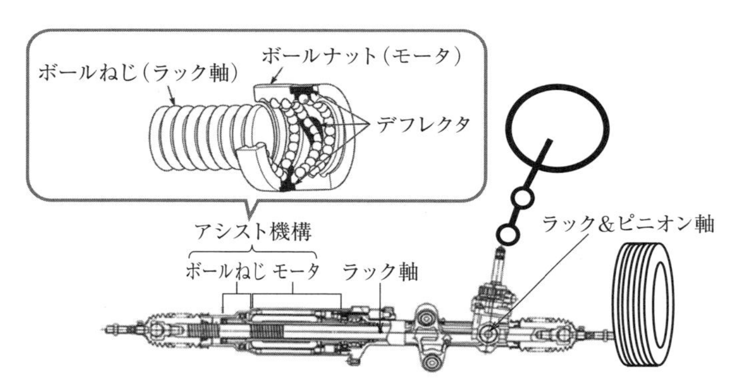

図 9.36　ラックアシスト方式 EPS のアシスト機構[1)]

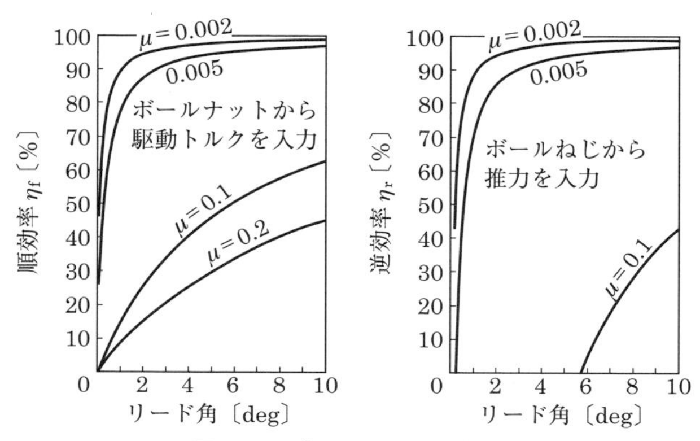

図 9.37　ボールねじの伝達効率

しかし高効率を維持するためには，①ナットにモーメントをかけない，②リード角を大きくとるなどに留意して設計される。①の対策として，タイロッドからラック軸に入力する曲げモーメントの影響を受けにくくするためにラック軸を3点で支持する方法がとられる。

① 順効率（ボールナットから駆動トルクを入力）

$$\eta_{\mathrm{f}} = \frac{1-\mu\tan\beta}{1+\dfrac{\mu}{\tan\beta}} \tag{9.57}$$

② 逆効率（ボールねじから推力を入力）

$$\eta_{\mathrm{r}} = \frac{1-\dfrac{\mu}{\tan\beta}}{1+\mu\tan\beta} \tag{9.58}$$

μ；摩擦係数，β；リード角

9.4.5 モータ

EPS用モータ（図9.38）は，フェライト磁石を用いたブラシ付きと希土類磁石を用いたブラシレスが実用化されている。大きなモータパワーを必要とする車両には，ブラシレスモータの採用例が多い。

ブラシ付きモータは，永久磁石の発生する磁界中に回転するアマチュアコイルを置いて，磁石の極性に応じてブラシとコミテータを介して電流を転流して通電することにより回転トルクを発生する。原理が簡単で制御がしやすいことや駆動回路がシンプルで低コストにできることなどから広く用られている。

ハンドル上の回転トルク変動を小さくするために，アマチュアコアのスロット数

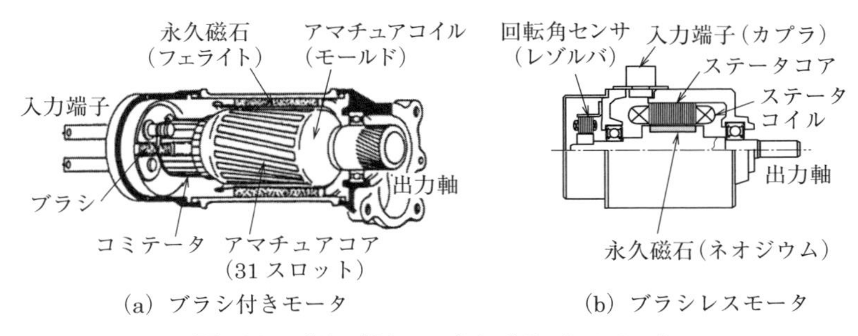

(a) ブラシ付きモータ　(b) ブラシレスモータ

図9.38 ブラシ付きモータとブラシレスモータ

を多数，かつ奇数（例えば21，または31）にして，さらにスキュー加工するなどしてモータトルク変動を低減する。

ブラシレスモータは，ブラシ・コミテータ間による電流の転流に替えて，ロータに図9.38(b)に示すような回転角センサを設けて，外部の駆動回路により磁石の極性に応じて交流電流をステータコイルに通電して駆動され回転トルクを発生する。

9.5　EPSの信頼性設計

9.5.1　信頼性設計コンセプト

EPSシステムは，車両の操舵に関わる重要な装置であるので高い信頼性が要求される。必要なときにモータパワーをステアリングに直接作用させてハンドルトルクを軽減するアシストシステムであるので，「必要なときに作動しない不作動」と，「不必要なとき勝手に作動」する危険性をなくすことが重要である。そこで設計時に，まず考えなくてはならないことは，「故障させないための設計」であり，次に，「万が一故障したときの安全設計（フェイルセーフ）」である。

9.5.2　システム構成とユニットの開発

どのようなシステムであっても，類似の既存システムと同等以上の信頼度が達成されないと社会に受け入れられない。EPSは，油圧パワーステアリングと同等の機能があるので，少なくとも同等以上の信頼度でなければならない。したがって，表9.1に示す信頼性目標で設計する必要がある。

新EPSの開発や改良を施す場合には，この目標以上のシステム構想を描く。そして，FMEAやFTAなどの手法を用いてシステムの「重大故障事象」とそれに関与する「ユニット，モジュール」などを見つけ出し，次に述べる設計配慮と照らし合わせ解析，対策を施してシステムを完成させていかなければならない（図9.39）。

表9.1　信頼性目標

信頼性目標	既存類似システムと同等以上	
信頼度目標値	一般故障モード	4～9（99.99%）以上
	重大故障モード	6～9以上，かつフェイルセーフ構造を有すること

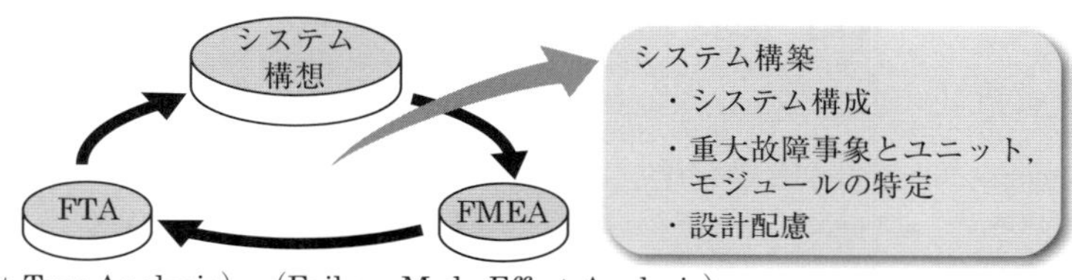

図9.39　システム構築イメージ図

9.5.3　設計配慮

(1)　故障させないための設計

システム構成上または主なユニット（モータ，トルクセンサ，ECUなど）やモジュール（ギヤ，トーションバーなど）において，故障させないための設計手法をまとめると，表9.2のようになる。

(2)　故障時の安全設計（フェイルセーフ）

万が一の故障時にも，システムを重大事象に至らしめない設計配慮が重要である。これらをまとめたものが，表9.3である。

9.5.4　信頼性・耐久性検証テスト

信頼性・耐久性設計が終了し，その検証テストを行う際に，まずシステムを構成するトルクセンサ，モータ，ECUなどのユニットやEPSシステムでの検証テスト

表9.2　故障させないための設計手法まとめ

項　目	内　容
(1) 実績尊重	ラック＆ピニオンギヤ，減速機，操舵センサなどの重要な機構部は，実績のある油圧パワーステアリングの機構や設計コンセプトを踏襲した仕様とする
(2) 強度保証	ラック＆ピニオンギヤ，減速機，操舵センサなどの基本強度部は，実績のあるステアリング強度基準を尊守した仕様とする
(3) ディレイティング (Derating)	パワーユニットのパワーMOS-FETやモータなどの高負荷部品は，通常設計に対して安全率を大きくとった仕様とする
(4) エイジング (Aging)	ECUのような電子部品を対象に，実作動状態を想定したストレスを出荷前に与え検査することにより，出荷後の偶発故障を減少させる
(5) フールプルーフ (Fool Proof)	誤った使われ方をしたり，不必要に過度のアシストが行われた場合でも，システムを故障に至らしめないよう自己抑制する制御機能を持った仕様とする

表 9.3　故障時の安全設計（フェイルセーフ）手法まとめ

項　目	内　容
(1) No.SFP (Single Failure Point)	システム中の1つの部品が故障しても，システム全体を重大故障に至らしめない
(2) 故障時マニュアルステアリング	システムが故障した場合，マニュアルステアリングとしての機能を保証する (2.1) 確実な故障診断 システムの重大故障につながる可能性のある部品故障は，確実に故障診断を実施する (2.2) 確実なパワー遮断 故障診断により故障が検出されたとき，所定時間内でモータパワーを遮断する
(3) インジケータランプの点灯	1重系故障時にインジケータランプを点灯させ警報することにより，2重系の重大故障に至らしめない

（ステップ1）を終了後，限界テスト（ステップ2）に移行する。その間，発生する不具合は，図面，または仕様書に反映される。最終的に実車でのフリートテストとフェイルセーフテストで安全性，耐久性の検証を実施（ステップ3）する。各ステップに応じて行われる検証テストの内容を表9.4に示す。

上記各種テストの中でステップ3のフェイルセーフテストについて，設計上重要であるので具体例を示す。

走行中に，モータの最大出力がステアリングに加わったときに，故障診断により故障検出してパワーを遮断するまでの許容時間を設定し，安全性を確認する。

(1)　フェイルセーフテスト方法

車両にEPSシステムを組み付け，高速直進時に外部装置（図9.40）により手動トリガにてモータの最大パワーを作用させ，目標進路からのずれ量（横移動量）を，車両速度とヨーレイトを計測して算出する（図9.41）。

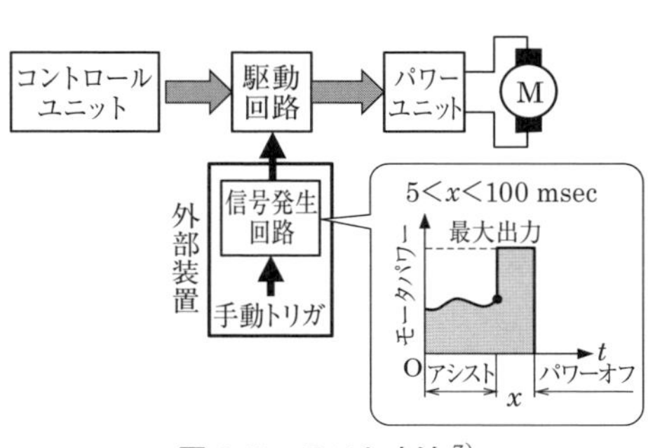

図 9.40　テスト方法[7)]

(2)　テスト結果

テスト結果を図9.42に示す。設計基準値（許容値）は，テスト条件が類似している横風安定性基準を参考に決定した。設計基準値を満たすためには，MR車，FF車共に信号発生時間

表 9.4 検証テストのステップとその内容

項　目	内　容
ステップ 1	ユニットまたはシステムの設計目標に対して各種ストレスを与え達成度を検証する，性能，耐久，商品性などの各種テストを実施
ステップ 2	実際のマージンを確認するために，ユニットまたはシステムを故障・破壊させて限界を知る，強度，寿命，EMS などの各種テストを実施
ステップ 3	フリートテスト（実走行）とフェイルセーフテスト（故障時の安全性を確認するために，システムの最悪事象に対して実車確認する安全性確認テスト）を実施

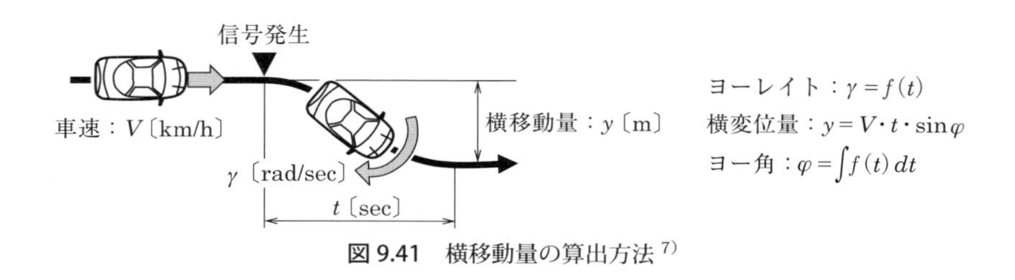

図 9.41 横移動量の算出方法 [7)]

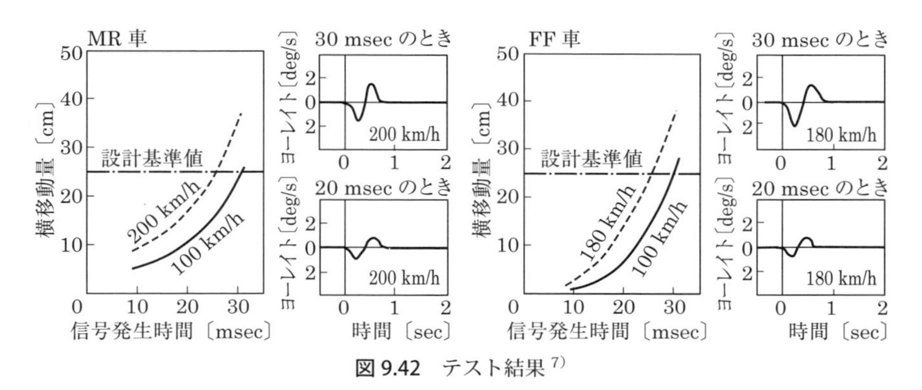

図 9.42 テスト結果 [7)]

を 25 msec 以下に設定すればよい。この信号発生時間は，故障が発生してから故障を診断・検出して動作を停止させるまでの時間に相当する。

9.6　EPS応用技術

9.6.1　アクティブ操舵反力制御 EPS

アクティブ操舵反力制御 EPS は，EPS のハンドルトルク制御を積極的に効かせて予防安全性を向上させるシステムである。ハンドル操作を安定方向にアシストし，コーナリング時や路面状態の変化時の車両挙動の乱れを抑制し走行安定性を向上させる。

図 9.43 に示すように，VSCS 演算信号，ヨーレイト信号，EPS の操舵トルク信号，モータ角度信号などに基づいて，コーナリング時のオーバーステアとアンダーステア抑制および左右で摩擦係数の異なる路面上でブレーキ時に発生するふらつきの抑

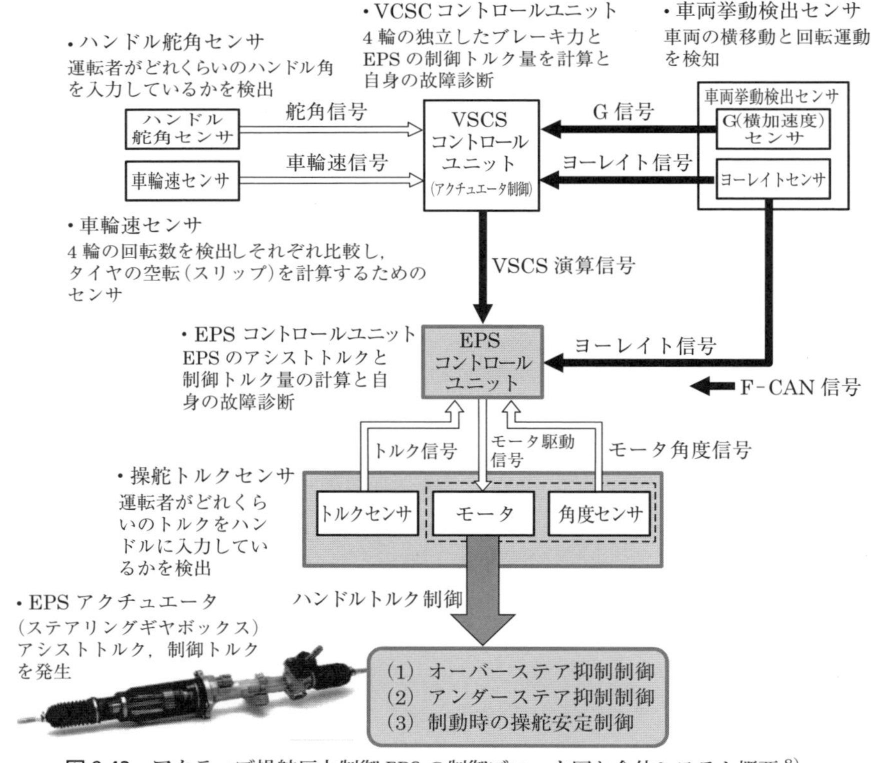

図 9.43　アクティブ操舵反力制御 EPS の制御ブロック図と全体システム概要 8)

制をVSCSと協調して行う。

VSCS（Vehicle Stability Control System）は，ドリフトやスピンなどの横滑り時に駆動力を抑え，4輪にそれぞれ独立してブレーキ力を発生させヨーモーメント制御することにより車両を安定化させるが，アクティブ操舵反力制御EPSは，VSCSを作動させる手前から制御を効かせることができるので，両者を協調させることによりスムーズな動作となり一層の予防安全性を高めることができる。

図9.44は，アクティブ操舵反力制御EPSとVSCSの機能がどのように協調されているかを示す。

(1) オーバーステア抑制制御

オーバーステア度合に応じてハンドルトルクを増大制御し，強いハンドル戻りを付与する。この制御により，オーバーステアを抑制し車両挙動の乱れを収めやすくする。それでも抑えきれずタイヤのスリップ率が増大する場合には，VSCSによりエンジントルクを抑え旋回外前輪にブレーキ力を付与しスピンを抑制するヨーモーメントを発生させる。

(2) アンダーステア抑制制御

アンダーステア時には，ハンドルトルクを増大制御してハンドルの切り過ぎによ

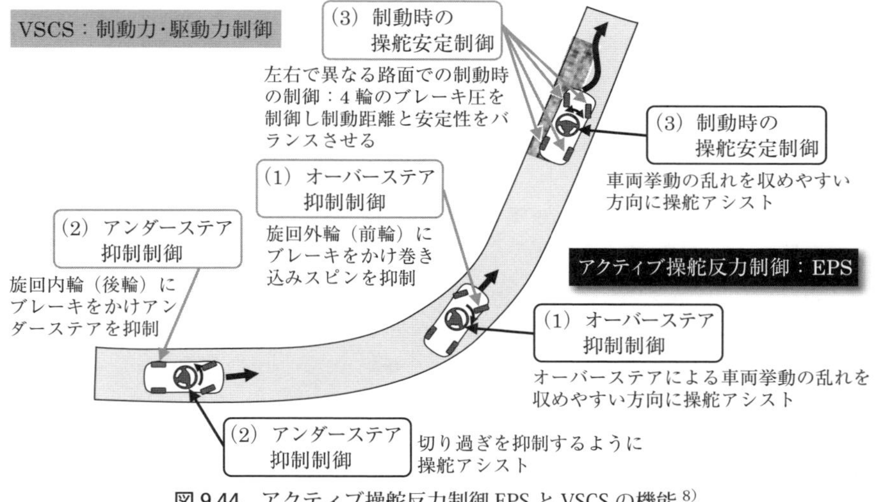

図9.44 アクティブ操舵反力制御EPSとVSCSの機能[8)]

る進路の膨らみを抑制する。それでも抑えきれずタイヤのスリップ率が増大する場合には，VSCS によりエンジントルクを抑え内後輪にブレーキ力を付与し旋回方向のヨーモーメントを発生させアンダーステアを抑制する。

(3)　制動時（左右で摩擦係数の異なる路面状況）の操舵安定制御

ブレーキ時に，VSCS は 4 輪のブレーキ圧をヨーモーメントが安定する方向に配分し，アクティブ操舵反力制御 EBS は車両挙動の乱れを収めやすいようにハンドルトルクを制御し，両システムにより制動時の安定性を高める。

9.6.2　可変ギヤ比ステアリング

可変ギヤ比ステアリング；VGS（Variable Gear-ratio Steering system）は，操縦性を飛躍的に向上させることを目的に研究開発されたステアリングシステムである。小舵角操作を可能にする VGS 車の特徴を生かして，ハンドル形状を，図 9.45 に示すような D 型にし操縦性と乗降性を両立させている。

(1)　VGS のシステム構成

VGS システムは，図 9.46 に示すようにステアリングギヤボックス，ECU，車速センサ，ハンドル角度センサなどから構成される。

(a)　ステアリングギヤボックス

ステアリングギヤボックスは，図 9.47 に示すようにモータによりハンドルトルクを制御する EPS 部（アシスト機構，トルクセンサ）とステアリングギヤ比を制御する VGS 部（ギヤ比可変機構，VGS モータ，ギヤ比センサ）が一体的に構成される。

図 9.45　VGS 車両の D 型ハンドル

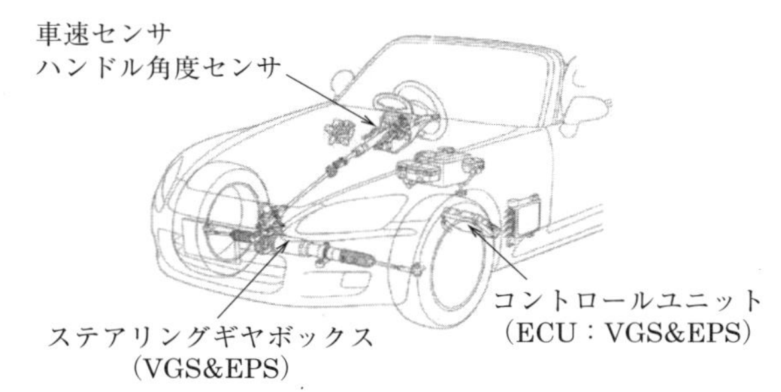

図 9.46　VGS 車載レイアウト[9)]

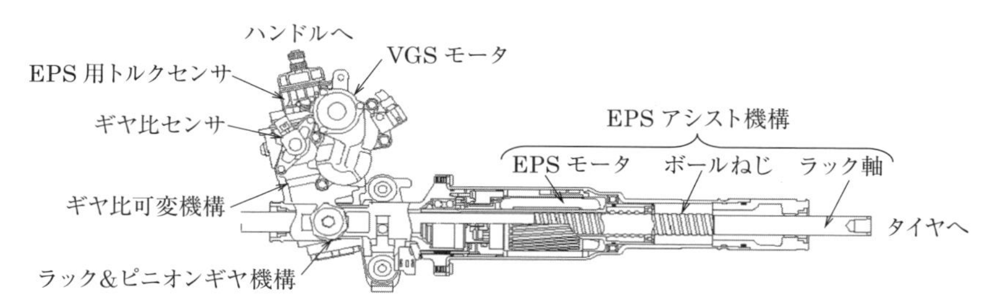

図9.47　ステアリングギヤボックスVGS

ギヤ比可変機構は，ラック＆ピニオンギヤのピニオン軸上に設けられる。EPSは，ラックアシスト方式ボールねじ駆動型が採用され，トルクセンサをギヤ比可変機構とハンドルの間に，EPSアシスト機構をギヤ比可変機構よりタイヤ側に設けることにより，ギヤ比可変機構のねじり剛性低下による操舵応答低下とギヤ比変化に伴うハンドルトルク変化を抑制するように駆動制御される。ステアリングギヤ比は，ギヤ比可変機構に設けられたギヤ比センサで検出され，目標ギヤ比になるようにVGSモータで駆動制御される。

(b)　ギヤ比可変機構

ギヤ比可変機構の基本原理を図9.48に示す。この機構は，入力軸Aと出力軸Bのアームの連結点Cを滑り結合部にし，オフセット量X_0を変えることにより入出軸間に角度差を生じさせてギヤ比を変化させる。入力軸Aと出力軸Bの回転角の関係は，式(9.59)によって表される。

$$\theta_{\mathrm{P}} = \theta_{\mathrm{a}} - \sin^{-1}\left(\frac{X_0}{b}\cdot\sin\theta_{\mathrm{a}}\right) \tag{9.59}$$

$$\theta_{\mathrm{a}} = i\cdot\theta_{\mathrm{H}} \quad (i \leq 1) \tag{9.60}$$

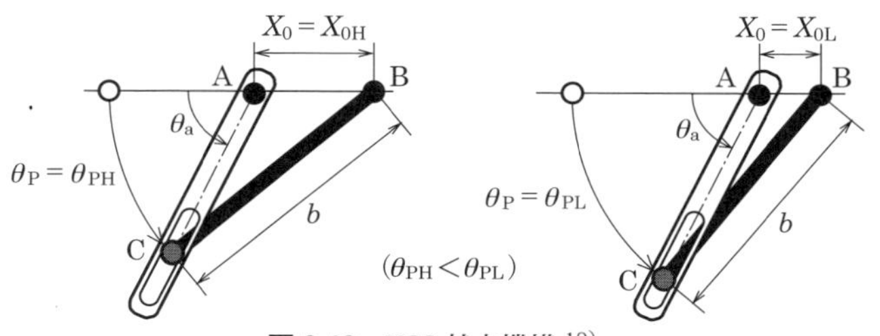

図9.48　VGS基本機構[10)]

$$s=\frac{G_{\rm R}}{2\pi}\left\{i\cdot\theta_{\rm H}-\sin^{-1}\left(\frac{X_0}{b}\cdot\sin\left(i\cdot\theta_{\rm H}\right)\right)\right\} \tag{9.61}$$

$$\approx\frac{G_{\rm R}}{2\pi}\left\{i\cdot\left(1-\frac{X_0}{b}\right)\cdot\theta_{\rm H}+i^3\cdot\frac{X_0}{6b}\cdot\theta_{\rm H}^3\right\}\quad\left(\frac{X_0}{b}\ll 1\right) \tag{9.62}$$

$$\theta_{\rm T}=f(s) \tag{9.63}$$

i；減速比，X_0；軸間距離，s；ラック軸ストローク，$\theta_{\rm a}$；入力軸（軸A）の回転角，$\theta_{\rm p}$；ピニオンギヤ軸（軸B）の回転角，$\theta_{\rm T}$；タイヤ舵角，$G_{\rm R}$；ラックゲイン，b；レバー長，$\theta_{\rm H}$；ハンドル舵角

式(9.61)より，所望の可変ステアリングギヤ比は定数i，b，$G_{\rm R}$を適当に選定し，X_0を車速に応じて変化させることにより実現できる。近似式(9.62)において，第1項は$\theta_{\rm H}$の増大とX_0の減少に応じてsが増大し，また第2項は${\theta_{\rm H}}^3$とX_0の増大に応じてsが増大されることが分かる。第2項はタイヤの非線形性に対応してsを増大させることができる。図9.49は，$b=10$〔mm〕のときに定数i，$R_{\rm G}$，X_0を変えたときのギヤ比（$n_{\rm G}=1/G_{\rm s}$）特性を示す。iの値を大きくすると非線形特性を強くすることができる。

図9.50は，可変ギヤ比機構の作動説明図である。ハンドル減速機を介して連結される入力軸Aと出力軸Bとの間の軸間距離X_0を変えることによりレバー比を変え入出力比であるステアリングゲインを無段階に変化させる。軸間が変わり，レバー比が変化すると同じ入力角$\theta_{\rm a}$でも軸間の大きい高車速側のラック変位$s_{\rm H}$は少なくなり，タイヤの切れ角は小さくなる。

可変ギヤ機構部の具体的構造を図9.51に示す。図9.50では示されていないが，入

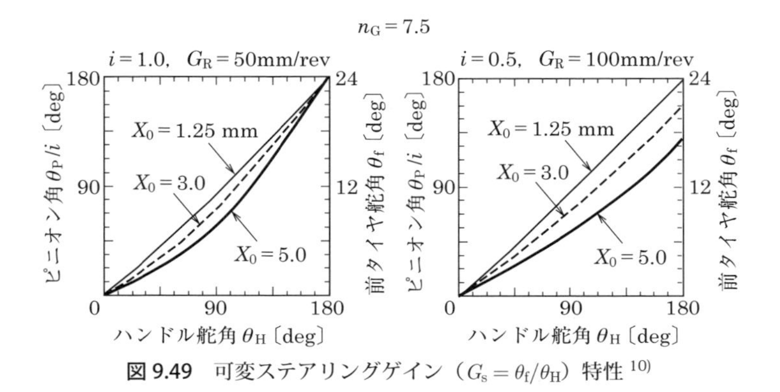

図9.49　可変ステアリングゲイン（$G_{\rm s}=\theta_{\rm f}/\theta_{\rm H}$）特性[10)]

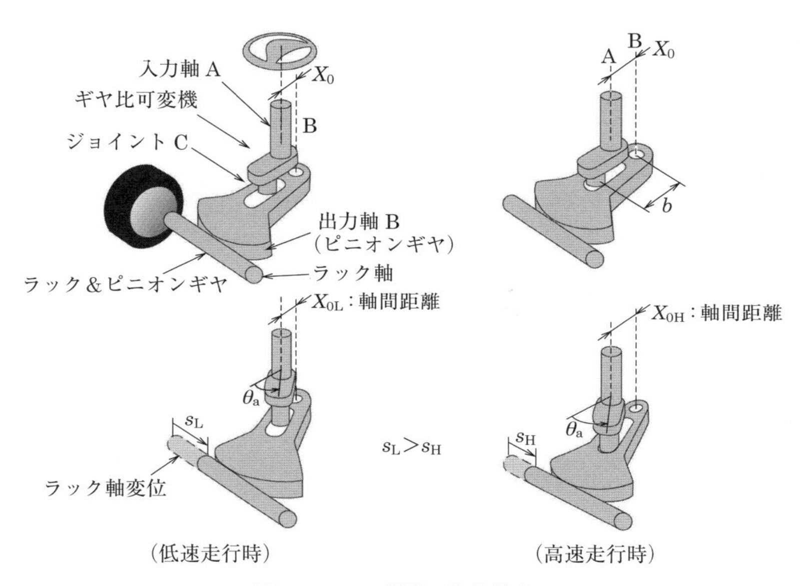

図 9.50 VGS 機構の作動説明図

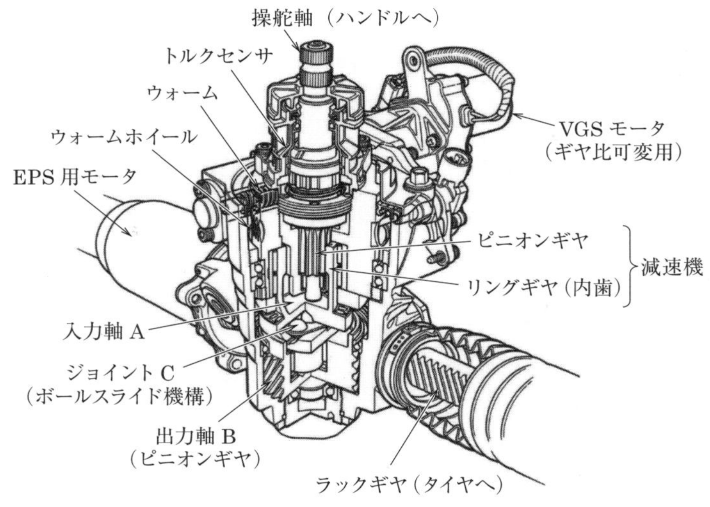

図 9.51 可変ギヤ機構部の透視図 [10)]

力軸Aには減速用のリングギヤと軸間変更用のウォームホイールとボールスライド機構を有するジョイントCが設けられている。入力軸Aは，ウォームホイールの回転中心に対し偏芯した位置で支持されるので，ウォームホイールの回転により軸間X_0を変化させる。このときウォームホイールの回転は，VGSモータ回転軸のウォームにより駆動制御される。したがってハンドルの回転は，操舵軸，減速機，入力軸A，ジョイントC，出力軸B（ピニオンギヤ），ラック軸を介してタイヤに伝達される。

(c)　ギヤ比センサ

ギヤ比センサは，図9.52に示すようにギヤボックスハウジングに取り付けられ，センサ先端のスライド軸がウォームホイールカム面に圧接し，ウォームホイールが回転するとカム面に沿ってセンサのスライド軸がストロークする。このストローク量に比例した抵抗値を電圧に変換する。図9.53は，センサ出力を示す。

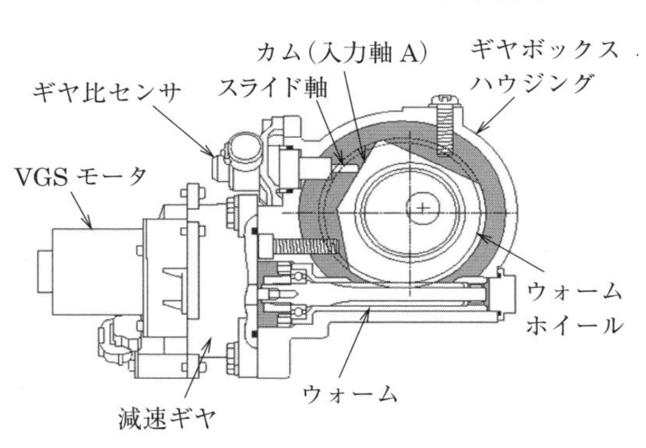

図9.52　ギヤ比センサとギヤ比可変用VGSモータ

(d)　ハンドル舵角センサ

ハンドル舵角センサは，図9.54に示すようにステアリングのコンビネーションスイッチに固定され，ハンドルの回転方向と角度を検出する。このセンサは，回転角度を光学的に検出するものであ

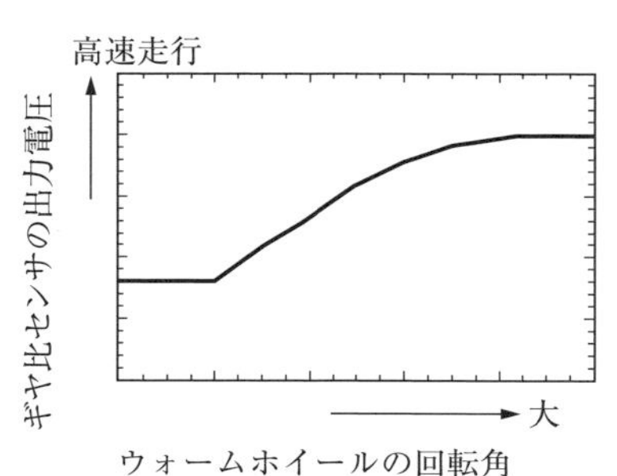

図9.53　ギヤ比センサ出力 [10)]

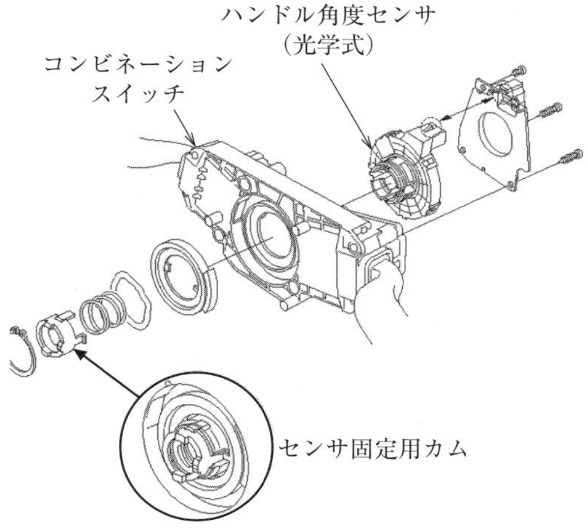

図9.54　ハンドル操舵センサ取り付け図 [10)]

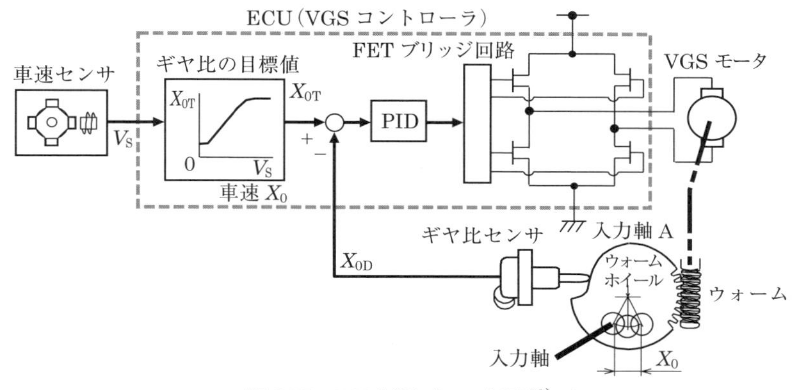

図 9.55 VGS 制御ブロック図 [10)]

り，通常の舵角信号に加え中立信号を有する。

(2) ECU

ECU は，EPS 制御と VGS 制御の 2 つの機能を担っており，操舵トルクセンサと車速センサなどの信号に基づいて EPS モータを駆動するアシストトルク制御と，車速センサからの信号に基づいて VGS モータを駆動してステアリングギヤ比を制御する。

(a) VGS 制御

VGS コントローラは，図 9.55 に示すように車速センサからの信号 V_S に応じたギヤ比の目標値を X_{0T} コンピュータメモリ内の制御テーブルから検索し，ギヤ比センサの検出信号 X_{0D} と一致させるように VGS モータを駆動する。モータが回転すると，機構の説明で述べたようにウォームホイールが回転し入力軸と出力軸のレバー比が変化する。またギヤ比を変化させる速度，すなわちオフセット X_0 を移動させる速度を，舵角と車速変化の大きさによって制御する。これは，車両挙動の急激な変化に対してギヤ比の変化速度を抑制させるためである。ハンドル舵角は，舵角センサの信号，車速変化は車速センサ信号の変化度合いを計算することにより求め，モータ駆動の目標電流値の上限を規制することによりモータ回転数を制御する。

(b) EPS 制御

全体の制御ブロック図を図 9.56 に示す。EPS のアシストトルク制御，操舵ダンパ制御，モータイナーシャ制御などに加えて以下の制御を実施する。

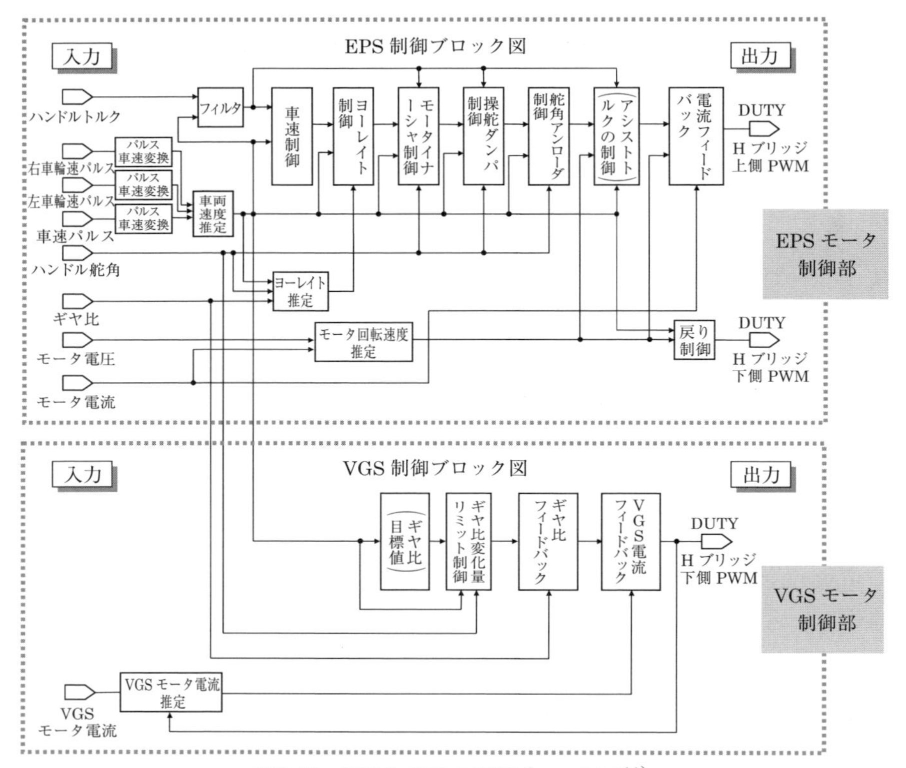

図 9.56　VGS と EPS の制御ブロック図 [11)]

① ヨーレイト制御

車両の旋回挙動に応じた操舵トルクを付与するために，ヨーレイトを推定している。ヨーレイトは，タイヤ角と車両速度を求め，これらの信号により推定する。タイヤ角は，ハンドル舵角センサ信号とギヤ比センサ信号から，車両速度は，左右の従動車輪速とメータ車速の信号から推定する。

② アンローダ制御

VGS は，停車中の車庫入れ操作や低速走行時にステアリングのギヤ比をクイックに設定しているので，速いハンドル操作ではステアリングラックの移動速度も高くなり，ラック終端に当接したときの衝撃が大きくなることがある。このようなときに，ボールねじや軸受け類にかかる負荷が増大するので，衝撃を緩和するためにハンドル舵角と車両速度の信号から終端を検知して終端近傍から累進的にアシスト

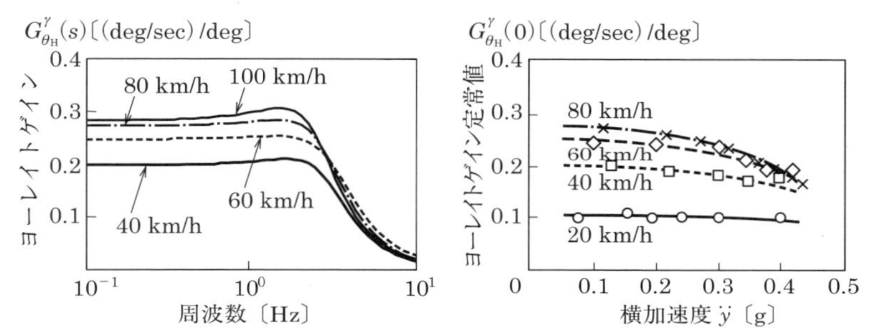

(a) 周波数に対するヨーレイトゲイン　(b) 横加速度に対するヨーレイトゲイン定常値

図 9.57　一般車両のヨーレイトゲイン特性 [10)]

量を減少させている。

(3) 車両応答（ヨーレイトゲイン定常値）を一定にするギヤ比可変理論の導出

VGSは，狙った走行コースに自車を容易に追従できるように，運転者の前方注視点位置の偏差角（$\varphi_D = e_P/\tau_P \cdot V$）とハンドル舵角 θ_H を概ね等しくする（図9.16(a)参照）ようにステアリングギヤ比を変化させる。これは，車両のヨーレイトゲインの定常値（車両応答）を概ね一定に制御することと同等である。

(a) 一般車両のハンドル舵角に対するヨーレイトゲイン $G^{\gamma}_{\theta_H}(s)$ は，図9.57に示すように，その定常値 $G^{\gamma}_{\theta_H}(0)$ が車速 V と横加速度 $\ddot{y}$ によって変化するので，このヨーレイトゲイン定常値を概ね一定にするギヤ比を導出する。まず車速 V に対して $G^{\gamma}_{\theta_H}(0)$ が変化しない可変ステアリングギヤ比特性 $n_{SV}(V)$ を導出する。ただし，$\ddot{y} \approx 0$ とする。

$$G^{\gamma}_{\theta_H}(s) = \frac{\gamma(s)}{\theta_H(s)} \tag{9.64}$$

$$= \frac{\theta_f(s)}{\theta_H(s)} \cdot \frac{\gamma(s)}{\theta_f(s)} \tag{9.65}$$

$$= G_S \cdot \frac{\gamma(s)}{\theta_f(s)} \qquad \left(G_S \equiv \frac{\theta_f}{\theta_H} \right) \tag{9.66}$$

$$= G_S \cdot G^{\gamma}_{\theta_f}(0) \frac{1 + T_r \cdot s}{1 + \dfrac{2\varsigma \cdot s}{\omega_n} + \dfrac{s^2}{\omega_n^2}} \tag{9.67}$$

G_{S}；ステアリングゲイン，s；ラプラス演算子，ζ；車両の減衰比，ω_{n}：車両の固有振動数，θ_{H}；ハンドル舵角，θ_{f}；前タイヤ舵角，$G_{\theta_{\mathrm{f}}}^{\gamma}(0)$ ：前タイヤ舵角に対するヨーレイトゲインの定常値

ここで，

$$T_{\mathrm{r}}=\frac{m\cdot\ell_{\mathrm{f}}\cdot V}{2\cdot\ell\cdot K_{\mathrm{r}}} \tag{9.68}$$

$$G_{\theta_{\mathrm{f}}}^{\gamma}(0)=\frac{1}{1+A\cdot V^{2}}\cdot\frac{V}{\ell} \tag{9.69}$$

$$\equiv f_{\theta_{\mathrm{f}}}(V) \tag{9.70}$$

とすれば，

$$G_{\theta_{\mathrm{H}}}^{\gamma}(0)=G_{\mathrm{S}}\cdot G_{\theta_{\mathrm{f}}}^{\gamma}(0) \tag{9.71}$$

$$=G_{\mathrm{S}}\cdot f_{\theta_{\mathrm{f}}}(V)=f_{\theta_{\mathrm{H}}}(V) \tag{9.72}$$

式 (9.69)～(9.72) より，ステアリングゲイン G_{S} が一定の場合の $G_{\theta_{\mathrm{H}}}^{\gamma*}(0)$ は，車速に応じて変化することが分かる。したがって，$G_{\theta_{\mathrm{H}}}^{\gamma}(0)$ を一定にするための可変ステアリングギヤ比特性 $n_{\mathrm{SV}}(V)$ を求める。このときの可変ステアリングゲイン特性を $G_{\mathrm{SV}}(V)$ とし，例えば，車両が 80 km/h で走行しているときの定常値を $f_{\theta_{\mathrm{H}}}$ (80 km/h) とおいて，この値に一定になるように設定する。

$$\begin{aligned}G_{\mathrm{SV}}(V)\cdot f_{\theta_{\mathrm{f}}}(V)&=\text{const.}\\&=f_{\theta_{\mathrm{H}}}(80\,\mathrm{km/h})=0.28\,〔\mathrm{deg/sec/deg}〕\end{aligned} \tag{9.73}$$

であるから，可変ステアリングギア比特性 $n_{\mathrm{SV}}(V)$ は，

$$n_{\mathrm{SV}}(V)=\frac{1}{G_{\mathrm{SV}}(V)}=\frac{1}{\dfrac{f_{\theta_{\mathrm{H}}}(80\,\mathrm{km/h})}{f_{\theta_{\mathrm{f}}}(V)}} \tag{9.74}$$

$$=\frac{1}{G_{\mathrm{S}}\cdot\dfrac{f_{\theta_{\mathrm{H}}}(80\,\mathrm{km/h})}{f_{\theta_{\mathrm{H}}}(V)}} \tag{9.75}$$

$$\therefore\ \theta_{\mathrm{fV}}=\frac{1}{n_{\mathrm{SV}}(V)}\cdot\theta_{\mathrm{H}}=G_{\mathrm{SV}}(V)\cdot\theta_{\mathrm{H}} \tag{9.76}$$

式 (9.76) により車速を変えて求めたハンドル舵角に対する前タイヤ舵角 θ_{fV} の特性を図 9.58 に示す。例えば，図 9.57(a) より $V=40$〔km/h〕のときの特性 θ_{f40} は，

$$\theta_{\mathrm{f40}}=\frac{0.28}{15\cdot 0.2}\theta_{\mathrm{H}}=0.093\theta_{\mathrm{H}}$$

(b) 次に，横加速度 $\ddot{y}$ について検討する。横加速度 $\ddot{y}$ によるタイヤの非線形性を

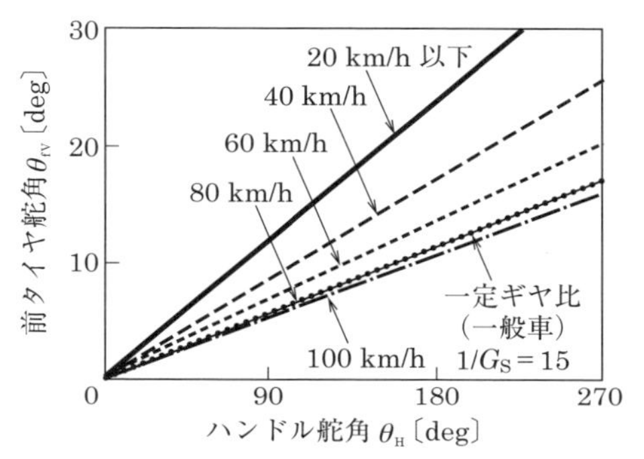

図 9.58　車速関数の基本特性 [10)]

考慮すると，図 9.57(b) に示すように，ステアリングギヤが一定の場合のヨーレイトゲインの定常値 $G_{\theta_f}^{\gamma*}(0)$ は，車速 V と横加速度 $\ddot{y}$ の関数 $f_{\theta_f}(V, \ddot{y})$ で表される。

$$G_{\theta_f}^{\gamma*}(0) = \frac{1}{1 + A^* V^2} \cdot \frac{V}{\ell} \equiv f_{\theta_f}(V, \ddot{y}) \tag{9.77}$$

ここで，

$$A^* = A + a^* \approx \left(1 + \frac{1}{2\mu}\ddot{y} + \frac{3}{8\mu^2}\ddot{y}^2\right)A \tag{9.78}$$

とおくと次式が得られる。

$$\therefore G_{\theta_H}^{\gamma*}(0) = G_S \cdot G_{\theta_f}^{\gamma*}(0) = G_S \cdot f_{\theta_f}(V,\ \ddot{y}) \tag{9.79}$$

$$= f_{\theta_H}(V,\ \ddot{y}) \tag{9.80}$$

式 (9.77)～(9.80) より車速と横加速度により変化する $G_{\theta_H}^{\gamma*}(0)$ を一定にする可変ステアリングギヤ比特性 $n_{SVG}(V, \ddot{y})$ を求める。このときの可変ステアリングゲイン特性を $G_{SVG}(V, \ddot{y})$ とおくと，

$$G_{\theta_H}^{\gamma*}(0) = G_{SVG}(V, \ddot{y}) \cdot f_{\theta_f}(V, \ddot{y}) = \text{const.} \tag{9.81}$$

を成立させるために，まずステアリングゲイン G_S が一定の場合を検討する。

$$\frac{1}{G_{\theta_H}^{\gamma*}(0)} = \frac{1}{f_{\theta_H}(V,\ \ddot{y})} \tag{9.82}$$

$$= \frac{1}{G_S} \cdot \frac{1}{f_{\theta_f}(V,\ \ddot{y})} \tag{9.83}$$

$$= \frac{1}{G_S} \cdot \frac{\ell}{V}(1 + A^* \cdot V^2) \tag{9.84}$$

$$= \frac{1}{G_{\rm S}} \cdot \frac{\ell}{V}\left\{1 + (A + a^*)V^2\right\} = \frac{1}{G_{\rm S}} \cdot \frac{\ell}{V}(1 + A \cdot V^2) + \frac{\ell}{G_{\rm S}} V a^*$$

$$= \frac{1}{G_{\rm S} \cdot f_{\theta_{\rm f}}(V)} + \frac{\ell}{G_{\rm S}} V \cdot a^* = \frac{1}{G_{\rm S}}\left\{\frac{1}{f_{\theta_{\rm f}}(V)} + \ell \cdot V \cdot a^*\right\} \tag{9.85}$$

$G^{\gamma*}_{\theta_{\rm H}}(0)$ を一定にすることは，式 (9.85) の第1項と第2項を一定にすることである。したがって，求める可変ステアリングギヤ特性 $n_{\rm SVG}(V, \ddot{y})$ は，可変ステアリングゲイン $G_{\rm SVG}(V, \ddot{y})$ とすると，

$$\frac{1}{G_{\rm SV}(V) f_{\theta_{\rm f}}(V)} = \frac{1}{\rm const.} = \frac{1}{f_{\theta_{\rm H}}(80\,{\rm km\,/\,h})} \tag{9.86}$$

$$\frac{\ell}{G_{\rm SVG}(V, \ddot{y})} V \cdot a^* = \frac{1}{\rm const.} = \frac{1}{f_{\theta_{\rm H}}(80\,{\rm km\,/\,h})} \tag{9.87}$$

である。式 (9.86) は式 (9.73) と等しいので，式 (9.87) を検討すればよい。

$$\therefore G_{\rm SVG}(V, \ddot{y}) = k_{\rm SG} \cdot V \cdot a^* = k_{\rm SG} \cdot V\left(\frac{1}{2\mu}\ddot{y} + \frac{3}{8\mu^2}\ddot{y}^2\right)A \tag{9.88}$$

$$k_{\rm SG} \equiv \ell \cdot f_{\theta_{\rm H}}(80\,{\rm km\,/\,h})$$

式 (9.88) から可変ステアリングゲイン特性 $G_{\rm SVG}(V, \ddot{y})$ は，$\ddot{y}$ に対して非線型な特性になることが分かる。

次に，$G_{\rm SVG}(V, \ddot{y})$ を $\ddot{y}$ の代わりに $\theta_{\rm H}$ を用いて制御できるかどうか検討する。まず，ハンドル角と横加速度の関係式，

$$\ddot{y} = V \cdot G^{\gamma}_{\theta_{\rm H}}(0) \cdot \theta_{\rm H} = V \cdot f_{\theta_{\rm H}}(V) \cdot \theta_{\rm H} \tag{9.89}$$

を，式 (9.88) に代入して整理すると，

$$G_{\rm SVG}(V, \ddot{y}) \approx \frac{k_{\rm SG} \cdot V^2 \cdot A}{2\mu} \cdot f_{\theta_{\rm H}}(V) \cdot \theta_{\rm H} \tag{9.90}$$

したがって，

$$\theta_{\rm f\,G} = \int G_{\rm SVG}(V, \ddot{y}) d\theta_{\rm H} = \frac{k_{\rm SG} \cdot V^2 \cdot A}{4\mu} \cdot f_{\theta_{\rm H}}(V) \cdot \theta_{\rm H}^2 \tag{9.91}$$

$$\theta_{\rm f} = \theta_{\rm fV} + \theta_{\rm fG} \tag{9.92}$$

式 (9.91) により，横加速度によるヨーレイトゲイン定常値の低下をハンドル舵角で制御できることが確認できた。したがって車両のヨーレイトゲイン定常値（車両応答）を概ね一定にするステアリングギヤ比可変理論を導出することができた。

以上の検討より，計算で求めた可変ステアリングゲイン特性を示す。図 9.59(a)

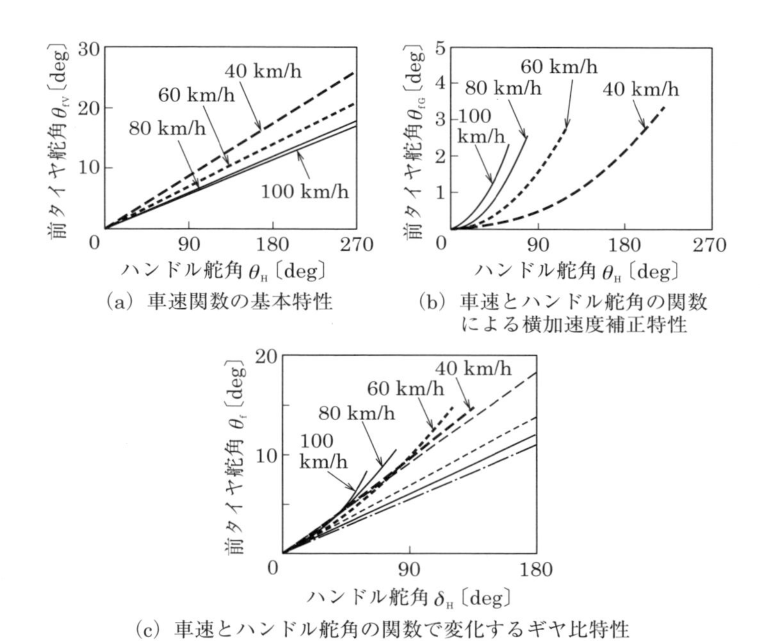

(a) 車速関数の基本特性

(b) 車速とハンドル舵角の関数による横加速度補正特性

(c) 車速とハンドル舵角の関数で変化するギヤ比特性

図 9.59 計算で求めた可変ステアリングゲイン特性[10)]

は式 (9.76) から求めた車速関数，図 9.59(b) は式 (9.91) から求めた横加速度を補正する車速と舵角の関数，図 9.59(c) は式 (9.92) から求めたそれぞれの合成値である。

図 9.59(c) の特性は，前述した可変ギヤ比機構における式 (9.62) の i，b，G_R，X_0 を調整して具現化する。

9.6.3 ステアバイワイヤシステム

ステアバイワイヤシステム；SBWS（Steer By Wire System）は，ハンドルから前輪までの連結の一部を電気信号に置き換え，タイヤ舵角度とハンドルトルクを独立に制御するシステムである。前述の可変ステアリングギヤ比制御やハンドルトルク制御のアクティブ化をさらに高度化し，応答の良い車両の動きと安定性を高いレベルで達成可能なシステムである。

一方，故障時にも操舵機能を確保しなくてはならないので，その際にハンドルとタイヤの機械的な連結手段を必要とする。最悪事象を考慮すると，連結に要する時間は数 10 msec 以内が要求される。

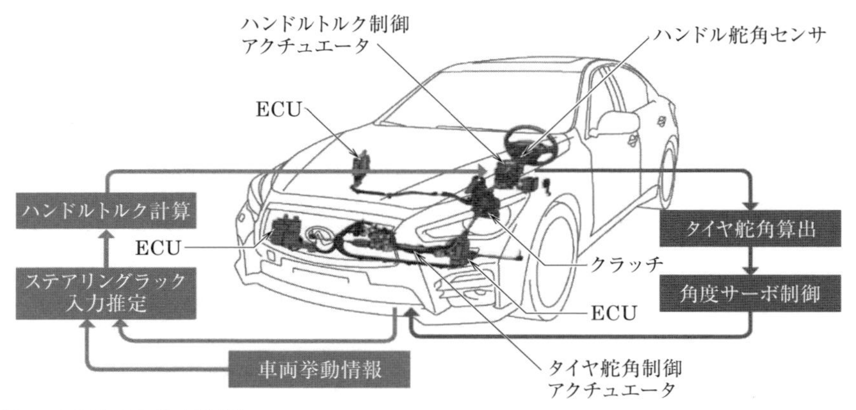

【システム構成と基本動作】

システム構成	・ハンドル舵角センサ：運転者の操舵操作をハンドル舵角で検出 ・ハンドルトルク制御アクチュエータ：ハンドルトルクを発生 ・タイヤ舵角制御アクチュエータ：タイヤ舵角をサーボ制御 ・クラッチ：停車時，故障時などにハンドルとタイヤの機構的連結を制御する ・ECU：各情報に基づいて演算制御を行い，各アクチュエータの駆動を制御すると共に，相互に通信を実施する
基本動作	運転者のハンドル操作と車両情報に基づき，タイヤ舵角を決定しタイヤの角度をサーボ制御する。また，タイヤからのステアリングラックへの入力を推定し，これに基づきハンドルトルクを発生する

図 9.60　Q50 に搭載された SBWS（商品名；ダイレクト・アダプティブ・ステアリング）[12)]

(1)　SBWS の具体例

2014 年に発売された日産社の車名；インフィニティ Q50 に搭載された SBWS（商品名；ダイレクト・アダプティブ・ステアリング）を図 9.60 に示す。応答の良い車両の動きと不整路面でのハンドル取られの抑制を実現したシステムである。

(2)　フェイルセーフ

図 9.61 は，システムが故障したときの安全性を確保するための考え方（信頼性コンセプト）を示す。正常時には，ハンドルに反力用モータ 1 個とタイヤ舵角を制御するモータ 2 個を設けて操舵制御を実行するが，ECU を 3 個設けて相互通信により相互監視することにより故障の診断を常時行い，異常を検知した場合には，異常部位を特定し所定時間内で停止し，異常部位を遮断する。このとき SBWS は，図 9.62 に示すように故障部位がシステムに与える重大性を考慮して階層的に再構

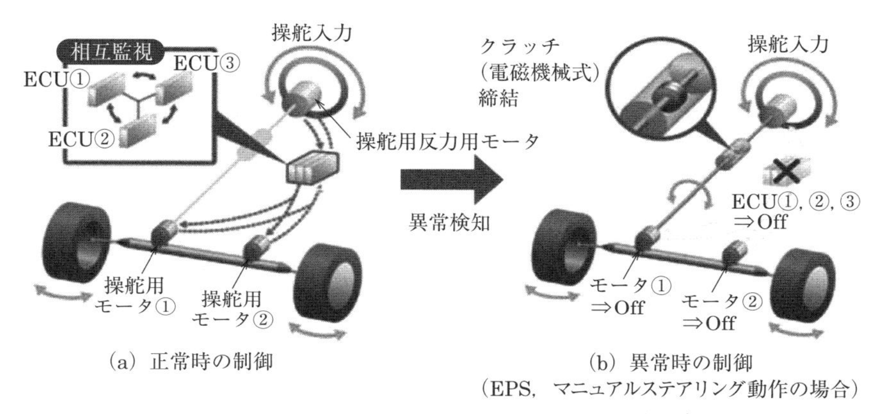

（a）正常時の制御

（b）異常時の制御
（EPS，マニュアルステアリング動作の場合）

図 9.61 実用化されたSBWSの信頼性コンセプト[12)]

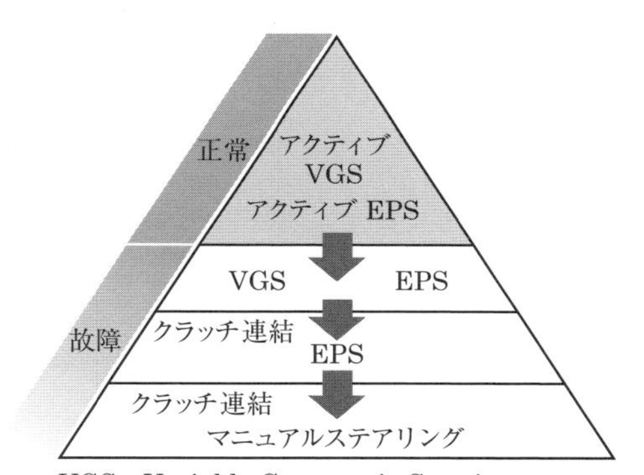

図 9.62 故障時の再構築階層構造

築して制御を続行する。EPSモードまたはマニュアルステアリングモードに切り替える必要があるときには，所定時間内で電磁機械式のクラッチでハンドル（ハンドルトルク制御アクチュエータ）と前輪（タイヤ舵角制御アクチュエータ）を連結し機械的な操舵機能を確保する。

演習問題

問題1 アッカーマンジオメトリの車両において，ホイールベース $L=2750$〔mm〕，トレッド $W=1500$〔mm〕，車輪中心面とキングピン軸間の距離；$\ell=200$〔mm〕，外輪の最大切れ角 $\beta_{max}=30$〔deg〕とするとき，①最小回転半径 R を求めよ。このときの②内輪の最大切れ角 α_{max} を求めよ。

（答え：① $R=5.7$〔m〕，② $\alpha_{max}=37$〔deg〕）

問題2 以下のようなサスペンション，ステアリングギヤボックスを有する車両において，ハンドル角 $\theta_H=450$〔deg〕のときの据え切り操舵トルク T_{HS} を求めよ。

キングピンオフセット；$\xi_k=10$〔mm〕，キャスタトレイル；$\xi_c=15$〔mm〕，$\xi_{tC}=30$〔mm〕，粘着面回転半径；$\xi_a=70$〔mm〕，キングピン傾角；$\alpha_k=10$〔deg〕，キャスタ角；$\alpha_c=8$〔deg〕；タイヤと路面の摩擦係数；$\mu=0.9$，前輪にかかる荷重；$W_f=10000$〔N〕，ラックゲイン；$G_R=35$〔mm/rev〕，ギヤ効率；$\eta_G=0.9$，ステアリングゲイン：$G_S=1/20$

（答え：$T_{HS}=46.7$〔Nm〕）

問題3 以下のサスペンションにおいて，前輪の横滑り角 $\beta_f=1$〔deg〕で旋回中のタイヤの復元トルク T_{SAT} を求めよ。またこのときに前輪タイヤ舵角 $\theta_f=5$〔deg〕であったときのハンドルトルク T_{HR} を求めよ。

キャスタトレイル；$\xi_c=15$〔mm〕，タイヤのコーナリングパワー；$K_f=600$〔N/deg〕，ニューマチックトレイル $\xi_n=30$〔mm〕，ラックゲイン；$G_R=35$〔mm/rev〕，ステアリングゲイン；$G_S=1/20$，ギヤ効率；$\eta_G=0.9$

（答え：$T_{SAT}=54$〔Nm〕，$T_{HR}=3.02$〔Nm〕）

問題4 電動パワーステアリング（EPS）において，モータのアシスト特性が，図9.63のように与えられたときに，負荷トルクが $T_P=40$〔Nm〕であるときのハンドル（操舵）トルクの大きさ T_H〔Nm〕を求めよ。

（答え：$T_H=7.2$〔Nm〕）

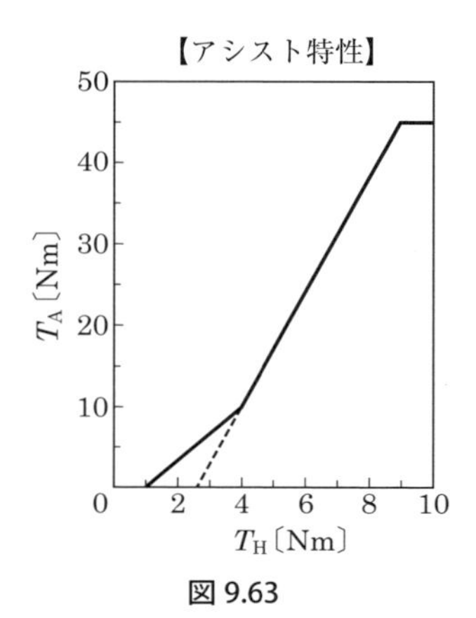

図9.63

問題5 図9.18のEPSにおいて，$E_V(s)/E_{V0}(s)$ を求め，$E_V(s)/E_{V0}(s)=1$ とおいたとき，$G_A=0$ のときの補正フィルタ $H_f(s)$ を導出しなさい。

$$\left(答え：\ H_{\mathrm{f}}(s)=\frac{\{G_{\mathrm{G0}}(s)-G_{\mathrm{G}}(s)\}}{G_{\mathrm{G}}(s)\{1-K_{\mathrm{TS}}\cdot G_{\mathrm{G0}}(s)\}}\right)$$

問題 6　2条のウォーム＆ホイール（図9.35）のリード角を25 degから10 degに変更した場合に順伝達効率は，何パーセント減少するか答えなさい。ただし，$\mu=0.05$ とする。

（答え：11〔%〕減少する）

問題 7　図9.57のヨーレイトゲイン特性を持つ車両において，VGSを搭載して60 km/hで走行したときのヨーレイトゲインの定常値を全車速で一定にするときの車速に応じて変化させるギヤ比の基本特性 $n_{\mathrm{SV}}(V)$ を求めよ。

$$\left(答え：\ n_{\mathrm{SV}}(V)=\frac{1}{G_{\mathrm{S}}\cdot\dfrac{f_{\theta_{\mathrm{H}}}(60\,\mathrm{km/h})}{f_{\theta_{\mathrm{H}}}(V)}}\right)$$

問題 8　SBWSの故障時の再構築階層構造について，具体例を挙げて説明しなさい。

第10章

先端システム

自動車は，先端システムに先導され進歩発展してきた。機械技術を基盤に，電気，電子，制御，情報などの技術を融合させ新たな機能を創生し私たちに便利さと豊かさをもたらしたのである。そしてその進化はとどまるところを知らない。

例えば表10.1に示すように，変速操作や車庫入れ操作のようなドライバの定型動作は自動化され，さらに自律化に向けてより高度な操作・判断や複雑な外部環境にも適応できるシステムの研究開発が盛んになってきている。このような背景から，本章では，現在実用化され将来の自律走行車実現に向けて，足がかりとなりうるシステムを紹介する。

表10.1　ドライバの運転操作とそれを機械で実行させた場合の難易度

運転操作		走行情報の獲得の難易度	制御の難易度	状況判断能力の高さ	実行可能解導出の難易度
定型操作	自動変速操作	△	△	×	×
	車庫入れ操作	△	△	×	×
定型操作＋単純外部環境協調	レーンキープ・ハンドル操作	△～○	○	△	△
	車間距離調整	△～○	○	△	△
	単純緊急回避	○	○	○	○
複雑外部環境協調	突発的不定形操作（複雑緊急回避）	◎	◎	◎	◎
	完全自律走行	◎	◎	◎	◎

◎難度大，○難度中，△難度小，×難度普通

10.1　パーキングアシストシステム

10.1.1　PASの概要

パーキングアシストシステム；PAS（Parking Assist System）は，バック駐車，または縦列駐車の際のハンドル操作を自動で行い，運転者の負担を軽減するシステムである。このシステムは，図10.1に示すように車両の移動距離 L に応じて操舵すべき目標ハンドル舵角 θ_T をECU内にあらかじめデータマップとして用意している。

運転者が，図10.1(a)（右図）のように「車両の基準位置」を納めたい駐車場の「駐車枠線」に合わせて駐車開始の位置合わせを行う。次に，制御開始スイッチを押してから車両を前進移動させると，移動距離 L（$=r\cdot\theta_r$）が演算され，この L に対応した目標ハンドル角 θ_T をデータマップから読み出し，ハンドル舵角センサ信号 θ_H を一致させるようにEPSモータ電流 I_c を駆動制御する。このときに，後輪の前進軌跡

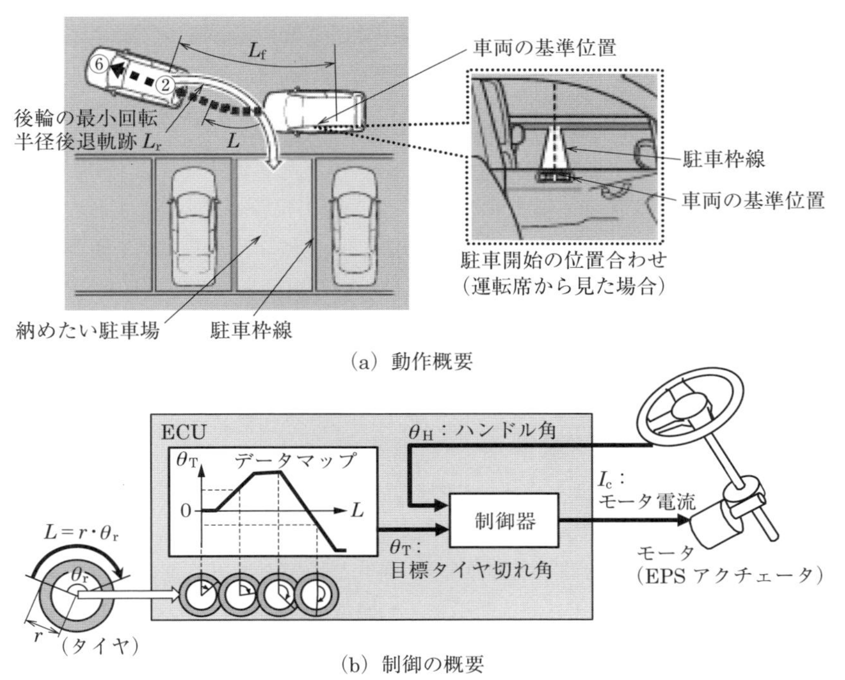

図10.1　パーキングアシストシステム[1)]

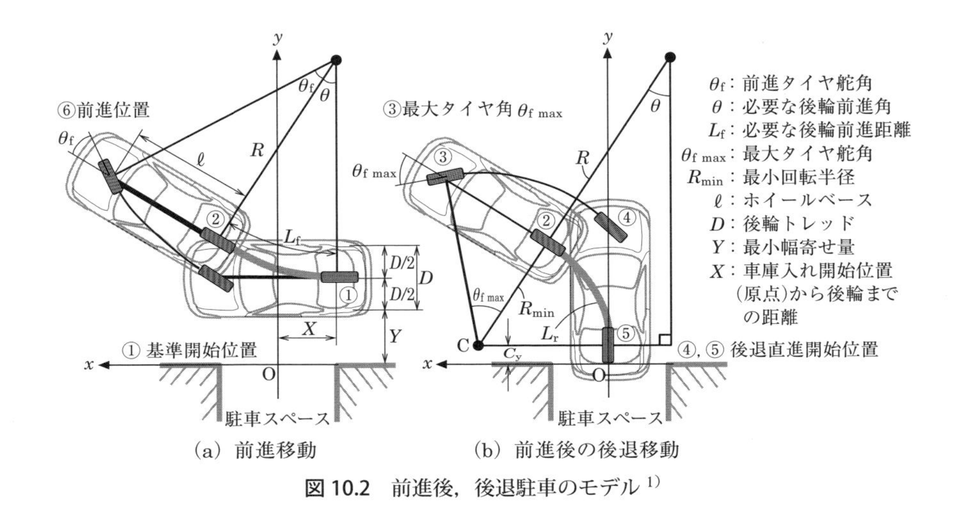

(a) 前進移動　　(b) 前進後の後退移動

図 10.2　前進後，後退駐車のモデル [1)]

L_f が「後輪の最小回転半径後退軌跡 L_r」上の位置②（図 10.2）より外側に離れるように，前進位置⑥を定めることが重要である。次に，このことについて説明する。

10. 1. 2　車庫入れ（前進後，後退駐車）に必要な前進量

前進後，後退しながら車庫入れを行うときに，ハンドルを切り返し，何度も前進，後退をし直ししないで1回で済ませるには，自動車の後輪の最小回転半径で車庫に納まる後退軌跡 L_r を描いたときに，その軌跡上の位置②まで自動車を前進させなくてはならない。このことを前提に車庫入れに必要な自動車の前進位置を考察する。

図 10.2 に示すような (x, y) 座標系をとり，「前進後，後退駐車の車庫入れモデル」を設定する。このモデルは，低速走行を前提に慣性力を考慮しない幾何学的な二輪モデルで表し，駐車開始の位置を「駐車枠の中央」に設定する（図 10.1 では「駐車枠線」）。したがって，駐車スペースの出入口中心 O に対し，後輪位置 $(-X, Y + D/2)$ を基準開始位置①とする。この位置からタイヤ舵角を一定値 θ_f だけ切り，保舵しながら基準前進位置②まで移動させる。次に基準前進位置②において前輪を最大タイヤ角 $\theta_{f\,max}$ まで切り（③の動作），保舵しながら後退直進開始位置④まで後退させる（後輪は⑤）。そして，前輪タイヤ舵角を直進状態（$\theta_f = 0$）に戻し，最後に y 軸に沿って後退させ駐車スペースに自動車を納める。このとき，図 10.2(b) に示すように後退直進位置⑤を駐車スペースの点 O を通る中心線に一致させるよ

うに，基準前進位置②まで自動車を移動させるために必要な前進距離 L_{f} と旋回転中心 C の y 方向距離 C_{y} は，次式で与えられる。そして，式 (10.5) の条件を満たすことが必要である。

$$L_{\mathrm{f}} = R \cdot \theta = \frac{\ell}{\tan\theta_{\mathrm{f}}} \cdot \sin^{-1}\left(\frac{X + \dfrac{\ell}{\tan\theta_{\mathrm{f\,max}}}}{\dfrac{\ell}{\tan\theta_{\mathrm{f}}} + \dfrac{\ell}{\tan\theta_{\mathrm{f\,max}}}} \right) \tag{10.1}$$

$$C_{\mathrm{y}} = \left(Y + \frac{D}{2} \right) - \{ (R_{\mathrm{min}} + R)\cos\theta - R \} \tag{10.2}$$

$$= \left(Y + \frac{D}{2} \right) - \left(\frac{\ell}{\tan\theta_{\mathrm{f\,max}}} + \frac{\ell}{\tan\theta_{\mathrm{f}}} \right)\cos\theta + \frac{\ell}{\tan\theta_{\mathrm{f}}} \tag{10.3}$$

ここで，

$$\theta = \sin^{-1}\left(\frac{X + \dfrac{\ell}{\tan\theta_{\mathrm{f\,max}}}}{\dfrac{\ell}{\tan\theta_{\mathrm{f}}} + \dfrac{\ell}{\tan\theta_{\mathrm{f\,max}}}} \right) \tag{10.4}$$

$$C_{\mathrm{y}} > 0 \Rightarrow Y \geq \{ (R_{\mathrm{min}} + R)\cos\theta - R \} - \frac{D}{2} \tag{10.5}$$

$$= \left(\frac{\ell}{\tan\theta_{\mathrm{f\,max}}} + \frac{\ell}{\tan\theta_{\mathrm{f}}} \right)\cos\theta - \frac{\ell}{\tan\theta_{\mathrm{f}}} - \frac{D}{2} \tag{10.6}$$

この前進位置②に自動車を移動させることが，前進後，後退させながら行う車庫入れ，すなわち前進後，後退駐車に必要な動作である。そしてさらに必要なことは，これらの軌跡を辿る自動車の移動空間内に衝突物がないことである。

この前進後，後退駐車や縦列駐車時におけるハンドル操作のような定型動作は，シンプルな構成で自動化が可能な例である。

10.2　インテリジェント・ドライバ・サポート・システム

インテリジェント・ドライバ・サポート・システム；IDSS（Intelligent Driver Support System）は，高速道路を走行する際の運転負担軽減による予防安全を目的に開発されたシステムである。自車の車速と前走車との車間距離を一定に保つ機能を有するインテリジェント・ハイウェイ・クルーズ・コントロール；IHCC（Intelligent Highway Cruise Control）と車線維持機能を有するレーン・キープ・アシスト・システム；LKAS（Lane Keep Assist System），および車線逸脱警報機能を有するレーン・デパーチュア・ワーニング；LDW（Lane Departure Warning）により構成される。これらのユニットの機能について説明する。

10.2.1　IDSSの機能説明

2003年にホンダ社より発売されたIDSS（商品名；ホンダインテリジェントドライバサポートシステム）の例を説明する。

(1)　IHCCの機能と制御概要

IHCCは，アクセルとブレーキで車速と車間距離を制御するシステムである。図10.3に示すように，ミリ波レーダにより前方の車両を捉え反射波が返ってくるまで

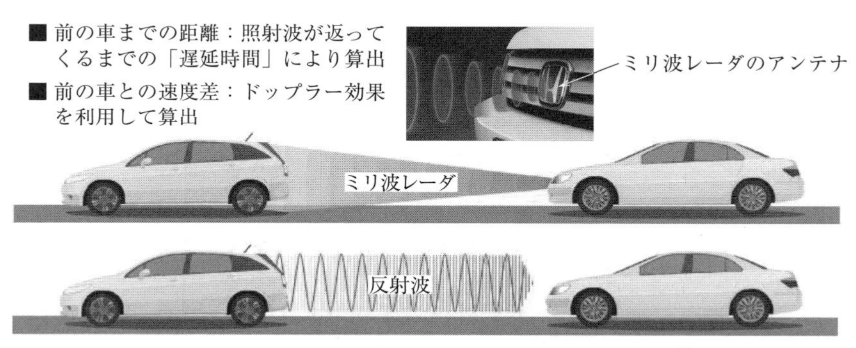

図10.3　ミリ波レーダによる車間距離と速度差の検出[2)]

（車速45～100 km/h）

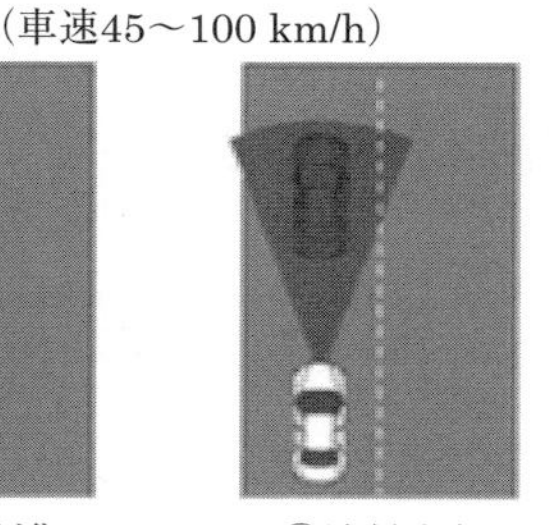
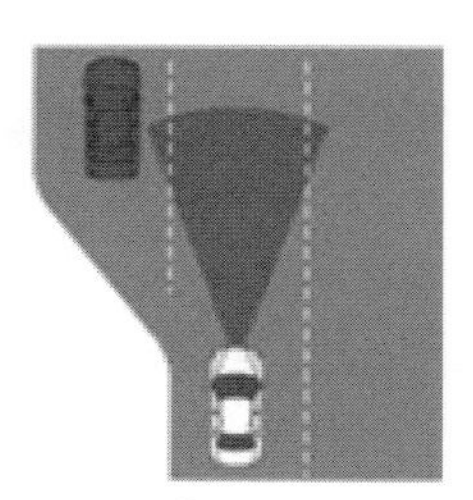

①定速制御
前走車なし
設定した速度で定速走行（オートクルーズ走行）

②減速制御
前走車検知
前走車が設定速度より遅い場合，スロットルとブレーキ制御を行い減速

③追従走行
前走車に追従
前走車の速度変化に合わせて，設定した車間距離になるように追従

④加速制御
前走車離脱
前走車が車線変更した場合，定速走行に戻る

図10.4　高速道路における走行場合とIHCCの基本制御パターン[2)]

表 10.2 IHCC の主な機能・性能[2)]

①前走車がいない場合は，設定された速度で巡航する	
②遅い車を検知した場合は，減速し，さらにシステムが危険な車間距離と判断した場合は警報する	
③前走車がいる場合は，設定された速度の範囲内で追従走行する	
④前走車がいなくなった場合は，設定された速度まで加速し巡航する	
セット車速領域；45〜100 km/h	設定車間時間；1.35〜2.5 sec
最大加速度；低速域 0.1 G，高速域 0.07 G	最大減速度；0.2 G
IHCC のみでも使用可能	

の時間を計測し，前走車との車間距離を演算すると共に，ドップラー効果を利用して，前走車との速度差を検出する。そして，自車の走行状態を検出する車速センサ，ヨーレイトセンサなどにより同一車線内の先走車を絞り込み，アクセルとブレーキと，自車の車速と前走車との車間距離を制御する。

図 10.5 LKAS の走行イメージ

図 10.4 は，高速道路における代表的な走行場面とそれぞれの場面で実施可能な基本制御パターンを示す。表 10.2 は，IHCC の主な機能と性能を示す。

(2) LKAS の機能と制御概要

LKAS は，図 10.5 に示すように画像処理により道路上の白線を検出して白線内の中央部に沿うようにハンドル操作を支援（アシスト）するシステムである。

このシステムの機能を表 10.3 に示す。首都高速道路などの曲率の大きな曲線路

表 10.3 LKAS の主な機能

走行車線の中央位置を保持させるために最適なハンドルトルクをアシストし走行維持支援を行う
セット車速領域；65 〜 100 km/h
動作範囲；直線から 230R まで
LKAS アシスト支援トルク；最大 28 Nm
LKAS のみの使用不可（IHCC と同時作動）

を除いて，実用的には高速道路の全区間で車線維持が可能であるが，完全な手放し走行を禁止し手をハンドルに添えて運転する操作支援を前提としている。

LKASは，図10.6に示すようにフロントウインドウの上部に設けた「C-MOSカメラ」を用いて前方を撮影し，得られた映像に画像処理を施すことにより車線を検出する。そして検出された車線の中央を目標経路とし，自車の位置関係から車線を維持するための最適なハンドルトルク（LKASアシストトルク）を算出する。この算出値は，電動パワーステアリング；EPSへ送られ，EPSのアシストトルクに重畳される。このようにしてドライバの車線維持操作を支援する。

LKASは，レーンキープ制御中に運転者が自分の意思で操舵を行うとき，例えば車線変更や障害物をよける場合には，「運転者の操舵」と「LKASアシストトルク」が干渉する。そのようなときに運転者の操作が優先される操舵優先アルゴリズムを採用している。このアルゴリズムは，操舵トルクの大きさに応じて車線を維持するハンドルトルク（LKASアシストトルク）を減少させると共に，EPSのアシスト制御の割合を増大させるもので，ハンドル操作時に違和感を与えないように組み立てられている。

このほかにもLKASは，以下のような機能を有している。

① 車線変更時の支援制御停止；ウインカ操作により，運転者が車線変更の意思を示した場合にはLKAS制御を停止，隣のレーンに移ったら制御を再開する。

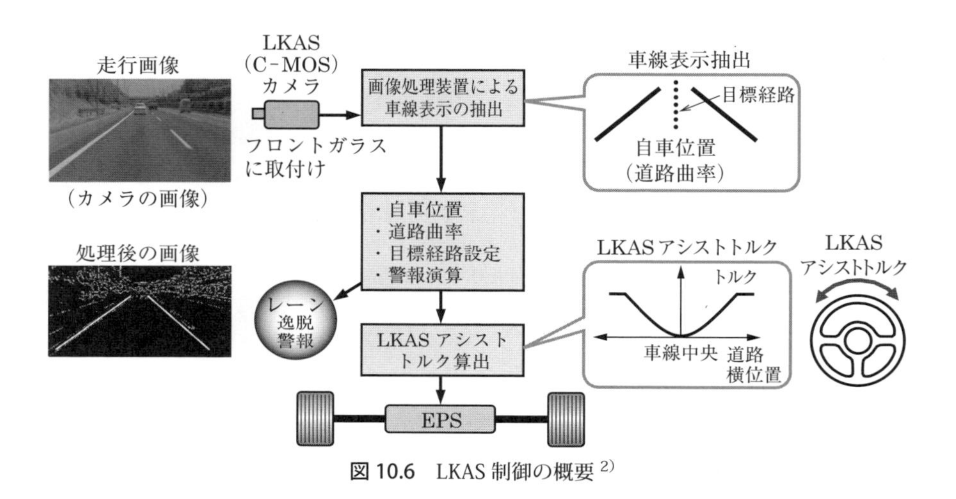

図10.6　LKAS制御の概要 [2)]

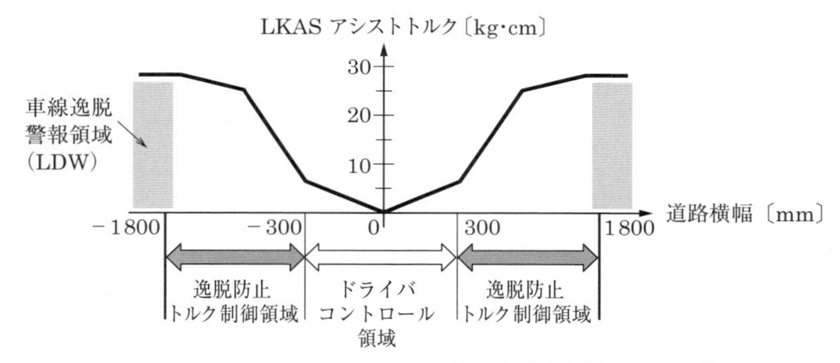

図 10.7 LKAS のアシストトルク量と車線逸脱警報エリア [2)]

② とっさの操舵時の支援制御停止；ハンドルに加わったトルクの大きさからとっさの操舵を判断し，LKAS 制御を停止する。

③ 非操舵時の支援制御停止；運転者が長時間操舵を行わない場合に LKAS 制御を停止する。

(3) LDW の機能

LDW は，図 10.7 に示すように LKAS の道路横幅位置の検出機能を利用して，走行中の車線内から逸脱する可能性がある場合に，音声による車線逸脱警報とディスプレイ内のハンドルマーク（オレンジ色）と車線検知マークを点滅させて表示し，運転者に注意を促す機能を担っている。

10. 2. 2 IDSS のシステム構成

IDSS のシステム構成を図 10.8 に示す。IDSS の IHCC-ECU と LKAS-ECU，これらの ECU により駆動制御されるアクチュエータの役割を担う VSCS や EPS，各コントロールユニットに接続されたセンサやスイッチなどの搭載位置を示す。

IDSS の機能を満たすために，機能ごとの独立したシステム構成とせずに，センサ，アクチュエータ類を共用化して IDSS の大規模化を抑制している。

(1) 制御システム

IDSS は，図 10.9 に示すように各コントロールユニットに接続されたセンサ，スイッチの信号情報を通信速度の速い F-CAN（Controller Area Network）より入手している。

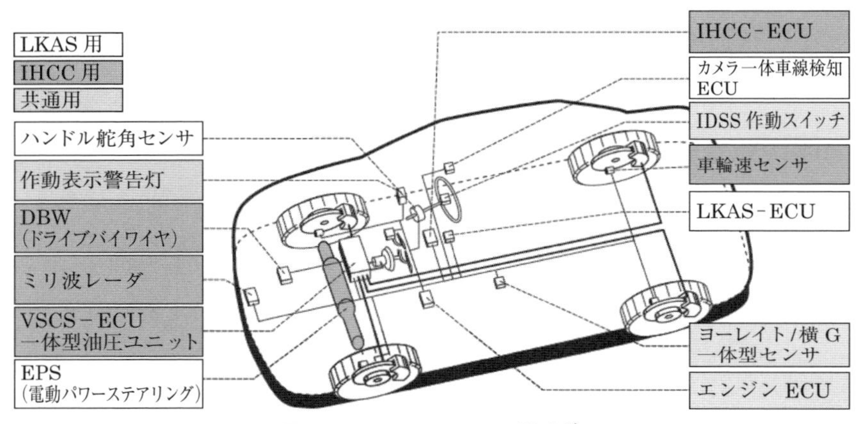

図10.8　IDSSのシステム構成[2)]

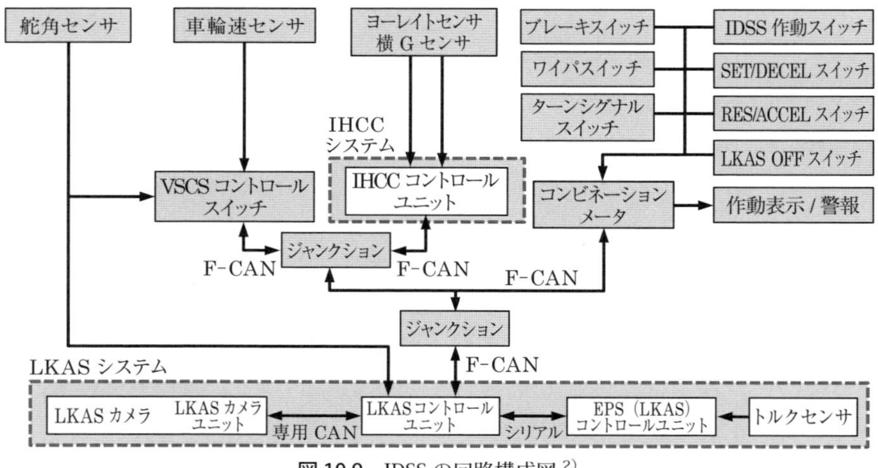

図10.9　IDSSの回路構成図[2)]

(2)　ディスプレイとスイッチ類

図10.10に示すように，IDSSのディスプレイはコンビネーションメータの車速メータ下方位置に集中的に設けられている。表示の種類は，

① 機能が適切に動作中であることを知らせる表示

② IDSSが何らかの理由で，期待された動作が続行できなくなったことを運転者に知らせる表示

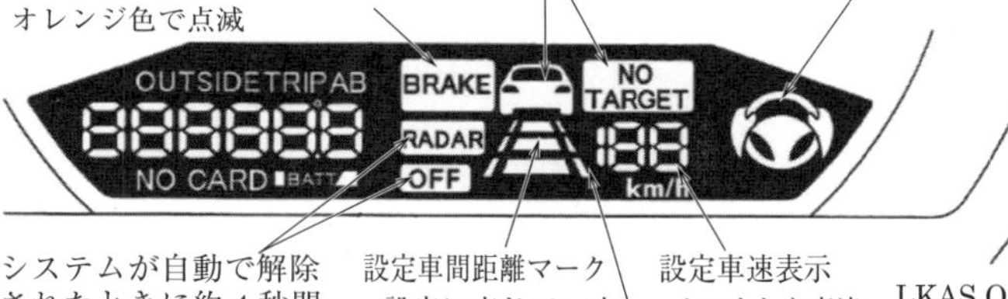

図 10.10　IDSS のディスプレイ [2)]

③　IDSS の一部に異常をきたした場合に，オレンジ色を用い注意を促し，異常をきたした機能を停止したことを運転者に知らせる表示

などがあり，それぞれが機能ごとに配置されると共に，表示内容の重大性に応じて表示色を変えるなど，表示の内容を運転手に迅速に伝達する工夫がなされている。

IDSS のスイッチは，図 10.11 に示すように操作性と使用頻度を考慮してステアリングホイール右側に集中的に配置されている。

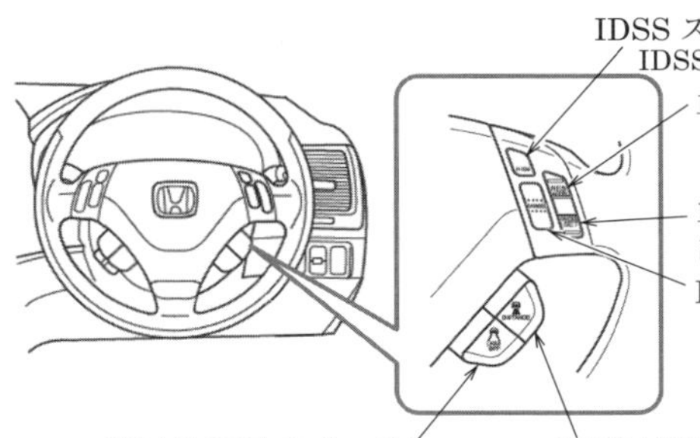

図 10.11　IDSS のスイッチ類 [2)]

10. 2. 3　IDSSを構成する主なモジュール

IDSSを構成するIHCCとLKASの主なモジュールについて説明する。

(1)　IHCCを構成する主なモジュール

(a)　ミリ波レーダ

ミリ波は，波長 λ がミリメートル，すなわち1〜10mm，周波数 f_{m} でいえば，

$$f_{\mathrm{m}} = \frac{c}{\lambda} \tag{10.7}$$

　　c；光の速度，$3.0 \times 10^8 \mathrm{m/s}$

で表される30〜300GHzの範囲にある電波である。雨，霧，空気の乱流，太陽光などの自然環境や対象物の色などの影響を受け難く，ドップラーシフト量が大きい。

ミリ波レーダは，FMCW（Frequency Modulated Continuous Wave）方式が主流である。この方式は，図10.12に示すように，鋸歯状に周波数変化させた送信波を前方に発出し，反射された受信波とのビート（うねり）を生成する。そしてビート周波数 f_{R} から車間距離 R，ドップラーシフト量 f_{D} から相対速度 ΔV を算出する。

$$f_{\mathrm{R}} = \frac{f_{\mathrm{BD}} + f_{\mathrm{BU}}}{2} \quad \text{（ビート周波数）} \tag{10.8}$$

$$f_{\mathrm{D}} = \frac{f_{\mathrm{BD}} - f_{\mathrm{BU}}}{2} \quad \text{（ドップラーシフト量）} \tag{10.9}$$

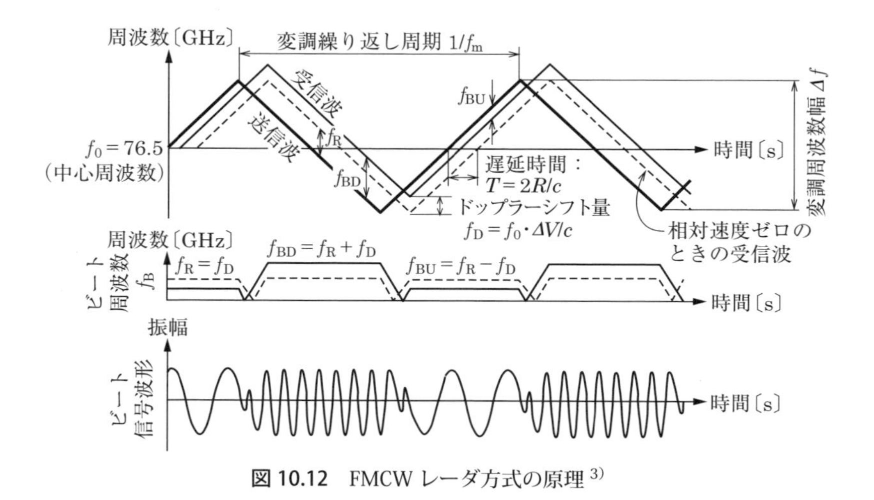

図10.12　FMCWレーダ方式の原理[3)]

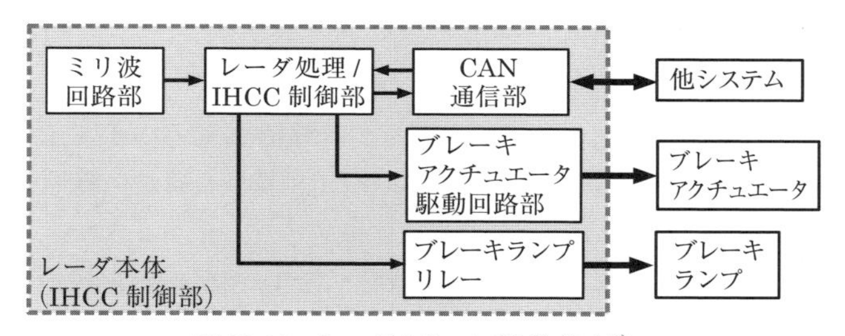

図 10.13 レーダ本体の回路構成図 [2)]

$$R = \frac{f_{\mathrm{R}} \cdot c}{4 f_{\mathrm{m}} \cdot \Delta f} \qquad \text{(車間距離)} \tag{10.10}$$

$$\Delta V = \frac{f_{\mathrm{D}} \cdot c}{2 f_0} \qquad \text{(相対速度)} \tag{10.11}$$

車載用ミリ波レーダは，76 GHz 帯のミリ波を車両前方 ±8 度の範囲に照射し，その範囲にある前走車からの反射波を検出することにより前走車との距離，相対速度を測定する。レーダ本体は，IHCC 制御部と一体に構成（図 10.13，10.14）され，ブラケットによりバルクヘッドに取り付けられる。車両とレーダ本体の軸を上下・左右それぞれ 3 度の範囲で調整可能な構造をとっている。

(b) DBW

DBW（Drive By Wire）は，IHCC が一定速度でクルーズ走行するときにアクセルペダルと機械式連結を持たずにスロットル開度をサーボモータで制御するシステムである。アクセルペダルに依存せずに電気信号でエンジン出力を制御し車速を一定に制御する。

(c) VSCS 用 ECU と一体型油圧ユニット

ブレーキアクチュエータは，通常は VSCS（Vehicle Stability Control System）として作動する VSCS 用 ECU と一体型の油圧ユニットで構成され，IHCC からの指令が発せられるとソレノイドバルブを作動させてブレーキ力を自動で付与する装置である。

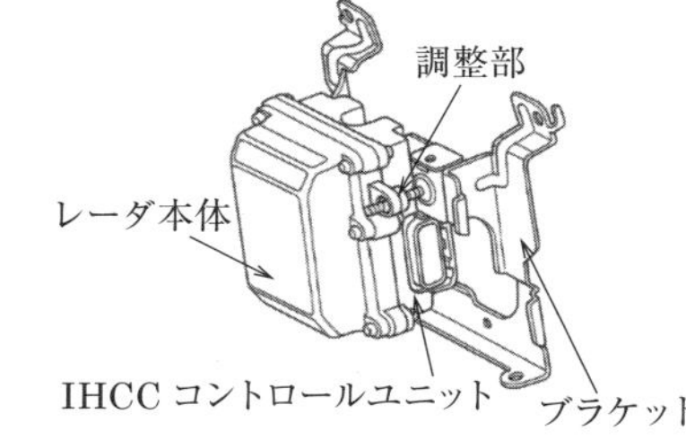

図 10.14 ミリ波レーダ（IHCC コントロールユニット一体式）[2)]

(2) LAKSを構成する主モジュール

(a) LKASカメラ本体

LKASカメラ本体は，図10.15に示すように低消費電力の1/4インチC-MOS (Complementary Metal Oxide Semiconductor；相補型金属酸化膜半導体) 撮像素子と，LKASコントロールユニットが一体に構成され，ルームミラー上部のルーフレールに取り付けられている。カメラ本体は，図10.15(b)に示すように，カメラ部と画像処理部で構成されている。カメラ部は，F値1.4，画角40度のレンズが用いられ，車体中央から運転者側に46 mmオフセットした位置に設置されている。

(b) LKASコントロールユニット

LKAS本体からの指令を受けてLKASアシストトルク信号を算出し，EPSコントロールユニットに出力する。

10.2.4　自己診断

IDSSは，自身を構成する部品や関連部品の故障を診断する自己診断機能を有する。自己診断により故障検出された場合，そのときのデータと故障内容を符号化して診断コード；DTC (Diagnosis Trouble Code) として記憶すると共に，ディスプレイ内のIDSS警告灯 (図10.10) を点灯させる。また，運転席の足元付近 (図10.16) に用意されたデータリンクカプラを専用の診断テスタに接続することによって各コントロールユニットとリアルタイムに情報のやり取りを行い，自己診断結果を表示させることができる。

(1) IDSSの故障診断と対応

IDSSは，システムのユニット (LKAS，IHCC，LDWS) ごとに全部品，全構成

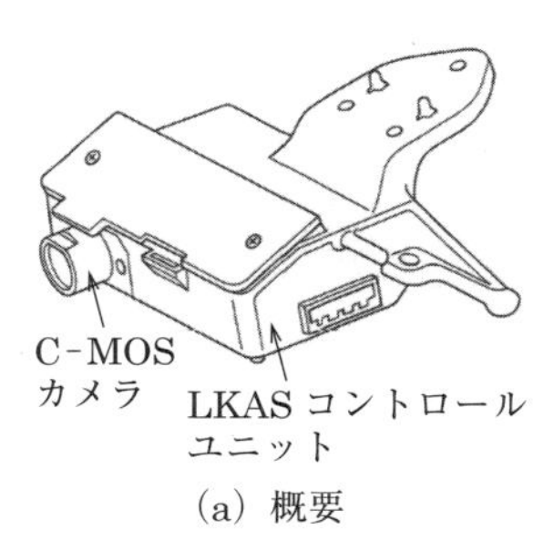

(a) 概要

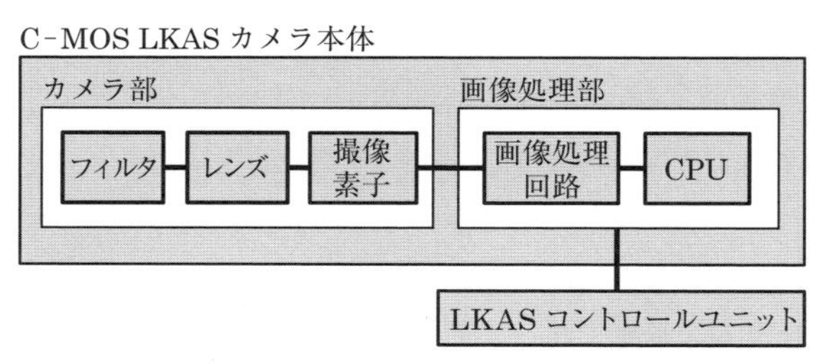

(b) 回路構成図

図10.15　LKASカメラ[2)]

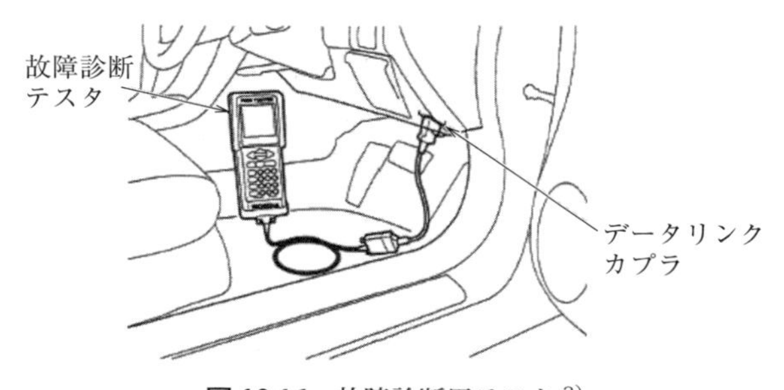

図 10.16　故障診断用テスタ [2)]

の故障診断と自身の制御処理の確かさの診断，およびユニット間の通信の故障診断を実施している。そして，故障が診断されると故障部位を有するユニットの機能を安全にかつ速やかに停止し，その他の健全なユニットで遂行可能な機能に限定して実行する。

システムが膨大になると，システムの全機能を完全なままで実行できる確率が減少する。

10. 2. 5　注意事項

IDSS は，現状では表 10.4 のような「使用上の注意」や「取扱上の注意」が必要である。これは，システムのユニットが故障していなくても，例えば逆光，窓ガラスの汚れ，工事中で白線の一部が消えている道路などの限られた条件ではあるが，そのような場面が存在するからである。このような場面ではドライバに対応を委ねているのが実情である。将来自律走行に発展させるためには，これらの注意書きが不要なくらいまでに技術水準を高めること，社会環境が整うことなどと合わせて，使用する側の理解も必要である。

表10.4 注意事項[2)]

使用上の注意	① IDSSは，自動運転装置ではなく，制御には限界があるのでIDSSを過信しないこと
	②前方不注意，視界不良，わき見運転および散漫な運転を補助する装置ではないので，常にハンドルから手を離さず，正しい運転を心がけること
	③ IDSSは，ルームミラー上方に取り付けられたLKASカメラにより道路上の白線または黄線（破線を含む）を認識して車線を検出しているので，高速道路や自動車専用道路の本線上でのみ使用すること
	④天候および道路の形状，白線または黄線の状況により，LKASカメラが正確に車線を検出できない場合は作動が自動的に解除される
	⑤また，次のような場合はIDSSを使用しないこと ・高速道路および自動車専用道路の料金所手前などの白線や黄線がない場合 ・朝日や夕日などの強い光を正面から受けている場合 ・トンネルの出入口などの周りの明るさが急変するような場合 ・白線または黄線の上に雪，水溜まりおよび汚れがある場合 ・白線または黄線が極端に見にくい場合 ・先行車がひどい水しぶきをあげて走行している場合 ・LKASカメラレンズ前部のフロントウインドウが汚れている場合
取扱上の注意	・LKASカメラレンズ部には触れないこと
	・LKASカメラには無理な力を加えないこと

演習問題

問題 1　後輪トレッド $D=1.5$〔m〕，ホイールベース $\ell=2.7$〔m〕の車両を，図 10.2 のように前進後後退駐車させるとき，まずタイヤ舵角 $\theta_f=20$〔deg〕で切って前進させ，その後最大タイヤ切れ角 $\theta_{f\max}=35$〔deg〕まで切った後に後退させた。このときに，車庫入れ開始位置（原点）から後輪までの距離 $X=1.3$〔m〕であったとする。

①前進時に必要な後輪前進角 θ，②必要な後輪前進距離 L_f，③後退時の最小回転半径 $R_{\min}$，④最小幅寄せ量 Y を求めよ。

（答え；① $\theta=27.2$〔deg〕，② $L_f=3.5$〔m〕，③ $R_{\min}=3.9$〔m〕，④ $Y=1.9$〔m〕）

問題 2　IDSS 車を高速道路で走行させるときに必要な LKAS アシストトルク T_{AL} はタイヤ上でいくらになるか。ただし，速度；$V=100$〔km/h〕，旋回半径；$R=230$〔m〕，自動車の質量；$m=1\,000$〔kg〕，キャスタニューマチックトレイル；$\xi=45$〔mm〕，4 輪に均等に遠心力が作用し，フリクションはないものとする。

（答え；$T_{AL}=75.6$〔Nm〕）

問題 3　波長が 3 mm のミリ波の周波数を求めよ。ただし，光の速度は，$c=3.0\times10^8$〔m/s〕とする。

（答え；100〔GHz〕）

問題 4　中心周波数；$f_0=76.5$〔GHz〕，変調周波数振幅；$\Delta f=0.6$〔GHz〕，変調繰り返し周期；$1/f_m=400$〔μs〕のミリ波レーダを搭載した自動車が 100〔km/h〕で走行しているときに，

① レーダが前走車を捉え，受信波の遅延時間が $T=0.6$〔μs〕であったときに，先行車との車間距離は何 m か。ただし，先行車との相対速度はゼロ，光の速度は $c=3.0\times10^8$〔m/s〕とする。

② このときのビート周波数 f_R を求めよ。

③ 受信波と送信波との周波数差 f_{BD} を求めよ。

（答え；① 90〔m〕，② $f_R=1.8$〔MHz〕，③ $f_{BD}=1.8$〔MHz〕）

問題 5　問題 4 と同条件で自動車が走行しているときに，

① レーダが先行車を捉え，受信波のダウンビート周波数；$f_{BD}=3.002$〔MHz〕，アップビート周波数；$f_{BU}=2.998$〔MHz〕であったときに，先行車との車間距離；R を求めよ。

② 先行車との相対速度；ΔV を求めよ。

（答え；① $R=150$〔m〕，② $\Delta V=14.1$〔km/h〕）

問題 6　IDSS は，取扱上の注意が多項目用意されているが，なぜ必要なのか考えなさい。

第11章

自動車システム設計

自動車システムは，図 11.1 に示すような設計プロセスを経て開発され，生産，販売される。「なぜ」，「いつ頃」，その商品が必要とされるのか，また新たな商品で「社会に何を提供したいのか」などの「欲求」を分析・整理し新たな「構想」を組み立て文書化する。すなわち，強い欲求を形成し「特徴的な機能・性能・仕様」や「特徴的な形状・質感などのデザイン」で商品としての構想を表現する「商品設計」プロセス，この商品設計書に基づいて自動車を製品として構想し，システムを構築すると共に構成する全ての構成品（ユニット，モジュール，要素）を明示して製造・組立てを可能にする図面，仕様書，要件表などを創作する「製品設計」プロセス，この製品設計書に基づいて，生産ライン計画，製造に関わる組立て装置，治工具から製造・組立て品質の保証用検査装置などを設計する「生産設計」プロセスを経て製品化される。合わせて併行して広報活動や取扱説明書，整備マニュアル作成などの「販売・サービス計画」が作成・実行されて商品として店頭に並べられる。

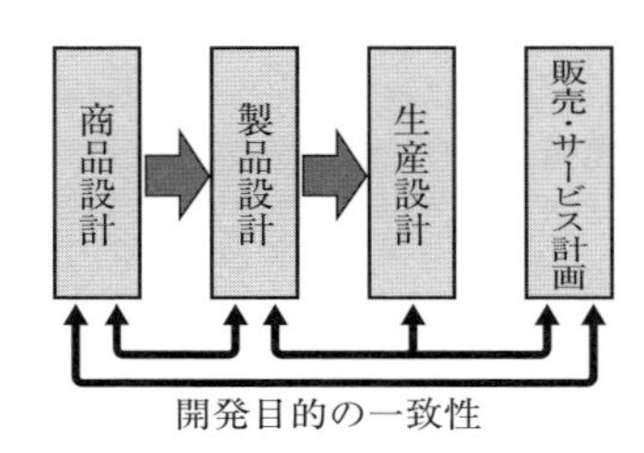

図 11.1 システム設計のプロセス

それぞれのプロセスで重要なことは，図 11.1 に示すように，商品設計と製品設計，製品設計と生産設計，および販売・サービスと商品設計における開発目的の一致性である。次に，これらについて説明する。

11.1 商品設計

新しい商品の誕生を計画し，商品の特徴を文書，イメージ図（デザインスケッチ，構想図），データなどで表現する設計活動である。表 11.1 に示すように，顧客ウォ

表 11.1　商品構想

項　目	内　容
① 目的・狙い	社会要請や顧客・企業の欲求を表現したもの
② ポジショニング	製品の用途を明確にし，対象とするユーザー，市場を特定する。新たなライフスタイルを提案する。価格や性能などで差別化を図る
③ 特徴・大まかな仕様	商品の備えるべき特徴とデザイン，全体の性能（走る，曲る，止まる，快適性，安全性，信頼性，環境性など），生産方式など
④ その他	発売時期，販売台数，利益目標など

ンツ・ニーズや社会環境を鑑みて，社会貢献や新しい使い方，ライフスタイルの提案，あるいは視点を変えた新しい価値の提案に向けて，少なくとも次のような項目を明確にする。

① 目的や狙い

② 製品が必要とされる用途・ライフスタイル，市場・仕向地，ユーザー，価格などのポジショニング

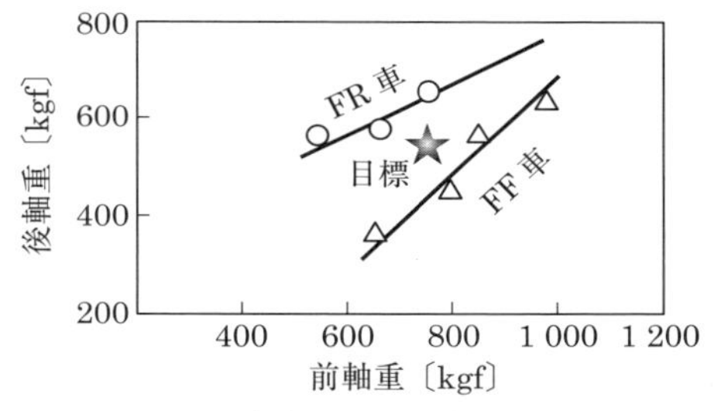

図 11.2　ポジショニング（前・後輪重目標設定）

③ この商品の特徴的なデザインや機能・性能・装備など

④ 発売時期，販売台数，利益目標など

「ポジショニング」とは，例えば既販車の前・後軸重分布の中で，図 11.2 に示すような目標位置に定めることである。これにより，既販自動車との差別化を図り，新商品（新型車）の特徴を明確に表現する。この前・後軸重の位置づけを決めることは，車両の運動性能の大部分を決めてしまうことになると共に，次プロセスの製品設計の方向性を決めるものである。

「特徴・大まかな仕様」とは，例えば表 11.2 に示すように特徴的な機能と性能を大まかに決め，設計方針をイメージ図（図 11.3）を描いて明らかにし，ラフレイアウトを示すことである。そして，この構想に最も適した車種構成を，例えば表 11.3 のように組み立てる。このようにして仕向地，基本構造（車種，グレード，駆動方式，車両基本寸法など）や構成（動力装置の特徴的なユニット・装備とそれらのレイアウトなど）を決定し，品質，重量，原価（コスト）などの目標を定める。これらは，生産地，生産規模や生産設備などに大きな影響を与える。この商品構想，車

表 11.2　特徴・大まかな仕様（特徴的な構造・性能とその概念設計項目）

特徴的な機能・性能	設計方針
低燃費，先進フォルム	No.1 ショートノーズを実現するエンジンルームパッケージの開発 低重心，低慣性モーメント，低全高パッケージの開発 新開発の軽量化技術，空力技術，転がり抵抗技術の搭載
クラストップの安全・安心，快適	新開発・高性能ボディ技術とシャーシ技術による車体構造設計 新開発先進安全技術の搭載と性能最適化設計
クラストップのキャビン，荷室	新開発シートアレンジ技術の搭載 新開発ハイブリッド用バッテリ搭載パッケージの設計
走りと燃費の両立	新開発ハイブリッド用エンジンとモータユニットの搭載

表 11.3　車種構成

仕向地	基本構造				構成（特徴的なユニット，装備など）					
	車種	グレード	駆動方式		動力		トランスミッション		サスペンション	
			FF	4駆	ディーゼル	ハイブリッド	5MT	5AT	DW	5LINK
日本 欧州	スポーツセダン	STD	○		○	○	○	○	○	
		GT	○	○	○	○	○	○	○	○
アメリカ		GT	○			○		○	○	

（DW；ダブルウィッシュボーン）

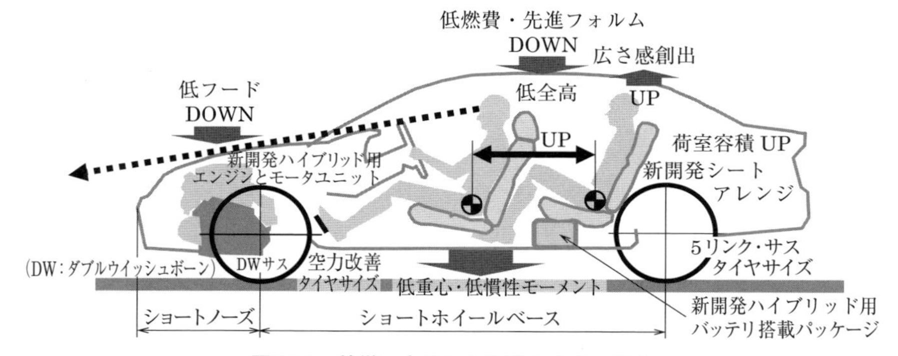

図 11.3　特徴・大まかな仕様のイメージ図

種構成などから大まかな機能・性能，仕様として文書や図，表でまとめたものが商品設計書である。次工程の製品設計に着手できるレベルまで，記述を明細化する。

表 11.4 は，商品設計項目の一例である。エクステリヤやインテリアなどのデザイ

表 11.4　主な商品設計項目と製品設計項目

設計対象項目	主な商品設計項目 (欲求形成，構想設計，特徴的な機能・性能)	主な製品設計項目 (機能要求仕様書，システム設計，要素設計)
自動車の基本形式	ボディの基本形式とサイズ選定，乗車人数，基本駆動方式（FF，FR，MR など），排気量など	ボディ構造（車体骨格，ドア，トランク，フードなど），動力・駆動系配置（エンジン，ハイブリッド，トランスミッション，デフなど）など
自動車の性能	動力性能（出力，最高速，登坂，制動など），空力性能，コーナリング性能，快適性，乗り心地・静粛性（騒音，振動，ハーシュネス），衝突性能など	シリンダ諸元，弁配置，圧縮比，重心位置，ステア特性，コイルばね，ダンパ減衰，防振・防音，衝突エネルギー吸収構造など
低燃費・走行距離，低公害	定地走行燃費，モード燃費，公害物質管理	燃料タンク容量，搭載レイアウト，排ガス浄化システムなど
エクステリア	基本スタイル（フロント・リヤマスク，ワイパ，ミラー，ドア，ルーフ，ピラー，ボンネット，フェンダ，トランク，エアロパーツなど）	ヘッド・補助・テールランプ・方向指示器，ラジエータグリル，バンパー，モール類，ヒンジ，ガラス，空力，衝突エネルギー吸収など
インテリア	車内基本レイアウト（インパネ・メータ類，ハンドル，シート，シフトレバー，ペダル，フロア構造，特徴的な室内寸法，装備など）	車内レイアウト，乗員配置，内装，シート，ペダル・シフトレバーなどの運転操作配置，衝突性能，耐久性，耐候性など
荷室スペース	収納容量，シートアレンジなど	スペアタイヤレイアウト，シートアレンジ機構など
タイヤ&ホイール	タイヤサイズ（前後，応急），ホイール形式（スチール，アルミなど）	サイドウォール，ショルダ，ビード，カーカス，ベルトなど
安全装備	ABS，エアバッグ，スタビリティコントロール，チャイルドシート，衝突安全ボディ，シートベルト，ブレーキアシスト，レーダブレーキなど	搭載レイアウト（アクチュエータ，センサ，ECU，ハーネスなど），各種機能制御，故障診断，フェイルセーフ制御，保全，耐久性，耐候性など
動力源&エンジンルーム	ガソリン・ディーゼル，直噴，ハイブリッド，EV などの形式	動力源，サスペンション，ステアリング，バッテリなどのレイアウト，シリンダ配置，燃料供給装置，冷却系，吸排気系，マウント，補機，スタータ，ACG，ワイヤーハーネスなど
変速システム	MT（変速段数），AT（変速段数），CVT	変速特性，ギヤ，クラッチ，耐久性，耐候性など
駆動方式トランスミッション	2WD，AWD（パートタイム，フルタイム）	搭載レイアウト，ドライブシャフト，デフなど
サスペンション	サスペンション形式（前・後，電子制御など）	機構，ストローク，強度，剛性，コンプライアンス，ダンパ，スタビライザ，タワーバーなど
ステアリング	パワーステアリングの有無，最小回転半径，操舵トルク特性（車速応動など）	搭載レイアウト（等速性，アッカーマン，衝突吸収など），アシスト性能（アシスト容量，制御方法，追従性，応答性など），耐久性，耐候性など
ブレーキ	減速加速度，ブレーキ形式（前・後），パーキングブレーキ形式（フット，サイド）	ブースタの配置，ブレーキ容量・サイズ，ブレーキオイルなど
その他	発売時期，販売台数，利益目標，広報，サービス，法規など	コスト，重量，部品点数，保全，法規対応，特許など

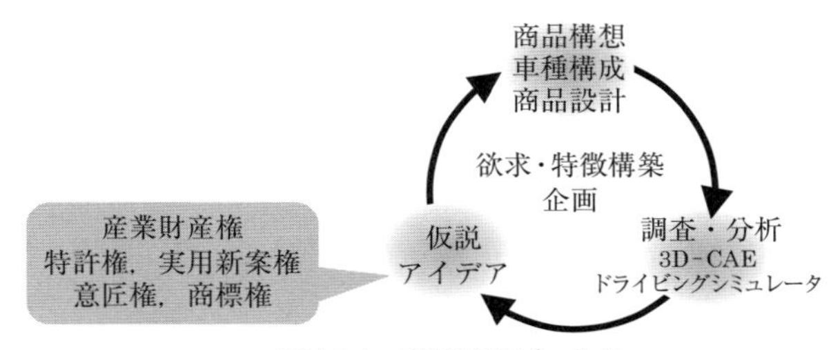

図 11.4　商品設計プロセス

ンは，スケッチ（イメージデザイン），縮尺モデル，フルサイズモデルの順で，実際に物を製作するか，3D-CADによる実物と同様な映像を見ながら開発を進める。

図11.4に示すように，商品設計のプロセスでは，商品構想どおりに商品設計できたかどうか，あるいは，商品構想での確かさを調査・分析（機能・性能予測）するために，シミュレーションやドライビングシミュレータなどを活用し予測の妥当性を明示する。強い欲求を醸成するためにも活用されるべきである。

商品構想が欲求どおりに，商品設計が構想どおりに具現化されるには，調査・分析と議論の末の「ひらめき」から生まれた「アイデア」が必要なことはいうまでもない。

商品設計は，具体的な製品設計活動を行う際の前提条件になるものであるから，特徴を表現するそれぞれの項目の機能・性能や仕様のポイントを明示することにより，商品構想の特徴と欲求が具体化されなければならない。すなわち，

（商品構想；欲求・特徴の具現化）＝（商品設計）⇨（車種構成）

となる。

商品設計から販売までに要する期間の例を，表11.5に示す。

表 11.5　商品設計から販売までの期間の例

分　類	期　間〔年〕	内　容	設計形態
ニューモデル	8	新しい車種	新規開発
フルモデルチェンジ	4	既存の車種を，時代の進化（社会要請や顧客・企業の新たな欲求）に合わせて全面的に改良したもの	改良/新規開発
マイナチェンジ	2	競合車の進化に対応するために，一部分改良を加えたもの	一部改良
その他	随時	商品魅力の低下を抑制するために小規模の変更を加える	改良/変更修正

ニューモデルの場合，設計形態は新規開発になり，工場新設なども含めて企業として新しい分野の進出になる場合が多いので，限られた開発期間の中で，新構造・新製法の開発や研究開発が完了したばかりの新規開発技術の投入，生産規模や新規製造ライン，製造方法の構築，商品の訴求など，全体を見通したシステマチックな計画を綿密に練り，強い商品のイメージを共有化することにより，開発部門，生産部門，サービス部門，広報部門などの関連部門の連携プレーを促すために「開発目的の一致性」に重点をおく必要がある。フルモデルチェンジの場合は，基本は改良技術で設計可能であるが，一部に新規開発技術を盛り込んで設計する必要がある。

11.2　製品設計

製品設計は，商品設計された新型自動車の構想を技術に翻訳した具体像を，図11.5に示すような実際の自動車システムとして構成される全ての構成品（ユニット，モジュール，要素）を製造・組立て可能な製品に仕上げるための活動である。求められる自動車の機能・性能を明示する「機能要求仕様書」を作成するプロセス，この機能要求仕様書から自動車の構造（エンジン，シート，タイヤなどのユニットの基本配置と，これらを支えるボディ骨格，エンジンルームの部品配置など）を創出する「基本レイアウト設計」プロセス，そしてこの基本レイアウト設計により具体化された構造を構成する個別のユニットやユニットを構成するモジュール（交換可能な構成品）と，このモジュールを構成する要素（部品）を設計する「詳細設計」プロセスを経て，細部にわたる形状，製作法，組立法などが考案され，図，表，仕

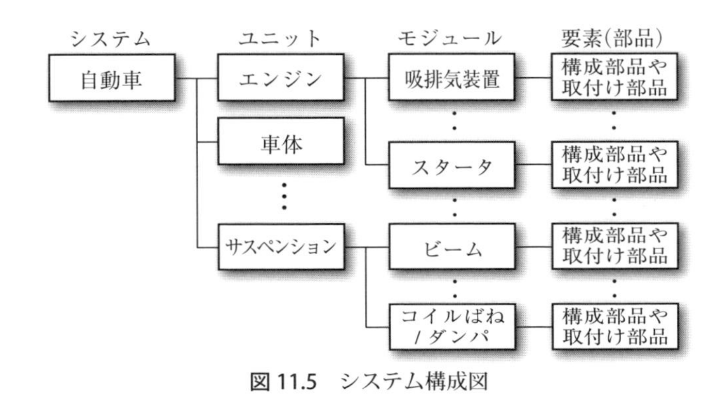

図 11.5　システム構成図

様書などで文書化される。これらの文書により機能・性能，耐久・信頼性・保存性などを満足する生産可能な自動車システムの構成品とその構成が具現化される。

図11.6に示すように，製品設計のプロセスでは，システム全体の設計図を完成させ，試作品を製作する。そして，与えられた条件でテストされたテスト終了品を，観察，調査・分析することにより，設計図の弱点を見つけ出し，議論の末のひらめきにより解決策（アイデア）を見出す。このサイクルを繰り返すことにより，弱点を克服し設計の確かさを確実なものにする。

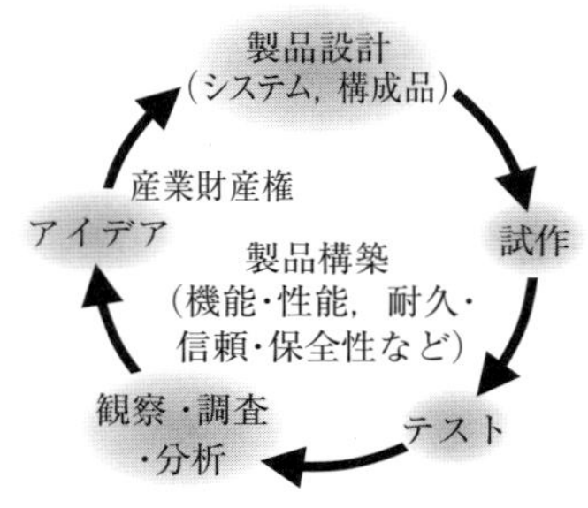

図11.6　製品設計プロセス

11.2.1　機能要求仕様書

商品設計された構想の具体像を，実際の自動車として技術に翻訳するために設計対象項目をさらに機能の組み合わせに分解（表11.4）し，それぞれの機能の要求仕様書を作成する。

ここで，機能と仕様について整理する。

機能：開発目標とする自動車（システム）が具備すべき働き，システムを構成する構成品の働きと役割
仕様：商品として満たされなくてはならない要求事項・要求値の集まり

「機能要求仕様書」は，開発目標とする自動車に備えるべき機能（高速走行，加速・減速，最大加速・最大減速，登坂，空力，乗り心地，操作性，アシスト，衝突安全，予知・予防安全，燃費，排ガスや耐久・信頼性，さらに有害物質・法規対応，リサイクル性など）の定義やその目標値，およびテスト条件（使用環境やストレスなど）を定めた仕様書であり，要求された機能を遂行させるために製品として備えるべき構造や要素の目標要件，制御方法などが文書，グラフ，数値で規定されたものである。

この機能要求仕様書に基づいて，自動車の全体像である構造を創出する活動が「基本レイアウト設計」であり，そしてこのシステム設計書から提示された構造を構成するユニット，モジュールや要素を設計する活動が「詳細設計」である。

特徴とするシステム以外は，コスト低減を図るために，汎用（標準）ユニットや

モジュール，あるいは部品の共用化を図ることも重要である。

11.2.2　基本レイアウト設計と詳細設計

基本レイアウト設計は，機能要求仕様書に基づき，自動車の仕向け地を考慮した使用環境の中で機能・性能，耐久・信頼性などを満足させると共に，組立性や保全性などを考慮してボディ構造やユニット，モジュールの構成を創出する活動である。このシステム設計が終了すると，詳細設計に移行する。ここでは，ボディ構造やユニット，モジュールに組み立てる方法などを成立させながら，最小単位である部品に分解して，強度，耐久・信頼性を満足する材料，形状，製作法を盛り込んだ単品図を創作する。このとき組立図や組立に必要な治工具も設計する。

(1)　耐久・信頼性設計

耐久・信頼性は，システムが与えられた条件下で，規定の期間中，要求された機能を果たす指標である。図 11.7 に示すように，耐久性，保全性，安全性を総合的に表すものであり，設計時に必要な検討項目と信頼性指標を記す。

信頼度の設計目標の代表的な値を表 11.6 に，代表的な指標と設計目標値を表 11.7 に示す。

図 11.8 は，信頼性構築プログラムの一例である。設計プログラムは，設計検討項目，故障解析・安全性設計手法，および設計審査から構成され，これらのプログラムを終了し製作された試作品は，目標の達成具合を確認するためのテストプログラムに沿って各種テストがモジュールからシステムへ実施され様々なストレスが与えられる。

例えば「世界初の技術」などは，お手本がない開発項目を含んでいるので，設計

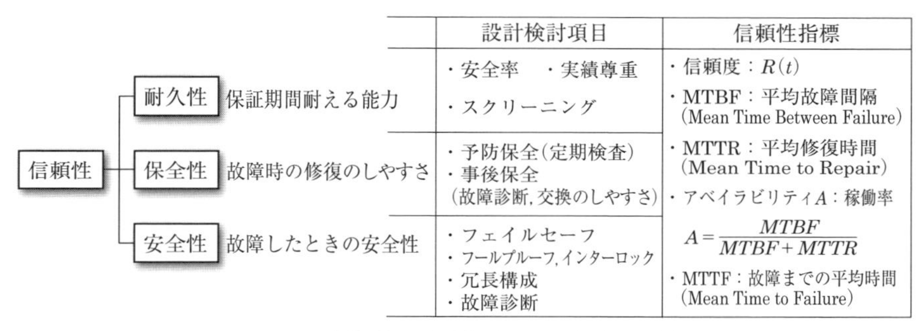

図 11.7　信頼性と設計検討項目，信頼性指標

表 11.7　信頼性を示す代表的な指標

指　標	代表値
信頼度 $R(t) = 1 - \lambda(t)$	99.99 %
故障率 $\lambda(t)$	20 FIT，0.01 %
MTBF (Mean Time Between Failure)	1 000 時間
MTTF (Mean Time To Failure)	1 000 時間

表 11.6　故障モードと目標信頼度

故障モード	信頼度
一般故障	99.99 %以上
重大故障	99.99999 %以上

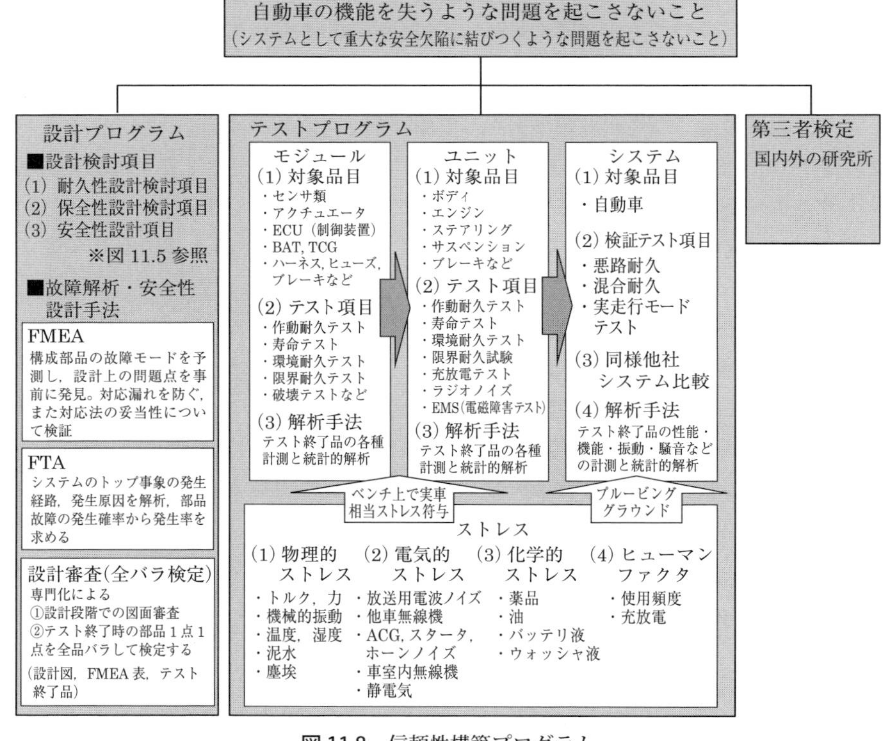

図 11.8　信頼性構築プログラム

プログラム，テストプログラムの内容も含めて，第三者の検定を受け社会に受け入れられるだけの客観性を備えることも重要である。

信頼性構築プログラムを抜け洩れなく実行するためには，品質保証体制を構築し組織としての取り組みが必要である。

(2)　低コスト，軽量化設計

(a)　低コスト化

システムのコストは設計段階で概ね決まってしまう。外力をバランスさせ入力を小さくすることや，駆動効率を向上させ発熱を抑えるなどの工夫が耐久・信頼性を向上させシステムの小型・軽量化につながり，システムやシステムを構成するユニット，モジュールを組み立てやすい構造に構成することや，構造を構成する要素の製作の容易さが品質を安定させる。また汎用性が高く調達しやすい規格・標準品を選定することも重要である。つまり，加工，製作，調達しやすく，組み立てやすいことが品質の安定につながり，入力を小さくすることが耐久・信頼性を向上させる。これらの工夫が低コスト化に結実するのである。これらをまとめると，表 11.8 のようになる。

(b)　軽量化

軽量化は，運動性能向上，航続距離の延長，資源の節約などの観点から重要な設計検討項目である。重量は，1 つのユニットやモジュールが増大してもそれだけでは収まらない。つまり，そのユニットやモジュールを支えるマウントやビームなども補強しなければならないからである。重量が増大すると，例えば車両の重心点が目標値と異なり，シミュレーションで予測した運動性能や振動・騒音，乗り心地な

表 11.8　低コスト化検討項目

検討項目	内　容
規格・標準化	● 規格・標準品の流用（部品，モジュール，ユニット）
入力低減	● 入力を正確に把握し，安全率を見直す ● 荷重，モーメント，振動などの入力を低減し，構造部材を小型化，薄肉化，低廉材化を図る ● 動力効率を向上させ，入力荷重，発熱を抑える
製作法	● 製作法の変更（機械加工から焼結，プレス化など） ● 加工，熱処理性の良い部品形状，材料選択
モジュール化	● 部品の集合をモジュール化して共用化を図る ● 組立性，保全性の良い構造，構成を考える
精度	● 精度の高い部品，組立精度を必要としない構造，構成を考える
制御化	● ハード回路をソフトウェアによる制御で置き換え部品を削減する

表 11.9　軽量化検討項目

検討項目	内　容
入力低減	● 入力を正確に把握し，安全率を見直す ● 荷重，モーメント，振動などの入力を低減し，構造部材・取付部材を小型化，薄肉化，低剛性化を図る ● 動力効率を向上させ，入力荷重，発熱を抑える
軽量化	● 軽量材（アルミニウム，マグネニウム，樹脂，複合材など）を用いるための新形状考案
製作法	● 製作法の変更（プレス化など）を可能にする形状の考案 ● 分割部品を一体化して結合部をなくす
制御化	● ハード回路をソフトウェアによる制御で置き換え部品を削減する

どの動特性が達成できなくなるので，設計上で管理する必要がある。軽量化時に必要な検討項目の代表例を，表 11.9 に示す。

(3)　リサイクル性

使用済みの自動車は，分解・解体されて，共通材料の部品ごとにリサイクルされる。アルミエンジンやアルミホイールなどのアルミ材，タイヤなどのゴム類，窓ガラスなどのガラス類，バンパーなどの樹脂類，ボディなどの鉄類が，また電装品からは金メッキなどの貴金属や磁石などから希少金属が再資源化される。ガラス，樹脂，ゴム類は粉砕され，アルミ，鉄類は溶解されて新たな製品の原料や固形燃料として，またあるものは補修されて再利用される。これらのように，再利用されることを前提に，リサイクルの容易な形状や取り外し可能な構造の設計が要求される。

11.3　生産設計

設計活動の進捗に合わせて，生産規模に適した生産方式・管理方法の検討と，組立・製造工程や組立・製造治工具，製造・組立品質保証用の検査装置などの検討も同時に進めていく。確実な品質の保証と，効率的な生産を実現するために，設計段階で予想される生産上の課題を「生産要望」として製品の設計図に反映させると共に，組立ライン・製造工程図，各種生産設備の設計・導入計画，金型・治工具の設計など生産・製造・検査・設備などの全般にわたる設計を行う。

工程の不完全さや潜在的な欠陥を見出すために，生産工程 FMEA/FTA を実施し工程の故障モードとその上位工程への影響を解析し，生産設計段階での品質向上に努める。

市場投入までの期間を商品設計時の構想どおりに進めるためには，多くの課題を克服しなければならず，そのためには製品設計と生産設計の両部門の密接な連携が重要である。

11.4　販売・サービス計画

自動車（新型車）の製品設計，生産設計が進められているときに，併行して次のような市場への導入計画が作成され，商品としての特徴を，顧客に有効に訴求する活動が展開される。

- 発表・発売時期
- 販売価格の詳細
- 販売促進・宣伝計画（商品としての特徴を分かりやすい形態で表現する活動；ビデオ，カタログの作成）
- 販売会社，販売員，整備担当者などに対する事前教育・指導
- 取扱説明書，整備マニュアル，パーツリストなどの作成

演習問題

問題1　システム設計における目的の一致性の重要性について説明しなさい。

問題2　商品構想で重要な検討項目（4項目）を挙げ，それぞれ説明しなさい。

問題3　サスペンションの5機能とこの機能を満たすための特性管理項目を挙げなさい。

（答え；①車輪保持機能；剛性，コンプライアンス，②アライメント制御機能；アライメント変化，③ストローク規制機能；荷重たわみ特性，④緩衝機能；荷重たわみ特性，減衰力特性）

問題4　ある部品の故障率が $\lambda(t) = 0.01\,\%$ のときに，その部品の信頼度 $R(t)$ を求めよ。

（答え；$R(t) = 0.9999$）

問題5　試作車10台で，延べ100 000〔km〕走行させたとき，その間に25件の故障が発生した。この試作車の平均故障間隔MTBFを求めよ。

（答え；4 000〔km〕）

問題6　FMEAを説明し，FTAにしか発見できない故障事象を挙げなさない。

問題7　商品設計，製品設計，生産設計について説明しなさい。

問題8　システム設計で，最も重要だと思われる項目を1つ挙げ，その理由を説明しなさい。

問題9　新しいステアリングシステムを，商品設計～販売・サービス計画のプロセスに従って設計しなさい。

参考文献

〔第 1 章〕

1) 警察庁交通局資料：平成 22 年中の交通事故死者数について
2) ホンダホームページ：本田技研工業株式会社
3) 日本自動車殿堂 JAHFA：CVCC エンジン写真
4) 環境省資料 54-3：ディーゼル重量車のブローバイガスに関する国際基準調和について
5) 「安全」への取り組み，ESV，ホンダ技研工業株式会社環境安全企画室，1998.3
6) 小林健一：アメリカの環境・燃費規制と自動車工業 (3)―1990 年代の規制と電気自動車の開発―，東京経大会誌，第 263 号，2009
7) 境憲一：だんぜんおもしろいクルマの歴史，NTT 出版，2013

〔第 2 章〕

1) 小林健一：アメリカの環境・燃費規制と自動車工業 (3)―1990 年代の規制と電気自動車の開発―，東京経大学会誌，第 263 号，2009
2) 自動車技術ハンドブック　2　設計編，社団法人自動車技術会，2005
3) ホンダホームページ：本田技研工業株式会社
4) 一般社団法人日本自動車工業会：運輸部門の温暖化対策に向けた現状と対策（主として道路交通に関して），2012.3.1
5) トヨタ企業サイト：トヨタ自動車 75 年史　第 2 部　自動車事業の基盤確立，第 2 章　社会要請への対応，第 2 節　交通事故増加への対応，第 4 項　トヨタ ESV の開発
6) 国土交通省自動車交通局先進安全自動車推進検討会：先進安全自動車（ASV）推進計画報告書―第 3 期 ASV 計画における活動成果について―，2006.3
7) 運輸省先進安全自動車推進検討会：先進自動車 ASV，21 世紀に向けて，第 1 期（1991 ～ 1995 年度）
8) 国土交通省先進安全自動車推進検討会：先進自動車 ASV，第 3 期（2001 ～ 2005 年度）
9) 運輸省先進安全自動車推進検討会：先進自動車 ASV，第 2 期（1996 ～ 2000 年度）
10) 国土交通省 ASV 推進検討会：先進自動車 ASV，人とクルマの調和による安全安心な交通社会を目指して，第 5 期（2011 ～ 2015 年度）
11) 国土交通省 ASV 推進検討会：先進自動車 ASV，ASV，それは交通事故のない社会への架け橋，第 4 期（2006 年度～ 2010 年度）
12) 本田技研工業株式会社広報部：HONDA ASV　ホンダ先進安全研究車，1995.8.7

〔第 3 章〕

1) トヨタ企業サイト：トヨタ環境技術戦略　石油代替燃料の特徴
2) 自動車技術ハンドブック　1　基礎・理論編，社団法人自動車技術会，2004
3) 自動車基礎技術講座第 12 回：第 2 章　動力伝達装置，監修動力伝達系部門委員会，社団法人自動車技術会，Vol.54，No.3，2000
4) 藤岡健彦，鎌田実 編，中村秀一，津川定之，山本真規，武田信之 著：自動車プロジェク

ト開発工学，技報堂出版，2001
5) 塩路昌風：各種内燃機関における排ガス浄化技術 20004124，自動車技術 9737661，Vol.52，No.9，1998
6) TDK Techno Magazine：第 60 回　クリーンディーゼルエンジン，2006
7) 森永真一ほか：SKYACTIVE-D エンジンの紹介，マツダ技報，No.30，2011
8) 大阪府ホームページ「大阪における自動車環境対策の歩み」：3-13　自動車排出ガス低減技術
9) 廣田幸嗣，小笠原悟志 編著：電気自動車工学　EV 設計とシステムインテグレーションの基礎，森北出版，2010
10) トヨタ企業サイト：トヨタ自動車 75 年史
11) 日本の自動車 240 選：社団法人自動車技術会
12) 一般社団法人日本自動車工業会：運輸部門の温暖化対策に向けた現状と対策（主として道路交通に関して），2012.3.1
13) ホンダホームページ：本田技研工業株式会社
14) 日産自動車ホームページ：日産自動車株式会社
15) 神本一郎ほか：電気自動車の衝突安全性能開発，マツダ技報，No.30，2012
16) 大久保ほか：電動ブレーキサーボシステムの開発，HONDA R&D Technical Review，Vol.25，No.1，2013
17) HySUT 水素供給・利用技術研究組合
18) リチウム電池の話：株式会社ベイサン
19) 保田富夫ほか：電気自動車用非接触給電装置，自動車技術会秋季大会学術講演会 216-20095781，2009
20) 清水：ハイブリッド制御技術の変遷と最新技術動向，自動車技術，Vol.56，No.9，pp.70-75，2002
21) 自動車技術会 編：自動車工学基礎，pp.81-84，2002

〔第 4 章〕

1) 株式会社ブリヂストン 編：自動車用タイヤの基礎と実際，東京電機大学出版局，2008
2) 藤岡健彦，鎌田実 編，中村秀一，津川定之，山本真規，武田信之 著：自動車プロジェクト開発工学，技報堂出版，2001
3) 安部正人：自動車の運動と制御（第 2 版），東京電機大学出版局，2012
4) 自動車技術ハンドブック　1　基礎理論編，社団法人自動車技術会，2004

〔第 5 章〕

1) 細川武志：クルマのメカ＆仕組み図鑑，グランプリ出版，2003
2) 自動車技術ハンドブック　1　基礎・理論編，社団法人自動車技術会，1990
3) 自動車技術ハンドブック　2　設計編，社団法人自動車技術会，1991
4) H.Tanaka：Power Transmission of a Cone Roller Toroidal Traction Drive，JMME International Journal，Vol.32，No.1，1989
5) 石原智男 監修：自動車工学全書　9　動力伝達装置，山海堂
6) 大塚邦雄ほか：電子制御油圧システムを用いた新自動変速機について，自動車技術，Vol.42，No.8，pp.1023-1029，1988

〔第 6 章〕

1) 細川武志：クルマのメカ＆仕組み図鑑，グランプリ出版，2003
2) 自動車技術ハンドブック　5　設計（シャシ）編，社団法人自動車技術会，2005
3) 日産・自動車大学校　2014 年度教科資料：Ⅲ　ABS，第 1 章　概要　アンチロック・ブレーキ・システム，第 1 章　高度整備技術

4) 杉山，井上，山本，内田，門崎，稲垣，城戸：VSC（車両安定性制御）システム―クラウンマジェスター―，富士通テン技報，Vol.14，No.1
5) Y.Fukuda：Estimation of Vehicle Slip-angle with Combination Method of Model Observer and Direct Integration，Proceedings of 4th International Symposium on AVEC'98

〔第７章〕

1) 自動車技術ハンドブック　1　基礎・理論編，社団法人自動車技術会，2004
2) 石川幸次郎ほか：タイヤのロードノイズ特性について，自動車技術会シンポジウムテキスト　ロードノイズと大型車の振動騒音，pp.8-14，1988
3) 兎沢幸雄ほか：ロードノイズとタイヤ特性，自動車技術，Vol.40，No.12，pp.1624-1629，1986
4) 中野真一ほか：シャシー系のロードノイズに及ぼす影響，自動車技術，Vol.46，No.6，pp.63-60，1992
5) 坂田哲心ほか：ロードノイズに及ぼすタイヤ空洞共鳴の影響について，自動車技術会学術講演会前刷集，No.881012，p.4548，1988
6) 迎恒夫ほか：タイヤノイズについて (1)，自動車技術，Vol.28，No.1，pp.61-66，1974
7) 景山克三：自動車工学全書
8) 自動車技術会編：新編自動車工学便覧　第２編，社団法人自動車技術会，1982
9) 自動車技術会編：新編自動車工学便覧　第５編，社団法人自動車技術会，1982
10) 中原淳ほか：複数のばね付きフリクションを用いた実車サスペンションフリクションのモデル化手法，自動車技術会学術講演会前刷集，47-01，pp.13-16，2001
11) 福島直人ほか：サスペンション系フリクションの乗り心地への影響，自動車技術会学術講演会前刷集 791，No.801074，pp.87-96，1979
12) 佐野久ほか：オーディオシステムと融合した低周波ロードノイズのアクティブ制御システム，自動車技術会論文集，Vol.32，No.4，pp.105-112，2001
13) 青木和重ほか：アクティブコントロールエンジンマウント（ACM）を用いたディーゼルエンジン搭載車の静粛性向上，自動車技術会学術講演会前刷集，983，pp.133-136，1998

〔第８章〕

1) 自動車技術ハンドブック　5　設計（シャシ）編，社団法人自動車技術会，2005
2) スカイライン整備要領書，日産自動車，p.C-99，1985
3) J.Reimpell：Fahrwerktechnik，1，Wüzburg，West Germany，Vogel-Verlag Wüzburd，1971
4) 小口泰平 監修：自動車工学全書　11　ステアリング・サスペンション，山海堂，1980
5) ユーノスロードスター新型車の紹介，マツダ，p.R-2，1989
6) Baby in the family，Autocar，w/e 11，December，p.24，1982
7) 本田技研工業株式会社広報資料：安全性を基本に，操る楽しさを向上する　ホンダ・次世代シャシーテクノロジー　5-LINK Double Wishbone Rear Suspension，1997.7.2
8) HONDA Press Information：HONDA ACCORD Saloon/Hatchback 1600・1800　オートレベリングサスペンション，四輪製品ニュース，1981
9) クラウン新型車解説書，トヨタ自動車，pp.2-85，90，2003
10) 武馬修一：電動アクティブスタビライザサスペンションシステムの開発・実用化，日本機械学会年次大会講演論文集（巻 2007 号），Vol.8，pp.99-100，2007
11) 岩田義明：振動のアクティブコントロールとその応用，日本機械学会，第 555 回講習会教材，1983
12) ロータスのアクティブサスペンション，カーグラフィック，7 月号，p.107，1987
13) 細川武志：クルマのメカ＆仕組み図鑑，グランプリ出版，2003

〔第9章〕

1) 広報資料：安全を基本に，操る楽しさを向上するホンダ・新世代シャシーテクノロジー，本田技研工業株式会社・広報部，1997.7.2
2) 清水：No.02-62 講習会　とことんわかる自動車のモデリングと制御 2002，社団法人日本機械学会企画：交通物流部門
3) 清水：ステアリング制御技術の最前線―操舵反力トルク制御と可変ギヤ比制御について―，自動車技術会シンポジウムテキスト，No.04-03，アクティブセイフティ技術の最前線，2003.6
4) Y.Shimizu，Y.Oniwa：Control of Motor Inertia on EPS，SAE paper，No.2006-01-1179，2006
5) K.Misaji，H.Tokunaga，S.Takimoto，Y.Shimizu，K.Shibata：Vehicle Dynamics Evaluation by "Analytical Method of Equivalent Linear System using the Restoring Force Model of Power Function Type"，Proceeding of AVEC'02，2002.9
6) H.Tokunaga，K.Misaji，S.Takimoto，Y.Shimizu：Steer Feel Evaluation Method Based on "Analytical Method of Equivalent Linear System using the Restoring Force Model of Power Function Type"，Proceeding of AVEC'02，2002.9
7) Y.Shimizu，T.Kawai：Development of Electric Power Steering，SAE paper，No.910014，1991
8) ホンダプレスインフォメーション：四輪製品ニュース　ステアリング操作をアシストし走行安定性を高める「モーションアダプティブ EPS」を新開発，2008.9.4
9) ホンダプレスインフォメーション：四輪製品ニュース　世界初のステアリング機構 VGS 搭載の S2000 type V」を新発売，2008.7.7
10) 清水，河合，杠，滝本：ギヤ比が車速と操舵角の関数として変化するステアリングシステムの研究，HONDA R&D Technical Review，Vol.11，No.1，April 1999
11) サービスマニュアル：HONDA S2000 構造・整備編（追補版），2000.7
12) 久保川，楢崎，蔡，中山：転舵角と操舵力を独立制御可能な操舵システムの開発，第 64 回自動車技術会受賞パネルデータ

〔第10章〕

1) 酒井，清水：低速走行時の操作負担軽減に関する一考察，社団法人自動車技術会学術講演会前刷り集 20045089，No.30-04，2004 年春季大会
2) ホンダ取扱説明書：HiDS；ACCORD，ACCORD WAGON，2003
3) 山脇，山野，加藤木，田村，大平：障害物検知用ミリ波レーダ装置，富士通テン技報，Vol.18，No.1

索　引

か行

さ行

た行

ま行

や行

ら行

わ行

【著者紹介】

清水 康夫（しみず・やすお）

群馬県藤岡市出身
東京電機大学工学部精密機械工学科卒業（1978 年）
本田技術研究所主任研究員（1990 年）
東京電機大学工学部教授（2014 年）
博士（工学）

電動パワーステアリング(EPS)と可変ギヤ比ステアリング(VGS)を世界に先駆け開発･実用化。全国発明表彰（特許庁長官賞，2005 年），科学技術分野の文部科学大臣表彰（科学技術賞開発部門，2009 年），紫綬褒章授章（2011 年）。
日本機械学会フェロー，自動車技術会会員

先端自動車工学

2016 年 2 月20日　第 1 版 1 刷発行　　ISBN 978-4-501-41980-6　C3053
2025 年 2 月20日　第 1 版 3 刷発行

著　者　清水康夫

発行所　学校法人 東京電機大学
東京電機大学出版局
〒120-8551　東京都足立区千住旭町 5 番
Tel. 03-5284-5386(営業) 03-5284-5385(編集)
Fax. 03-5284-5387 振替口座 00160-5-71715
https://www.tdupress.jp/

印刷：㈱加藤文明社　　製本：渡辺製本㈱　　装丁：鎌田正志
落丁・乱丁本はお取り替えいたします。　　Printed in Japan